U0392343

中华传世藏书

【图文珍藏版】

饮食文化典故

王书利 ⊙ 主编

第一册

线装書局

图书在版编目（CIP）数据

饮食文化典故：全6册 / 王书利主编. -- 北京：
线装书局, 2016.3
ISBN 978-7-5120-2146-4

Ⅰ. ①饮… Ⅱ. ①王… Ⅲ. ①饮食－文化－中国
Ⅳ. ①TS971

中国版本图书馆CIP数据核字(2016)第019412号

饮食文化典故

主　　编：王书利
责任编辑：高晓彬
装帧设计：博雅圣轩藏书馆 Boyashengxuan Cangshuguan
出版发行：线装书局
　　　　　地　址：北京市西城区鼓楼西大街41号（100009）
　　　　　电　话：010-64045283（发行部）　64045583（总编室）
　　　　　网　址：www.xzhbc.com
经　　销：新华书店
印　　制：北京彩虹伟业印刷有限公司
开　　本：787mm×1092mm　1/16
印　　张：150
字　　数：1826千字
版　　次：2016年6月第1版第1次印刷
印　　数：0001 - 3000套

定　　价：1580.00元（全六册）

满汉全席

　　满汉全席是清朝时期宫廷盛宴。既有宫廷菜肴之特色，又有地方风味之精华；突出满与汉族菜点特殊风味，烧烤、火锅、涮锅几乎不可缺少的菜点，同时又展示了汉族烹调的特色，扒、炸、炒、熘、烧等兼备，实乃中华菜系文化的瑰宝和最高境界。

孔府宴

　　孔府宴是当年孔府接待贵宾、袭爵上任、祭日、生辰、婚丧时特备的高级宴席。用于接待贵宾、上任、生辰家日、婚丧喜寿时特备。宴席遵照君臣父子的等级，有不同的规格。是经过数百年不断发展充实逐渐形成的一套独具风味的家宴，是汉族饮食文化重要组成部分。

烧尾宴

　　烧尾宴是唐代长安曾经盛行过的一种特殊宴会，是指士人新官上任或官员升迁，招待前来恭贺的亲朋同僚的宴会。这一看来奇怪的名称，来源有三种说法：一说老虎变成人时，要烧断其尾；二说羊入新群，要烧焦旧尾才被接纳；三说鲤鱼跃龙门，经天火烧掉鱼尾，才能化为真龙。

洛阳水席

　　洛阳水席始于唐代，至今已有1000多年的历史，是中国迄今保留下来的历史最久远的名宴之一。它有两个含义：一是全部热菜皆有汤—汤汤水水；二是热菜吃完一道，撤后再上一道，像流水一样不断地更新。洛阳水席的特点是有荤有素，味道多样，酸、辣、甜、咸俱全，舒适可口。

诈马宴

诈马宴始于元代，是蒙古族特有的庆典宴馔整牛席或整羊席，这一古朴的分食整牛整羊的民俗，由圣主诺颜秉政发展为奢华的宫廷宴。诈马，蒙语是指退掉毛的整畜，意思是把牛、羊家畜宰杀后，用热水退毛，去掉内脏，烤制或煮制上席。

西安油酥饼

西安油酥饼被誉为"西秦第一点"，又名千层油酥饼，是由唐代的千层烙饼，经历厨师不断精心改进而成。以面粉、植物油经制酥、和面、制饼、煎烤制成。色泽金黄，层次鲜明，脆而不烂，油而不腻，香酥可口，深受中外宾客的称赞。

海南抱罗粉

　　海南抱罗粉是海南文昌市的汉族特色小吃，因盛起文昌市的抱罗镇而得名。由特制抱罗粉，花生米，牛肉干，猪内脏，豆芽菜，香菜，芝麻，腌制而成。味道鲜美，口感顺滑，佐料奇香耐咀嚼，不膻不腻，鲜香略带酸辣，诱人食欲。

艇仔粥

　　艇仔粥相传在漂浮于河上的艇仔上制作的，因此得名。其实艇仔粥发源于老广州地区，西关艇仔粥是著名的广东粥品之一。艇仔粥以鱼片、炸花生等多种配料加在粥中而成。原为一些水上人家用小船在荔枝湾河，珠江边上贩卖，花生，小虾香脆，鱼片，蛋丝软滑，鲜甜香美，适合众人口味。

菊花酥

菊花酥，汉族小吃，为川式糕点中的油炸品种，用白面粉配以白糖、板油、青丝、红丝、冰糖、黄桂酱、核桃仁、熟猪油等作饼炸制而成。工艺水平较高，形制美观，如盛开的菊花，其漂亮典雅的外形，宛如东方女子一般，令人着迷！

灯影牛肉

灯影牛肉，是四川省达州市的汉族传统名食，已有一百多年历史，相传是由唐代著名诗人元稹命名的。牛肉片薄如纸，色红亮，味麻辣鲜脆，细嚼之，回味无穷。用"灯影"来称这种牛肉，足见其肉片之薄，薄到在灯光下可透出物象，如同皮影戏中的幕布。

二姐兔丁

　　二姐兔丁是四川成都市汉族传统美食之一，在用料上讲究阖"精"字，不但选用的兔肉肥嫩，所用的佐料也是好中选优，其色泽红亮，形态饱满，麻辣适口，香嫩回甜，入口细腻、油润。1990年12月被成都市人民政府命名为"成都名小吃"。

广州糯米鸡

　　广州的"糯米鸡"是中国广东汉族特色点心的一种，属于粤菜菜系，起源于解放前广州夜市。制法是在糯米里面放入鸡肉、叉烧肉、排骨、咸蛋黄、冬菇等馅料，然后以荷叶包实放到蒸具蒸熟。糯米鸡入口充满着荷叶的清香，咀嚼时黏牙并带有着鸡肉的肉香。

前　言

饮食文化丰富多彩、博大精深。民以食为天,世界上任何一个国家都有一个传统的饮食文明与其它文明共同在历史中轮回。每个地区都有与众不同的饮食习惯和味觉倾向,而各自将这些精妙的技艺发展成了一种习俗,一种文化,这使得无数食客流连在世界的每一个角落。在亚洲的东方一个拥有悠久文明历史的国度,那里有令人垂涎的山珍,那里有令人回肠的美味。来自五湖四海的食材和调味品正在无时无刻的触动着亿万人的神经和味蕾。

中国饮食文化涉及食源的开发与利用、食具的运用与创新、食品的生产与消费、餐饮的服务与接待、餐饮业与食品业的经营与管理,以及饮食与国泰民安、饮食与文学艺术、饮食与人生境界的关系等,深厚广博。从外延看,中国饮食文化可以从时代与技法、地域与经济、民族与宗教、食品与食具、消费与层次、民俗与功能等多种角度进行分类,展示出不同的文化品味,体现出不同的使用价值,异彩纷呈。中国饮食不但讲究"色、香、味"俱全,而且"滋、养、补"的特点。而随着社会的发展,菜式越来越丰富,吃法也是越来越多样。吃还是人们联系感情、社交活动的重要组成部分,社会交际应酬活动多在餐桌上完成。俗话说就是填饱肚子,就是一个"吃"字。形式比较原始,只解决人的最基本的生理需要。

中国人饮食以热食、熟食为主,也是中国人饮食习俗的一大特点。这和中国文明开化较早和烹调技术的发达有关。中国古人认为:"水居者腥,肉臊,草食即膻。"热食、熟食可以"灭腥去臊除膻"(《吕氏春秋·本味》)。中国人的饮食历来以食谱广泛、烹调技术的精致而闻名于世。史书载,南北朝时,梁武帝萧衍的厨师,一个瓜能变出十种式样,一个菜能做出几十种味道,烹调技术的高超,令人惊叹。

在饮食方式上,中国人也有自己的特点,这就是聚食制。聚食制的起源很早,从许多地下文化遗存的发掘中可见,古代炊间和聚食的地方是统一的,炊间在住宅的中央,上有天窗出烟,下有篝火,在火上做炊,就食者围火聚食。这种聚食古俗,一直至后世。聚食制的长期流传,是中国重视血缘亲属关系和家族家庭观念在饮食方式上

1

的反映。

在食具方面，中国人的饮食习俗的一大特点是使用筷子。筷子，古代叫箸，在中国有悠久的历史。《礼记》中曾说："饭黍无以箸。"可见至少在殷商时代，已经使用筷子进食。筷子一般以竹制成，一双在手，运用自如，即简单经济，又很方便。许多欧美人看到东方人使用筷子，叹为观止，赞为一种艺术创造。实际上，东方各国使用筷子其源多出自中国。中国人的祖先发明筷子，确实是对人类文明的一大贡献。

俗话说："百里不同风，千里不同俗，万里不同食。"世界各国不同的自然地理环境、气候条件、资源特产、风土人情以及独特的历史发展经历造就了迥异的世界各国饮食文化，展现了不同的食风食俗。

本套丛书以中国饮食文化为主线。一书在手，道尽天下饮食事，指点美食江山谱，笑品寰宇佳肴鲜。全书通过简练生动的语言、以图文并茂的形式讲述了中国食俗、饮食礼仪、酒文化、茶文化、汤文化等中国饮食文化的相关内容，主要包括"饮"和"食"的文化起源与文化传播、饮食观念、饮食器具、饮食习俗、饮食保健，有关饮食文化的诗歌传说、逸闻趣事、历史典故，中华传统节日美食、中国菜系、中餐礼仪和饮食趣事等。本书融健康饮食、营养饮食于图文中，使读者轻松了解中国饮食文化的博大精深，利于弘扬华夏饮食文化，陶冶情操，集趣味性、实用性于一体，一定会让你纵观中国饮食发展轨迹，体味世界饮食文化的无限魅力，徜徉于世界美食的历史长河，让您禁不住口舌生津、垂涎三尺。

目　　录

第一章　民以食为天……………………………………………………（1）

第一节　饮食与中国人的生活…………………………………………（1）

一、择饮食弃男女………………………………………………（2）

二、中国饮食对性的取代………………………………………（4）

三、吃草的优势…………………………………………………（6）

四、吃在餐馆……………………………………………………（9）

第二节　中国人的饮食神髓……………………………………………（11）

一、饮食神髓的形成……………………………………………（11）

二、不同人群的饮食观…………………………………………（23）

三、饮食神髓的特征……………………………………………（27）

第二章　中国饮食文化…………………………………………………（33）

第一节　饮食文化的源流………………………………………………（33）

一、有巢氏茹毛饮血……………………………………………（33）

二、燧人氏教民熟食……………………………………………（34）

三、伏羲氏首创烹饪……………………………………………（36）

四、神农氏发掘草蔬……………………………………………（38）

五、黄帝兴灶作炊………………………………………………（39）

六、后稷教民稼穑………………………………………………（41）

七、尧制石饼创面食……………………………………………（42）

八、彭祖饮食养生………………………………………………（44）

九、伊尹精研美食………………………………………………（45）

第二节　饮食文化的特征………………………………………………（47）

一、中国饮食的结构……………………………………………（47）

二、中国的烹调技艺 ……………………………………… (51)

三、中国地域菜系的构成 ………………………………… (55)

四、中国传统饮食惯制 …………………………………… (60)

第三节　饮食文化的类型 …………………………………… (62)

一、宫廷层饮食文化 ……………………………………… (62)

二、贵族层饮食文化 ……………………………………… (66)

三、富家层饮食文化 ……………………………………… (67)

四、小康层饮食文化 ……………………………………… (69)

五、果腹层饮食文化 ……………………………………… (70)

第四节　饮食文化的思想 …………………………………… (72)

一、儒家的民以食为天 …………………………………… (72)

二、孔子的饮食思想 ……………………………………… (73)

三、孟子的饮食见解 ……………………………………… (75)

四、崇尚养生的道家饮食 ………………………………… (76)

五、老子的饮食之道 ……………………………………… (78)

六、庄子简朴的饮食观 …………………………………… (80)

七、茹素修行的佛家饮食 ………………………………… (81)

八、李渔的饮食养生观 …………………………………… (82)

第五节　食品文化的内容 …………………………………… (84)

一、古风犹存的汤文化 …………………………………… (84)

二、丰富多彩的粥文化 …………………………………… (86)

三、源远流长的豆腐文化 ………………………………… (87)

四、老少皆宜的面条文化 ………………………………… (89)

五、风韵独特的饺子文化 ………………………………… (90)

六、派系林立的点心文化 ………………………………… (91)

七、花色纷呈的火锅文化 ………………………………… (93)

八、风味各异的小吃文化 ………………………………… (94)

第六节　中国调料文化 ……………………………………… (96)

一、历久不衰的酱油文化 ………………………………… (96)

二、底蕴深厚的醋文化 …………………………………… (98)

三、多姿多彩的糖文化 …………………………………… (99)

四、妙趣横生的姜文化 ……………………………… (100)

五、历史悠久的蒜文化 ……………………………… (102)

六、色彩斑斓的花椒文化 …………………………… (103)

七、红火辛辣的辣椒文化 …………………………… (105)

第七节　中国传食经要 ……………………………… (106)

一、《礼记·内则》：中国最早的饮食文献 ………… (106)

二、《黄帝内经》：食疗的基础理论著作 …………… (108)

三、《饮膳正要》：中国第一部营养学专著 ………… (110)

四、《饮食须知》：食物搭配需宜忌 ………………… (111)

五、《吴氏中馈录》：女厨编著的饮食典籍 ………… (113)

六、《千金食治》：药王的食疗理论精粹 …………… (114)

七、《随园食单》：文人的饮食心得 ………………… (116)

第八节　文艺中的饮食 ……………………………… (118)

一、音乐与饮食：鼓瑟吹笙享美食 ………………… (118)

二、舞蹈与饮食：翩翩起舞侑宴饮 ………………… (119)

三、诗歌与饮食：文人风雅赞佳肴 ………………… (121)

四、绘画与饮食：景深意远绘食事 ………………… (125)

五、成语与饮食：食用万物道百态 ………………… (127)

六、别致养生的红楼美食 …………………………… (128)

七、蕴含典故的三国文化菜 ………………………… (143)

八、《水浒》《金瓶梅》中的世俗饮食 ……………… (151)

九、《儒林外史》与文人食俗 ……………………… (161)

第三章　中国饮食器具 ……………………………… (163)

第一节　饮食器具的历史 …………………………… (163)

一、新石器时代食器 ………………………………… (163)

二、夏商周时期食器 ………………………………… (164)

三、秦汉时期食器 …………………………………… (166)

四、唐宋时期食器 …………………………………… (167)

五、明清时期食器 …………………………………… (169)

第二节　国人的饮食器具 …………………………… (170)

一、中国古代炊具 …………………………………… (170)

二、中国古仪进食器 ……………………………………（172）

三、中国古代盛食器 ……………………………………（173）

第三节　筷子文化 …………………………………………（175）

一、筷子的历史渊源 ……………………………………（175）

二、筷子的文化内涵 ……………………………………（180）

第四章　中国的食制食礼 ………………………………………（186）

第一节　中国的食制 ………………………………………（186）

一、用餐次数 ……………………………………………（186）

二、古人的主食品种 ……………………………………（187）

三、古代的蔬菜品种 ……………………………………（189）

四、古代烹调肉食方法 …………………………………（189）

第二节　中国的食礼 ………………………………………（190）

一、古代饮食礼仪 ………………………………………（191）

二、现代宴席礼仪 ………………………………………（200）

第五章　中国的筵席文化 ………………………………………（203）

第一节　中餐筵席史钩沉 …………………………………（203）

一、筵席起源及历史演变 ………………………………（203）

二、中餐筵席的分类 ……………………………………（206）

三、中国筵席的特征 ……………………………………（207）

四、中餐筵席的发展及趋势 ……………………………（208）

第二节　千载不散的筵席 …………………………………（210）

一、周八珍 ………………………………………………（211）

二、满汉全席 ……………………………………………（211）

三、孔府宴 ………………………………………………（212）

四、曲江宴 ………………………………………………（214）

五、女子宴 ………………………………………………（215）

六、船宴 …………………………………………………（216）

七、烧尾宴 ………………………………………………（218）

八、洛阳水席 ……………………………………………（219）

九、全鸭宴 ………………………………………………（220）

十、鸿门宴 ………………………………………………（222）

十一、诈马宴 …………………………………… (222)

十二、国宴 ………………………………………… (223)

十三、冷餐会 …………………………………… (226)

十四、全羊席 …………………………………… (226)

十五、燕翅席 …………………………………… (227)

第三节 中餐筵席的设计 ……………………… (228)

一、宴会管理 …………………………………… (228)

二、整套菜肴的组配 …………………………… (231)

第六章 中国饮食审美 ………………………… (237)

第一节 中国饮食审美的原则 ………………… (237)

一、吉祥 ………………………………………… (238)

二、和谐 ………………………………………… (238)

三、欢乐 ………………………………………… (239)

四、敬诚 ………………………………………… (240)

第二节 中国饮食情趣审美 …………………… (241)

一、食物的形象美 ……………………………… (241)

二、饮食环境美 ………………………………… (245)

三、饮食器具美 ………………………………… (247)

四、食物的香、味、名、音等美 ………………… (251)

第七章 中国饮食风俗 ………………………… (254)

第一节 时令节日食俗 ………………………… (255)

一、竹报平安,梅唱新春——春节 …………… (256)

二、春到人间第一枝——立春 ………………… (272)

三、三五星桥灯戏月——元宵节 ……………… (284)

四、二月二,龙抬头——中和节 ……………… (306)

五、画堂三月初三日——上巳节 ……………… (320)

六、只今禁火悲寒食——寒食节 ……………… (340)

七、佳节清明桃李笑——清明节 ……………… (355)

八、但祈蒲酒话升平——端午节 ……………… (374)

九、佳期鹊渡会双星——七夕节 ……………… (387)

十、今夜清光此处多——中秋节 ……………… (402)

十一、茱萸插遍花宜寿——重阳节 ·················· (429)

十二、山意冲寒欲放梅——冬至节 ·················· (444)

十三、村童送腊话丰亨——腊八节 ·················· (459)

十四、司命升天有报章——祭灶节 ·················· (477)

十五、爆炸声中一岁除——除夕 ···················· (489)

十六、其它节日时令食俗典故 ······················ (507)

第二节 婚嫁礼仪食俗 ······························ (553)

一、恋爱相亲食俗 ·································· (554)

二、传情达意的订婚食俗 ···························· (556)

三、祝福新娘的出阁食俗 ···························· (558)

四、催妆与迎亲食俗 ································ (560)

五、婚宴食俗 ······································ (560)

六、洞房食俗 ······································ (561)

七、回门食俗 ······································ (562)

第三节 生儿育女食俗 ······························ (563)

一、求嗣祈孕的求子食俗 ···························· (564)

二、关爱母子的妊娠食俗 ···························· (565)

三、祈福母子的分娩食俗 ···························· (567)

四、庆贺婴儿的育婴食俗 ···························· (568)

第四节 人生礼仪食俗 ······························ (570)

一、成人礼食俗 ···································· (570)

二、寿诞礼食俗 ···································· (570)

三、哀悼亲人的丧葬食俗 ···························· (572)

第五节 少数民族食俗 ······························ (573)

一、蒙古族饮食风俗 ································ (573)

二、满族饮食风俗 ·································· (575)

三、朝鲜族饮食风俗 ································ (577)

四、达斡尔族饮食风俗 ······························ (578)

五、鄂温克族饮食风俗 ······························ (579)

六、鄂伦春族饮食风俗 ······························ (579)

七、赫哲族饮食风俗 ································ (580)

八、回族饮食风俗 …………………………………………………… (581)

九、维吾尔族饮食风俗 ……………………………………………… (582)

十、哈萨克族饮食风俗 ……………………………………………… (584)

十一、撒拉族饮食风俗 ……………………………………………… (586)

十二、塔吉克族饮食风俗 …………………………………………… (587)

十三、东乡族饮食风俗 ……………………………………………… (587)

十四、柯尔克孜族饮食风俗 ………………………………………… (588)

十五、乌孜别克族饮食风俗 ………………………………………… (588)

十六、保安族饮食风俗 ……………………………………………… (589)

十七、塔塔尔族饮食风俗 …………………………………………… (590)

十八、土族饮食风俗 ………………………………………………… (591)

十九、锡伯族饮食风俗 ……………………………………………… (591)

二十、俄罗斯族饮食风俗 …………………………………………… (592)

二十一、裕固族饮食风俗 …………………………………………… (593)

二十二、藏族饮食风俗 ……………………………………………… (594)

二十三、苗族饮食风俗 ……………………………………………… (595)

二十四、彝族饮食风俗 ……………………………………………… (596)

二十五、壮族饮食风俗 ……………………………………………… (598)

二十六、布依族饮食风俗 …………………………………………… (600)

二十七、侗族饮食风俗 ……………………………………………… (601)

二十八、瑶族饮食风俗 ……………………………………………… (604)

二十九、白族饮食风俗 ……………………………………………… (606)

三十、土家族饮食风俗 ……………………………………………… (607)

三十一、哈尼族饮食风俗 …………………………………………… (609)

三十二、傣族饮食风俗 ……………………………………………… (610)

三十三、黎族饮食风俗 ……………………………………………… (610)

三十四、傈僳族饮食风俗 …………………………………………… (611)

三十五、佤族饮食风俗 ……………………………………………… (612)

三十六、拉祜族饮食风俗 …………………………………………… (613)

三十七、水族饮食风俗 ……………………………………………… (613)

三十八、纳西族饮食风俗 …………………………………………… (614)

三十九、景颇族饮食风俗 …………………………………（615）

四十、仫佬族饮食风俗 ……………………………………（616）

四十一、羌族饮食风俗 ……………………………………（617）

四十二、布朗族饮食风俗 …………………………………（618）

四十三、毛南族饮食风俗 …………………………………（619）

四十四、仡佬族饮食风俗 …………………………………（620）

四十五、阿昌族饮食风俗 …………………………………（621）

四十六、普米族饮食风俗 …………………………………（621）

四十七、怒族饮食风俗 ……………………………………（622）

四十八、德昂族饮食风俗 …………………………………（623）

四十九、京族饮食风俗 ……………………………………（623）

五十、独龙族饮食风俗 ……………………………………（624）

五十一、门巴族饮食风俗 …………………………………（625）

五十二、珞巴族饮食风俗 …………………………………（626）

五十三、基诺族饮食风俗 …………………………………（626）

五十四、畲族饮食风俗 ……………………………………（628）

五十五、高山族饮食风俗 …………………………………（628）

第六节　宗教信仰食俗 ……………………………………（630）

一、原始宗教的饮食习俗 …………………………………（630）

二、古代饮食活动中的生殖崇拜 …………………………（632）

三、佛教的饮食习俗 ………………………………………（634）

四、道教的饮食习俗 ………………………………………（638）

五、伊斯兰教的饮食习俗 …………………………………（641）

六、基督教饮食习俗 ………………………………………（645）

第八章　中国饮食烹饪 ……………………………………（646）

第一节　烹食的渊源 ………………………………………（646）

一、烹食的起源 ……………………………………………（646）

二、烹食的目的 ……………………………………………（647）

第二节　烹食的发展 ………………………………………（647）

一、历朝历代烹食的发展 …………………………………（647）

二、近现代烹食的传承与变异 ……………………………（660）

第三节　中国烹饪的特点 ……………………………………………… （667）

　　一、历史悠久 ………………………………………………………… （667）

　　二、选料讲究 ………………………………………………………… （667）

　　三、刀工精湛 ………………………………………………………… （668）

　　四、技法多样 ………………………………………………………… （668）

　　五、味型丰富 ………………………………………………………… （668）

　　六、注重火候 ………………………………………………………… （669）

　　七、注重养生 ………………………………………………………… （669）

　　八、盛器精美 ………………………………………………………… （670）

第四节　中国烹饪工艺 ………………………………………………… （670）

　　一、炒 ………………………………………………………………… （670）

　　二、炖 ………………………………………………………………… （671）

　　三、熬 ………………………………………………………………… （672）

　　四、焖 ………………………………………………………………… （672）

　　五、卤 ………………………………………………………………… （672）

　　六、熘 ………………………………………………………………… （672）

　　七、烤 ………………………………………………………………… （673）

　　八、酱 ………………………………………………………………… （674）

　　九、煎 ………………………………………………………………… （674）

　　十、烩 ………………………………………………………………… （674）

　　十一、汆 ……………………………………………………………… （675）

　　十二、爆 ……………………………………………………………… （675）

　　十三、拌 ……………………………………………………………… （676）

　　十四、拔丝 …………………………………………………………… （676）

　　十五、炝 ……………………………………………………………… （676）

　　十六、煮 ……………………………………………………………… （677）

　　十七、蒸 ……………………………………………………………… （677）

　　十八、炸 ……………………………………………………………… （678）

　　十九、腌 ……………………………………………………………… （679）

　　二十、熏 ……………………………………………………………… （680）

　　二十一、煨 …………………………………………………………… （680）

二十二、涮 ………………………………………………… (680)

二十三、烧 ………………………………………………… (681)

二十四、扒 ………………………………………………… (681)

第九章　中国菜品风味流派 ………………………………… (682)

第一节　中国菜品风味流派的形成与划分 ………………… (682)

一、中国菜品风味流派的形成 …………………………… (682)

二、中国菜品风味流派的划分 …………………………… (684)

第二节　八大菜系文化典故 ………………………………… (685)

一、历史悠久的鲁菜 ……………………………………… (685)

二、精细致美的苏菜 ……………………………………… (719)

三、百菜百味的川菜 ……………………………………… (753)

四、博采众长的粤菜 ……………………………………… (787)

五、海派风格的闽菜 ……………………………………… (807)

六、南料北烹的浙菜 ……………………………………… (827)

七、酸辣中品的湘菜 ……………………………………… (850)

八、油重色浓的徽菜 ……………………………………… (875)

第三节　地方菜系文化典故 ………………………………… (893)

一、海纳百川的京菜 ……………………………………… (893)

二、融会贯通的沪菜 ……………………………………… (902)

三、味浓纯正的鄂菜 ……………………………………… (911)

四、博采众长的秦菜 ……………………………………… (918)

五、注重火功的晋菜 ……………………………………… (927)

六、脍炙人口的豫菜 ……………………………………… (932)

七、讲究勺功的东北菜 …………………………………… (938)

第十章　中华风味小吃文化典故 …………………………… (948)

第一节　东北地区风味小吃 ………………………………… (948)

一、脆松糖 ………………………………………………… (949)

二、风干口条 ……………………………………………… (950)

三、克东腐乳 ……………………………………………… (951)

四、老鼎丰川酥月饼 ……………………………………… (953)

五、朝鲜冷面 ……………………………………………… (954)

六、朝鲜族沉藏泡菜 …………………………………（956）

七、炒肉拉皮 ………………………………………（957）

八、吊炉饼 …………………………………………（959）

九、吉林长春涮羊肉 ………………………………（960）

十、酱大头菜 ………………………………………（961）

十一、牛肉锅贴 ……………………………………（962）

十二、炸春段 ………………………………………（963）

十三、扒冻豆腐 ……………………………………（964）

十四、白肉血肠 ……………………………………（964）

十五、百乐熏鸡 ……………………………………（966）

十六、大连烤鱼片 …………………………………（967）

十七、凤鸡 …………………………………………（968）

十八、沟帮子熏鸡 …………………………………（969）

十九、回头 …………………………………………（971）

二十、煎烧虾饼 ……………………………………（972）

二十一、锦州什锦小菜 ……………………………（973）

二十二、老边饺子 …………………………………（975）

二十三、老山记海城馅饼 …………………………（976）

二十四、李记坛肉 …………………………………（977）

二十五、辽阳塔糖 …………………………………（977）

二十六、马家烧麦 …………………………………（980）

二十七、什锦粟米羹 ………………………………（981）

二十八、馨香灌汤包 ………………………………（982）

二十九、李连贵熏肉大饼 …………………………（983）

三十、新兴园蒸饺 …………………………………（985）

三十一、回宝珍饺子 ………………………………（986）

三十二、东北水饺 …………………………………（987）

三十三、打糕 ………………………………………（988）

三十四、黄米切糕 …………………………………（989）

三十五、黏饽饽 ……………………………………（990）

三十六、义县伊斯兰烧饼 …………………………（991）

第二节　华北地区风味小吃 …………………………………………… (992)

一、焦圈 …………………………………………………………… (995)

二、一窝丝清油饼 ……………………………………………… (996)

三、一品烧饼 …………………………………………………… (997)

四、三鲜烧麦 …………………………………………………… (998)

五、天福号酱肘子 ……………………………………………… (999)

六、奶油炸糕 …………………………………………………… (1000)

七、芙蓉糕 ……………………………………………………… (1001)

八、墩饽饽 ……………………………………………………… (1002)

九、灌肠 ………………………………………………………… (1003)

十、北京炒疙瘩 ………………………………………………… (1004)

十一、驴打滚 …………………………………………………… (1005)

十二、小枣粽子 ………………………………………………… (1006)

十三、马蹄烧饼 ………………………………………………… (1007)

十四、艾窝窝 …………………………………………………… (1007)

十五、银丝卷 …………………………………………………… (1008)

十六、馓子麻花 ………………………………………………… (1010)

十七、桂发祥什锦麻花 ………………………………………… (1011)

十八、薯泥蛋糕卷 ……………………………………………… (1012)

十九、知了卷 …………………………………………………… (1013)

二十、闻喜煮饼 ………………………………………………… (1014)

二十一、周村酥烧饼 …………………………………………… (1015)

二十二、酸奶饼 ………………………………………………… (1016)

二十三、五台万卷酥 …………………………………………… (1017)

二十四、螺丝转 ………………………………………………… (1018)

二十五、狗不理包子 …………………………………………… (1019)

二十六、奶油千层糕 …………………………………………… (1021)

二十七、锅魁 …………………………………………………… (1022)

二十八、开口笑 ………………………………………………… (1023)

二十九、羊肉烧麦 ……………………………………………… (1024)

三十、蒙古馅饼 ………………………………………………… (1026)

三十一、荷叶饼 ……………………………………… （1027）

三十二、雁北油炸糕 ………………………………… （1028）

三十三、米面摊花 …………………………………… （1029）

三十四、小窝头 ……………………………………… （1030）

三十五、耳朵眼炸糕 ………………………………… （1031）

三十六、豌豆黄 ……………………………………… （1032）

三十七、脆皮雪梨果 ………………………………… （1033）

三十八、豌豆面瞪眼 ………………………………… （1034）

三十九、萨其马 ……………………………………… （1035）

四十、栗子糕 ………………………………………… （1036）

四十一、水煎包 ……………………………………… （1037）

四十二、春卷 ………………………………………… （1038）

四十三、新田泡泡糕 ………………………………… （1040）

四十四、哈达饼 ……………………………………… （1041）

四十五、奶油刀切 …………………………………… （1042）

四十六、奶油松酥盏 ………………………………… （1043）

四十七、五彩汤团 …………………………………… （1044）

四十八、玻璃饺子 …………………………………… （1045）

四十九、莜面窝窝 …………………………………… （1046）

五十、荞面蒸饺 ……………………………………… （1048）

五十一、肉火烧 ……………………………………… （1049）

第三节 华东地区风味小吃 ………………………… （1050）

一、蟹黄汤包 ………………………………………… （1051）

二、虾爆鳝面 ………………………………………… （1052）

三、双冬肉包 ………………………………………… （1053）

四、千层油糕 ………………………………………… （1054）

五、狮子头 …………………………………………… （1055）

六、三丁包子 ………………………………………… （1056）

七、生煎鸡肉馒头 …………………………………… （1057）

八、素菜包 …………………………………………… （1058）

九、喉口馒首 ………………………………………… （1059）

十、开洋葱油拌面……………………………………………………（1060）

十一、猫耳朵……………………………………………………（1061）

十二、王兴记馄饨………………………………………………（1062）

十三、江毛水饺…………………………………………………（1063）

十四、南翔小笼馒头……………………………………………（1064）

十五、翡翠烧卖…………………………………………………（1065）

十六、银芽肉丝吞卷……………………………………………（1066）

十七、文楼汤包…………………………………………………（1067）

十八、鸡蛋锅贴…………………………………………………（1069）

十九、六凤居葱油饼……………………………………………（1070）

二十、湖州大馄饨………………………………………………（1071）

二十一、凤尾烧卖………………………………………………（1072）

二十二、韭菜盒…………………………………………………（1073）

二十三、蟹壳黄…………………………………………………（1074）

二十四、吴山酥油饼……………………………………………（1075）

二十五、三丝眉毛酥……………………………………………（1076）

二十六、金华干菜酥饼…………………………………………（1078）

二十七、定胜糕…………………………………………………（1079）

二十八、双林子孙糕……………………………………………（1080）

二十九、白糖猪油松糕…………………………………………（1081）

三十、鸽蛋圆子…………………………………………………（1082）

三十一、宁波猪油汤团…………………………………………（1083）

三十二、擂沙圆…………………………………………………（1084）

三十三、三河米饺………………………………………………（1085）

三十四、示灯粑粑………………………………………………（1086）

三十五、小绍兴鸡粥……………………………………………（1087）

三十六、藕粉圆子………………………………………………（1088）

三十七、桂花鲜栗羹……………………………………………（1089）

三十八、荸荠饼…………………………………………………（1089）

三十九、芋包……………………………………………………（1090）

四十、西米嫩糕…………………………………………………（1091）

四十一、八公山豆腐脑 …………………………………… (1092)

四十二、温州鱼丸 ………………………………………… (1093)

四十三、一闻香包子 ……………………………………… (1094)

四十四、五芳斋鲜肉粽子 ………………………………… (1095)

四十五、幸福双 …………………………………………… (1096)

四十六、黄桥烧饼 ………………………………………… (1097)

四十七、猪油细沙八宝饭 ………………………………… (1098)

四十八、绿豆煎饼 ………………………………………… (1099)

四十九、闽南肉粽子 ……………………………………… (1100)

五十、福州太极芋泥 ……………………………………… (1101)

五十一、福州光饼 ………………………………………… (1102)

五十二、锅边糊 …………………………………………… (1103)

五十三、漳州打卤面 ……………………………………… (1104)

五十四、肉蛎饼 …………………………………………… (1105)

五十五、包心鱼丸 ………………………………………… (1106)

五十六、葛粉包 …………………………………………… (1107)

五十七、开元寿面 ………………………………………… (1108)

五十八、弋阳米果 ………………………………………… (1109)

五十九、伊府面 …………………………………………… (1110)

六十、信丰萝卜饺 ………………………………………… (1110)

第四节　华中地区风味小吃 ……………………………… (1111)

一、武汉热干面 …………………………………………… (1112)

二、黄州烧梅 ……………………………………………… (1114)

三、谈炎记鲜肉水饺 ……………………………………… (1115)

四、西山东坡饼 …………………………………………… (1116)

五、老蔡记蒸饺 …………………………………………… (1117)

六、椒盐馓子 ……………………………………………… (1118)

七、四季美汤包 …………………………………………… (1118)

八、八宝馒头 ……………………………………………… (1119)

九、枣锅盔 ………………………………………………… (1120)

十、蛋黄菊花酥 …………………………………………… (1121)

十一、鸳鸯酥……………………………………………………（1122）

十二、双麻火烧……………………………………………………（1123）

十三、三鲜豆皮……………………………………………………（1124）

十四、姊妹团子……………………………………………………（1125）

十五、什锦豆腐脑…………………………………………………（1126）

十六、灌肠耙………………………………………………………（1127）

十七、怀化侗果……………………………………………………（1128）

十八、黏面墩………………………………………………………（1128）

十九、虾宰酥………………………………………………………（1129）

二十、欢喜坨………………………………………………………（1130）

二十一、炸面窝……………………………………………………（1131）

二十二、麻将馒头…………………………………………………（1132）

二十三、三角绿豆饼………………………………………………（1133）

二十四、云梦炒鱼面………………………………………………（1133）

二十五、三鲜春卷…………………………………………………（1134）

二十六、重阳糕……………………………………………………（1135）

二十七、新野板面…………………………………………………（1136）

二十八、开封灌汤包………………………………………………（1137）

二十九、切馅烧卖…………………………………………………（1138）

三十、绿豆糊涂……………………………………………………（1139）

三十一、三鲜豆腐脑………………………………………………（1139）

三十二、四批油条…………………………………………………（1140）

三十三、红薯饼……………………………………………………（1141）

三十四、樊城薄刀…………………………………………………（1142）

三十五、秭归粽子…………………………………………………（1143）

三十六、武汉油条…………………………………………………（1144）

三十七、荠菜春卷…………………………………………………（1145）

三十八、珍珠烧麦…………………………………………………（1146）

三十九、蟹黄螃蟹酥………………………………………………（1147）

四十、枯炒牛肉豆丝………………………………………………（1148）

四十一、糊汤米酒…………………………………………………（1149）

四十二、什锦元宵……………………………………(1149)

第五节　华南地区风味小吃……………………………(1151)

一、鲜虾肠粉……………………………………………(1152)

二、及第粥………………………………………………(1154)

三、艇仔粥………………………………………………(1155)

四、咸水角………………………………………………(1156)

五、虾肉云吞……………………………………………(1157)

六、虾饺…………………………………………………(1158)

七、鲜虾荷叶饭…………………………………………(1159)

八、糯米鸡………………………………………………(1161)

九、肇庆裹蒸粽…………………………………………(1162)

十、蟹黄干蒸烧卖………………………………………(1164)

十一、大良膏煎…………………………………………(1165)

十二、鸡丝拉皮卷………………………………………(1166)

十三、蚝油叉烧包………………………………………(1167)

十四、白糖伦教糕………………………………………(1168)

十五、奶黄包……………………………………………(1169)

十六、蛋黄莲蓉包………………………………………(1170)

十七、娥姐粉果…………………………………………(1171)

十八、泮塘马蹄糕………………………………………(1172)

十九、潮州老婆饼………………………………………(1173)

二十、沙河粉……………………………………………(1175)

二十一、柳州螺蛳粉……………………………………(1176)

二十二、壮乡生榨糊……………………………………(1177)

二十三、南宁老友面……………………………………(1178)

二十四、玉林牛丸………………………………………(1179)

二十五、壮家墨米糖粥…………………………………(1181)

二十六、吮田螺…………………………………………(1182)

二十七、桂乡大黑米粽…………………………………(1183)

二十八、干锅狗肉………………………………………(1184)

二十九、桂花茯苓糕……………………………………(1185)

三十、南宁粉饺 …………………………………………（1187）

三十一、荔浦芋头糕 ……………………………………（1188）

三十二、壮乡粉虫 ………………………………………（1189）

三十三、壮家五色糯饭 …………………………………（1191）

三十四、玉米咸糯糍 ……………………………………（1192）

三十五、玉米饼 …………………………………………（1193）

三十六、玉林牛巴 ………………………………………（1194）

三十七、桂林米粉 ………………………………………（1195）

三十八、打油茶 …………………………………………（1197）

三十九、黎家竹筒饭 ……………………………………（1198）

四十、海南萝卜糕 ………………………………………（1199）

四十一、海南煎堆 ………………………………………（1200）

四十二、海南抱罗粉 ……………………………………（1201）

四十三、海南煎饼 ………………………………………（1202）

四十四、海南椰子饭 ……………………………………（1203）

四十五、椰汁板子糕 ……………………………………（1204）

四十六、文昌按粑 ………………………………………（1204）

四十七、琼南伊府面 ……………………………………（1205）

四十八、脆皮春卷 ………………………………………（1206）

四十九、豆腐花 …………………………………………（1207）

第六节　西南地区风味小吃 ……………………………（1208）

一、川北凉粉 ……………………………………………（1214）

二、龙抄手 ………………………………………………（1215）

三、麻婆豆腐 ……………………………………………（1216）

四、夫妻肺片 ……………………………………………（1217）

五、钟水饺 ………………………………………………（1218）

六、担担面 ………………………………………………（1219）

七、三大炮 ………………………………………………（1220）

八、赖汤圆 ………………………………………………（1221）

九、韩包子 ………………………………………………（1222）

十、酥饺 …………………………………………………（1223）

十一、提丝发糕……………………………………（1224）

十二、蛋烘糕……………………………………（1225）

十三、卤肉锅魁……………………………………（1226）

十四、郭汤圆……………………………………（1227）

十五、苕酥糖……………………………………（1228）

十六、味精麻花……………………………………（1229）

十七、二姐兔丁……………………………………（1229）

十八、棒棒鸡丝……………………………………（1230）

十九、鸡汁锅贴……………………………………（1231）

二十、缠丝兔……………………………………（1232）

二十一、灯影牛肉……………………………………（1233）

二十二、萝卜酥饼……………………………………（1234）

二十三、瑶家大粽……………………………………（1235）

二十四、过桥米线……………………………………（1236）

二十五、毫甩……………………………………（1238）

二十六、玫瑰米凉虾……………………………………（1239）

二十七、紫米四喜汤圆……………………………………（1240）

二十八、肠旺面……………………………………（1241）

二十九、遵义豆花面……………………………………（1243）

三十、绥阳银丝空心面……………………………………（1244）

三十一、遵义羊肉粉……………………………………（1246）

三十二、毕节汤圆……………………………………（1247）

三十三、鸡肉汤圆……………………………………（1248）

三十四、沓臊馄饨……………………………………（1249）

三十五、布依族灰水粽粑……………………………………（1250）

三十六、花溪牛肉粉……………………………………（1251）

三十七、酸汤面……………………………………（1252）

三十八、咸八宝饭……………………………………（1253）

三十九、酸木瓜饭……………………………………（1255）

四十、鲜玉米饭……………………………………（1256）

四十一、麻补……………………………………（1257）

四十二、考糯索 …………………………………… (1258)

四十三、夹沙荞糕 ………………………………… (1259)

四十四、荠菜饺 …………………………………… (1261)

四十五、破酥包子 ………………………………… (1262)

四十六、都督烧麦 ………………………………… (1263)

四十七、鸭肉糯米饭 ……………………………… (1264)

四十八、铜仁社饭 ………………………………… (1265)

四十九、遵义黄粑 ………………………………… (1266)

五十、清明粑 ……………………………………… (1267)

五十一、绵菜粑 …………………………………… (1268)

五十二、布依族褡裢粑 …………………………… (1269)

五十三、碗耳糕 …………………………………… (1270)

五十四、兴义刷把头 ……………………………… (1271)

五十五、都匀冲冲糕 ……………………………… (1272)

五十六、烧饵块 …………………………………… (1273)

五十七、石板粑粑 ………………………………… (1274)

五十八、石屏烧豆腐 ……………………………… (1275)

五十九、遵义鸡蛋糕 ……………………………… (1276)

六十、恋爱豆腐果 ………………………………… (1277)

六十一、威宁小荞粑 ……………………………… (1278)

六十二、小卷粉 …………………………………… (1279)

六十三、鸡蛋米浆粑粑 …………………………… (1281)

六十四、油炸麻脆 ………………………………… (1281)

六十五、炸洋芋粑粑 ……………………………… (1283)

六十六、摩登粑粑 ………………………………… (1284)

六十七、丽江火腿粑粑 …………………………… (1285)

六十八、象耳粑粑 ………………………………… (1286)

六十九、仡佬族灰团粑 …………………………… (1287)

七十、贵阳豆腐圆子 ……………………………… (1288)

七十一、侗果 ……………………………………… (1289)

七十二、小锅卤饵 ………………………………… (1290)

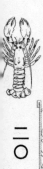

七十三、大救驾………………………………………（1292）

七十四、肉饵丝………………………………………（1293）

七十五、火腿鸡杂饵丝………………………………（1294）

七十六、锅巴油粉……………………………………（1295）

七十七、鸡豆凉粉……………………………………（1296）

七十八、虎掌金丝面…………………………………（1297）

七十九、大理三道茶…………………………………（1298）

八十、漆油茶…………………………………………（1300）

八十一、糌粑酥油茶…………………………………（1300）

八十二、怪噜饭………………………………………（1302）

八十三、鸡辣角………………………………………（1302）

八十四、卤猪脚………………………………………（1303）

八十五、三合汤………………………………………（1304）

八十六、鸡煮菜稀饭…………………………………（1305）

八十七、茶食…………………………………………（1306）

八十八、侗乡油茶……………………………………（1307）

八十九、道真香油茶…………………………………（1308）

九十、威宁荞酥………………………………………（1309）

第七节　西北地区风味小吃…………………………（1310）

一、西安大肉饼………………………………………（1313）

二、西安猴头面及猴耳朵面…………………………（1314）

三、西安小笼蒸饺……………………………………（1315）

四、泡泡油糕…………………………………………（1316）

五、臊子面……………………………………………（1317）

六、安康窝窝面………………………………………（1318）

七、浆水面……………………………………………（1319）

八、三原疙瘩面………………………………………（1320）

九、清汤牛肉面………………………………………（1321）

十、韩城大刀面………………………………………（1322）

十一、炒炮竹面………………………………………（1323）

十二、大荔炉齿面……………………………………（1324）

十三、油泼箸面 …………………………………… (1325)

十四、窝窝面 ……………………………………… (1326)

十五、汉中梆梆面 ………………………………… (1327)

十六、爆炒面 ……………………………………… (1327)

十七、羊肉朵面片 ………………………………… (1328)

十八、乾州锅盔 …………………………………… (1329)

十九、时辰包子 …………………………………… (1330)

二十、宝鸡豆腐包子 ……………………………… (1331)

二十一、羊肉大包 ………………………………… (1332)

二十二、一捆柴 …………………………………… (1333)

二十三、石子馍 …………………………………… (1334)

二十四、烤馍 ……………………………………… (1334)

二十五、西安油酥饼 ……………………………… (1335)

二十六、三原金线油塔 …………………………… (1336)

二十七、西安萝卜饼 ……………………………… (1337)

二十八、富平太后饼 ……………………………… (1338)

二十九、西安糖栳栳 ……………………………… (1339)

三十、甑糕 ………………………………………… (1340)

三十一、西安糍糕 ………………………………… (1341)

三十二、羊肉抓饭 ………………………………… (1342)

三十三、牛羊肉泡馍 ……………………………… (1342)

三十四、黄面 ……………………………………… (1344)

三十五、饦馍馍 …………………………………… (1345)

三十六、一捧雪 …………………………………… (1346)

三十七、清真油旋饼 ……………………………… (1346)

三十八、葱花馍 …………………………………… (1347)

三十九、岐山臊子面 ……………………………… (1349)

四十、那仁 ………………………………………… (1351)

四十一、曲曲 ……………………………………… (1353)

四十二、羊肠面 …………………………………… (1354)

四十三、灌汤包饺 ………………………………… (1356)

四十四、秦镇米面皮 ···································· (1358)

四十五、粟蓉糯米糕 ···································· (1359)

四十六、哲阔 ·· (1361)

四十七、粉汤饺子 ······································ (1362)

四十八、腊汁肉夹馍 ···································· (1363)

四十九、油搅团 ·· (1366)

五十、关中饸饹 ·· (1367)

第十一章　中华茶文化典故 ······························ (1370)

第一节　茶的分类与鉴赏 ································ (1370)

一、茶的分类 ·· (1370)

二、茶叶的审评、选购和贮存 ···························· (1376)

第二节　中华名茶典故 ·································· (1379)

一、形美味醇的龙井茶 ·································· (1379)

二、清香幽雅的碧螺春 ·································· (1381)

三、风味独特的庐山云雾 ································ (1382)

四、营养最佳的六安瓜片 ································ (1384)

五、"不散不翘"的太平猴魁 ······························ (1385)

六、延年益寿的蒙顶茶 ·································· (1387)

七、"三起三落"的君山银针 ······························ (1388)

八、甘馨可口的武夷岩茶 ································ (1389)

九、"七泡有余香"的铁观音 ······························ (1391)

十、芳香厚味的祁门红茶 ································ (1392)

十一、越陈越香的普洱茶 ································ (1394)

十二、赏心悦目的白毫银针 ······························ (1395)

第三节　茶具 ·· (1396)

一、茶具的组成 ·· (1396)

二、茶具的选配 ·· (1398)

三、茶具的起源 ·· (1399)

四、精美的唐代茶具 ···································· (1400)

五、奢侈的宋代茶具 ···································· (1402)

六、简约的元明茶具 ···································· (1403)

七、兴于明的紫砂壶 ………………………………………… (1404)

八、盛于清的"文人壶" …………………………………… (1406)

九、清代的瓷质茶具 ………………………………………… (1407)

十、独特的壶具铭文 ………………………………………… (1409)

第四节　茶道 ……………………………………………………… (1410)

一、茶道的发展历程 ………………………………………… (1410)

二、茶道的基本精神 ………………………………………… (1412)

三、茶道的发展与佛教 ……………………………………… (1413)

四、道家"天人合一"的茶道思想 ………………………… (1414)

五、茶道中的"中和"思想 ………………………………… (1416)

六、儒家人格和茶道精神 …………………………………… (1417)

七、儒家"乐生观"和茶道 ………………………………… (1418)

第五节　茶艺 ……………………………………………………… (1420)

一、多姿多彩的茶艺 ………………………………………… (1420)

二、历史悠久的煮茶法 ……………………………………… (1421)

三、流行一时的煎茶法 ……………………………………… (1423)

四、妙趣横生的点茶法 ……………………………………… (1424)

五、经久不衰的泡茶法 ……………………………………… (1425)

六、原汤本味的清饮 ………………………………………… (1427)

七、风味各异的调饮 ………………………………………… (1428)

八、风雅的品饮环境 ………………………………………… (1429)

九、茶艺美学的渊源 ………………………………………… (1431)

十、茶艺美学的特质 ………………………………………… (1432)

十一、茶人的择水之道 ……………………………………… (1433)

第六节　民俗茶 …………………………………………………… (1434)

一、闽粤功夫茶 ……………………………………………… (1434)

二、藏族酥油茶 ……………………………………………… (1436)

三、蒙古族奶茶 ……………………………………………… (1437)

四、瑶族打油茶 ……………………………………………… (1439)

五、土家族擂茶 ……………………………………………… (1440)

六、白族三道茶 ……………………………………………… (1441)

七、商榻"阿婆茶" ·· (1443)

第七节 中国文学中的茶之韵 ································ (1444)

一、古朴悠远的秦汉茶诗······························· (1444)

二、流传千古的唐代茶诗······························· (1446)

三、百家纷呈的宋代茶诗······························· (1449)

四、蔚为大观的元明清茶诗····························· (1450)

五、中华茶诗的形式美································· (1451)

六、丰富的茶词与多样的茶曲··························· (1454)

七、《红楼梦》、《金瓶梅》中的茶文化 ···················· (1456)

第八节 茶与保健 ·· (1461)

一、茶的营养成分与保健功效··························· (1461)

二、茶与养生······································· (1463)

三、茶疗偏方······································· (1464)

四、饮茶小提醒····································· (1466)

第九节 中华名人饮茶典故 ································ (1468)

一、陆纳以茶待客··································· (1468)

二、刘琨以茶解闷··································· (1469)

三、萧赜以茶为祭··································· (1469)

四、"别茶人"白居易································· (1470)

五、"皮陆"唱和茶诗································· (1471)

六、茶僧皎然与茶圣陆羽······························· (1473)

七、赵州和尚"吃茶去"······························· (1474)

八、苏轼与"东坡提梁壶"····························· (1476)

九、欧阳修爱茶如痴································· (1478)

十、陆游舍酒取茶··································· (1480)

十一、黄庭坚与"双井茶" ····························· (1483)

十二、雅士陶谷"扫雪烹茶"····························· (1484)

十三、"点茶三昧手"的高僧谦师 ······················· (1486)

十四、张岱与"兰雪茶"······························· (1487)

十五、孔尚任以茶入戏······························· (1488)

十六、袁枚与"武夷岩茶"····························· (1489)

十七、蒲松龄借茶谈神说鬼 …………………………………………（1492）

十八、朱元璋废"龙团" ………………………………………………（1494）

十九、朱权的茶道 ……………………………………………………（1495）

第十二章　中华酒文化典故 ………………………………………（1496）

第一节　酒的分类与鉴赏 ……………………………………………（1496）

一、国内酒的分类 ……………………………………………………（1496）

二、酒的审评、选购和贮存 …………………………………………（1503）

第二节　中国名酒典故 ………………………………………………（1511）

一、白酒类 ……………………………………………………………（1511）

二、黄酒类 ……………………………………………………………（1532）

三、啤酒类 ……………………………………………………………（1536）

四、葡萄酒 ……………………………………………………………（1540）

第三节　酒的贮藏 ……………………………………………………（1541）

一、白酒 ………………………………………………………………（1541）

二、黄酒 ………………………………………………………………（1542）

三、啤酒 ………………………………………………………………（1542）

四、葡萄酒 ……………………………………………………………（1542）

五、药酒 ………………………………………………………………（1543）

第四节　酒器的选用 …………………………………………………（1544）

一、历代的酒器 ………………………………………………………（1544）

二、酒具的选用 ………………………………………………………（1547）

第五节　酒礼与酒俗 …………………………………………………（1549）

一、古代酒礼 …………………………………………………………（1549）

二、古代酒俗 …………………………………………………………（1554）

三、现代酒礼与酒俗 …………………………………………………（1559）

四、少数民族饮酒的礼俗 ……………………………………………（1563）

第六节　酒的养生与饮用 ……………………………………………（1575）

一、各类酒的营养价值 ………………………………………………（1575）

二、酒对人体健康的作用 ……………………………………………（1576）

三、科学、正确与健康饮酒 …………………………………………（1577）

四、酒的妙用 …………………………………………………………（1583）

第七节　名人饮酒典故 ……………………………………………… (1588)

一、仪狄与酒 ………………………………………………………… (1588)

二、杜康与酒 ………………………………………………………… (1588)

三、白居易 …………………………………………………………… (1589)

四、大禹绝旨酒疏仪狄 ……………………………………………… (1589)

五、夏桀是第一位纵酒亡国的"酒天子" …………………………… (1589)

六、殷纣王赴火自焚 ………………………………………………… (1590)

七、周公与《酒诰》 ………………………………………………… (1590)

八、周幽王设酒宴点烽火戏诸侯 …………………………………… (1591)

九、管仲饮酒弃半觞之说 …………………………………………… (1592)

十、吕不韦父子与酒 ………………………………………………… (1593)

十一、荆轲酒后刺秦王 ……………………………………………… (1595)

十二、刘邦归故里酒酣而歌 ………………………………………… (1596)

十三、汉代"酒令大如军令" ……………………………………… (1597)

十四、"圣人"与酒的来历 ………………………………………… (1598)

十五、"青梅煮酒论英雄" ………………………………………… (1598)

十六、孙权"以酒试才" …………………………………………… (1599)

十七、以酒拜师、求教的故事 ……………………………………… (1600)

十八、昏聩残暴、醉生梦死的符生 ………………………………… (1600)

十九、陶渊明酒事多多 ……………………………………………… (1601)

二十、苏轼 …………………………………………………………… (1603)

二十一、欧阳修 ……………………………………………………… (1603)

二十二、阮籍以酒避祸、解忧 ……………………………………… (1603)

二十三、李白 ………………………………………………………… (1604)

二十四、杜甫 ………………………………………………………… (1606)

二十五、白居易"弱视" …………………………………………… (1607)

二十六、魏征与美酒 ………………………………………………… (1608)

二十七、贾岛别出心裁饮酒 ………………………………………… (1608)

二十八、贵妃醉酒的故事 …………………………………………… (1609)

二十九、岳飞的饮酒观 ……………………………………………… (1610)

三十、辛弃疾以酒会友 ……………………………………………… (1610)

三十一、宋太祖借酒处事手法高明 ·········· (1611)

三十二、朱元璋借酒"演戏" ·········· (1613)

三十三、蒲松龄酒讽贪官 ·········· (1614)

三十四、"四醉"雅号和"醉吟先生" ·········· (1614)

三十五、苏舜钦《汉书》下酒 ·········· (1616)

三十六、醉翁之意不在酒 ·········· (1617)

三十七、贺知章金龟换酒 ·········· (1619)

三十八、刘伶病酒 ·········· (1620)

三十九、劝君王饮酒听虞歌 ·········· (1622)

四十、曹雪芹与酒 ·········· (1623)

四十一、李鸿章喝"古酒" ·········· (1623)

四十二、梁实秋的抒情酒话 ·········· (1624)

四十三、傅杰先生与酒 ·········· (1625)

四十四、石达开醉酒惨败 ·········· (1626)

四十五、鲁迅先生与酒 ·········· (1626)

四十六、马克思和恩格斯与酒 ·········· (1627)

四十七、周恩来与酒 ·········· (1628)

四十八、许世友与酒 ·········· (1630)

四十九、叶圣陶与酒 ·········· (1630)

第十三章　汤文化 ·········· (1631)

第一节　汤文化概述 ·········· (1631)

一、汤文化的含义 ·········· (1631)

二、汤文化的起源 ·········· (1632)

三、汤文化的形成与发展 ·········· (1633)

第二节　汤的分类与品评 ·········· (1633)

一、汤的分类 ·········· (1633)

二、国内有名的汤 ·········· (1635)

三、国外饮汤大观 ·········· (1638)

四、汤具与汤馆 ·········· (1640)

五、饮汤习俗与礼仪 ·········· (1643)

第三节　汤与保健 ·········· (1644)

一、饮汤与健康 …………………………………………… (1644)

二、汤疗偏方 ……………………………………………… (1645)

三、饮汤注意事项 ………………………………………… (1648)

第四节 汤的轶闻典故 …………………………………… (1649)

一、汤传说 ………………………………………………… (1649)

二、汤与名人 ……………………………………………… (1652)

第十四章 中华饮食养生保健 …………………………… (1654)

第一节 常用食物的营养与保健功效 …………………… (1654)

一、谷类 …………………………………………………… (1654)

二、蔬菜类 ………………………………………………… (1661)

三、豆类 …………………………………………………… (1685)

四、菌类 …………………………………………………… (1692)

五、水果类 ………………………………………………… (1699)

六、坚果类 ………………………………………………… (1723)

七、畜禽肉类 ……………………………………………… (1729)

九、水产类 ………………………………………………… (1744)

十、调料类 ………………………………………………… (1756)

十一、昆虫类 ……………………………………………… (1765)

十二、饮品类 ……………………………………………… (1768)

第二节 四季饮食养生 …………………………………… (1790)

一、春季饮食养生 ………………………………………… (1790)

二、夏季饮食养生 ………………………………………… (1795)

三、秋季饮食养生 ………………………………………… (1806)

四、冬季饮食养生 ………………………………………… (1809)

第三节 一日三餐中的饮食养生 ………………………… (1817)

第四节 不同年龄段的饮食养生 ………………………… (1828)

第五节 饮食宜忌与食品安全 …………………………… (1854)

第六节 走出饮食误区 …………………………………… (1964)

第十五章 中华饮食老字号文化典故 …………………… (1988)

第一节 传世餐厅老字号 ………………………………… (1988)

一、北京便宜坊——便利百姓,宜民宜家 ……………… (1988)

二、北京东来顺——百年诚信东来顺，一品清真冠京城 ……………… （1994）

三、北京都一处——京城皆空，独此一处 …………………………… （2001）

四、北京全聚德——金炉百年不灭火，银钩长挂百味鲜 ……………… （2002）

五、北京陈记卤煮小肠——肥而不腻，烂而不糟 …………………… （2009）

六、重庆桥头火锅——食在重庆，味在桥头 ……………………… （2010）

七、广东广州陶陶居——来此品茗，乐在陶陶 …………………… （2011）

八、河南洛阳真不同——中华名宴，洛阳水席 …………………… （2012）

九、湖南长沙火宫殿——风味小吃，享誉三湘 …………………… （2013）

十、江苏南京马祥兴菜馆——清真寿星，独具一格 ……………… （2014）

十一、江苏苏州得月楼——吴中名楼，天下食府 ………………… （2015）

十二、江苏苏州松鹤楼——如松长青，似鹤添寿 ………………… （2016）

十三、江苏扬州富春茶社——赏花品茗，弈棋吟诗 ……………… （2017）

十四、上海杏花楼——红杏枝头，春意热闹 ……………………… （2018）

十五、台湾台北老天禄卤味——严选食材，力求新鲜 …………… （2019）

十六、台湾台北鸭肉扁——狮头土鹅，上乘美味 ………………… （2020）

十七、天津登瀛楼——登瀛洲，思故乡 …………………………… （2021）

十八、天津起士林——享受人生，美妙之地 ……………………… （2021）

十九、香港兰芳园——丝丝润滑，奶茶飘香 ……………………… （2022）

二十、云南昆明建新园——暖暖温情，过桥米线 ………………… （2023）

二十一、广东皇上皇——粤式腊味很经典 ………………………… （2024）

二十二、杭州楼外楼——佳肴与美景共绘 ………………………… （2030）

第二节　传统小吃老字号 ………………………………………… （2035）

一、天津果仁张——民间的宫廷小吃 …………………………… （2035）

二、澳门洪馨记——椰子世家，椰香传情 ……………………… （2042）

三、北京爆肚冯——世代传承，脆嫩爽口 ……………………… （2043）

四、北京砂锅居——名震京都，味压华北 ……………………… （2044）

五、吉林四平李连贯熏肉大饼——熏香沁脾，日食夜嗝 ……… （2045）

六、江苏无锡三凤桥酱排骨——香味浓郁，骨酥肉烂 ………… （2046）

七、辽宁沈阳老边饺子——老边饺子，天下第一 ……………… （2046）

八、山东德州扒鸡——色鲜味美，穿香透骨 …………………… （2047）

九、山东淄博周村烧饼——形如满月，薄如秋叶 ……………… （2048）

中华传世藏书

饮食文化典故

目录

三〇

十、冠云牛肉——肉质鲜嫩，纹路清晰 ……………………………（2049）

十一、四川成都赖汤圆——肥而不腻，糯而不粘 ……………………（2050）

十二、四川成都钟水饺——更岁交子，红油鲜香 ……………………（2051）

十三、四川阆中张飞牛肉——表面墨黑，内心红亮 …………………（2052）

十四、天津崩豆张——糊皮崩豆，满口留香 …………………………（2053）

十五、天津耳朵眼炸糕——酥脆软糯 香飘十里 ……………………（2054）

十六、天津狗不理——中华第一包 ……………………………………（2055）

十七、天津桂发祥——金黄醒目，甘甜爽脆 …………………………（2060）

十八、浙江湖州丁莲芳——鲜美精致，盛名远播 ……………………（2061）

十九、浙江嘉兴五芳斋——百年粽子，传奇美味 ……………………（2061）

第三节　酱香爽口老字号 ……………………………………………（2066）

一、北京六味斋——唇齿留香两百年的中华熟食 ……………………（2066）

二、乌镇三珍斋——香飘百年味更美的酱鸡 …………………………（2072）

三、安庆胡玉美——艰辛创业，玉成其美 ……………………………（2078）

四、北京六必居——美味酱菜香飘五百年 ……………………………（2079）

五、北京王致和——致君美味传千里，和我天机养寸心 ……………（2084）

六、江苏扬州三和四美——鲜甜脆嫩，天下无匹 ……………………（2091）

七、山东济宁玉堂酱园——京省驰名，味压江南 ……………………（2092）

八、山西太原东湖陈醋——华夏第一"醋坛子" …………………………（2093）

九、四川成都郫县豆瓣——小小豆瓣，川菜之魂 ……………………（2100）

第四节　甜香糕点老字号 ……………………………………………（2101）

一、杏花楼——粤食之精华 ……………………………………………（2101）

二、老鼎丰——乾隆亲题的金字招牌 …………………………………（2106）

三、澳门晃记饼家——慢工细活，世代传承 …………………………（2111）

四、澳门咀香园饼家——金黄松化，齿颊留香 ………………………（2112）

五、北京稻香村——南味北卖自繁荣 …………………………………（2113）

六、天津桂顺斋——糕点文化，源远流长 ……………………………（2119）

七、广州莲香楼——口感丰厚，丝丝入情 ……………………………（2120）

八、吉林福源馆——中秋月圆，福源饼香 ……………………………（2121）

九、苏州乾生元——甜香四溢，名不虚传 ……………………………（2122）

十、扬州大麒麟阁——茶食飘香，雪花片片 …………………………（2123）

十一、西安德懋恭——金面银帮，秦点之首 ……………………………… (2124)

十二、上海乔家栅——享誉百年，味传南国 ……………………………… (2124)

十三、昆明桂美轩——香浓味醇，甜咸适宜 ……………………………… (2125)

十四、昆明吉庆祥——尘飞白雪，玉屑金泥 ……………………………… (2126)

十五、云南昭通月中桂——中秋月朗，桂子新香 ………………………… (2127)

第五节　茶酒飘香老字号 …………………………………………………… (2128)

一、北京吴裕泰——门洞里的生意经………………………………………… (2128)

二、北京张一元——一等茶庄属张家 ……………………………………… (2134)

三、苏州玉露春——百年玉露，经典藏春 ………………………………… (2140)

四、天津正兴德——幽幽茉莉　清新芬芳 ………………………………… (2141)

五、山东青岛啤酒——落口爽净，啤酒花香 ……………………………… (2142)

六、山东烟台张裕葡萄酒——百年"张裕"情，世纪"实业兴邦"志 …… (2143)

七、陕西宝鸡西凤酒——千年古酒，绵香穿岁月 ………………………… (2148)

八、贵州茅台——浓香飘千年，国酒树丰碑 ……………………………… (2153)

九、四川五粮液——五谷杂粮，玉液琼浆 ………………………………… (2158)

十、浙江绍兴女儿红——女儿初嫁，独秀群芳 …………………………… (2159)

十一、北京牛栏山——"牛"酒广传承 …………………………………… (2160)

第十六章　名人饮食趣闻典故 ……………………………………………… (2166)

第一节　中华饮食业祖师爷 ………………………………………………… (2166)

一、灶王爷 …………………………………………………………………… (2166)

二、雷神 ……………………………………………………………………… (2167)

三、彭祖 ……………………………………………………………………… (2168)

四、易牙 ……………………………………………………………………… (2168)

五、汉宣帝 …………………………………………………………………… (2169)

六、诸葛亮 …………………………………………………………………… (2170)

第二节　名人名菜典故 ……………………………………………………… (2170)

一、西施与"西施玩月" …………………………………………………… (2170)

二、项羽与"霸王别姬" …………………………………………………… (2172)

三、曹操与"曹操鸡" ……………………………………………………… (2173)

四、张翰与"莼羹鲈脍" …………………………………………………… (2174)

五、杨贵妃与"贵妃鸡" …………………………………………………… (2175)

六、李白与"太白鸭" ………………………………………… (2176)

七、杜甫与"五柳鱼" ………………………………………… (2177)

八、苏轼与"东坡肉" ………………………………………… (2178)

九、米芾与"满载而归" ……………………………………… (2179)

十、乾隆与"鱼头豆腐" ……………………………………… (2180)

十一、丁宝桢与"宫保鸡丁" ………………………………… (2182)

十二、汉顺帝与湛香鱼片 …………………………………… (2183)

十三、慈禧太后与娘娘爱 …………………………………… (2184)

十四、成吉思汗与炒米 ……………………………………… (2185)

十五、成吉思汗与烤羊腿 …………………………………… (2186)

十六、忽必烈与涮羊肉 ……………………………………… (2186)

十七、诸葛亮发明的军食 …………………………………… (2187)

第三节　古代名人饮食趣闻 ………………………………… (2189)

一、刘邦食典的来龙去脉 …………………………………… (2189)

二、东方朔滑稽吃相 ………………………………………… (2194)

三、王羲之吃名背后 ………………………………………… (2197)

四、韩愈命丧火灵鸡 ………………………………………… (2199)

五、孙思邈：食疗不愈，然后命药 ………………………… (2200)

六、武则天：虫草萝卜都是好菜 …………………………… (2201)

七、吕蒙正悔吃鸡舌汤 ……………………………………… (2203)

八、王安石餐桌轶闻 ………………………………………… (2205)

九、黄庭坚饭局逗趣 ………………………………………… (2208)

十、陆游：补肾明目枸杞粥 ………………………………… (2209)

十一、李渔：慎杀生，求食益 ……………………………… (2210)

十二、名妓厨师董小宛 ……………………………………… (2212)

十三、蒲松龄的穷吃 ………………………………………… (2215)

十四、年羹尧血溅厨坊 ……………………………………… (2218)

十五、郑板桥的口舌之好 …………………………………… (2221)

十六、曾雪芹：亦食亦药的"芹菜疗法" …………………… (2225)

十七、纪晓岚大肚能容 ……………………………………… (2227)

十八、曾国藩的非常之食 …………………………………… (2231)

十九、左宗棠的三大嗜好 ……………………………（2234）

二十、李鸿章杂烩大寻踪 ……………………………（2235）

二十一、慈禧的食苑秘闻 ……………………………（2237）

第四节 近现代名人饮食趣闻 ………………………（2250）

一、袁世凯饭桌作秀 …………………………………（2250）

二、黄敬临和他的千古奇宴 …………………………（2255）

三、鲁迅这样吃 ………………………………………（2258）

四、冯玉祥的滋味岁月 ………………………………（2262）

五、苏曼殊贪嘴丢性命 ………………………………（2270）

六、蒋介石的饮食习惯 ………………………………（2273）

七、郭沫若的吃历 ……………………………………（2277）

八、孙中山：与豆腐相伴一生 ………………………（2282）

九、毛泽东：吃红烧肉补脑子 ………………………（2284）

十、朱德：长征路上吃蹄筋 …………………………（2285）

十一、周恩来："三大外交策略"之"烤鸭外交" ……（2287）

十二、梅兰芳的护嗓小吃 ……………………………（2289）

十三、追寻郁达夫的味蕾 ……………………………（2291）

十四、宋美龄的味觉人生 ……………………………（2295）

十五、老舍的吃喝喜好 ………………………………（2297）

十六、邓小平：食补不药补 …………………………（2301）

十七、于光远：呼吁"寿星菜泥" ……………………（2303）

十八、季羡林：不挑食，吃得进，拉得出 …………（2305）

十九、常香玉：水煮青菜好通便 ……………………（2308）

二十、张大千：自称烹技更在画艺之上 ……………（2309）

第五节 当代名人饮食趣闻 …………………………（2311）

一、姚明与酸菜鱼 ……………………………………（2311）

二、马季与"马家饼" …………………………………（2313）

三、成龙与中国功夫中国菜 …………………………（2314）

四、张学友与素食 ……………………………………（2315）

五、韦唯与咖啡 ………………………………………（2316）

六、范伟与家常菜 ……………………………………（2318）

七、金庸:民间称他"食博士" ………………………… (2319)

八、叶永烈与上海小笼包 ……………………………… (2321)

九、贾平凹与羊肉泡馍 ………………………………… (2323)

十、易中天与"品萝卜" ………………………………… (2324)

第六节 外国名人饮食趣闻 …………………………… (2326)

一、马克思:喝酒又品酒 ……………………………… (2326)

二、奥巴马:饮食不挑剔,用餐按食谱 ……………… (2329)

三、萨马兰奇:挥之不去的中餐情结 ………………… (2331)

四、卡斯特罗:爱吃中国菜,会做糖醋鱼 …………… (2333)

五、希拉克:我也确实很爱吃中国的川菜 …………… (2334)

六、沙马:酷爱美食的政治家 ………………………… (2336)

七、布朗:中餐馆的菠萝鸡好吃 ……………………… (2338)

八、安藤百福:方便面就是我的命 …………………… (2339)

九、巴菲特:宴会重在会 ……………………………… (2341)

中华传世藏书

饮食文化典故

目录

第一章　民以食为天

　　"民以食为天"，这个亘古不变的道理在人口众多的中国早已发扬光大，深入人心。作为世界文明古国，中国的饮食历史几乎同中国文明史一样悠久。早在三千多年前，帝胄贵族就把煮食物的鼎，作为国之重器，视为国家权力的象征。在两千多年前，孔子就追求"食不厌精，脍不厌细"的境界。一些文人雅士更是推波助澜，创造了许多与饮食文化相关的词汇和诗文，使中国的饮食文化不断地演进。

　　中国的饮食文化可谓博大精深，源远流长，尤其是中华民族素来享有盛誉的烹饪艺术，以其精湛高超的技艺和色香味俱佳而驰名世界。孙中山先生在其《建国方略》一书中说："我国近代文明，事事皆落人之后，惟饮食一道之进步，至今尚为文明各国所不及。"到了近代，中华文明被西方文明冲击得七零八落，中国餐馆却"大行其道"，各种各样的中式餐馆遍布全球每一个角落。

第一节　饮食与中国人的生活

　　饮食本是人们生存的基本需求，它与纯粹精神领域的文化和一个民族的文化性格有着十分密切的关系。在中国，吃什么与怎么吃绝不仅仅是饮食本身的问题，而是关涉到人们生活的方方面面。譬如，临行钱别的习俗是非常普遍的，上至帝王将相，下至平民百姓，亲友相别时总要聚会钱行。一般是邀请临行人吃一顿丰盛的饭菜，席间一定要敬酒壮行，说一些祝福的话。讲究的人家还要包顿饺子款待，因为饺子的形状像个金元宝，吃了饺子出门，定能广开财路，顺利平安，所以，民间流传有"出门饺子进门面"的说法。

　　在中国的饮食习惯里，具体而微地体现出中国文化和中国人的显著特征。

一、择饮食弃男女

台湾张起钧教授著有《烹调原理》一书，他在序言中说："古语说'饮食男女人之大欲存焉'，若以这个标准来论，西方文化（特别是近代美国式的文化）可说是男女文化，而中国则是一种饮食文化。"从宏观而言，这一判断是有道理的。因文化传统的缘故，西方人的人生倾向明显偏于男女关系，人生大量的时间及精力投注于这一方面，这在汉民族是难以理解的。因为历代理学家"存天理，灭人欲"，汉民族对于男女关系理解的褊狭，仅仅把它看做是单纯的性关系，而在传统文化中把性隐蔽化、神秘化和罪恶化，"万恶淫为首"，甚至认为"女人是祸水"。性被蒙上一层浓厚的羞耻和伦理色彩，对于现实的性，便只能接受生理的理解。"男女之大防"，将男女关系与性关系等同起来，所以对性的认识也是肤浅的。而且这一切都还只能"尽在不言中"，说出来便有悖礼教，认为道德沦丧了。由于对性的回避、排斥，中国人把人生精力倾泻导向于饮食，这样，不仅导致了烹调艺术的高度发展，而且赋予饮食以丰富的文化内涵。

食色乃人之两大本性，食色欲望为狂欢的原动力。食色本能充分的宣泄便是狂欢最基本的表现形态。满足基本欲望的狂欢才是真正的狂欢，是出自本能的狂欢。在此种场合，社会的等级、差别、不平等被消解殆尽，荣誉、名望、地位等等被视如粪土，社会规范和道德法则变得无足轻重。其他的诸如文学、舞蹈、歌谣、庆贺、庙会及种种的带有狂欢性的仪式都是这两种基本狂欢的延伸和发展。

既然食色活动是民间最核心的狂欢形式，为何两千多年前的儒家圣贤选择了饮食而排斥色欲？这反映了我们的祖先对食、色活动可能导致的不同后果有清醒的认识。

人类最早的两性关系，相当时间内仍是沿用动物界里没有任何规范约束的杂乱群居婚。当时的两性关系，纯是一种兽性的表现。为争夺异性，常常发生大规模的拼死搏斗。为性而无休止的争斗，瓦解了群体的团结和生存力，严重的甚至会毁灭整个群体的生命。这绝不是危言耸听，人类史上曾有这样的记录。考古家发现10万年前，欧洲有一个种族，学界称其为尼安德特人。遗留的骨骼化石表明，该人种身材高大，体魄强健，在原始人群中颇有先天的优势，可是，后来他们神秘地消失了。科学家们百惑不解，他们到哪里去了？他们的后裔是现在欧洲民族中的哪部

分？现代欧洲民族哪一个似乎都与他们没关系。经过考古和人类学家、民俗学家的共同努力，谜底终于找到了，他们消失了。消失的原因，既不是天灾，也不是病魔，而是两性生活无规则的恶果。无约束的杂婚，为争夺异性，相互拼斗残杀。成批年轻力壮的男女惨死在性的争斗中。最后，终于一蹶不振，日趋衰落，直至消亡。进入文明社会以后，"性"和战争以及其他的争斗同样是紧密联系在一起的。"爱情是排他的"这句名言也说明了这一点。基于这些由性交活动所产生的社会恶果，以维系社会秩序为己任的儒家，自然要极大限度地限制"性"的发展空间。

而饮食就不一样。在中国，饮食文化得以充分展示的是在节日期间。任何一个宴席，不管是什么目的，都只会有一种形式，就是大家团团围坐，共享一席。筵席要用圆桌，这就从形式上造成了一种团结、礼貌、共趣的气氛。美味佳肴放在一桌人的中心，它既是一桌人欣赏、品尝的对象，又是一桌人感情交流的媒介物。人们相互敬酒、相互让菜、劝菜，在美好的事物面前，体现了人们之间相互尊重、礼让的美德。虽然从卫生的角度看，这种饮食方式有明显的不足之外，但它符合我们民族"大团圆"的普遍心态，便于集体的情感交流，因而至今难以改革。这种"聚餐"及"宴饮"的社会功效，在年节期间得到更为明显的表现。古人云："饮食所以合欢也。"除夕、春节、元宵要吃"团圆"饭，端午节吃粽子，冬节吃汤圆，其他繁多小节，如观音节、灶王节等等，也要蒸糕、改膳，用吃来纪念先人，用吃来感谢神灵，用吃来调和人际关系，用吃来敦睦亲友、邻里，进而推行教化。中国人是要通过同桌共食来表现和睦、团圆的气氛，抒发祈愿平安、幸福的心情，这就是为什么中国的大小节日都要以聚餐、会饮为主要内容的原因。

在食色文化长期发展过程中，饮食逐渐取代了性，饮食行为常常作为关于"性"的表述而成为富有象征性的符号。性交行为只能通过饮食行为表达出来。新婚时，新郎和新娘喝"交杯酒"就是一个最为典型的事例。法国结构主义大师列维一斯特劳斯在文化学方面的一个重要贡献，就是揭示了食色的同一性。他说："在相当多的语言中，二者甚至以同样的词语表示。在约卢巴人中，'吃'和'结婚'用同一个动词来表示，其一般意义是'赢得、获得'；法文中相应的动词'消费'（'consommer'）用于婚姻又用于饮食。在约克角半岛的可可亚奥人的语言中，库塔库塔（kutakuta）既指乱伦又指同类相食，这是性交与饮食消费的最极端形式。"紧接着，他又说："两者之间的关系不是因果性的，而是譬喻性的。甚至在今日，

性关系与饮食关系也是相似的。"（［法］列维—斯特劳斯，《野性的思维》）

人有两大本性，即饮食和男女。儒家在这两大本性之间，选择了饮食，是极其英明的。"饮食所以合欢也"，儒家之所以大力倡导饮食文化，而排斥性文化，原因即在此。性是会引起争斗的，而饮食却能融洽关系。中国人喜欢"有话摆在桌面上"，毛主席也说，"革命不是请客吃饭"，把革命斗争与请客吃饭对立起来，非常恰当。革命是你死我活的，而请客吃饭则是欢聚和加强亲密的关系。可见，饮食和餐桌文化对中国人的思想观念产生了多么深的影响。

二、中国饮食对性的取代

食色乃人之两大本性，食色欲望为狂欢的原动力。从人类学的角度来思考，食物和性的关系就更密切了。初民为了生存，必须依赖劳动（冒险）从自然界中获取食物（猎物）。等饥饿问题解决后，才有体力和心思遂行性交（生殖）活动。但是紧接而来子嗣的增加，反倒又扩大了食物的需求，于是人们只好加倍劳动以填补食物的不足，饮食与性交如因果般互相滋长，人类文明也就于焉开展。食色本能充分的宣泄便是狂欢最基本的表现形态。满足基本欲望的狂欢才是真正的狂欢，是出自本能的狂欢。其他的诸如文学、舞蹈、歌谣、庆贺、庙会、歌会及种种的带有狂欢性的仪式都是这两种基本狂欢的延伸和发展。

既然食色活动是民间最核心的狂欢形式，为何两千多年前的儒家圣贤选择了饮食而排斥色欲？这反映了我们的祖先对食、色活动可能导致的不同后果有清醒的认识。

于是，在中国，性的欲望完全让位给了生育信仰，生育话语完全排除性话语。而且生育话语的表达也往往交付给了食物和饮食行为。新婚洞房应该是性和生育信仰的隐喻，而这两者却通过饮食行为显露出来。过去，纳西族摩梭人的婚礼上，就有类似"合銮"仪式。新婚前夕，人们端出公羊睾丸一个、酒一杯，请新郎新娘共同饮食。另外，解放前，湖南宁乡地区的婚礼中，也有类似的仪式。当摘了盖头以后，新娘便脱去青衣青裤与青裙，换上花红衣服。然后，由两名妇女各捧两杯，茶内有枣子数颗，交给新郎新娘饮用。饮时不得独自饮完，留下一半相互混合再饮，俗称为"合面茶"。婚礼上，新婚夫妇共食公羊睾丸以及枣子（早子）的行为，显然表达了对生育的信仰。

交杯古时称"合卺"，始于周代。卺是一种匏瓜，俗称苦葫芦，其味苦不可食。郑玄的《三礼图》解释了合卺的含义："合卺，破匏为之，以线连柄端，其制一同匏爵。"合卺是将一只卺破为两半，各盛酒于其间，新娘新郎各饮一卺。匏瓜剖分为二，象征夫妇原为二体，而又以线连柄，则象征由婚礼把俩人连成一体，所以分之则为二，合二则为一。在古代，结婚的主要目的是生育，而在

红枣茶

生育信仰的场合，往往伴有饮食活动，以饮食来激发人的生殖欲望。通过新婚夫妇共饮共食的方式，以及食物本身的隐喻功能达到抒发生殖欲望的目的。因此，"合卺"的象征寓意是多层次的。但这些寓意又是相关联的，简单说，就是新郎新娘合二为一、结为一体，以求产生新的生命。

另外，我们通过"卿"这个字的释义，也便可知道饮食代表夫妻关系的象征性。"卿"的本义当为夫妻，又指两人面对面相坐而食。从这个字的构形来看，左右两人对坐饮食就是表示夫妻。只有夫妻同吃一份餐，以共同饮食喻指夫妻关系表现为对男女关系的隐蔽，对饮食行为的张扬。

在食色文化长期发展过程中，饮食逐渐取代了性，饮食行为常常作为关于"性"的表述而成为富有象征性的符号。这类符号又往往与某一信仰相关联。性交行为只能通过饮食行为表达出来。新婚时，新郎和新娘喝"交杯酒"就是一个最为典型的事例。所用之"卺"俗称苦葫芦。葫芦形圆多籽，类似于十月怀胎的孕妇。在上古洪水神话中，人类被洪水淹灭，只有一对兄妹因躲进葫芦中才死里逃生。后来兄妹结为夫妻，再造人类，成为人类始祖。葫芦与人类生殖有着密切关系，而"交杯酒"显然又是建立在葫芦信仰基础上的。

北方人喜食饺子，逢年过节均以饺子为美食，洞房里照样视饺子为吉祥食品，饮交杯酒变异为吃饺子。陕北农村有婆婆请新媳妇吃饺子的风俗，饺子虽经蒸煮，却故意煮得半生不熟，当新娘吃第一只饺子时，婆婆故意问道："生吗?"新娘照实答道："生的。"此时婆婆笑得脸上像绽开了的菊花，朦胧之中似乎看见一个白白胖

胖的小孙子。此俗当地称为"儿女扁食"。如今计划生育了，国家规定只许生一个，新娘在吃"儿女扁食"时，索性大大方方地答应婆婆："生，生一个！"饶有趣味。

男女话语之所以可以转化为饮食话语，主要在于饮食能够使人产生"性"的联想。与饮食最相关的两个空间，一个是煮食的厨房，一个是吃食的餐厅。厨房是最常常出现在饮食文本中的空间，此厨房所以产生情色的联系，主要是因为厨房是女性的专属空间，而其烹煮出的食物，能带给人身心的满足。而餐厅则是由于共食时的人际互动，透过用餐时唇齿的活动（吃与说），还有用餐的行为，可以观察到在双方行止中透露的情色。还有，火是食材成为食物的重要因素。火虽然不是食材，但它加入烹煮的过程，使食物的本质产生质变。在男女的情欲之上，我们也常会用"火"来比拟情感，如：形容情感的浓烈，我们会说"热情如火"；形容情欲的炽盛，我们会说"欲火焚身"；形容男女两方激情的触动，我们会说"天雷勾动地火"；形容男女两人交往的热络，我们会说"打得火热"。可见"火"这一个物质对食物及情感所产生的微妙影响，令人玩味。（台湾"国立中央大学"中国文学研究所游丽云，硕士论文《怎样情色？如何文学？——台湾饮食文学中的情色话语》）

饮食与其他物质生活形态有着鲜明的不同，有人在上海穿一个傣族的服装，人们会觉得很奇怪。而在上海开设一个有民族特色的饮食店，人人都可以去吃的。饮食与服饰、居住环境不一样，饮食是不容易发生冲突的。饮食具有很强的融合性和兼容性，排除对抗，而趋于适应和迎合。因此，将节日的基本活动定位于饮食，更表现出节日的合欢性质。

三、吃草的优势

凡饮食都离不开菜。在中国"菜"为形声字，与植物有关。据西方的植物学者的调查，中国人吃的菜蔬有六百多种，比西方多六倍。实际上，在中国人的菜肴里，素菜是平常食品，荤菜只有在节假日或生活水平较高时，才进入平常的饮食结构，所以自古便有"菜食"之说，《国语·楚语》"庶人食菜，祀以鱼"，是说平民一般以菜食为主，鱼肉只有在祭祀时才能吃到。菜食在平常的饮食结构中占主导地位。

中国人的以植物为主菜，与佛教徒的鼓吹有着千缕万丝的联系。东汉初年佛教传入我国，到南北朝时，佛教在我国的发展形成高峰。当时，南北各地，广修佛寺，佛教信徒人数大增，"南朝四百八十寺，多少楼台烟雨中"，正是对这一史实的写照。脱俗为僧，入寺吃斋，他们视动物为"生灵"，而植物则"无灵"，所以，他们主张素食主义。

西方人好像没有这么好的习惯，他们秉承着游牧民族、航海民族的文化血统，以渔猎、养殖为主。以采集、种植为辅，荤食较多，吃、穿、用都取之于动物，连西药也是从动物身上摄取提炼而成的。

中国人过去见面，首先问"你吃了吗"，可见饮食在中国人心目中的位置。国际上流传一句俗语："花园楼房，日本老婆，中国菜。"有一位法国营养学家说过："一个民族的命运是看他吃什么和怎么吃。"中华民族饮食文化的悠久历史、艺术魅力和文化意蕴，再一次证明了我国人民所创造的高度文明。"烹调之术，本于文明而生。非深孕文明之种族，则辨味不精。辨味不精，则烹调之术不妙。中国烹调之妙，亦足表文明进化之深也。"（孙中山，《建国方略》）音乐、舞蹈源于得食之乐和果腹之喜；酒类的制造，萌发了古代化学；至于古代医学、哲学、文学、礼仪等等，无不伴随人类的饮食活动而产生和发展……一个民族吃什么，怎么吃，决定了这个民族的文化发展走向。

饮食是一个民族最基本的民俗文化行为，对一个民族的性格会产生很深刻的影响。有学者根据中西方饮食对象的明显差异这一特点，把中国人称为植物性格，西方人称为动物性格。之所以这么称谓，是因为以中国人为代表的东方民族的饮食是以草为主，而以美国为代表的西方民族饮食主要以肉为主。反映在文化行为方面，西方人喜欢冒险、开拓、冲突、暴力、征服，性格外向；而中国人则安土重迁、固本守己、友善、保守、内向、含蓄。的确，西方人如美国人在开发西部时，他们把整个家产往车上一抛，就在隆隆的辎重声中走出去了。在中国，三峡工程成功的关键不是资金技术，而是移民。这与中国人"根"的情结有关。中国人则时时刻刻记挂着"家"和"根"，尽管提倡青年人要四海为家，但在海外数十年的华人，末了还拄着拐杖来大陆寻根问宗。这种叶落归根的观念、人文精神，不能不说是和中国人饮食积淀相通合，它使中华民族那么的富有凝聚力，让中国文化那么的富有人情味。所有的中国人都知道"春运"的含义，此词若译成英文，则意义全无。年关临近，火车站、汽车站、飞机场皆人山人海，各自奔向自己的家乡。俗话说，"有钱

民以食为天

没钱回家过年"。在这里，"根"的观念表现为家庭及家族的团圆。

中国还有一句古语，叫做"咬得菜根，百事可做"。菜根条件意味着艰苦卓绝的生活。中国人凭着"咬菜根"的决心和气魄，创造了全世界最古老最灿烂的文明。中国人也很善于吃苦，"吃得苦中苦，方为人上人"，中国人很会读书，并不是中国人聪明，而是非常刻苦，这都与中国人吃草有关系。中国人"根"情结的深重，也反映在对古代文明的传承方面，而当我们回过头来看的时候，古巴比伦、古希腊、古埃及这些食肉民族的文明，都已经消失或黯淡了。再比如，中华民族的象征之一的长城，是用来防守的而不是用来进攻的，充分体现中国作为吃草民族的友善性格。

饮食可以反映性格、感情，如四川人嗜辣，则四川姑娘性格刚烈。口味的偏好可以看出个人的性格，而性格又影响到情感的表达。食物最能忠实反映一个人的性格。饮食爱好是骗不了人的，不像人们在腋下夹一本书就可以装风雅。在改革开放初期，邓小平同志在南方划了一个圈，搞经济特区，他为什么去广东省划一个圈呢？为什么不划到别的地方？中国有一句俗语叫："大连人什么衣服都敢穿，北京人什么屁都敢放，广东人什么东西都敢吃！"一般来说，中国人比较保守，但在吃的方面，中国人又是最开放的，而最最开放的是广东人。一个地方的人什么东西都敢吃，什么事情不敢干？小平同志能够意识到这一点，是非常伟大的。一个地方的人什么东西都敢吃，什么事情也都敢干，这是很了不起的性格。比如吃一个苹果吃到一半，什么最可怕？看到剩下半只虫子在苹果里，要是广东人，把另外一半也吃掉！这是广东人能够把经济特区搞成功的重要原因之一。

中国一些体育项目成绩的好坏，也与吃草有密切关系。男子足球的表现，一直令国人大失所望；中国的拳击和篮球项目在世界也是弱项。并不是这些项目的运动员不刻苦、不爱国，而是中国人的民族性格使然。这些项目的双方运动员身体相互碰撞，吃草民族的运动员在吃肉民族的运动员面前，显然处于劣势。中国人委实不善于正面对抗和冲突。相反，乒乓球运动一直是我国的传统优势项目，为我国争得了不少荣誉。因为打乒乓球是你来我往的运动，而非身体直接对抗。中国人吃的是草，饮食的器具——筷子也由植物制作而成。中国人拿筷子的手法与乒乓球直拍运动员握拍的手法是一致的，西方人由于不会使用筷子，乒乓球运动员自然也不会使用直拍。中国一些超一流乒乓球选手都是直拍，如刘国梁、马琳、王皓等。西方乒乒球运动员使用的都是横拍，握法与他们用餐握刀叉的手法一致。而握刀叉与握菜刀、锄头无异，中国人同样擅长。这就决定了中国人打乒乓球有直拍和横拍两种打法，而西方人只有横拍一种打法，一种打法怎能战胜两种打法呢？

自古以来，中国社会从总体上来说能够长治久安，人与人、家庭与家庭之间能够和睦相处，这与我国的饮食和餐桌文化是分不开的。在餐桌上，大家互相谦让，相互敬酒，相互劝菜，人与人之间的关系越来越融洽，即便有矛盾，也在酒菜中化解了。用餐圆桌的格局，大家团团围住，共享一席，客观上造成聊欢共享的气氛，人和人之间的距离就越来越近了。

还有，特定时间里的饮食活动使我们的生活变得更有意义和安全。譬如，现代生活水平提高了，食品工业已很发达，月饼随时可做、可售、可吃。但是，平时人们很少吃月饼，不到农历八月市场上很难见到有月饼，即使有，也鲜有人问津。时临八月中秋，人们便蜂拥至商店，争购月饼。只有在中秋的月色下，人们才能充分享受到月饼的美味和过节的乐趣。中秋一过，月饼柜台又冷冷清清，大批月饼不得不以"过时商品"降价处理。这种情况在全国，近十几年，年年如此。在民俗的维度之中，人们的生活在不断重复，延续成模式化的生活，这使得人们对未来的日子有了预见和期待，生活变得更有规律和意义，社会趋于安定与祥和。

四、吃在餐馆

中国人极愿意在吃方面下工夫、花时间，尤其是过去的家庭妇女，大部分日子都是在厨房度过的。每到节假日，全家人更是围着灶台转，采购、清洗、配料、烹炒，忙得不亦乐乎。请客吃饭也多在家里，似乎只有亲自下厨方能表达对客人的盛情。这种浓烈的"恋家"情结在"吃"方面的演绎，便是全家人围绕厨房进进出出。

以前，中国人见面即问"吃饭了没有"，或问"去哪"，答曰"回家吃饭"，家和吃饭是不能分开的。甲骨文、金文以"屋内有豕"为"家"，就表明饮食与家庭生活的密切关系。

改革开放以后，传统的"家"的大厦正在人们的心里被逐渐肢解。自打有了双休日，加上一年四季法定的假日，闲暇的时间一下子多了起来。然而，或许是腰包里有钱了，或许是由于生活节奏加快了，人们对属于自己的时间变得吝惜了，再也不情愿下班之后，又马不停蹄地捣弄"柴米油盐"。于是，许多人家便时常步入餐馆，享受着别人的伺候。

上餐馆，尤其是上档次较高的餐馆，说明家庭收入不菲，生活比较富裕。而这，是当下很值得炫耀和最令人羡慕的。一家子从餐馆里出来，边走边用餐巾纸揩着油腻腻的嘴唇，这恰似20世纪70年代末小伙子们在街上拎着正在播放邓丽君的便携式收录机、80年代末大款们一边走路一边对着"大哥大"嚷嚷、90年代初开着自己家的"奔驰"去乡间别墅度假，自我感觉真是美妙极了。节假日常有"饭局"，更是件十分光彩的事情，至少表明自己人缘好、交际面广。倘若能与某位知名人士同桌进餐，便可成为上班时津津乐道的话题。与名人举杯痛饮时恰好被同事或熟人遇见的话，那会是万分的自鸣得意。

口味需要调节，就像爱情需要不断充实新的内容一样。但家庭手艺，再如何食不厌精、脍不厌细、花样翻新，口味总是大体不变的。而不同的餐馆则可满足不同的口味需求。能够饱尝东西南北甚至是西式大菜，岂不是人生一大快事！

筵宴搬出家门，这是现代城镇家庭饮食观念发生变化的开端。现在已很难见到在家里办喜宴的，一般都在餐馆订席。即便是节假日中最最重要的"年夜饭"，近几年也大有不在家中吃的。全家人聚集在富丽堂皇、灯红酒绿的餐厅"过年"，渐成时尚。为与平日的果腹充饥区别开来，节假日食在何处，倒真成了许多家庭时常商议的问题。沿袭数千年的"食家"风习正在发生变异。

"非典"疫情流行那年，人们为了避免感染病毒，不敢到餐馆用餐，只好围着自家的灶台，烹制出早已熟悉的家传的菜肴。在大部分餐馆的餐桌上，十双筷子伸向同一目标，从卫生的角度看，这种饮食方式有明显的不足之处，的确容易导致病毒、病菌的传播和交叉感染。已故王力教授在《劝菜》一文中，以幽默的笔调，对这种饮食方式进行了辛辣的讽刺。他说："中国有一件事最足以表示合作精神的，就是吃饭。十个或十二个人共一盘菜，共一碗汤……中国人之所以一团和气，也许是津液交流的关系。"

而分餐的饮食方式则可消除这一弊端，将食物分别直接放在各人自己的碗盘里，而不是放在餐桌的中央，让大家共取共食。人们只是食用自己碗盘中的食物，碗盘和食物没有被同桌的其他人接触过。现在一些家庭和餐馆皆实行了分餐制，符合现代饮食文明的理念。"非典"期间，北京的餐饮业深受其害。比较而言，洋快餐店的生意却远远好于中式餐饮店。"麦当劳"和"肯德基"之所以得到中国人的欢迎，一个重要原因就是它是分餐的。

分餐制并没有与传统的饮食观念和习惯相冲突，并没有破坏中国传统的以身份排座次以及聊欢共饮、团团围坐的饮食格局，人们同样可以让有身份者坐在上座，以表尊重和彬彬有礼；可以相互敬酒、相互让菜和劝菜，主动让出自己的一份美味佳肴给其他人，以抒发相互关爱之情。

吃在餐馆，要吃得卫生，吃得健康，吃得文明，吃得安心，大概分餐势在必行。

第二节　中国人的饮食神髓

一、饮食神髓的形成

传统文化中的许多特征都在饮食文化中有所反映，渗透在饮食心态、进食习俗、烹饪原则之中。一个异质文化的人通过饮食，甚至通过与中国人一起进食，持之日久都会对中国文化有些感悟。

（一）在普通的饮食生活中咀嚼人生的美好与意义

中国精神文化的许多方面都与饮食有着千丝万缕的联系，大到治国之道，小到人际往来，都是如此。老子说"治大国若烹小鲜"，古人还说"饮食男女之大欲存焉"。在华夏文明中，饮食的确有其独特的地位。古人云："国以民为天，民以食为天。""天"者，至高之尊称，也就是说"悠悠万事，惟此为大"。这是传统政治哲学精粹之所在。儒家认为民食问题关系着国家的稳定，孟子的"仁政"理想在于让人们吃饱穿暖，以尽"仰事俯畜"之责（也就是上可以侍奉父母，向父母尽孝；下可以养活妻儿），甚至儒者所梦想的"大同"社会的标志也不过是使普天下之人"皆有所养"。古圣今贤如此立论，芸芸众生亦照此实行。于是，逢年过节，亲友聚会，喜庆吊唁，送往迎来，乃至办一切有人参加的事情，不管是喜是悲，不论穷富贵贱，似乎都离不开吃。古往今来有那么多各种名目的宴会，都是借以协调国际或人际关系，以达到欢乐好合的目的。故《礼记》云："夫礼之初，始诸饮食。"

中国传统文化注重从饮食角度看待社会与人生。老百姓日常生活中的第一件事就是吃喝，固有"开了大门七件事，柴米油盐酱醋茶"之说。读《红楼梦》有人厌烦里面总是写吃饭宴会，实际上这不仅就是贵族生活本身，而且也反映作者对生活的理解。即使普通人的日常饭菜也会使食者体会到无穷乐趣。唐代诗人杜甫在贫病之中受到穷朋友王倚并不丰盛的酒食款待后兴奋地写道："长安冬菹酸且绿，金城土酥静如练。兼求畜豪且割鲜，密沽斗酒谐终宴。故人情谊晚谁似，令我手足轻欲旋。"其实吃的不过是"泡菜"（冬菹）、萝卜（土酥）、猪肉（畜豪）之类，竟令诗人如此开心，手脚轻便，简直要翩翩起舞了，从中感受到生活的趣昧和动力。

中国人善于在极普通的饮食生活中咀嚼人生的美好与意义，哲学家更是如此。庄子认为上古社会最美好，最值得人们回忆与追求，其最重要的原因就是人们可以"含哺而嘻，鼓腹而游"，也就是说吃饱了，嘴里还含着点剩余食物无忧无虑地游逛，这才能充分享受人生的乐趣。先秦哲学家中最富于悲观色彩的庄子尚且如此，那么积极入世的孔子、孟子、墨子、商鞅、韩非等人就更不待言了。尽管这些思想家的政治主张、社会理想存在很大分歧，但他们哲学的出发点却都执着于现实人生，追求的理想不是五彩缤纷的未来世界或光怪陆离的奇思幻想，而是现实的衣食饱暖的小康生活。所以，《论语》、《孟子》、《墨子》才用了那么多的篇幅讨论饮食生活。

孔子说："饭蔬食饮水，曲肱而枕之，乐亦在其中矣。""一箪食，一瓢饮，在陋巷之中，人不堪其忧，回也不改其乐。"孔子或表达自己的志趣，或赞美弟子颜回都是为人们作示范楷模，这里简单的、粗糙的食品就是道德高尚的象征。所谓"安贫乐道"、"忧道不忧贫"，这个"道"就是实现"大同社会"。而大同社会的标志仍是人人吃饱穿暖，'所以后世有些道学家把"道"解释为"穿衣吃饭"，也无大谬。饮食欲望，一般说来容易满足，"啜菽饮水"，所费无几即可果腹，所以人易处于快乐之中。李泽厚说中国古代文化传统是乐感文化，是有理的。

当然不能说先民没有过痛苦的追求，古代无数抒情诗篇中充满了感伤情绪。屈原就曾感慨："日月忽其不掩兮，春与秋其代序。惟草木之零落兮，恐美人之迟暮"；也表示过："吾令羲和弭节兮，望崦嵫而勿迫。路漫漫其修远兮，吾将上下而求索。"他感到时光急迫，自己要做的事情很多，奋斗的路也很长，可是人生短促，时不我待。这种痛苦和感伤在一些浪漫主义色彩很浓或十分真诚的诗人身上表现得十分明显，但也应看到在相当多的诗人身上也有浓重的"为赋新诗强说愁"的意味。但不管是谁，当他们离开了诗人情绪的时候，在日常生活中还是奉行中国人的生活准则的。像苏东坡在《前赤壁赋》刚刚感慨完"寄蜉蝣于天地，渺沧海之一粟。哀吾生之须臾，羡长江之无穷"，对于人生短暂寄予了无穷的悲慨；可是诗人善于自解，用相对主义，抹杀了长短寿夭、盈虚消长的差别，随后马上就是"客喜而笑，洗盏更酌。肴核既尽，杯盘狼藉。相与枕藉乎舟中，不知东方之既白"。吃喝解决人生的苦闷，因此在春秋时代人们就说"惟食无忧"。

（二）饮食神髓在艺术创造中得到升华

饮食艺术在本质上是创造的艺术。自然界提供的食物，只有很少一部分具有天然的美味。人类为了获得更多更丰富的味觉美感，就必须按照一定的目的，遵循一定的规律，对食物原料进行加工和改造，这就形成了美食的创造活动。

1. 美食与创造的关系

（1）什么是美食

我们通常所说的美食，是一个十分宽泛和模糊的概念。

好吃的食物，是否都算美食？从广义上讲，或许未尝不可。从筵席上的珍馐肴馔，到街头的各色小吃，从名菜名点，到普通的家常小菜，乃至美酒、糕点、糖果、水果……但这样一来，美食的概念又未免失之笼统。作为一个特定的概念，美食应该有一定的规定性。生活中好吃的东西何止千千万万，例如天然的水果和一些蔬菜，不经加工就可以直接食用，味道也不错，但这些似乎还不能称为美食。一般来说，美食首先是指经过加工改造后的食物，其次是在加工改造中注入了人的审美意识，最后还得使客观食物的规律性与人的目的性相一致。离开了这三层意思，恐怕就很难称为美食。

由此看来，未经加工饮食的自然形态的食物，即使美味可口，也不能归入美食的范围。因为美食的美，主要应体现在人的有目的的创造活动中，就像美的服装、美的建筑一样，只有灌注了人的审美意识和创造意识，并成为人的生命力的表现和象征的那一部分对象，才能成为审美的对象。也就是说，只有当饮食成为一项名副其实的艺术活动时，它创造的食物，才能算作美食。简言之，美食是指那些按照一定规律创造出来的，渗透了创造者审美意识的，并能使接受者产生味觉美感的饮食艺术品。

（2）正确认识美与食的关系

不言而喻，美食应该是美与食的统一。缺少美的品质，就只能算一般的食物；缺少食用的价值，当然也谈不上美食。美与食的关系，也就是味觉审美与实用功利的关系。

普列汉诺夫说："人最初是从功利的观点来观察事物和现象，只是到后来才站到审美的观点上来看待它们。"如果说人类的审美意识无不来自功利性的目的，那么在饮食创造活动中，这种实用功利目的表现得更为明显。

要是没有创造美食的自觉持久的实践活动，人类就无法改变食物的自然形态和拓宽人类的饮食领域，也就不能更好地、更多地吸收食物中的营养来维持生命和健康的需要。正是在维持生命需要、满足生命欲望这一点上，人们体验到了美味引起的感官愉悦和心理愉悦。在创造美食的饮食实践中，美食的实用功利目的一刻也没有暗淡过。我们之所以觉得美食是引人的、令人愉快的，正是因为它同生命的需要不可分割地连在一起。

在人类的饮食活动中，实用中有审美，审美中有实用，两者互为条件、互为因果。正因为这样，在饮食艺术活动中，不能孤立地考虑美的要素，而必须同时考虑功利目的。对人体无益和有害的食物，即使看起来美，或者吃起来美，也是不可取的。比如，河豚鱼是异常鲜美的，但它身体的某些部位是有剧毒的，在这种情况下，饮食的目的就不能仅仅满足于追求河豚的美味，而必须把烹调加工的重点放在去毒解毒上。除尽有毒部位是使我们能充分品尝河豚美味的关键。这当然是一个极端的例子。有些食物尽管对人体无害，但在通过饮食创造美食的过程中．仍然要兼顾到它的实用性。

（3）饮食艺术的创造活动与社会生产力发展的关系

饮食是人类文明的标志。未有饮食之前，人类还处于原始蒙昧阶段。饮食的产生促使了人类的进步，同时人类的进步又反过来推动了饮食的发展，推动了饮食的创造活动。同人类的其他创造活动一样，从根本上看，饮食是社会生产力发展的产物，同时又受社会生产力发展水平的制约。人类的文明程度愈高，人类对自然的依赖倾向愈弱，改造自然的能力愈强，也就愈能够从审美的要求来进行饮食和饮食活动。墨子说："食必常饱，然后求美；衣必常暖，然后求丽。"当人们的温饱尚未解决时，当然谈不上美食。一定的社会经济基础，不仅为美食提供必要的物质条件，同时也提供了一定的精神基础，即味觉审美意识的觉醒。

在古代，最早的美食意识表现为"羊大则美"。最初由祭祀活动发展而成的筵席，都以羊、牛、猪、狗这些家畜的数目为标准。这不难理解。在生产力水平不高的条件下，肉食是富裕的象征，也是美味的标志。因此，即使当时的最高统治者，追求的也仅仅是"酒池肉林"而已。

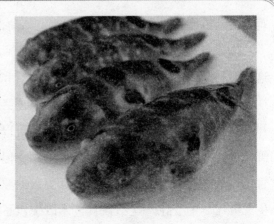

河豚鱼

社会的继续发展，使敬神的"礼食"逐渐走向社会，走向民间。饮食原料的拓宽，烹调方法的增多，饮食工艺水平的提高，使以美食的创造和欣赏为主的饮食文化渗透到社会生活的各个方面，如政治活动、宗教生活、民风俚俗、人际交往、婚丧喜庆等，从而使饮食艺术的创造活动不再局限于审美本身，而成为整个民族文化心理的组成部分。《红楼梦》中精妙绝伦的美食，显示了中国美食文化的极致，它难道仅仅是为了炫耀贾府的富有吗？或者纯粹为了感官的享受吗？当然不是。《红楼梦》中的"吃"，不仅表现了庞杂的生活内容，而且这里的美食成了中国封建文化的某种象征。

饮食艺术的创造活动，与社会生活的关系是十分复杂的。它有时表现为同其他审美活动和文化活动的相互影响、相互渗透，有时又表现为美食自身的扭曲和异化。

从历史的发展来看，饮食艺术的创造活动不是一成不变的，也不可能遵循同一个尺度。今天，以敬神或敬人为目的的美食观，以花俏、铺陈、繁琐、张扬为宗旨的美食观，应当摒弃；代之而起的，应当是符合现代生产力发展水平，符合现代审美意识，适应现代人生活方式的美食的创造活动，它与以往的美食的创造活动应该有着不同的特点和不同的内涵。

2. 饮食艺术创造的一般规律

饮食艺术的创造活动，与人类所有的创造活动一样，离不开物质材料。厨师把原料加工烹制成美味佳肴；酿酒师用粮食酿造出醇香沁人的美酒；面点师将面粉、糖、

鸡蛋组合成可口的食品。他们这些创造活动，都需要一定形态的物质作为原料。

构成各种艺术的物质材料是有限的，而构成美食的物质材料却几乎是无限的。这些原料有着不同的味和香、色和形、量和质，以及不同的潜在美素。了解和掌握这些材料的个别的性质和特点还不够，还必须了解和掌握这些原料包括调料之间的相互关系和组合方法。猪肉是鲜美的，可以用来搭配几乎所有的荤素原料；鸡汤是鲜美的，可以用来制作几乎所有的汤菜；但羊肉和鱼汤就未必具备这样的功能，尽管羊肉和鱼汤同样是十分鲜美的。美食的原料是如此众多，各种原料的搭配又会产生无穷无尽的变化。这给饮食艺术既提供了机会，又提出了难题。

从总体上看，饮食艺术是很少有框框的，它是开放的、自由的、能动的。

山珍海味，珍禽异兽，可以烧出佳馔来；寻常菜蔬，边角废料，也能成为美食。美食的创造，既是苛刻的，又是宽容的；既是复杂的，又是简单的。有时，"踏破铁鞋无觅处"，有了不少原料仍烧不出好菜；有时又"得来全不费功夫"，信手拈来，皆成美肴。它既可以化腐朽为神奇，又可以寓高贵于平淡，在貌似平常的蔬食中，体现出高雅不俗的美学品格。

当人们考察自然形态的原料是如何变成美食的时候，几乎被饮食艺术所呈现出的复杂多变、无章可循的特点所困惑。然而不管怎样，在按照人们的意志和目的对自然原料进行认识、利用、加工、制作和改造，最终创造出美食的过程中，还是可以发现，饮食艺术，至少应当注意以下几个原则。

（1）可食

自然界提供的饮食原料，大部分在加工改造前都是不可食，或者是不那么易于食用的。原因很简单，在长期的历史进程中，人类不断退化的牙齿已经适应了熟食。未经饮食的食物，不管肉类、鱼类、禽类和蔬菜，由于其肌肉组织或纤维组织都未受到破坏，给咀嚼带来一定的困难。而且从体积和滋味来说，也都是很难下咽的。因此在美食的创造活动中，首先需要通过刀功处理和烹调加热，使原料具有可食性。尤其对一些坚韧、老硬的食物原料，这一要求就显得特别重要。无法食用的食物不但不能成为美食，连作为普通的食物也没有资格。从这一点出发，在菜肴中点缀某些不可食的装饰品，特别需要谨慎，不能过分。

可食的第二层含义，是可口。大部分的饮食原料，在未曾加工之前都是不那么可口的，不少动物性原料带有强烈的腥膻味。某些蔬菜有一定的苦涩味，这些都难以使人接受。在加工中除去这些劣味、邪味，并通过调味增添多种鲜味、美味，才能使食物变得可口，引人食欲，并产生味觉美感。美食应该是美味可口的，使人愉悦的。通过饮食，不仅使生菜成熟，硬菜软化，而且去腥解腻，浓淡相宜，使人不但能够接受，而且乐于接受。

可食的第三层含义是安全卫生。对菜肴食品来说，安全卫生应该是第一位的。如果食而不安全不卫生，那就失去了起码的可食性，更谈不上美味了。各种原料在未经饮食前，或带污泥，或带病菌，或有毒，或食而不化。因此必须通过清洗、加工、加热、调味等环节，使美食在对人体的安全卫生方面万无一失。

上述三方面当然只解决美食的可食问题，而非美食的标准；但没有可食性，就谈不上美食。在美食的创造中，不能因为这些要求简单而有所忽视。

（2）求真

美食，并不以绚丽夺人，而应以真味取胜。在这一点上，美食与一切美的艺术一样，鄙视故弄玄虚，追求真情、真味。只有真的东西，才感人、悦人，才美。

求真，就是依顺和突出原料本性中的长处，不扭曲，不掩盖，不做作，不勉强。

各种饮食原料都有自己的个性和特点，反映在滋味、质地、颜色、形状等方面。就味而言，动物性原料一般都有其本身的天然鲜味，如猪肉的鲜味异于鱼虾的鲜味，甲鱼的鲜味又异于鳗鱼的鲜味，火腿的鲜味又不同于一般的猪腿的滋味。即使同属禽类，鸡之鲜，鸭之肥，特点也大不一样。各种蔬菜虽然本身都没有明显的滋味，但细细分辨，也是各有所长，或脆而爽口，或柔而鲜嫩，或清冽微苦，或细腻滑润等。凡此种种，在加工中都应力求扬长避短，保持其个性，呈现其真味。或者说，用主要特征去统一其他特征，并扬弃其不好的特征。

炒虾仁曾一度作为筵席中的领衔佳肴，但人们在欣赏虾仁美味的同时，更钟情于带壳的手抓虾，因为带壳的虾更能体现虾的本味，更有真味也。同样的道理，鲜美绝伦的炒蟹粉也始终不能代替煮螃蟹的地位，煮螃蟹边剥边食的吃法不仅得蟹的真味，而且有审美的真趣。

求真并不是对必要的加工调味进行限制；而是说，饮食艺术应掌握加工改造的适度。美食的真，也许就是人们常说的"正宗"的意思吧。为什么人们在乎"正宗"？因为"正宗"体现了美食的相对稳定的最佳状态。"增之一分嫌长，减之一分嫌短"，恰如其分，恰到好处，原料的真趣，味的真趣，就能充分得到体现。

（3）求变

饮食艺术从根本上说，是一种组合的艺术，变异的艺术。组合、变异的最终目的，是改变原料的原始状态，如形态、颜色、质地、味道。丹纳在《艺术哲学》中强调，艺术不是再现和复制，而是一种改变。他说："艺术家为此特别删节那些遮盖特征的东西，挑出那些表明特征的东西，对于特征变质的部分都加以修正，对于特征消失的部分都加以改造。"

这一观点对饮食艺术同样适用。只有超越了原料的本来状态，只有使原料产生了形和质的变异，才能把美食提高到新的水平。在变异中，本来的原料几乎消失了，但人们得到的是达到升华的美味。

《红楼梦》中，王熙凤半是炫耀半是捉弄地向刘姥姥介绍那只有名的茄鲞的制法，这虽然可能是作者曹雪芹一种虚构、写意的笔法，但它恰恰为饮食艺术对原料的变异作了最好的注解。在茄鲞中，变异和消失的何止是茄子？用来配茄子的母鸡不是也消失了么？

在美食的物质形式中，人们看到的是通过加工组合产生的有形的变异，品味到的却常常是一种无形的内在的变异，即味的变异。这种通过原料和调料的组合和变异的艺术，在川菜的味型中表现得特别鲜明。虽然这样不可避免地掩盖了原料的部分本味，但得到的却是超过原料本味之上的双重或多重的味。

在饮食艺术中，变异之法用得十分广泛。如果说追求真味的做法更注重人与自然的沟通和和谐，那么追求变异之味则反映了人对自然的改造。人类在创造美食的饮食艺术中不仅发现了美，而且发现了自我，肯定了自我，他的审美力和创造力在美食的对象中得到了渲泄。

（4）求雅

雅是一种境界，一种模糊的很难界定的境界，一种只能意会难以言传的感觉。艺术的极至是雅，美食的极至也应该是雅。雅而不俗，美而不艳，才是高层次的美境。

菜肴食品有雅俗之分。雅者，令人赏心悦目，食指大动；俗者，使人索然败兴，大倒胃口。虽然一些低俗的食物未必不能入口。

那么，美食的雅，究竟指的什么呢？大体而言，雅者，即简单也。"简则可继，繁则难久。"简，是美食的起点，也是美食的终点。

街头小吃：品种简单，用料不多，制作不繁，风味突出。这是一种雅。

亲朋小酌：三两卤菜，寻常菜蔬，味简情浓，真趣盎然。这也是一种雅。

宴请贵宾：菜品精美，菜量不多，人各一份，恰到好处。这是又一种雅。

反正，大鱼大肉不是雅，耳餐目食不是雅，一味动用贵重原料不是雅，绚丽夺目不是雅，锦上添花不是雅，暴殄天物更不是雅。雅，是对上述或平庸，或低俗，或粗陋，或浮华，或浅薄的审美意识的背离。

不妨可以说，美食的第一境界是求真，第二境界是求变，第三境界就是求雅。求真是追求自然之美；求变是追求丰富之美；求雅则是追求丰富的简单。形式是简单的，内涵是丰富的，这是一种炉火纯青的美。

求雅是饮食艺术的终极追求，也是味觉审美的理想境界。

美食的雅，是人的味觉审美意识和创造意识成熟的标志。

随着时代的发展，人们对美食的要求处于不断变化之中。美食的标准更加多样和宽泛。饮食艺术必须紧紧把握时代的要求，不仅要满足人们的饮食需要，而且要引导人们的饮食走向，使人们吃得更科学、更合理、更味美可口。

（三）饮食神髓的创造者

1. 厨师

饮食文化离不开饮食，饮食则离不开厨师。一个民族的饮食文化应该是全民族共同创造的精神财富，但从具体的饮食技艺来看，最主要的还得归结为厨师的创造性劳动。家常便饭中虽然积淀了不少饮食的真谛，组成了饮食文化的最基本的层面；但是最终的也是最高的饮食技艺的体现，还取决于厨师，取决于厨师的创造性劳动。纵观中国饮食的发展史，一个最明显的特点就是民间饮食与专业厨师的交相辉映。许多厨师都出自民间，都受到民间饮食文化的滋养和熏陶；同时也正是他们，集中了民间饮食的精华，并加以凝炼、改造和提高，把民间饮食上升到成为一门专门的技艺。因此，在一定的程度上，厨师的水平，往往代表着一个时代、一个地区的饮食水平。说厨师是美食的创造者，这是受之无愧的。

从饮食的本质来看，它不仅是一门技术、一门手艺，而且是一门艺术。因此，严格意义上的厨师，不是工匠，而是大师，是饮食艺术家。

以艺术家的素质来要求厨师，并不过分。要是厨师缺乏艺术眼光，没有艺术修养，他的饮食作品就很难有艺术的品格。人们所向往的美食就会黯然失色。

当然，在实际生活中的厨师并非都具备艺术家的素质。正如搞文学的不一定都是文学家，会书法的并非都是书法家。能够代表一个地区、一个时期或者一家酒家饮食水平的饮食艺术家，毕竟是少数；大量的则是工匠型的饮食工作者。从这个意义上说，当一个真正的厨师是不容易的，厨师工作并不如人们所想象的那样简单。那么，工匠型的厨师和艺术家型的厨师，他们之间的区别又在哪里呢？

黑格尔在谈到工匠时曾说过，工匠的劳动"是一种本能式的劳动，就像蜜蜂构筑它们的蜂房那样"。在这里，蜜蜂构筑蜂房的主要特点，是缺少领悟力和创造意识，尽管这种劳动不失精巧和严密。工匠型厨师的主要弱点，是否也有类似之处呢？

厨师饮食技艺的提高，其实也可以理解为自觉或不自觉地从工匠型厨师向艺术型厨师的逐步转化。使人遗憾的是，不少厨师毕其一生，虽然不乏苦心经营，仍无法实现这一转化、这一跨越。

厨师水平的高低，除了先天素质的差异外，恐怕最主要的还在于对饮食的理解能否超越于工艺技术的层次。因为只有意识到缺什么，才会主动地去补什么，才会从较高的层次上去要求自己。

实践证明，完成从工匠到艺术家的跨越，不能仅仅依靠量的积累，即不能仅仅依赖于技术上的熟练程度。技术的熟练程度诚然可以使量变走向质变，这就是所谓的"熟能生巧"。但是更关键的还得通过对饮食的"领悟"来达到真正的"得道"。因此工匠型厨师与艺术家型厨师最主要的区分，并不在于从事饮食业的工龄，即实践经验的多少，而更多反映在文化素养、知识结构、思维方式、创造能力等的差异上。这些看起来似乎是非饮食技艺方面的因素，却常常从总体上决定了一个厨师的饮食水平和发展前途。

对饮食工匠来说，按照师傅传授的做法或者传统的手艺来进行饮食，这当然也可以达到一定的水平。而对饮食艺术家来说，却能以自己对饮食的独特感受、认识和领会，超越原有的饮食规范，进入一个更高的境界，即艺术创造的境界。一个高明的厨师，他的最可贵之处在于他是按照美的规律而不是按照程式来进行饮食创造的。正是在这一点上，体现出可贵的艺术家的气质。

一般说来，作为艺术家型的厨师，至少需要具备以下几个条件。

一是慧眼，即认识能力。饮食的前提首先是对饮食要素的认识。与工匠型厨师不同，他具有追根溯源的欲望，他希望洞察饮食的本质规律。正因为他独具慧眼，因而能在别人忽略的地方产生自己独立的见解。而这一点，常常是提高饮食水平的前提。例如，对饮食原料的选择，一般厨师常囿于传统习惯的框框，不容易有所突破；而艺术家型的厨师就会去充分挖掘原料多方面的潜能，灵活多变，开拓创新，为我所用。

二是巧思，即构思能力。"凡画山水，意在笔先。"凡制作佳肴，又何尝不要事先进行一番构思呢？马克思曾说："带动过程结束时得到的结果，在这个过程开始时就已经在劳动者的表象中存在着，即已经观念地存在着。"巧思虽然不是饮食技艺的直接表达，但却是菜肴创新的核心环节。某些即使已经相对定型的菜肴，也离不开烹制前的深思熟虑。至于对一些创新品种来说，创造性的精心构思就更加重要了。

三是妙手，即操作能力。饮食作为一门技术，离不开它自成一体的工艺过程。刀法、切配的技巧，运用火候、调味的技巧，乃至起锅装盆的技巧，都直接关系到菜肴的成败优劣。饮食是一门操作性特别强的艺术，实际操作中的细微偏差都有可能带来整体的失误。所谓"鼎中之变，精妙微纤"。一个厨师达到炉火纯青的境界，必然建立在饮食技艺的得心应手、挥洒自如上。熟可以生巧，但真正的手巧还得"心巧"，这就是一边操作，一边思考，通过动脑筋来达到巧。

四是出新。饮食技艺出新的一个标志，就是在技法上进入一种"化境"。这种"化境"，比巧思和妙手更高一筹。"化"不是人为的努力，不是故意为之，而是一种非常自然和自由的境界。这种"信笔拈来，皆成文章"，"举一反三，融汇贯通"的能力，使厨师的个性和风格得到充分的体现。没有对规范的一定程度的背离，就没有出新，就没有风格。正是这种深层的创造意识，使艺术型的厨师表现出自己的独创性，在饮食所限定的天地里争得最大的自由。

2. 美食家

美食家是一个模糊的并不严密的概念，可以理解为对嗜好美食的人的美称。在一般的意义上，人人都可以是美食家。"口之于味有同嗜也"，每个味觉感官正常的人，都具备天生的辨别滋味的能力，都能在品尝美食中得到愉悦。然而通常情况下所指的美食家，又是一个特定的概念。所谓的美食家，一般是指吃的行家，美食的鉴赏家。美食家不能算一种职业，然而有些美食家在吃的方面的鉴别能力所具有的权威性，令一些职业厨师望尘莫及。

有人也许会说，吃，谁不会？难道还有内行和外行之分吗？是的。既然饮食是一门艺术，菜肴可以看作艺术品，那么如何欣赏这门艺术，鉴别艺术水平的高低，就不是人人都能胜任的。美味的食品菜肴，自然是人人都能感觉的，但把对这些食品菜肴的品味提高到审美的高度，以审美的标准来进行评价，却需要有一定的甚至专门的修养。美食家高于一般人的地方，除了讲究吃外，还研究吃，因而就更加懂得吃，甚至还能吃出味道之外的不少名堂来。

在中国历史上，有一个十分耐人寻味的现象：能够大体上够得上美食家称号的，绝大部分都是文化人，包括学者、作家、画家和各种艺术家。在孔子、屈原、杜甫、李白、陆游、苏轼、李渔、曹雪芹、袁枚等文化人的笔下，都留下了不少品尝美食和有关饮食的文字。这一独特的文化现象说明，饮食品味同文化修养之间存在着必然的联系，并不是人人都能做到真正懂吃。从这一现象也可证明，缺少文化的厨师不可能是一个完美的厨师。由于历史的原因，过去的厨师文化程度都比较低，这不能不影响到饮食技艺的发展提高。庆幸的是，在中国饮食发展的过程中精于品味又有较高文化修养的美食家们弥补了这一缺憾。正是在既会吃又懂吃的文化人的促进和指导下，在美食家和厨师的结合和共同努力下，中国饮食才达到了较高的水平。因此，饮食文化的创造，不仅要靠厨师的智慧和劳动，而且需要得到美食家的参与。没有美食家的讲究和挑剔，饮食技术就很难提高。也可以说，厨师在饮食上的不断提高和创新，得益于美食家们的批评和推动。

美食家对吃的挑剔并不是盲目的、随心所欲的。美食家的主要特点是具有更敏锐的品味感觉，同时他更多地从审美的要求出发，来对美食作出比较科学的鉴赏。要做到这一点，就必须具备一定的条件。

首先他有较多的品味美食的实践。古人说，"操千曲而后知音"。有了大量的实践积累才能有比较；有比较，才能有鉴别。从这一点看，可以说不少美食家是"吃"出来的。著名作家梁实秋在晚年写了大量有关吃的文字，汇集成《雅舍谈吃》。其中他曾谈到："'饮食之人'无论到了什么地方总是不能忘情口腹之欲。"可见有了这个"不能忘情"，才能有对美食的见多识广，谈起吃才会入木三分。

其次，对美食的鉴赏离不开一定的文化修养和审美能力。对于同样一席菜肴，有人得到的是食欲的满足，有人欣赏的是场面的豪华，有人赞叹的是厨师的刀工，有人感到的是主人的热情。即使同样陶醉，也不可能是一样的，其中存在着感受层次上的差异。美食家与常人不同的地方，就是他有一定的知识、阅历，他有一定的审美情趣，他能领略美食的内涵。

再次，要深入到菜肴艺术的深处，还要懂得饮食技艺。事实上，不少美食家都是擅长烹调的行家。苏东坡曾总结出烹调猪肉的方法，制作出流传至今的"东坡肉"。他在谪贬黄州时还亲手做鱼羹招待客人。元代的大画家倪云林，不仅写出《云林堂饮食制度》，而且还以独特的烹调方法制作了"云林鹅"。曹雪芹在《红楼梦》中创造了一个光彩夺目的美食世界，而且本人擅长于烹调，能烹制"老蚌怀珠"等非同一般的菜肴。当代大画家张大千曾说："以艺事而论，我善烹调，更在画艺之上。"他独创的"大千菜"，风味独特，格调高雅，与他的画一样，颇有大家风度。

对美食的欣赏，除了上述这些个人的条件之外，还受到整个民族的文化观和价值观的支配。美食家的指向，总是反映了一个民族的饮食追求和审美指向。作为一种审美活动，美食的审美总是以某种"前审美"为前提的，就是说，美食家在味觉审美之前，就有一个标准，这种产生于味觉审美之前的参照系，不是美食家个人决定的，而是一定的民族传统文化造成的。从这一点来看，美食家的品味活动并不是单纯的个人行为，它表达了历史和时代的积淀。

二、不同人群的饮食观

中国饮食文化以历史悠久、积淀丰厚著称于世，我们甚至还以肴馔繁富精美的传统"烹饪"而自豪。但一部五千年文字史，尤其是二千余年封建社会史的中国饮食文化记录，却远非仅有光明快乐，同时还充斥着大量的凄惨悲苦。在等级制历史上，由于政治势力、经济实力和文化能力等的不同，人们被区分为不同的诸多等级阶层，并形成相互间有诸多差异的群体类别。在饮食的文化价值观和审美情趣上，也是饕餮贵族、庶民大众、清正之士、本草家、素食群、美食家等诸多类型、多种风格交织并存的形态。

（一）饕餮贵族的饮食神髓

饕餮，传说中的一种凶恶贪食的野兽，古代青铜器上面常用它的头部形状做装饰，叫做饕餮纹。传说是龙生九子之一。它最大特点就是能吃。这种怪兽没有身体，只有一个大头和一个大嘴，十分贪吃，见到什么吃什么，由于吃的太多，最后被撑死。它是贪欲的象征。

《吕氏春秋·先识》云："周鼎著饕餮，有首无身，食人未咽，害及其身，以言报更也。"周人把饕餮的形象铸在盛食器具鼎之上，告诫进食者对饮食应有所节制，不要放纵，勿蹈饕餮之覆辙。

在漫长的中国等级制历史上，有权、有势、有钱、有闲又有趣好的衣食贵族认为饮餍美味是他们的特权，于是驰纵欲好、示尊、享福、夸富、务名、猎奇，以名义上属于个人的财货支付烹天煮海的享乐，其个人名义的财货实质是权力分配、不平等交换或巧取豪夺的不义积累。

（二）庶民大众的饮食神髓

庶民，是中国历史上一个具有特定内涵的政治概念，它一般是指下层社会成员。庶民大众是指中国饮食史上广大果腹层民众及小康层中的中等以下的成员。

（1）果腹知足。"民之抽矣，日用饮食。"（《诗经·小雅·天保》）那些社会底层的群众，人生最大的满足就是每天能有饭吃。

（2）备荒防饥。由于历史上饥荒发生的高频率和祸害严重，形成了中国社会各阶层都很强的备荒防饥的民族性思想观念，但它首先是庶民大众的。因为饥荒到来时首先和受害最深重的总是那些基本食料的生产者，因此下层社会民众，尤其是广大的果腹层食者群的心时，深深扎下了极为牢固的备荒防饥观念。"天晴防备天阴，有饭防备没饭"，"有丰年必有欠年"，此类长久流传下来的谣谚，正是这种观念深入民心的证明。

（3）节俭持家。世代不易的艰难生活，养成了中国百姓吃苦耐劳、勤奋节俭的传统，形成了"只有享不了的福，没有吃不了的苦"的典型的中国人的人生观念。

（4）安贫自慰。"嫌饮吃没饭吃，嫌衣穿没衣穿"，"穿尽绫罗不如穿布，食尽珍馐不如食素"，"粗茶淡饭吃到老，粗布棉衣穿到老"，此类世代相传的食生活谚语反映的正是庶民人众安贫自慰的心态。

（5）"不干不净吃了没病"。这完全是历史上劳苦人众既没有条件，也极少有可能注重自己食生活卫生的长久苦难生活的实际条件所造成的。他们简陋得仅能聊避风雨的居住条件、露天污染的饮水、虫蝇同唵的食物、最原始的洗浴条件等，都是难以变更的既定条件，自古以来他们就是这样一代接一代地生息下来。

（三）清正之士的饮食神髓

清正之士，是中国历史上广大知识分子的主群体，是指中国历史上道德高尚、操行廉正的知识分子群体。中国人的吃不仅是要满足胃的，而且是要满足嘴的，甚至还要视觉、嗅觉皆获得满足。所以中国菜的真谛就是"色、香、味、形"俱全。当一份可观可口的美食摆在面前，人们难免精神亢奋。故文人往往未得肚子满足，则先得精神满足，一时性灵高涨，文如泉涌。杰出代表有李白的"烹羊宰牛且为乐，会须一饮三百杯"，苏东坡的《菜羹赋》、《老饕赋》，梁实秋的《雅舍谈吃》等。以文人命名的菜品也不少，如杭州的"东坡肉"、四川的"东坡肘子"、张大千的"大千鱼"、倪瓒的"云林鹅"等。可见文人不仅是好吃，更是会吃。何谓"会吃"呢？能品其美恶，明其所以，调其众味，配备得宜，借鉴他家所长化为己有，自成系统，为上品之上者，是真正的美食家。要达到这个境界，就不仅靠技艺所能就，最重要的是一个文化问题。故文人易得其法，达其境。文人与饮食结下了不解之缘。

（四）本草家的饮食神髓

本草家，即中华传统医学家。本草家的食思想，即基于中华传统医药理论与实践的食养、食治思想。

自我国商代伊尹、西周食医和孔孟倡导"食性"以来，历代儒医对食养多有所继承和发展。

一是因后天之本，及早食养。祖国医学一直认为，脾胃是人体的后天之本，故倡导养生特别是食养至迟也须从青、中年开始，经过饮食调理以保养脾胃实为养生延年之大法。味甘淡薄足以滋养五脏，故劝人尽量少吃生冷、燥热、重滑、厚腻饮食，以便不致损伤脾胃。如能长期做到顾护中气，恰当地食养，则多可祛病长寿。

二是食养关键在于饮食有节。节制饮食的要点关键在于"简、少、俭、谨、忌"五字。饮食品种宜恰当合理，进食量不宜过饱，每餐所进肉食不宜品类繁多，要十分注意良好的饮食习惯和讲究卫生。宜做到先饥而食，食不过饱，未饱先止；先渴而饮，饮不过多，并慎戒夜饮等。此外，过多偏食、杂食也不相宜。

三是先食疗、后药饵。食疗在却病治疾方面有利于长期使用。尤其对老年人，因多有五脏衰弱、气血耗损，加之脾胃运化功能减退，故先以饮食调治更易取得用药物所难获及的功效。

四是多讲究早食常宜早，晚食不宜迟，夜食反多损的原则。食宜细嚼缓咽，忌虎咽狼吞；宜善选食和节制饮食，对腐败、腻油、荤腥、黏硬难消、香燥炙炒、浓醇厚味饮食更宜少进；淡食最宜人，以轻清甜淡食物为好；食宜暖，但暖亦不可太烫口，以热不灼唇、冷不冰齿为宜；坚硬或筋韧、半熟之肉品多难消化，食宜熟软，老人更是如此。

（五）素食者的饮食神髓

人类在不断发展进步，饮食早已不再只追求裹腹，美味而富营养是最基本的要求。

今天，人类越来越多地反思自己，反思其他生命。同时，人类越来越关注自身的生活环境——地球，甚至外层空间。人们几乎异口同声地说：保护环境，爱护生命。为此，回归自然、回归健康、保护地球生态环境，深深地影响着现代饮食的观念。于是，天然纯净素食成为21世纪饮食新潮流。素食者越来越受到尊重，能以素食款待宾朋被视为高雅的礼仪。

虽然今天的素食不再有宗教的味道，但其中的环境保护意识和爱护生命的意识，体现出现代人类的文明、进步和高雅。

（六）美食家的饮食神髓

美食家，是针对广大食品，即"饮食"意义食品物质对象而言的美食家，而非仅限于"食"——狭义的菜肴和面食、点、糕等品尝赏鉴的专业性人员。与以饱口腹为务的饕餮者和旨在阐释食道、诠说食论的食学家不同，美食家是以快乐的人生态度对食品进行艺术赏析、美学品味，并从事理想食事探究的人。饕餮者的主要，目的是追求并满足物欲，食学家侧重的是认识说明与理论归纳。美食家既有丰富生动的美食实践与物质享受，又有深刻独到的经验与艺术觉悟，是物质与精神谐调、生理与心理融洽的食生活美的探索者与创造者。

中国历史上的美食家，是食文化的专门家和食事艺术家。民族文化深厚的陶冶教养、广博游历与深刻领悟、仕宦经历或文士生涯、美食实践与探索思考等是成就美食家的基本条件。

三、饮食神髓的特征

（一）以食为天的传统饮食观念

中国的饮食文化是在历史悠久、独特的地理条件及经济文化等多种因素作用下形成的，一直是我们中华民族的骄傲。用林语堂先生的话说，小到蚂蚁，大到大象，几乎吃遍了整个生物界。丰富的食谱、复杂的烹制工艺和讲究的进餐礼仪，都是先人给我们留下的。而这种几乎无所不吃的状况的形成可能出自饥荒的原因，即长期以来经常性、周期性的食物匮乏、灾荒、饥馑的不断发生拓宽了我们的食物选择范围。饥荒之后，度荒食物就会作为一种生存的知识保留下来并代代传承。例如宋代董煟的《救荒活民书》、明代朱棣的《救荒本草》、明姚可成的《救荒野谱》和清代王检心的《真州救荒录》等，都有度荒食谱的真实记载，而这些食谱多数均不是平常食物。可以说，每一次饥荒过后，人们的食物范围就会扩大。

"吃"除了满足人们探索未知的好奇心以外，还能满足人们的虚荣心。追求时尚和炫耀性的消费是某些人传统消费观念的一部分。吃别人不曾吃过的东西、珍稀罕见的东西，是大可以在别人面前引以为荣的事。所以，猎奇求特便成了某些人追求美味的心理。以有"口福"作为人生最大的幸福，是某些人的一种人生价值的取向，但是这种价值取向，不能使人因此而变得更加高尚，反而会变得平庸或渺小。"民以食为天"，人作为一种社会性动物，将吃看作是对生命和生活的重视，本无可非议，但是猎奇求特，使吃的内容和形式超出维持和发展生命生存的功能性占有的范围，那么，"吃"的意义就已经不再是"吃"的本身了。例如把某种动物的雄性器官吃下去，就以为可以增强人的阳刚之气……这种通过饮食而获得补益的想法与做法，直到今天仍被不少人信奉着、实践着。

中国人重视饮食，饮食文化构成中国传统文化的重要组成部分，这在中国文化中表现得尤为突出。比如：发明熟食、善于烹调的先人，都被奉为圣人。传说中的燧人氏、伏羲氏、神农氏，莫不是因为开辟食源或教民熟食的丰功伟绩，被后世尊为中华民族的始祖。第一个有年代可考的厨师，是四千年前的夏代国王少康。商朝著名宰相伊尹因为善于烹饪雁羹和鱼酱，被后世推为烹调之圣。饮食在中国出世不凡，不仅是有这样的圣贤作出表率，还由于它是儒家文化核心思想——礼的本源。

"夫礼之初，始诸饮食。"饮食与礼的起源相连，就给这一生活行为赋予了伦理化的内涵。中国人习惯把人生的喜怒哀乐、婚丧喜庆、应酬交际导向饮食活动，用以礼尚往来，增进人与人的关系，这就极大地促进了中国烹饪的发展。从进入文明社会以来，中国饮食神髓与中国文化共生同长，成为中华文明中一朵奇葩。中国餐馆开遍七大洲，受到世界人民的欢迎，赢得"烹饪王国"的美誉，追根溯源，是由于在中国文化史上，诸子百家都密切关注人们的生活方式，对饮食神髓多有建树。

在中国传统文化中，饮食不仅是满足口腹之欲的个人行为，也是礼制精神的实践。文人学士在享受美味的同时，不吝笔墨著书立说。一部《论语》出现"食"与"吃"字就有71次之多，孔子不厌其详地讲授饮食之道，其频率仅次于"礼"。《周礼》、《礼记》、《仪礼》、《吕氏春秋》、《晏子春秋》、《淮南子》、《黄帝内经》等最具盛名的经典都有关于烹调的精辟论述。有关专著层出不穷，从西晋的《安平公食学》、南齐的《食珍录》、北齐的《食经》，一直到清代袁枚的《随园食单》、朱彝尊的《食宪神秘》，佳作迭出。这里有世界上最早的烹调专著，琳琅满目的食谱。有关烹饪的技法如烧、烤、煎、炙、爆、焙、炒、熏、烙、烹、煮、涮、脍、蒸、煨、熬达数十种之多，可谓世界之最。以美食家自诩，甚或亲自执厨、附庸风雅的文人学士不胜枚举。晋朝的怀太子有出色的刀工，随意切割一块肉，就能掂出份量，斤两不差。唐穆宗宰相段文昌，自撰《食经》五十章，又称《邹平郡公食宪章》，厨房称为"炼珍堂"。卓文君当炉卖酒视为千古佳话，太和公炙鱼、东坡肉、谢玄的鱼酢、陆游的素馔、张瀚的莼鲈名盛一时。有关美酒佳肴的诗篇名作更是连篇累牍。如果说古代士大夫鄙薄技艺，对科学技术甚少关注的话，那么对烹饪技艺的钻研和在著述方面的投入，却是一个例外。所以，古人虽有"君子远庖厨"一说，却抵不过爱烹调的风习，使得这一园地风景这边独好，成为中国文化史上一个独特的现象。

随着回归自然食品的兴起，传统美食越来越受到人们的青睐。吃中国菜不仅在口味上得到满足，连视觉也是一种享受。中国饮食艺术，是以色、香、味为烹调的原则，缺一不可。为使食物色美，通常是在青、绿、红、黄、白、黑、酱等色中取3～5色调配，也就是选用适当的荤素菜料，包括一种主料和二三种不同颜色的配料，使用适当的烹法与调味，就能使得菜色美观。食物香喷，可以激发食欲，其方法即为加入适当的香料，如葱、姜、蒜、辣、酒、八角、桂皮、胡椒、麻油、香菇等，使烹煮的食物气味芬芳。烹调各种食物时，必须注重鲜味与原味的保留，尽量去除腥膻味。如烹调海鲜时，西方人喜用柠檬去除其腥味，而中国人则爱用葱姜。因此适量地使用如酱油、糖、醋、香料等各种调味品，可以使得嗜浓味者不觉其淡，嗜淡味者不嫌其浓，爱好辣味者感觉辣，爱好甜味者感觉甜，这样才能使烹制的菜肴合乎大家的口味，人吃人爱。

饮食方式不仅仅是一种吃饭的方法，而且是一个民族文化的反映，归根到底是由生产力的发展水平决定的。我们今天的共食合餐制虽是我们传统的就餐方式，但至今只有1000多年的历史。在宋以前，中华民族的进食方式始终是共食分餐制。这种方式起源于原始社会的生产力水平和生活方式，共同劳动，共同分享劳动成果。"席地而坐"，每人一份就是当时的就餐方式。到了西晋时期"胡床"输入

八角

中原地区，改变了人们"席地而坐"的习惯，因而产生了与之相适应的、腿比较高的食案。到了宋代，现代式的座椅已初见雏形，资本主义萌芽的出现使人们的交往越来越频繁，而共同就餐无疑是增进人们情感的重要方式之一。于是人们的就餐方式逐渐由原来的分餐制转变为合餐制。

如果说合餐制是当时人们出于自身物质和精神的需要而创造的，是在特定条件下进行的一种最佳的选择，那么，当前人们已深刻认识到这种合餐制已经构成了对公众安全的威胁，对自己生命的挑战。所以，合餐制已经不是现代人就餐方式的最佳选择。我们今天提倡分餐制，并非是放弃传统，在某种意义上说是继承了我国饮食文化中能适应当今社会需要的部分，是一种弘扬。

维持生态圈的平衡和生物的多样性是我们人类维系生存的根基。目前，我国濒危的高等植物达 4000～5000 种，占高等植物总数的 15%～20%，国家严令保护的动植物分别为 258 种和 354 种。这样的生态环境已经对我们的生存环境构成了威

胁。要解除这种生态危机，远不只是科学技术的问题，也不只是制定法律法规的问题，同时还涉及我们最根本的生活方式和生存哲学的问题。"吃什么，怎样去攫取，怎样吃"构成了人类今天生活方式和生存哲学的核心。正是在这个问题上，我们应该更新观念，应该提高文明素质，应该以现代的文明人来自觉地要求自己、约束自己，牢固树立科学的文明的饮食观念。

（二）养生为尚的现代饮食观念

生活在现代的人类，生活富足，物质文明发达，在饮食方面更是力求精致美味。但人们的生活品质却未能与所得看齐，"文明病"丛生：如恶性肿瘤、脑血管疾病、心脏病和糖尿病等，其实这些"文明病"大多与不正确的饮食习惯有关。因此，饮食的观念和行为对健康与生活品质的影响，实在是现代人最应重视的问题。

食物提供营养，然而不当的饮食却可能使人生病。无论是高血压、心脏病、糖尿病还是癌症，高油、高糖、高盐饮食都扮演着至关重要的角色。现代科学研究发现，有些蔬菜和水果确实有预防疾病发生的功能，如花椰菜便具有丰富的维生素 C 和维生素 E，能预防癌症的发生。但是在今天，为了提高动植物的生长速度，同时也为了预防病虫害而大量使用农药、抗生素和荷尔蒙等，结果却对人类造成了严重危害。根据研究，喷洒的农药，真正被昆虫和细菌吸收分解的只不过是 1%，45% 仍残留在植物上，其余则污染土壤与河川，最终伤害到的还是人类自己。随着各种"文明病"的日益增加，人类由于不健康的饮食习惯所导致的疾病，有愈来愈严重的趋势。现代科学研究证明，高脂肪饮食与肥胖、脂肪肝、心血管病症及某些癌症有密切的关系，所以最好少吃肥肉以及油煎、油炸食物；而盐分摄取过多容易罹患高血压，烹调应少用盐及含有高量食盐或钠的调味品，尽量让食物的口味清淡一些；而糖类容易引起蛀牙及肥胖，所以也应该减少食用。

现代人生活节奏快，工作压力大，经常三餐不定，许多人有或轻或重的肠胃不适症状，其主要原因有：生活作息不正常、吃得太快、饮食不卫生、吃得太油腻、吃太多药物、生理年龄老化、饮水量太少或纤维素食物进量太少、压力过大等。

"吃"是人生活最基本的需求，是人们衣食住行的基础，是人们生活的核心。当今改革开放社会经济快速发展，人民生活水平提高，过上幸福的生活。这种幸福生活，就饮食而言，是要吃得科学，吃得文明，吃得合理，在"吃"的当中有一种文化享受，得到一种精神上的满足。

随着物质条件的不断改善，当今，人们已不仅仅满足于填饱肚子，而是讲求科学饮食，追求绿色食品，注重健康健美。以下现代饮食趋势就是明证。

（1）从吃"多"到吃"少"。过去的观念是吃得多表示胃口好，身体棒，又可增加营养摄入。现在大多数人注重健康健美，转而认为吃少为宜，一般每餐吃八成饱，尤其是更加限制晚餐食量。

（2）从吃"红"到吃"白"。人们往往把猪牛羊肉称为"红肉"，家禽肉、海鲜称为"白肉"。过去以红肉为主，白肉为辅。但由于红肉热量高、含胆固醇多，不利于健康，所以现代人饮食逐渐减少红肉而转向白肉。

（3）从吃"陆"到吃"海"。由于富贵病（心脏病、高血压、糖尿病）的频发，使人们从吃陆上食物转向海产品，尤其是深海产品。

（4）从吃"精"到吃"粗"。现代人类讲究食物精细化，带来许多不良后果，所以人们日益转向吃粗粮和粗加工食品，如糙米、粗面更多地摆上了餐桌。

（5）从吃"家"到吃"野"。环境污染日益严重，使人们对食物的选择更加挑剔，更倾向于天然产品，如无污染的野果、野菜、野菌，均受青睐。

（6）从吃"瓤"到吃"皮"。人们认为某些食物的皮也有丰富营养，而且有特殊医疗作用。过去吃苹果梨桃都先去皮，现在又改变了吃法，往往是洗净后连皮吃。

（7）从吃"肉"到吃"虫"。把昆虫当美味早已有之，当今更流行，并把它当成健康食品。据说全球已有五百多种昆虫已列入了食谱。

（8）从吃"宝"到吃"废"。日本人兴起在饮茶后也吃剩茶叶，据说它有营养和医疗作用，有利于清洁口腔和明目，预防龋齿和便秘，促进消化和减肥。

饮食文化是中华民族传统优秀文化的重要组成部分，历史渊源流长，内容极为丰富，涉及面广，包括食品文化、烹调文化、营养文化、服务文化、营销文化、环境文化等，可谓博大精深。搞好饮食文化建设，在继承优秀传统的基础上，根据现代社会经济和科学技术的发展，以及人民生活水平的提高，加以创新和发展，让饮食增加更多的文化附加值，有一种更高的文化品位，使人民群众生活得更舒适、更文明、更合理、更健康，在"吃"的当中领略精神和文化的享受。

当今世界上经济与文化融为一体的发展趋势非常明显。有人说在市场经济条件下，企业间的竞争说到底是人才的竞争，人才竞争说到底是文化的竞争。这话不无道理，很多从事饮食的企业，打名牌战略，创名牌菜点，争名牌效益；千方百计地增加菜点的文化附加值，不断推出家庭宴、生日宴、新婚宴、长寿宴等，提高菜点的文化品位；下大力气抓教育，抓培训，提高人员素质，提倡超值服务；同时给顾客提供一个舒适优雅的、高文化品位的就餐环境。相信通过这些努力，中国的饮食文化必将开创出一个更为辉煌的明天。

第二章　中国饮食文化

第一节　饮食文化的源流

一、有巢氏茹毛饮血

　　旧石器时代初期，人类还未彻底摆脱野性，饮食停留在"茹毛饮血"的生食状态，还没有饮食文化。有巢氏教会人们猎取动物和采集野果为食，还发明了肉类处理方法。

　　人之初，饮食是生存本能的需要。当人类还处在蒙昧时期时，先民们的饮食方式和一般的动物无异，寻觅一切可以充饥的动物和植物，直接生食。后世把这种饮食状态称为"茹毛饮血"。在饮食文化史上，这是史前的蒙昧时期。

　　中国上古时期，生产力低下，填饱肚子成为了每个部族的生存大事，因此很多部族首领都为满足族内饮食需求而钻研饮食，旧石器时代的有巢氏就是其中典型代表。

　　（一）原始先民的饮食

　　中国很多史书中都记载有先民们在原始社会中的饮食状态。西汉《礼记·礼运》中记载："昔者先王……未有火化，食草木之实，鸟兽之肉，饮其血，茹其毛。"东汉班固在《白虎通义》中说："古之时未有三纲六纪，民人但知其母，不知其父，……饥即求食，饱弃其余。茹毛饮血，而衣皮苇。"由此可知，那时的原始人还不懂得用火，所以只能是饿了生吃鸟兽的肉和草、木的果实，渴了喝动物的血和溪里的水，冷了就披上兽皮。在当时，由于吃生食严重影响了人们的身体健康，人们的体质普遍比较差。

当时的先民们身上的动物特性并没有完全退去，因此在那段历史时期内不会有不适应生食的感觉。在《礼记·王制》中就曾经谈到了南方有不火食的"雕题交趾民"，人们认为当地气候较暖，虽没有火食，也没有大害。随着时间的发展，人类开始渐渐地学会用火烧烤食物。

（二）有巢氏的传说

先秦古籍记载了有巢氏的传说，人们认为"有巢氏"曾经是中国历史上最早的一位圣人。在《庄子·盗跖》中记载："古者禽兽多而人民少，于是民皆巢居以避之。昼拾橡栗，暮栖木上，故命之曰有巢氏之民。"在《韩非子·五蠹》中记载："上古之世，人民少而禽兽众，人民不胜禽兽虫蛇，有圣人作，构本为巢以避群害，而民悦之，使王天下，号曰'有巢氏'。"《太平御览》中卷七八引《项峻始学篇》曰："上古穴处，有圣人教之巢居，号大巢氏。"

通过这些我们可以了解到，有巢氏是神话传说中的人物，也是原始巢居的发明者。人们认为，有巢氏帮助人们免受毒蛇猛禽的伤害，初步解决了人们的居住问题。从饮食的角度来看，他教会了先民们食用果实和猎取禽兽为食。

（三）有巢氏的肉食发明

茹毛饮血的生活，常吃生肉，先民们的寿命一般都很短。为了让生肉便于食用和消化，有巢氏还发明了"脍"和"捣"的肉类处理方法。"脍"就是指用石刀把肉割成薄片食用，"捣"是用石锤把肉捣松散食用。这种饮食方法一直延续到了周代，"周八珍"中的"鱼脍"（生鱼片）和"捣珍"（松捣牛肉）即是此种饮食方法的体现。除此以外，有巢氏还发明了"脯"和"鲊"的肉食保存处理法，"脯"是把肉割成片风干，"鲊"是用盐和硝等化学原料揉制肉食并风干保存。

综上所述，有巢氏时代人们还没有懂得利用火来烧制食物，但他是中国饮食文化的起源。有巢氏教给了人们独特的取食途径，这对当时处于蒙昧状态下的人类来说是一项巨大的贡献。

二、燧人氏教民熟食

遂人氏钻木取火，教民熟食，完全改变了人类饮食的现状，使原始饮食向健康饮食文明迈进，标志着人类告别野蛮，走向文明，是人类健康饮食文化的开端。

传说燧人氏钻木取火，火不仅把人类带入到文明时代，更是人类一切文化发展的始祖和渊源，也是文明所需的一种特殊的物质形态。从原始人到现代人智慧产生的每一步都离不开火。火的出现也是饮食文化和烹饪历史的开端。

（一）燧人氏的传说

中国历史上，燧人氏钻木取火的传说广为传颂，一些历史典籍中也有记载。《周礼》中说："燧人氏始钻木取火，炮生为熟，令人无腹疾"。《韩非子·五蠹》中说："上古之世，民食果、蔬、蚌、蛤，腥、臊。恶臭，而伤腹胃，民多疾病，有圣人作，钻燧取火，以化腥臊，而民说（悦）之，使王天下，号之曰燧人氏。"后汉徐干在《中论·治学》中也说："太昊观天地而画八卦，燧人察时令而钻火，帝轩闻凤鸣而调律，仓颉观鸟迹而作书，斯火圣之学乎。"

在远古时代，人们过着茹毛饮血的生活。传说，当时有个燧明国，国内有一种树名字叫燧木。猫头鹰经常用嘴去啄燧木，燧木就发出火花。有一位圣人从中受到启发，就折下燧木枝，用燧木枝钻燧木，终于生出了火。后来，圣人把火种保存下来的同时，也把取火的方式传授给了大家，大家对他无比尊敬，称他为"燧人氏"。商丘是燧人氏生活、安厝之地，所以商丘的后人们尊称燧人氏为"火祖"。

据说，燧人氏还教会人类捕鱼，原来鱼、鳖、蚌、蛤一类东西，生的腥臊不能吃，懂得了取火的办法后，就可以烧熟来吃了。把猎获的禽兽鱼虾直接放到篝火上烧烤，是最原始的烹饪方法。这种烹制熟食的方式，至少持续了一百几十万年。

燧人氏不仅开创了饮食文明的新纪元，同时也创造了以"石烹"为标志的一系列烹饪方法。这些主要方法有：炮，用火来直接烤果子、肉类等食物；煲，用泥裹果子和肉类之后再进行烧烤；炙，把肉割成小片串起来烧烤；烙，用烧红的石子把食物烫熟；焙，指先把石片烧热，再把植物种子放在上面炒熟；奥，也就是"熬"，将石器盛上水，把食物放在水里再移到火上煮。这些方法，至今还在影响着我们的生活。

（二）人工取火点亮人类进化之路

在现代人看来，取火是一件轻而易举的事情，但是对于先民来说，从懂得用火烧制食物到发明人工取火，经历了漫长的历史时期。人类最早使用的是被称作"天火"的自然火。那时，原始人类在森林里群居，就经常会遇到雷电引起的大火。每次遇到大火时，人们就会发现在灰烬中的被烧熟的动物，当他们捡起来吃后，觉得熟食比生食好吃。于是，就把火种保留下来，用于烧制食物、照明和取暖。但是懂得使用火和保存火并不等于会制造火，只有当人类懂得制造火之后，先民们才真正进入到饮食的熟食阶段。

火的用途在原始时代是有局限性的。归纳起来，人类只有利用火来烧制食物和取暖。此外，在一些紧急情况之中，人们还可以用火来防御猛兽的袭击和猎取野兽，它既是武器又是工具。自从人类懂得了人工取火，就再也不怕篝火熄灭了，他们逐渐成为了熟练运用火的主人。人类自从有了自己造出来的火，开始有比较稳定的火化熟食，减少了生食对人类健康的侵害，人类体质上越来越接近现代人，进化的速度也在加快。人工取火点亮了人类进化之路。

三、伏羲氏首创烹饪

伏羲氏教民结网从事渔猎畜牧，将驯服的牲口宰杀烧游后摆上餐桌，启蒙了中国的饮食文化。用火烹饪的发明，改变了人类饮食结构和烹饪方式的变化，人的智力发育水准明显提高。

伏羲是中国古代传说中对华夏文明作出过卓越贡献的神话人物。伏羲，又作宓羲、包牺、伏戏，亦称牺皇、皇羲。伏羲本姓风，有圣德，像日月之明，故又称太昊。他始画八卦，造书契，在位十五年。伏羲是中华民族的人文始祖，他所在的时代是以狩猎、采集、渔猎等生产形式为主。

根据《易·系辞》记载："古者包牺氏之王天下也，仰则观象于天，俯则观法于地，观鸟兽之文，与地之宜。近取诸身，远取诸物，于是始作八卦，以通神明之德，以类万物之情。作结绳而为罔罟，以佃以渔，盖取诸离。"由此可知，伏羲氏对人类饮食方面的贡献一是织网捕鱼，创立了渔业；二是驯养牲畜，创立了畜牧业。不仅如此，伏羲还推广燧人氏用火加热食物的方法，让熟食逐步成为了中国饮食的主体组成部分。传说，伏羲曾去雷神那里借火，教人们用火来加热食物，并将燧人氏的那些炮、烙等方法普及。

（一）伏羲的传说

历史上很多典籍上都有关于伏羲的传说，其中他的出生和成婚都具有浓厚的神秘色彩。相传，伏羲是人面蛇身，他的母亲华胥在一个名叫雷泽的地方踩到了一个巨人的脚印而怀孕十二年后才将他生出。后来，一场洪灾吞噬了整个人类，只有伏羲和他的妹妹女娲幸存下来。为了使人类不遭遇灭绝，他俩就必须结为夫妻。但他们对兄妹成婚都有些抵触情绪，于是他们决定由天意来决定这件事。兄妹俩各自找来了一个大磨盘，并且分别爬上了昆仑山的南北两山，然后同时往下滚磨盘，如果磨盘合在一起，就说明天意让他俩成婚。结果，磨盘滚到山下竟然神奇般的合二为一了。于是，他俩顺天意成婚，人类从此得以延续。

（二）教民结网渔猎

相传，伏羲的很多发明都对人类的生产生活具有推动作用。他非常同情终日依靠采集野果度日且营养不良的人们，他发现河里、湖泊里有很多鱼，但是人们没有捕捉鱼的有效办法。人们经常采取的办法就是手提棍子等在水边，看鱼游来就打一棒，但是靠这种办法捕到的鱼很少。

一天，伏羲在大树下躺着，但是脑海里却依然苦思冥想着捕鱼的办法。正在此时，树上一个大蜘蛛正在树枝之间吐丝结网。等蜘蛛把网结好后，它就伏在中间等候着，不大一会儿，有几只虫子飞过来，撞在网上被捉住了。伏羲看到这种景象，立刻受到了启发，他采了一些野麻，晒干了搓成绳子，然后用细绳编织成渔网，用粗绳编成网，教人们用网捕鱼捉鸟。从此，人们的食物不再

伏羲

是单一的野果和野菜，人类可以非常轻松的捕捉鱼类和鸟类为食了。

（三）发展远古畜牧业

伏羲教民用网狩猎，人们利用网捕获了大量的猎物，摆脱了大自然造成的歉收之虞，使生产力得到了极大的提高，使人们的生活有了保障，人类的历史也由此揭开了新的篇章。由于捕获量的持续增大，于是人类开始将消费不完的渔猎品加以驯养，从原始的狩猎状态进入到初级的畜牧业生产。

网的发明，促进了畜牧业的产生，肇始了远古文明，伏羲也就成了畜牧文化的

代表。直至近代，渔猎行业还流行奉伏羲为祖师爷的习俗。伏羲养六畜以为牺牲，用最原始的佐料烹调食物，堪称上古时代第一代厨师。

伏羲的众多发明创造不仅属于他本人，也更属于他所在的时代。伏羲是那个时代的杰出代表，并且推动了社会的发展。伏羲不仅是中华各族人民的祖先，还是中华民族心智的先启者，中国很多地方都有祭祀他的伏羲庙、伏羲陵。

四、神农氏发掘草蔬

神农氏遍尝百草，利用亲身实践验证了诸多植物的食用性质。他教民耕种五谷，制作陶器作为炊具，促进了农耕业的发展，开创了人类饮食文化新的篇章。

在伏羲之后，中国历史上又出现了一个对中华民族贡献巨大的传奇人物神农氏。据考证，神农氏是与轩辕黄帝一样的圣人。"神农氏尝百草"是中国史书上记载最多、流传最广的传说。此外，神农氏还是中国农业的伟大开创者。

西汉刘安《淮南子·修务训》中记载："古者民茹草饮水，采树木之实。……神农氏始教民播种五谷……"唐初令狐德棻《周书》中云："神农耕作陶"。唐代司马贞《三皇本纪》中记载："炎帝神农氏……斫木为耜，揉木为耒。耒耨之用，以教万民，始教耕。故号'神农氏'。"南宋郑樵《通志·三皇纪》记载："炎帝神农氏起于烈山……民不粒食，未知耕稼，于是因天时，相地宜，始作耒耜，教民艺五谷。故称之为'神农'。"由此可见，神农氏在饮食方面的贡献在于：创立了农业，发明了陶器炊具，开创了人类饮食文化新的篇章。

（一）开创农耕历史

神农氏成为首领之后，不仅教给人们制作农具的技能，还教会人们在土地上种植五谷。他让人们把坚硬的树枝削尖成叉形，用来翻整土地；还教导人们在耜上装一根弯曲的长柄，称为"耒"，用来提高翻土的效率。他亲自考察各地土地的干湿、肥瘠等性质，让人类播种各种谷物。人们在他的带领下逐步告别了饮食不足的状态，生活也渐渐的开始富足起来，人类的饮食也丰富起来了，越来越多的谷类走进了人们的餐桌。

关于神农氏种植五谷的故事有一个传说。据东晋王嘉志怪小说集《拾遗记》记载：相传，有一天，一只全身通红的鸟衔着一棵五彩九穗谷飞翔在天空中。等到它掠过神农氏的头顶时，九穗谷掉在了地上。神农氏见了，马上拾起来埋在了土里。后来，这些谷子竟长成一片。神农氏把谷穗放在手里揉搓后放在嘴里嚼，感到很好吃。于是他教人用斧头、锄头、耒耜等生产工具开垦土地，种起了谷子。神农氏从中也得到了启发，他想：谷子可以每年都种植，如果能有更多的草木能够被人食用，并且增加种植量，那么大家的吃饭问题就可以解决了。但是在当时，五谷和杂草长在一起，神农氏一样一样的尝，一样一样的试种，最后从中筛选出的菽、黍、麦、稷、稻五谷，所以后人尊他为"五谷爷"、"农皇爷"。

（二）确立蔬菜食物种类

随着五谷的大量种植，人们的温饱问题渐渐解决，但人类的生存依然受到了各种疾病的威胁。传说，神农氏亲自前往各地，品尝百草的滋味，水泉的甘苦，研究这些对治病的效果。在采集各种植物的茎、叶、果实等亲自品尝的过程中，他发现有些东西味道鲜美，可以食用；有些东西苦涩难咽；有些东西味道很好，但吃下去会让身体很不舒服。于是，他把这些实践结果都记录了下来，并且形成了中国最早的一部有影响力并且对现在仍然有实用价值的食材志——《神农本草》。神农氏不仅扩展了饮食食材的范围，还确立了食物中的植物种类。

（三）开创食物器具历史

相传神农氏还是中国制陶业的开创者，为先民们提供了实用的饮食器具。中国历史上有很多关于神农氏"耕而陶"的故事，神农教人治陶，让人类拥有了制作饮食的炊具和保存食物的容器，这些食器为后来对食品的保存、加热、制作提供了可能。自从人类拥有了适合的食材，并有了相应的盛食陶具后，酿酒、制酱、制醋也就开始逐步出现了。很多需要饮食器具配合而完成的饮食制作方法，如酒、醢、醯（醋）、酪、酢、醴等，也渐渐产生了，这是神农氏对中国饮食文化的另一贡献。

五、黄帝兴灶作炊

黄帝改灶坑为炉灶，制造出最早的蒸锅陶甑，教民蒸谷为饭，烹谷为粥，从此，"吃饭"的概念产生了。"蒸谷为饭"给中华民族饮食结构带来的新变化，这种饮食构成一直延续到现在。

黄帝是中华民族的人文始祖，因统一华夏族的伟绩而载入史册。相传黄帝为少典之子，本姓公孙，因长居姬水，又改姓姬。他播百谷草木，大力发展生产，创造文字，始制衣冠，建造舟车，发明指南车，定算数，制音律，创医学等，是中华文明的先祖。司马迁在他的《史记》中，将轩辕黄帝列为帝王本纪之首。几千年来，中国的汉族一直自称为黄帝子孙，可见皇帝在中国历史上的地位之显赫。

（一）黄帝的传说

相传，一天晚上，轩辕黄帝的母亲附宝看见一道电光环绕着北斗枢星。随即，那颗枢星就掉落了下来，附宝由此感应而孕。怀胎 24 个月后，生下一子，就是后来的黄帝。黄帝一生下来，便能说话，到了 15 岁，已经无所不通了。后来他继承了有熊国君的王位。

《淮南子》中说："中央土也，其帝黄帝，其佐（帮助）后土（管土的神），执绳（法）而制四方"。由此可见，因为黄帝是管理四方的中央的首领，他专管土地，而土是黄色，故名"黄帝"。

另据史料记载，黄帝曾发明一种车战法，打仗的时候，将士都站在战车上；停战休息时，将战车连接起来，围成一圈，指挥员在中间，只留一个空当作为出入的门，起到了保护指挥员的作用。古人把带有布幕的战车叫"轩"，把两辆战车中间的空当叫做"辕"，因为黄帝是这种车战法的发明者，所以后人便又把黄帝叫做轩辕氏。

（二）教民蒸谷为饭

原始社会后期，人口渐增，现成的食物原料渐少。黄帝率领臣民，刀耕火耨，发展原始农业，在黄河流域广袤的土地上，开拓了一块块平畴绿田。黄帝倡导的"艺五种"，就是广种黍、稷、菽、麦、稻五种谷物；他躬行的"抚万民"，倡导关心民食。

黄帝对中华文化的贡献之一在饮食方面。据西汉刘安《淮南子》载，"黄帝作灶，死为灶神"；西汉司马迁《史记·五帝本纪》载，"黄帝艺五种，抚万民"，"黄帝作釜甑"；三国谯周的《古史考》载，"黄帝始蒸谷为饭，烹谷为粥"。在黄帝以前，先民虽有用火，但火是在灶坑烧的，烹饪受到制约。黄帝改灶坑为炉灶，并按蒸气加热的原理制造出最早的蒸锅——陶甑。从此，蒸饭煮粥，"吃饭"的概念产生了。古籍《大戴礼记》上说"稷食菜羹"，是指主食稷食加菜汤组成的一餐饭。这是黄帝时"蒸谷为饭"给中华民族饮食结构带来的新变化，这种饮食构成一直延续到现在。

（三）制盐、用盐与烹调

据相关史料记载，黄帝时的诸侯宿沙氏首创用海水煮制海盐，即所谓"宿沙作煮盐"，这是中国关于食盐制作的最早的记载。说明在黄帝时代，人们已经懂得制盐和用盐来调味了。盐的出现，又是人类饮食史上的一个飞跃。在此之前，有"烹"而无"调"。有盐之后"烹调"这个概念才算完成。盐不仅使食物更加的美味可口，而且更有益于人体的健康。因此，在黄帝时期中国饮食状况已有了突出的改善。

六、后稷教民稼穑

古代周人始祖后稷教民稼穑，庄稼品种日趋丰富，来源充足，食品的烹调方法也更加完善。周人的食物更能代表农业文明，是中国后来饮食文化的正源。

在中国原始社会末期，出现了一位"教民稼穑"的周人始祖——后稷。他善于种植各种粮食作物，对农业做出巨大贡献，后人尊崇他为农业之神或谷神，从而享受后世的祭祀。他的农业方面的种种创举也为中国古代提供了丰富的饮食原料，对人们饮食结构的变化产生了很大的影响。

（一）后稷的传说

传说，后稷的母亲姜嫄是帝喾元妃。一次姜嫄出游野外，踩了巨人足迹身怀有孕。到了产期，生下一个像羊胞胎样的圆肉球。姜嫄以为这是怪胎，害怕招致灾祸，决计把他往外丢弃。先是把他丢弃在狭窄的路边，牛羊经过时不践踏，还庇护他，为其喂乳。接着把他放到森林里，又碰上森林里有很多人，将他收留。最后，将他放到寒冰上，又有鸟飞下来，用翅膀温暖他。姜嫄以为他神异，就继续收养抚育。因初生时几次欲弃，故名为"弃"。

弃小时候就有远大的志向。他看到人们追逐动物，采食野果，终日过着飘泊不定的生活，心想，如果能有一个固定供应食物的地方就好了。他通过仔细观察，把野生的麦子、稻子、大豆、高粱以及各种瓜果的种子采集起来，种在自己开垦的小片土地里，定时浇水、除草，悉心照料。等到它们成熟了，结的果实非常饱满，而且比野生的味道好。为了更有效地培育这些野生的植物，弃还用木头和石块制造了简单的工具。

弃长大成人，在农业方面已经积累了丰富的经验。他所种的庄稼因耕作适宜，取得丰收，《诗经·生民》记载："实方实苞，实种实褎，实发实秀，实坚实好，实颖实粟"，很受人们称赞，许多人都向他学习种植技术，弃也因此而远近传名。帝尧听说了后，就聘请弃为农师，让他管理与指导天下农业各方面的事情。弃在任期间，大力推广耕种技术，农业发展相当迅速，使人们告别了半饥饿的生活。由于弃发展农业有功，帝尧就封弃于邰地。人们把弃尊称为"后稷"，"后"是至高伟大之义，"稷"就是粟。

（二）对饮食文化的贡献

在后稷的带领下，人们逐步摆脱了仅靠打措、捕鱼和采食野果的生活，庄稼品种日趋丰富，食物的烹调方法也更加完善，这对改善人们的生活条件起到了积极的促进作用。因为后稷学会种植五谷，史称后稷"功崇平地，德大配天"，被帝王奉祀为五谷之神。如今，后稷已成为中国农耕文明的象征，农业精神的象征，农业丰收的象征，农业经济的象征。

由此可见，后稷对当时农业发展及饮食的进化立下了汗马功劳。后稷死后，人们为了纪念他的功劳，将他葬在山环水绕的"都广之野"。《山海经·海内经》称：都广之野"有膏菽、膏稻、膏黍、百谷自生，冬夏播琴，鸾鸟自歌，凤鸟自舞，灵寿实华。草木所聚，相群爱处。此草地，冬夏不死。"可谓世间的一方仙国乐园，并且古神话传说的"天梯""建木"就在附近。可见后稷在人们心目中占有极为重要的地位。

七、尧制石饼创面食

尧帝时，人类经过神农尝百草，后稷教稼穑，已进入农耕文明。但人类吃五谷仍是与树叶煮着吃或烤着吃，还没有像现在的面食。人类最早对面食的追溯，现在只能从尧制石饼的传说中寻找些许痕迹。

尧帝，姓尹祁，号放勋，因封于唐，故称"唐尧"。尧帝严肃恭谨，光照四方，上下分明，能团结族人，使邦族之间团结如一家。尧为人简朴，吃粗米饭，喝野菜汤，自然得到人民的爱戴。著名的尧制石饼传说，记录着这一古代帝王的俭朴与勤勉。

（一）尧制石饼传说

一次，尧的五谷遭受到墙倒的重压，有的破碎，有的变成了碎粉，又遇上一场雨，重压后的五谷变成了浆。按当时的习惯，五谷只有和着树叶煮着吃，现在破碎又被雨浇，应该扔掉了。但是非常俭朴的尧，还是一把一把地将谷浆用手捧到光滑的石板上，想用太阳将它晒干后收藏。雨后的太阳如火，烤得石头发烫，时间一长使得青石板上的谷浆变干变黄，并散发出奇异的香味。尧拿来一块放在嘴里嚼，非常好吃。于是尧便叫来百姓，教他们用石将谷砸碎，然后用水、树叶和成浆，薄薄地铺在青石板上，并在青石板下点燃木柴，用石板将谷浆烤熟食用。于是石烹的时代从尧开始了。

这种以石制饼的做法，经过了五千年的岁月沧桑流传到了今天。现在尧都临汾与运城一带，人们将这种饼叫做尧王饼或石子馍。现在的尧王饼以细面做成，有的还要加上些花椒叶、盐糖和蛋糊，吃起来香脆可口。石子饼这一山西古老的风味小吃，因传承远古烹饪技术，被专家称为"活化石"，同时因其深厚悠久的民俗传统，又被誉为"远古华夏第一饼"。

（二）"华夏第一饼"的三个阶段

第一阶段：山西石子饼可追溯到石器时代。1959 年发现的山西芮城西侯度人遗迹，说明 180 万年前我们祖先在河东就学会了取火，开始了熟食。进入新石器时代，原始农业形成，烹饪以黍米加于烧石之上焙熟，出现了石鏊（一种经过打磨制成的能在下面用火烧热的薄石片），被烹饪界称之为"石烹时代"。《礼记》有"燔黍捭豚"，东汉郑玄注曰："中古未有釜甑，释米擘肉，加于烧石之上而食之"。

第二阶段：山西是华夏文明的发祥地，原始社会到尧帝时代，山西民间就有"尧制石饼，面食流芳"的传说，这个时期是山西石子饼的第二发展阶段。

第三阶段：远古石烹技术跨越 2000 多年的陶器、青铜器时代，进入铁器时代。到西汉初年，随着铁器的广泛普及和石磨技术的发展，铁鏊在民间逐渐代替了石鏊而被使用，形成了平底铁鏊上放河汾石子以烙饼的方法，山西石子饼进入了第三个发展阶段。公元前 113 年，汉武帝幸河东，祀后土，欢宴于汾河之舟，即以民人敬献的石子饼为美食，并作《秋风辞》。

在唐代，石子饼还被称为石鏊馍，作为奉献给皇帝的贡品。《名食掌故》载，永济民间相传，崔莺莺避难普救寺，与张生相爱，受到老夫人的阻拦不能见面。莺莺托红娘每日买石子饼送给张生，以表情达意。因此爱情圣地的蒲坂人还将这种石子饼称为"莺莺饼"。明代，据《繁峙县志》载，正德年间，明武宗曾出京巡视，品尝疤饼（因石子饼有凹凸疤痕，当地人故又称疤饼）。到了清代，石子饼有了"万德昌"、"三和堂"等三晋专业作坊经营，并在大江南北流传，《隋园食单》著者袁枚赞其为"天然饼"。

八、彭祖饮食养生

彭祖烹羹提高了食物的营养利用率，开创了用药膳与养生的新天地，主张因时而食，因人而食，因气而食，因体而食，协调阴阳，调和诸味，食有节，并以素食为主。中华饮食养生由生吃、熟食到健康美食发生了革命性飞跃。

史料记载，彭祖姓筏名铿，是上古颛顼的玄孙。相传他历经唐虞夏商等代，活了800多岁。关于彭祖有许多争论，但有两点是确凿无疑的：其一他高寿，其二他深谙养生之道。《庄子·刻意》曾把他作为导引养形之人的代表人物，《楚辞·天问》还说他善于食疗。

（一）彭祖的传说

民间传说，彭祖活到767岁，仍无衰老迹象，耳不聋，眼不花，背不弯，腰腿不疼。商朝君王派人询问彭祖长寿秘诀，彭祖回答："欲举行登天，上补仙宫，当用金丹。其次，养精神，服草药，可以长生。"那人又问他的身世，彭祖唉声叹气地说："我遗腹而生，三岁丧母，又逢战乱，流落西域，几百余年。"又说"一生丧49妻，亡54子，屡遭忧患。"谁知又过了70年，有人发现他还在流沙国游玩，直至800多岁才死。

这些民间传闻虽然极具神话色彩，但也反映了人们对彭祖长寿的羡慕之情。实际上，彭祖高寿的秘诀在于他创制的引导术、房中术、吐纳术、烹饪术和摄生术，其中烹饪术和摄生术就属于饮食文化范畴。

（二）精于烹饪术

彭祖十分精通烹饪术，他因献雉羹（野鸡汤）给尧帝，治好了尧帝的厌食与体虚症，为尧帝所赏识，遂封他为大彭氏国（今江苏省徐州市）国主。屈原在《楚辞·天问》中写道："彭铿斟雉,帝何飨?受寿永多,夫何久长?"这反映了彭祖在推动中国饮食文化进步方面所作出的卓越贡献。汉代楚辞专家王逸注曰:"彭铿,彭祖也。好和滋味,善斟雉羹,能事帝尧,帝尧美而飨食之也"。

羹在中国烹饪菜点中占有重要地位,特别是在烹饪术尚不发达的古代,人们靠它佐餐下饭,是日常不可缺少的食品。彭祖的"雉羹之道"后来逐步发展成为"烹饪之道",雉羹也是中国典籍中记载最早的名馔,被誉为"天下第一羹",彭祖也被尊为厨行的祖师爷。现称"天下第一羹"的汤以鸡代雉,古风犹存。

彭祖的烹饪之道被人称为"爨阵八法",流行于淮海地区。"天灶、地灶、红案、白案、生案、水案、凉菜案、配菜案"八法技术,把烹饪技术形象化,是打开烹饪技术之门的钥匙。

(三)饮食养生之道

彭祖创建了中国最早的营养学理论。上古时代,五味还未进入烹饪领域,当时人们运用调味品还是有困难的,所以人们吃的羹还是清水煮制。彭祖烹羹的价值就在于他发明了食物的水解法,提高了食物的营养利用率,继而开创了用药膳与养生的新天地。彭祖主张因时而食,因人而食,因气而食,因体而食,协调阴阳,调和诸味,食有节,并以素食为主。这是彭祖对中国养生学的一大贡献。

后人景仰彭祖,撰写养生著作也常托名彭祖,如《彭祖养性经》、《彭祖摄生养性论》、《彭祖养性备急方》等,由此可见彭祖在中国营养学上的影响。

九、伊尹精研美食

伊尹是中华食文化的鼻祖,位列中国古代十大名厨之首,是古今唯一一个由厨入相的人,其"治大国若烹小鲜"的治国格言至今仍为人们所传颂,被民间尊为"厨神"。

在中国历史上,伊尹是一位治国大师,辅佐商汤赢得天下。除此之外,伊尹还是中国最早的烹饪大师。伊尹弘扬中华烹饪艺术,传承民族美食技艺之精粹,为中国的饮食文化做了卓越贡献。

(一)伊尹的传说

伊尹的身世极具传奇色彩,他的父亲是个既能屠宰又善烹调的家用奴隶厨师,他的母亲是居于伊水之上采桑养蚕的奴隶。相传采桑女在生伊尹之前梦到神人告诉她："如果看见石臼中冒出水来，就往东跑，千万别回头。"第二天，她果然发现臼内水如泉涌。于是采桑女赶紧通知四邻向东逃奔 20 里，之后她不禁回头遥望陷于一片汪洋之中的村庄。由于她违背了神人的告诫，所以身子化为空桑。因为当时采桑女已经怀有身孕，所以孩子便在空桑树的洞中。

据说，男婴在空桑树洞中饿得哇哇直哭，老虎跑来为他喂奶，老鹰飞来为他扇风去暑。后来一采桑女听到哭声，把他抱走献给了有莘国国王，国王以伊水为姓，给孩子起名伊尹，命他的厨师抚养。

伊尹从小聪慧好学，不仅学会了耕种、烹饪，还精通尧舜之道。之后他学贯古今，而且犹善以烹饪技艺比喻治国之道，所以深得汤王赏识，身为奴隶的他一跃成为了商相，从此辅佐商汤，伐夏兴商，奠定了商朝 600 多年的基业。

（二）烹调美味的研究

在中国饮食文化史上，伊尹是中华美味饮食的开创者。据《吕氏春秋·本味》记载：成汤聘请伊尹，在宗庙里举行祈福的祭祀，在朝堂以隆重的礼节接见伊尹。伊尹向成汤讲述天下美味的精妙，说烹调美味，第一，要认识原料的自然性质，如动物原料："水居者腥，肉玃者臊，草食者膻。臭恶犹美，皆有所以。"第二，要使这些肉成为美味；水是第一重要，他认为最好的水应该取自"三危之露，昆仑之井，沮江之丘"，"白山之水"以及冀州之原的"涌泉"。第三，用甜、酸、苦、辣、咸，臭的、恶的、莸草、甘草五种味道多种调料，它们的先后顺序，要放多少量，都很有讲究。第四，火候也很关键，快慢缓急掌握好，能很好去除腥味，去掉臊味，减少膻味。第五，还要注意鼎中的变化，"鼎中之变，精妙微纤，口弗能言，志弗能喻。若射御之微，阴阳之化，四时之数。"掌握了其中的奥妙，制出的肉就会熟而不烂、香而不薄、肥而不腻、五味恰到好处。由于伊尹率先把知与行进行完美的融合，在烹饪实践和理论上产生的突出贡献，成为中国烹饪界公认的鼻祖。

伊尹对烹饪学的理论贡献是多方面的，从原料的特性、产地、选用，到火候的掌握、调料的搭配，都具体而实用。如对原材料的产地上，肉之美者、鱼之美者、菜之美者、和之美者、饭之美者、水之美者、果之美者，他都是了如指掌。由此可见，伊尹道出了中国文明早期阶段烹饪所能达到的发展水平，夏商之际人们饮食的区域性已经逐步被打破。因此，他在烹饪理论与实践方面具有首开先河的历史地位。

第二节　饮食文化的特征

从科学意义上来讲，任何一个国家及民族的饮食文化，系指这个国家及民族的饮食食物、饮食器具、饮食的加工技艺（烹饪方法）、饮食方式以及以饮食为基础的思想、哲学、礼仪、心理等。前四方面为饮食自身的规律和基本特征，亦即饮食的原生态文化，后者属意识形态，为前四方面的文化辐射，即饮食的再生态文化。考察中国饮食文化的总体特征主要从前四方面入手。

一、中国饮食的结构

在饮食方面，中国是最开放的国家之一，饮食的种类也最为丰富。水里游的、天上飞的、地上爬的、家里种养的、野外猎集的，都逃不过中国人的"福"口，就是河豚也敢拼死一吃。正是由于中国悠久的历史和中国人勤劳勇敢的精神及生存的需要，从而为人类开辟了丰富的食物源泉。而不像近代前之西人不知素食为良、动物之脏腑为美，连中国人视之为上品的鱼翅、燕窝等佳肴亦以为怪也。中国饮食的结构呈现多样化的格局。我国主体民族——汉民族的传统饮食文化，从结构内容上说，是以植物性食料为主。主食是五谷，辅食是蔬菜，外加少量的肉食。对于以畜牧业为主的少数民族来说，则是以肉食为主食。这形成了两种传统饮食的巨大差异。

大约在公元前5400年前，黄河流域就已经种粟（原意为黍的籽粒），且用土窖储藏粮食；大约在公元前4800年前，长江流域就已经种稻（有黏和不黏之分，最早的"稻"专指黏的稻类）。中国人自进入农业社会开始，就基本形成了以粮食为主、肉类为辅的饮食结构，并且延绵至今。

在我国的饮食结构中，主食主要有两大类：米饭和面食。这种饮食习俗的形成主要由地域和气候环境决定的。我国南方民族主要农作物是稻米，所以一般是以米饭作为主食的，米饭的原料又有大米和糯米，做法有多种，而且还可以将大米和糯米做成糕饼、汤圆、米粉、糍粑。在食用大米的地区，有许多与米有关的习俗，在南方汉民族地区，节庆时日的"敬谷神"、孩子出生时的"送米礼"、婚礼中的"坐轿米"、人去世时的"含饭"等等。北方种植小麦的地区的人们则是以面食为主食的。人们喜欢将麦子磨成的面粉做成馒头、面条、烙饼、饺子等具有特色的食物。我国面条的做法多种多样，比如有挂面、切面；牛肉面、鸡丝面、三鲜面；还有北京的炸酱面、山西的刀削面、兰州的拉面、河南的烩面、四川的担担面等等。另外，在我国少部分种植玉米、青稞、高粱、土豆、红薯等杂粮的地区，他们主要是以这些杂粮为主食的，像西藏藏族的糌粑、新疆维吾尔族的馕等。

从新石器时代始，我国就已进入农耕社会，人们饮食以谷物为主食。但由于各地自然条件不同，谷物种类即有差异。所以我国存在以黄河流域的仰韶文化与长江流域的河姆渡文化两种不同的食俗。仰韶文化以粟为主，河姆渡文化以稻为主，饮食文化分成南北这两大系统在新石器时代就已确立。

稻几乎是南方水田唯一可选的主食作物，这是由"稻可种卑湿"的特性决定的。而在北方旱地则有粟、黍、麦、菽等主食作物可供选择。仰韶文化以粟为主食，除了粟适应黄河流域冬春干旱、夏季多雨的气候特点外，还有一些人文因素的原因：（1）粟的产量比黍高。在北方诸谷中，以粟的亩产量为最高，比麦、黍几乎多一倍。（2）"五谷之中，惟粟耐陈，可历远年。"（王桢，《农书》）考古发现不少粟在几千年后依然籽粒完整。在灾情频繁的北方，耐贮藏是人们选择的一个重要条件。（3）品种多，能适应多方面的需求。粟可分为稷（狭义，指"疏食"，即粗米）和粱二大类，分别适应社会上、下层主食的需要。由于自然选择和人文选择的合力，使粟即稷成为我国北方栽培最早、分布最广、出土最多的主食作物，被尊为"五谷之长"，"稷"与"社"一起组成国家的象征，古农官也以"稷"命名之。

麦是一种夏熟作物，能继青黄不接之时，很早就受到统治者和人们的普遍重视。大约在距今5000年前，小麦最先进入了中国的西北地区。甲骨文卜辞多"告麦"之辞，其中的"来"字，是对小麦植株最直观的描述。"《春秋》它谷不书，至于麦、禾不成则书之，以此见圣人于五谷最重麦、禾也。"（《汉书·食货志》）尤其是在人们找到了最佳的食用方式——粉食之后，麦的地位便脱颖而出。战国以后，北方的小麦逐步取代了粟的地位，成为主粮。与此同时，原有的谷物一部分退出了食粮行列，如麻（大麻）、菽（大豆）、苽（又称雕胡、菇米）等。粟是自新石器时代以降的中国北方主要的粮食作物，到了汉唐时期，粟的地位逐渐被小麦所取代。延续到唐代中叶，小麦完全排斥了禾粟，成为仅次于水稻的第二大粮食作物。这种地位就是在玉米、甘薯、马铃薯等传入中国之后也依然如故。南方的稻米却历经数千年，其主粮地位一直未变。就粉食的加工方式而言，中国人没有像其他以小麦为主食的民族一样靠烤面包来养活自己，而依然是采用传统的使用方法，将面粉加工成馒头、包子、面条之类，蒸煮而食。麦作的推广和面食的普及密切相关，只是中国的面食是蒸煮的馒头、面条，而不是烤制的面包。本应伴随小麦传入中土的烤面包在明末清初才由西方传教士利玛窦和汤若望等人传入。

以素食为主，以肉食为辅。早在两千多年前成书的《黄帝内经·素问》中，就指出了古代汉族的饮食结构是"五谷为养，五果为助，五畜为益，五菜为充"。谷、果、菜均为植物性食物。汉民族饮食以植物性食物为主，动物性食物为辅，很少喝乳品，自成一类饮食习俗，和西北畜牧民族以肉食及乳酪为主的饮食习俗截然不同。所以当东汉末年著名女诗人蔡文姬远嫁匈奴后，过不惯匈奴那种以食肉类和奶制品为主的生活，哀叹"饥时肉酪兮不能餐，冰霜凛凛兮身苦寒"。

古代称在位的士、大夫以上的贵族为"食肉者"，称平民为"蔬食者"。孟子说："鸡、豚、狗、彘之畜，无失其时，七十者可以食肉矣。"（《孟子·梁惠王》）作为最高统治者的天子，尽管讲究"膳用六牲，饮用六清，羞用百二十品，珍用八物，酱用百二十瓮"，实际上还是吃粮食为主。《周礼·天官·膳夫》称："膳夫掌王之食、饮、膳、羞，以养王及后、世子。"注曰："食，饭也；饮，酒浆也；膳，牲肉也；羞，有滋味者。"就是说，王室的食品，首先是饭，其次是饮，然后才是用肉类制作的醢、醯、脯、腊以及蔬菜制品菹、醢之类。"凡王之馈，食用六谷。"明确指出王室的主食就是用黍、稷、稻、粱、菇米、麦等制作的。贵族经常饮用的名目繁多的酒和醴，也是用谷物酿制或煮成的。即使以各种肉类制作的醢（肉酱），也离不开粮食做辅助原料。所谓"珍用八物"（即周代的"八珍"），居首位的叫做"淳熬"，就是拌肉酱的稻米饭；居第二位的"淳母"，就是拌肉酱的黍米饭。《周礼·天官·笾人》称："羞笾之实，糗饵粉餈。"郑众说：糗是把稻米与大豆合在一起熬成的；餈是把豆子锤成屑煮成的。郑玄说：此二物是把稻米、黍米捣成粉熬成的。二说虽有小异，但都认为谷物是主要原料。

自从豆子制成豆腐后，成为素食中的美味佳肴。传说汉代刘安在寻药炼丹的过程中，偶尔将石膏点入豆浆中，引起化学反应，豆浆凝固成豆腐。李时珍《本草纲目·谷部·豆腐》记载："豆腐之法，始于汉淮南王刘安。"豆腐的外观和内质得到历代文人的颂吟，清代诗人袁枚的比喻意味十足："珍味首推郇令庖，黎祈尤似易牙调，清清白白陶元亮，竟使袁公三折腰。"诗中郇令、易牙皆是古代名厨，而黎祈和陶元亮则是豆腐的别称。相传陶元亮是豆腐行的始祖。在发展过程中，豆腐的制作方式不断丰富，著名的菜品有川东的"口袋豆腐"，以汤汁乳白、状似橄榄、质地柔嫩、味道鲜美为特色；成都一带享誉海内外的"麻婆豆腐"，麻、辣、鲜、嫩、烫为其特点；此外，还有湖北的"荷包豆腐"、杭州名菜"煨冻豆腐"、扬州"鸡汁煮干丝"、无锡"镜豆腐"、屯溪"霉豆腐"等等。

素食与肉食的关系，从总体上说，"食以谷为主，故不使肉胜食气"（《论语·乡党》）。素食制约着肉食，肉食只是为了配饮。古时把士大夫以上称为"肉食者"，其原因，大概是因当时家畜肉类还很不充足，广大庶民百姓还很少食用。《礼记·王制》规定："诸侯无故不杀牛，大夫无故不杀羊，士无故

麻婆豆腐

不杀犬豕，庶人无故不食珍。"这种规定虽未必严格贯彻，但它说明畜禽肉类的短缺。这种以粮和菜等素食为主、肉食比例极小的饮食结构，在我国广大农业区一直延续到现在，仍未根本改变。

以热食、熟食为主，以冷食生食为辅，也是我国饮食结构的一大特征。《礼部·王制》云："中国戎夷，五方之民，皆有其性也，不可推移。东方曰夷，被发文身，有不火食者矣。南方曰蛮，雕题交趾，有不火食者矣。西方曰戎，被发衣皮，有不粒食者矣。北方曰狄，衣羽毛穴居，有不粒食者矣。"唯有华夏族，吃谷粒又火食。与汉民族相反，一些少数民族则多为生食，至今仍有继承。所谓生食，即指无论是植物之果，或是兽肉鲜鱼等，均不用火烤，稍加处理，直接食用。这种现象，在汉民族中间实难见到。所以，古籍中曾有将是否熟食，看成是华夷之分的主要标志。

顺便指出，中国人把食物分成熟的和生的两种，相应的，人也有熟人和生人之

别。"吃草"的中国人比较内向，不太善于和生人打交道，更愿意和熟人交往。

二、中国的烹调技艺

大家熟知的刘姥姥二进荣国府时，吃到的一款名为"茄鲞"的馔品。刘姥姥尝了这道菜之后，道："虽有一点茄子香，只是还不像是茄子。"便向凤姐讨教烹饪技法，说也要回去弄着吃。凤姐听了，煞有介事地说："这也不难。你把才下来的茄子把皮刨了，只要净肉，切成碎丁子，用鸡油炸了，再用鸡肉脯子和香菌、新笋、蘑菇、五香豆腐干子、各色干果子，都切成丁儿，拿鸡汤煨干了，拿香油一收，外加糟油一拌，盛在瓷罐里封严了。要吃的时候，拿出来用炒的鸡爪子一拌，就是了。"一款平常的菜品，制作工艺竟如此繁复。中国的烹调技艺的精湛与丰富，由"茄鲞"即可略见一斑。

烹调是制作菜肴的一项专门技术，就是将经过加工整理的烹饪原料，用加热和加入调味品的综合方法，制成菜肴的一门技术。我国的烹调技艺历史悠久，经验丰富，素以选料讲究、制作精湛、品种多样著称于世，是我国宝贵的文化遗产之一。

先说烹。熟食之法最重火候，火候不仅是形成不同风味、烹肴方法多样化的重要因素，同时也是菜肴成败的关键因素。正如段成式在《酉阳杂俎》里指出的："物无不堪食，唯在火候，善均五味。"菜肴火候不足，不仅不熟，香美之味也不能充分发挥。反之，火候过度则菜肴枯老而乏味。可以福建名菜"福寿全"（原名叫"佛跳墙"）为例。传说光绪二十五年（1899年），福州官钱局一官员宴请福建布政使周莲，他为巴结周莲，令内眷亲自主厨，用绍兴酒坛装鸡、鸭、羊肉、猪肚、鸽蛋及海产品等十多种原料、辅料煨制而成，取名"福寿全"。周莲尝后，赞不绝口。后来，衙厨郑春发学成烹制此菜方法后加以改进，到郑春发开设聚春园菜馆时，即以此菜轰动榕城。有一次，一批文人墨客来尝此菜，当"福寿全"上席启坛时，荤香四溢，其中一秀才心醉神迷，触发诗兴，当即曼声吟道："坛启荤香飘四邻，佛闻弃禅跳墙来。"从此即改名为"佛跳墙"。此款名点是个很讲火候的菜肴。原料多，又要分次装坛烧煨。在煨的过程中，又不能随便启盖（防止出气走味），只凭经验、听觉来掌握火候，火大过久了，易将坛内各物炖化或烧焦；火候不到，味不调和，达不到味浓香美的特点。可见掌握火候之重要。

首先，选用不同性质的燃料，是掌握火候的基础。我国古老的燃料柴，其性能火大而烈，适宜大锅烹饪菜肴，能发挥烈火速烹的作用。而炭的火性则稳定而持久，适宜炖、焖、煨等长时间加热的技法，能发挥炭火持久的特点。煤的特点是火力既强同时又有高度的持久性，故它能广泛运用于各种烹调技法。目前正得到普遍应用的煤气，不仅火力集中，而且火力的大小强弱可以随心控制，并且非常清洁，能适应烹饪多方面的需要。至于酒精，因其干净，火焰美观，常用于火锅。不同种类的燃料有一定的火性差异，所以中国烹饪注重火候，最基础的就是根据烹调不同风味菜肴的需要，选用不同性能的燃料。这也是炉灶厨师基本功的内容之一。

其次，烹饪的原料形态各异，性质不一，要求风味也不同，所以注重火候必须讲究使用不同的工具。煎炒宜铁锅，煨煮宜砂罐。就是煎炒所使用的铁锅，也各有所用，炒制需火力集中就必须使用圆底炒锅，能使火焰集中锅底上扬。煎制需火力平均铺陈，就必须选平底锅，使原料受热均匀一致。使用不同的工具适应了菜肴不同火候的需要，同时使菜肴形成不同的风味、色泽。如用平底锅煎制，菜肴底层金黄而酥脆，里面鲜嫩，用砂罐炖焖，菜肴容易酥烂而香味浓郁，同时容易使菜肴保持热度，冬季尤佳。所以注重火候必须合理科学地运用不同的烹饪工具，这是中国烹饪的传统特色。

再次，中国烹饪对火力、火度、火势、火时的诸因素都有讲究。为了保持菜肴的鲜嫩，须用旺火，火力要大，火度要高，火势要广，火时要短，不然菜肴就会疲沓变老。有时候，我们看到厨师浑身解数地把油锅在灶口上提上放下，食品在锅里前后左右地翻滚，以致用铁勺打击着铁锅，发出清脆的有节奏的响声，这些紧张动作，实际上都是在发挥烹饪中最关键的技术——掌握火候，力求适度。煨煮技法则须文火（慢火），火大则原料干瘪甚至枯焦。有些菜肴需收汤紧汁的，须先武火（急火），后文火，不然就会夹生。总之，菜肴的成败就看运用火候的得当与否。中国菜千奇百品，风味迥异，运用不同的火候是主要的原因之一。

最后，菜肴加热成熟，其传热的媒介有水、油、汽、空气、固体物质等，对原料采用何种介质导热，均根据原料之性质，菜肴特色来选用。有的食物用油氽、油炸，这就是油传热；有的食物用水煮、水炖、水涮，这是水传热；有的食物用蒸气蒸，如蒸包子、饺子等，这是蒸气传热；有的食物用火烤、火烘，如吊炉烤鸭，这是热空气传热；还有些食物用热盐、热砂炒，如炒花生、炒栗子，这是热物传热。这每种加热法同样存在着火候和加热时间问题，对食物产生生熟和滋味的变化。由此可见，中国菜之所以滋味无穷，就因为它的烹饪方法，包括加热方法繁丰多样。中国菜所用的烹法，往往不限于一端，一道菜是用很多烹法做出来的，绝不是像西餐，煮就是煮，烤就是烤。例如我们最常吃的红烧狮子头，就是先用"炸"，炸好后再"烧"的。又如溜肥肠，就是先把肥肠煮过，然后再溜的。

饮食行业有句俗话："三分技术七分火。"掌握火候，确实是衡量厨师的经验和技术的一柄标尺，故而《吕氏春秋·本味篇》中说："鼎中之变，精炒微纤，口弗能言，志弗能喻。""鼎"是中国进入烹饪之始的炊具之一。《易经·鼎》有："以木巽火，烹饪也。"《易经·既济》又有："水在火上，既济。"这里明确指出，水与火不仅是"鼎中之变"两个不可或缺的基本要素，而且还要"水火相济"。《吕氏春秋·本味》曰："凡味之本，水最为始……火之为纪。"这里亦把水与火摆放到烹饪的重要地位。有些菜烹者还可在炒的时候捞一片尝尝。但有些东西，特别是蒸的东西，放在蒸笼内根本看不到、摸不着；尤其是有些菜物又特别娇嫩，例如清蒸鱼等，火候不到则生，才一过火则老，那真是要凭经验了。

烹而无调只能做熟而已，充其量只能达到营养的要求。若想烹得口味好，能配合人生，充实人生，而成为一种艺术，那就要靠"调"了。"调"就是利用烹料的配合与各种烹的手段，把菜品中的香味释放出来，给人美好的味觉享受。烹饪艺术是"味觉的艺术"，如果烹饪艺术放弃或脱离了味觉上的美感，成为形态动人、色彩丽人但味觉差劲的东西，那就不能称为美食，至少不能称为"中国的烹饪艺术"。对于这一点，世人早有评述。在《中国饮食谈古》这本书中就记载："西人尝谓世界之饮食，大别之有三：一我国，二日本，三欧洲。我国食品宜于口以有味可辨也，日本食品宜于目以陈设时有色可观也，欧洲食品宜于鼻以烹饪时有香可闻也，其意殆以吾国羹汤肴馔之精为世界第一矣。"中国烹饪的"调"法中有"勾芡"的工艺，这在西方国家也很难见到的。中国烹饪的勾芡也是五味调和的重要手段。像勾芡前，锅中原是质地不一、颜色不同、口味尚未完全融合的单一的物料，可一经勾芡，一种统一和谐的艺术效果——美味佳肴即呈现在面前。所以，从某种意义上讲，勾芡，实质上起到了统领调和的效应。

我国饮食文化中的调味观念在夏商周时期已形成，《吕氏春秋·本味篇》云："调和之事，必以甘、酸、苦、辛、咸，先后多少，其齐甚微，皆有自起。"以后各代对此皆有继承和发展。春秋战国时期《荀子·礼论》云，"刍豢稻粱，五味调香";秦汉时期《淮南子·卷一·原道训》云，"味之不过五（甘、咸、酸、苦、辛），而五味之化不可胜尝也";乃至后来的《随园食单》说："厨者之作料，如妇人之衣服首饰也，虽有天姿，虽善涂抹，而敝衣褴褛，西子亦难以为容。"中国烹饪所用的调味品是世界上最多的国家，大凡从盐、醋、酱、糖、辣椒到酒、糟、胡椒、花椒乃至中草药等有数百种，但是，倘若只用某种单一的味料，或调制不适度，或不进行节制，就难以形成美味。今日我国烹饪，更是讲究调味技法。

中国烹调技术中的调味一般有两个方面的内容，一是利用不同的原料互相巧妙地搭配，使不同的原料滋味互相渗透，交流融合，产生新的美味。林语堂先生曾说："整个中国烹调艺术是要依靠配合的艺术的。"他还说："西人不知道肉与菜同烧，使肉里有菜味，菜里有肉味。"日本石毛直道先生也说："日本有名的菜大都佐以适量的蔬菜用鱼制作，中国烹调则不偏重于肉、鱼、蔬菜任何一方，而是三种原料搭配使用。"可以设想把"葱扒海参"与"扒海参"旁放几段生葱同吃，人们选择的肯定是前者，而不是后者。二是用调味料对原料渗透、扩散及相互作用，加以调和滋味，达到去除异味、突出本味、增加滋味、丰富口味的效果，这是菜肴调味的根本内容，也是菜肴口味成败的关键。

中国烹饪调味的步骤分加热前、加热中、加热后三个阶段。而加热中的调味是决定性的调味。这个阶段的调味，可使原料在高热中与调料更好地结合在一起，去除异味，增加香味。但加热中的调味有一定的局限性，有时不能除尽异味，不能适应多种烹调方法的需要，为此辅以加热前的辅助调味或加热后的补充调味，使异味充分涤除、压盖、化解，本身的美味被激发、烘托发挥出来。这种细腻的调味方法，适应了多种烹调技法、多种原料性质，达到了最佳的调味效果，形成了我国独特的调味方法和技术体系。当然，这种利用加热手段进行调味，仅仅是从味与火候的关系上说的，还有其他一些手段不能忽略。如用芡，其主要目的之一便是使原料与味料粘连，因为芡本身就属于佐助调味料，在芡的佐助下，味汁便能附住原料并不使脱落，即常说"用芡保味";用刀工切割，原料大小厚薄一致的目的之一，便是使味汁对原料的渗透和覆盖面一律，从而达到受味均匀;用汤汁（如鸡汤、清沥、虾汁、笋汁）调味，目的就是使无味之料（如豆腐、海参、鱼翅等）和需要改变原料本味之物（如某些蔬菜），与汤汁融合而出鲜味;用主料、辅料、味料三者相结合（如生爆盐煎肉的香气和滋味，便是肉香、蒜、豉香和郫县豆瓣、料酒、精盐滋味的结合），目的是造成一种新的和谐的味道；用刀、火、料等综合技巧，能使滋味隽永，回味无穷，等等。所有这些，都不是只用一个"火"字能全部囊括的。足见"调"之博大精深，内涵丰厚。

调味的进一步扩大，便是调制。中国饮食的制作，传统习惯讲究色、香、味俱佳，讲究在品味时调动人体多方面的感官刺激：视觉、嗅觉、味觉以及第六感官"直感"。饮食的好坏，不仅在于味觉，胃口的好坏与心情也有极大的关系，多种感官的同时调动，无疑会增加对食肴的欲望。

三、中国地域菜系的构成

由于各地自然条件不同，各地人民对饮食滋味的要求就不一样。古人认为，美味佳肴，"物无定味，适口者珍"。而这八个字，林洪《山家清洪》、元阙作者的《馔史》、颐仲《养小录》等书中，均反复引用和阐释，奉为玉律。清代钱泳《履园丛话》论治庖时，也认为"烹调得宜，便为美馔"；"饮食一道，如方言各处不同，只要对口味"。如黄河流域的人民就普遍喜爱腌制食品，口味较重，它以齐鲁饮食文化为代表，古籍中记载齐鲁地区人民的经常性菜肴有醢、菹菜、酱等，这都是用盐腌制的食物。所以，生活在鲁国的孔子，平日饮食是"不得其酱，不食"（《论语·乡党》）。而长江流域人民的饮食口味就与黄河流域大相径庭，它以荆楚饮食文化为代表，楚人饮食大体是遵循"大苦咸酸、辛甘行些"（《楚辞·招魂》）来调和五味的。这种不同地区口味的偏差，成为中国饮食格局构建的基础。中国饮食文化的一大特点，就是在艺术烹调的基点上，根据各地不同的味觉习惯、选料方式、操作方法、色泽搭配，逐渐构成了区域性的食谱程式——菜系，以及由此而衍生的各种风味饮食、食用惯制。

由于地理条件、气候环境和食品种类的不同，各地人们的饮食口味和饮食结构都有明显差异。纵观中国饮食文化的分布格局，大致可以划分为 11 个相对独立的特色板块：（1）东北圈；（2）京津圈；（3）黄河下游；（4）长江下游；（5）东南圈；（6）中北圈；（7）黄河中游圈；（8）长江中游圈；（9）西南圈；（10）西北圈；（11）青藏高原圈。（赵荣光，《饮食文化概论》）

各地饮食的差异乃自然形成，自然环境具有决定性的作用。譬如，傣族地区气候炎热、潮湿，食品容易发酵。发酵食品的一大特色是酸。久而久之，形成了傣族人酸食的饮食个性。而酸味食品恰恰满足了炎热地区人们对口味和健康的需求。因为酸食具有两大功能：一是刺激食欲，有利于食物的消化和营养的吸收；二是有消暑解热的效用。

从历史文献的记载来看，中国饮食调制的地方风味差异，其形成的时间可以追溯到先秦时代。夏商周时期，我国南北饮食文化的区域特征基本形成，饭稻羹鱼和食粟餐肉分别成为南北饮食的文化表征。《礼记·内则》比较详细地介绍了西周时代天子食用八样美味菜肴（号称"八珍"）的烹饪方法，这是目前所能见到的中国北方菜的最早食谱。其用料多为陆产，属黄河流域地方风味；而《吕览·本味》、《楚辞·招魂》所列举的菜肴，其用料多为水产禽类，属长江流域地方风味。《楚辞·招魂》中"腼鳖"（煮或炖甲鱼）、"鹄酸"（醋烹天鹅）、"臑蠵"（炖大龟）、"吴羹"（吴地的羹汤）等，以及《大招》中的"煎鰿"（煎鲫鱼）、"臛雀"（雀羹）、"鲜蠵甘鸡"（大龟炖鸡）、"炰鳧"（蒸野鸭）等，所用的烹饪材料都是出自河湖水中，再加上野味禽类的大雁、天鹅和野鸭等，以蒸、炖和煎烹调方式为主，体现了荆楚地区的饮食状况。《论语》和《吕氏春秋》中有关烹饪的论述代表了南北方两种饮食取向。孔子把肉切得方正才吃，小于拳头的鸡雏不吃，鸭尾巴、鸡肝、雁肾、鹿胃等都不吃，这体现了孔子在饮食方面对周礼的尊崇；《吕氏春秋》则认为最美的是猩猩的唇、猪獾爪后跟那块软肉、鸭的尾巴、象的鼻子等。一般而言，孔丘的饮食爱好代表了黄河流域中下游一带北方人的口味，而吕不韦则属于南方两广、福建和四川人的口味。

两汉以后，西南部的巴蜀、益州以及东南部的吴越广陵成为天下重镇，经济文化空前繁荣，富饶的物产资源得到更好的开发和利用，及至唐代，中国饮食调制法的风俗传承在南方形成三大各具特色的区域：西南长江中上游的川味；中南长江中下游的淮扬味以及岭南珠江流域和闽江流域的粤闽味。山东是我国著名的文化发源地之一，秦汉时期，冶铁、煮盐、纺织三大手工业尤其发达，生产力的提高大大促进了山东烹饪的发展和提高。到了宋代，"川食"、"虏食"、"南烹"之名正式见于典籍，川、鲁、苏、粤四大风味菜实际已基本形成。元、明、清三代，特别是清代，各地方风味有明显发展，《清稗类钞》"各省特色之肴馔"一节说："肴馔之有特色者，如京师、山东、四川、广东、福建、江宁、苏州、镇江、扬州、淮安。"在四大菜系的基础上，又增加了闽菜、京菜、湘菜、徽菜，成为八大菜系。

闽菜以福州、厦门、闽西等为中心，突出特色之一是"糟法"，特色佐料是山糯米、红米和酒药炮制封藏一年而成的红糟，红糟配合主料如鳗鱼、瘦肉，经炮糟、爆糟、炸糟而成名菜。菜色呈玫瑰红色，味香甜酸，惹人喜欢。突出特色之二是制汤，菜肴富于汤汁，如最著名的"佛跳墙"，即用海鲜、鸡、鸭、肉放在绍兴酒坛中用文火煨制而成。汤菜的原料及调汤都很讲究，烹调上富于变化，有"一汤多变"乃至"十变"的效果。突出特色之三是刀工巧妙，一切服从于味。刀工素有"片薄如纸，切丝如发，剞花如荔"的美称。突出特色之四烹调细腻，表现在选料精细、泡发恰当、调味精确、制汤考究、火候适当等方面。尤其保持原汁原味上下工夫，善用糖，甜去腥膻；巧用醋，酸能爽口，味清淡可保持原味。名菜有"樱桃鸡"、"鸡茸金丝笋"、"荔枝肉"、"佛跳墙"、"太极明虾"、"小糟鸡丁"、"清汤鱼丸"、"鸡丝燕窝"、"沙茶焖鸡块"等。

川菜以四川成都为正宗，还包括重庆、乐山、江津、自贡、合川等地方风味，有浓厚的乡土特点。其味历来以多、广、厚著称。调味多用辣椒、胡椒、花椒、蒜泥、葱油、椒麻、椒盐、陈皮和鲜姜，故味重麻、辣、酸、香。由高级宴席、一级宴席、大众便饭、家常风味四个方面组成。其宴席菜肴以清鲜为主，大众便饭和家常风味以麻、辣、辛、香见长，特别是在辣味的运用上很讲究，尤其精细，注重使用辣椒、胡椒、花椒，调味灵活多变，有"一菜一味，百菜百味"之誉。烹调上，以小煎、小炒、干煸、干烧见长。主要菜品有："红烧雪猪"、"干烧鱼"、"宫保肉丁"、"干烧岩鲤"、"鱼香肉丝"、"麻婆豆腐"、"家常海参"、"水煮牛肉"等。

粤菜是以广州、潮州、东江三种地方菜为主体的菜系。汉魏以来，广州一直是中国和海外各国通商的重要口岸，是陆上和海上商路的货物集散地，各国的珍奇货物由此传入内地，因此这里的食俗与内地大不相同。粤菜的风味特色是取料广泛，南宋周去非《岭外代答》云，原广东越人"不问鸟兽虫蛇，无不食之"。以蛇为主的菜肴，自西汉至今一直视为上肴。技法精于炒、烧、烩、烤、煎、灼、焗、扒、扣、炸、焖等，特别是小炒，火候、油温的掌握恰到好处。潮州菜以烹制海鲜见长，煲仔汤菜尤其突出；刀工精巧，口味清醇，讲究保持主料的鲜味。东江菜油重，味偏咸，主料突出，朴实大方，尚带中原之风，乡土风味浓重，传统的咸焗法极具特色。粤菜善变，配料多，调料有蚝油、虾酱、梅膏、沙菜、红醋、鱼露等；口味以清、鲜、脆为主，讲究清而不淡，鲜丽不俗，嫩而不生，油而不腻，有所谓五滋（香、松、软、肥、浓），六味（酸、甜、苦、辣、咸、鲜）之别，具有浓厚的南国风味。主要名菜有："龙虎斗"、"王蛇羹"、"烧乳猪"、"干煎虾碌"、"脆皮鸡"、"冬瓜盅"、"文昌鸡"、"开襄狗肉"、"梅菜扣肉"、"东江盐焗鸡"等。

鲁菜由济南和胶东地方菜构成。胶东菜又源于福山菜，以烹调海鲜菜著称，擅长调制参、刺、燕、贝等，烹调方法以爆、炸、扒、烤、烧闻名。菜品特点是清淡、鲜香、嫩脆，特别是海鲜菜肴，十分注重原来的鲜味。"乌鱼蛋"、"炸蛎黄"、"烧海螺"等均是名菜，久负盛名的糖醋鱼也源于胶东菜。济南菜则取料更为广泛，品种纷繁，高至山珍海味，低至瓜果菜蔬的平常原料，都被制成脍炙人口的美味佳肴。烹调方法擅长爆、炒、烧、烤，菜品风味以清鲜脆嫩著称，鲁菜精于制汤，而济南菜尤为擅长，清汤色清而鲜，奶汤色白而醇，制汤技术精妙。还有孔府菜肴，在鲁味基础上又提高一步，带有贵族特色。鲁菜主要的名菜有"糖醋黄河鲤"、"德州脱骨扒鸡"、"油爆双脆"、"葱烧海参"、"奶汤蒲菜"、"锅塌豆腐"、"奶汤鲤鱼"、"清蒸海胆"等。

北京菜发源于北京，是由宫廷风味、民族风味和山东风味融合形成的。北京很早就是汉、匈奴、鲜卑、高车、契丹、女真、畏吾儿、回等中华各族杂居相处的地方，使北京饮食烹饪具有鲜明的民族特色。至清代满族成为最高统治者，满族的饮食烹饪曾占据了重要的位置，可以说京菜是以满汉全席为最高峰。民族菜构成了北京风味的一个内容。另外，山东风味对北京菜影响极大。清代初叶，山东风味的菜馆在京都占据了主导地位，不仅大饭店，就连一般菜馆，甚至是街头的小饭铺，也是山东人经营的鲁菜居多。元、明、清三代，在京都历时600多年，统治阶级在饮食上十分讲究，天南地北的山珍海味，时鲜果品，源源不断上贡皇宫，各地身怀绝技的名厨云集北京，四方菜肴精品招之即来，使宫中的菜肴形成了独特的格局风味，也就是人们常说的带有传奇色彩的宫廷菜。辛亥革命后，随着封建王朝的土崩瓦解，宫中的饮食风味也流向北京的饮食市场，成为北京菜的第三方面的内容。清乾隆年间逐渐流行的满汉全席菜式，以满洲烧烤和南菜中的鱼翅、燕窝、海参、鲍鱼等为主菜；以淮扬、江浙羹汤为佐菜；以满族传统糕点饽饽穿插其间，集京菜之大成。因此，北京菜系如同北京在中国的地位一样，是万流归宗之处，有兼收并蓄之怀。北京菜的烹饪技艺擅长烤、爆、熘、烧，以脆、酥、香、鲜为口味特点，一般要求浓厚烂熟，这是带有传统性的。代表性的菜品有"挂炉烤鸭"、"油爆双脆"、"涮羊肉"、"烤肉"、"酱爆鸡丁"、"醋椒鱼"、"蛤蟆鲍鱼"、"黄焖鱼翅"、"砂锅羊肉"等。

苏菜由苏州、扬州、南京、镇江四大菜帮构成。其历史悠久，2400年前就有了多种烹调水产菜肴的经验，这在《史记》、《吴越春秋》中均有记载。苏菜的风味特色主要是：选料严谨，制作精细，因材施艺，四季有别，擅用鱼虾；在烹调方法上以炖、焖、煨、焐、蒸、烧、炒见长，同时重视泥煨、叉烤，注重调汤，保持原汁，不失正宗治味之道；风味清鲜、咸中稍甜，保持一物呈一味、一菜呈一味，适应面广，浓而不腻，淡而不薄，酥烂脱骨而不失其形，滑嫩爽脆而不失其味。代表性菜品有："金陵三叉"（即叉烧乳猪，叉烤鸭、叉烤鳜鱼）、"火煮千丝"、"清汤火方"、"红烧狮子头"、"黄焖鳗鱼"、"虾仁锅巴"、"三套鸭"、"叫化鸡"、"盐水鸡"、"翡翠蹄筋"、"清炖甲鱼"等。

湘菜，以湘江流域、洞庭湖区、湘西山区三种地方菜为主组成。湘菜地方特色浓郁，辣味菜和熏、腊制品是其主要特色。这里既有历史的原因，也与当地气候、环境有密切关系。湖南大部分地区地势偏低，气候温暖潮湿，人们喜食辣椒习已成俗，辣味有提热去湿及祛风之效。再就是食品经熏、腊后，不仅别具风味，也容易保存，也就形成了湘菜的一大特色。在菜肴的烹制上讲究原料入味，口味偏重辣酸，烹调方法以熏、蒸、炒、炸、焖为主。著名菜肴有："赛兰肉"、"牛中三吃"、"东安鸡"、"麻辣仔鸡"、"红煨鱼翅"、"腊味合蒸"、"金钱鱼"、"酸辣红烧羊肉"、"洞庭肥鱼肚"、"吉首酸肉"等。

徽菜是以皖南、沿江、沿淮三种地方风味为主的菜系。以烹制山珍海味而闻名，善用皖南山区特产之马蹄（甲鱼）和牛尾狸（果子狸）制作菜肴。烹调技艺以烧、焖、炖擅长，讲究火工，重细、重酱色，多用砂锅、木炭煨炖。风格为清雅淳朴、酥嫩香鲜、浓淡适宜，善于保持原料的原汁原味。对火工有独到的工夫，如"符离集烧鸡"先做后烧，文武火交替并用，最终达到骨酥肉脱原形不变的质地。名菜有"红烧划水"、"火腿炖甲鱼"、"腌鲜桂鱼"、"石耳炖鸡"、"符离集烧鸡"、"黄山炖鸽"、"奶汁肥王鱼"、"毛蜂熏鲥鱼"等。

八大菜系是笼统的划分，实际上还有不少菜系如浙菜、沪菜、藏菜、东北菜、台湾菜、香港菜、澳门菜等，在此就不一一介绍了。多少年来，有多少名菜从民间传到宫廷，再从官府流到民间，遍及全国，如北京名菜"北京烤鸭"、"麒麟豆腐"，杭州名菜"东坡肉"、"西湖醋鱼"，江苏名菜"水晶肴鱼"、"黄泥煨鸡"，上海名菜"松江鲈鱼"、"虾子大乌参"，湖南名菜"东安仔鸡"、"腊味合蒸"，湖北名菜"冬瓜鳖裙羹"、"清蒸武昌鱼"，安徽名菜"清炖马蹄鳖"、"无为熏鸭"，东北名菜"红扒熊掌"、"牛肉锅贴"、"飞龙汤"等等。

四、中国传统饮食惯制

饮食惯制是饮食文化的重要部分，它包括聚食制、餐食制及食具三方面的内容。

聚食制起源很早，从许多地下文化遗存的发掘中可见，古代炊间和聚食地方是统一的。炊间在住宅的中央，上有天窗出烟，下有篝火或火塘，在火上做炊，就食者围火聚食。殷周时代，已是席上跪坐用餐了。如当时就食称"飨"，在甲骨文中，正是跪坐在席上用餐的形象表示。"筵席"一词也是标明在席上用餐的意思。这种聚食古俗，一直传之后世，这在今天西南少数民族中还有遗留，如贵州乡间的吃火锅，就是一例。今天中国城市居民的就食，实质上也是聚食制的衍变，与西方社会的分食制不同。聚食制的长期流传，与我国原始社会解体后村社共同体的长期延续有关，是重视血缘亲族关系和家族、家庭观念在饮食方式上的反映。从聚食制中又演化出筵宴，筵宴文化融合了许多"礼"的内容，对此，后文有专门论述。

餐食制是从生理需要出发，为了恢复体力的目的形成的饮食习惯，在上古时期，人们就已有了正常的饮食制度，当时采用的是二餐制。殷代甲骨文中有"大食"、"小食"之称，它们在卜辞中的具体意思分别是指一天中的朝、夕两餐的时刻，相当于现在所说的早饭时、晚饭时。卜辞所记录的内容大都与王室贵族有关，贵族一日两餐，平民自然不可能有更"奢侈"的三餐制。早餐后人们出发生产，女采集，男狩猎，晚归后用晚餐，是采取了"日出而作，日落而息"的生产作息制度的食制。早饭又叫饔。古人把太阳行至东南方的时间称为隅中，朝食就在隅中之前（上午九时左右）。晚饭叫餔食，或叫飧。一般是在申时（下午四时左右）吃。古人的晚餐通常只是把朝食吃剩下的东西热一热吃掉。这在炊具笨重、灶火的力量难以集中的时代，的确是个简便的办法。现在晋、冀、豫几省山区还保留着一日两餐、晚餐吃剩饭而不另做的习惯。另外，南方的一些少数民族中至今实行的一茶两餐制，实际上也是这种古俗的遗留。

周代特别是东周时代，日常生活中已经形成了"三食"的习惯。尤其在生活优裕、"列鼎而食"的贵族中间，一般都已采用比较合理的三食制。《周礼·膳夫》中有"王日一举……王齐（斋）日三举"的记载。据东汉郑玄、唐代贾公彦解释，"举"是"杀牲盛馔"的意思。"王日一举"是说"一日食有三时，同食一举"，即在通常情况下，周王每天吃早饭时要杀牲以为肴馔，但中饭、晚饭时不再另杀新牲，而是继续食用"朝食"后剩余的牺牲。"王斋日三举"则是说，斋戒时为了保持庄重，不可吃剩余的牺牲，必须一日内三次杀牲，使一日三餐每次都食用新鲜的肴馔，这种做法当时称为"齐（斋）必变食"（《论语·乡党》）。斋戒时每日三次杀牲，正是以一日三餐的饮食习惯为基础，所以，"王斋日三举"的记载，说明东周时代的上层贵族中确已有"三食制"。大约到了汉代，一日三餐的习惯渐渐为民间所采用，这种被人们普遍承认的规范饮食制度，既利于生活，也利于生产。

当然，有些地方还有随着季节不同和生产需要，要采用二餐制的；有些穷苦人家，也常年采用二餐制。而帝王的饮食一般都在四餐以上，据《白虎通义》云："平旦，食少阳之始也。昼，食太阳之始也。脯，食少阴之始也。莫，食太阴之始也。"除此之外，还不时吃上一些点心。可见，饮食餐数的施行情况还因食者身份地位的不同而各异。

在食具方面，我国饮食文化的一大特色是使用筷子。原始人在进食时，最初只用手抓、撕。以后逐渐发展到用筷、刀、叉、匙。先秦文献中曾称筷为"箸"或"梜"。目前所知最早的箸出土于殷墟，而箸见之于文献最早为《韩非子》："纣为象箸而箕子饰。"即至少在商代晚期已有了箸。但最初的箸，并不用于吃饭。《礼记·曲礼上》，"饭黍毋以箸"，"羹之有菜者用梜，无菜者不用梜"。即箸是用来吃羹中之菜的。当时其他食具，诸如匕、鼎、俎、刀等，皆为食肉的用具，不用来进食主食。用手吃的方式，在中原很可能结束于战国晚期，也就是说，从战国晚期始，箸被当做吃饭的工具。

隋唐时期又称"箸"为"筋"。后来人们厌恶"箸"、"筋"皆含停滞之意，遂反其意改称"快"；宋以后又在"快"字上加"竹"头写作"筷"。筷子一般以竹制成，一双在手，运用自如，既简单经济，又很方便。许多欧美人士看到东方人使用筷子，叹为观止，赞为一种艺术的创造。实际上，东方各国使用筷子，其源多出自中国。我国祖先发明筷子，确实是对人类文明的一大贡献。

第三节　饮食文化的类型

中国历史悠久，幅员辽阔，人口众多，因而形成了丰富多彩的饮食文化。人是文化的创造者，饮食者是饮食文化中最重要的因素，因其所处时代不同，我们可以从古代、近代和现代来认识中国饮食文化的类型；因其所处地域不同，我们可以从南甜北咸、东辣西酸来区别中国饮食文化的类型；因其所处节令的不同，我们可以从春节、元宵、清明、端午、中秋、重阳等时令来区别中国饮食文化的类型；同时代的饮食者因其经济地位、社会生活、文化教养、宗教信仰的不同，形成了不同阶级、不同阶层的饮食文化类型。

一、宫廷层饮食文化

（一）宫廷层饮食的构成及基本特点

宫廷饮食文化是中国饮食文化的最高层次，是以御膳为重心和代表的一种饮食文化。作为统治阶级的君主帝王不仅将自己的意识形态强加于其统治下的臣民，以示自己的至高无上，同时还会将自己的日常生活行为方式标新立异，以示自己的绝对权威，这样的饮食行为，也就渗透着统治者的思想和意识，表现其修养和爱好，形成了独具风格的宫廷饮食。

首先，选料严格，用料精细。普天之下，莫非王土，率土之滨，莫非王臣，帝王权力的无限扩大，使其荟萃了天下技艺高超的厨师，也拥有了人间所有的珍稀原料。如早在周代，帝王宫廷就有专人负责天子的饮食，他们分工细密而又烦琐。《周礼注疏·天官冢宰》中有"膳夫、庖人、外饔、亨人、甸师、兽人、渔人、腊人、食医、疾医、疡医、酒正、酒人、凌人、笾人、醢人、盐人"等条目，目下分述职掌范围。这么多的专职人员，可以想见当时饮食选材备料的严格。不仅选料严格，而且用料精细。早在周代，统治者就食用"八珍"，而越到后来，统治者的饮食越精细、珍贵。如信修明在《宫廷琐记》中记录了慈禧太后的一个食单，其中仅与燕窝有关的菜肴就有六味：燕窝鸡皮鱼丸子、燕窝万字全银鸭子、燕窝寿字五柳鸡丝、燕窝无字白鸭丝、燕窝疆字口蘑鸭汤、燕窝炒炉鸡丝。

其次，烹饪精细。一统天下的政治势力，为统治者提供了享用各种珍美饮食的可能性，也要求宫廷饮食在烹饪上尽量精细；而单调无聊的宫廷生活，又使历代帝王多数体质都较弱，这就又要求在饮食的加工制作上更加精细。如清宫中的"清汤虎丹"一个菜，原料要求选用小兴安岭雄虎的睾丸，其状有小碗口大小，制作时先在微开不沸的鸡汤中煮三个小时，然后小心地剥皮去膜，将其放入调有佐料的汁水中腌渍透彻，再用专门特制的钢刀、银刀平片成纸一样的薄片，在盘中摆成牡丹花的形状，佐以蒜泥、香菜末而食。由此可见烹饪的精细。

最后，花色品种繁杂多样。慈禧的"女官"德龄在所著的《御香缥缈录》中说，慈禧在从北京至奉天的火车上，仅临时的"御膳房"就占四节车厢，上有"炉灶五十座"，"厨子下手五十人"，每餐"总共备正菜一百种"，同时还要供"糕点、水果、粮食、干果等亦一百种"，因为"太后或皇后每一次正餐必须齐齐整整地端上一百碗不同的菜来"。除了正餐，"还有两次小吃"，"每次小吃，至少也有二十碗菜，平常总在四五十碗左右"，而所有这些菜肴，都是不能重复的，由此可以想象宫廷饮食花色品种的繁多。

宫廷饮食是由国家膳食机构组织或以国家名义进行的饮食生活，凭借御内最精美珍奇的上乘原料，运用当时最好的烹调条件，在悦目、福口、怡神、示尊、健身、益寿原则的指导下，创造了无与伦比的精美肴馔，使饮食活动成了物质和精神、科学与艺术高度和谐统一的系统过程。

（二）清宫御膳的饮食文化特征

纵观历史，最能体现宫廷饮膳水平和文化的当推清宫饮膳，而宫廷饮膳的代表莫过于御膳。因此，御膳是宫廷饮食的典型代表。

（1）华贵尊荣气势恢宏。一次宫廷宴，实际上就是一次人间美味的盛展。宫廷宴伊始，手捧着一道道佳肴妙馔的侍膳太监，从各路鱼贯而来，汇集到筵宴大殿，将美馔摆在千百张筵桌上，蔚为壮观！

乾隆朝时，在皇帝的金龙大宴桌上，摆满汉族南北名肴和满、蒙、维、回族美食。那上面，燕窝口蘑锅烧鸡、红白鸭子、鹿筋拆肉、脍银丝是汉族北方名菜；酒炖八宝鸭子、冬笋口蘑鸡、龙须徼子、苏州糕等为汉族江南菜点；鹿尾酱、烧狍肉、敖尔布哈（奶饼）、塞勒卷（脊骨面食）等为满洲肴馔；额思克森、乌珠穆沁全羊、喀尔喀烧羊、西尔占（肉糜）等是蒙古名食；谷伦杞、滴非雅则、萨拉克里也等是维吾尔族名菜，粗略统计，品种竟达上千种。

道光以后，清宫宴中汉菜日渐增多，且席面上多有吉祥字样的拼摆。光绪皇帝大婚时，宴席上已见"龙凤呈祥"字样。慈禧过寿，席面上出现"万寿无疆"字样。清宫的元旦宴，席面上可见"三阳开泰"字样。有谁知晓，这些字，竟是以一丝丝名贵的燕窝拼摆而成，可谓豪华至极！

清代，凡宫中的重大筵宴，均有音乐、歌舞助兴，以烘托气氛。在各种隆重、盛大的筵席上，所显现的既有各种技艺形式的"群体功能"，更有赴宴者之间的情感传递与交汇。它恰是"食"、"艺"同律，以成"工雅"、"归真"之势的真实画面与写照。

（2）注重礼制和程式化。在森严的礼仪制度下，饮宴进餐过程十分严格有序。就位进茶，音乐起奏，展揭宴幕，举爵进酒，进馔赏赐等，都是在固定的程式中进行的。封建礼仪程序显得十分烦琐。

根据文献记载，宫中大宴所用宴桌式样，桌面摆设，点心、果盒、群膳、冷膳、热膳等的数量，所用餐具形状名称，均有严格规制和区别。皇帝用金龙大宴桌，皇帝座位两边，分摆头桌、二桌、三桌等，左尊右卑，皇后、妃嫔或王子、贝勒等，均按地位和身份依次入座。皇帝入座、出座、进汤膳、进酒膳，均有音乐伴奏；仪式十分隆重，庄严肃穆；礼节相当烦琐，处处体现君尊臣卑的"帝道"、"君道"与"官道"。

在座次的安排上，皇帝的宝座和宴桌高踞于筵宴大殿迤北正中，亲王、阿哥、妃嫔、贵人、蒙古王公、额驸台吉等人，则依品级分列于筵宴大殿之东西两边。乾隆朝时，大殿东边的是裕新王、众阿哥和蒙古将军拉旺多尔济，西边的是庄亲王和众阿哥；舒妃、婉嫔、金贵人位于东宴桌，客妃、诚嫔、林贵人座于西宴桌。

一旦皇帝入座，漫无休止的跪叩即行开始。诸如皇帝赐茶，众人要跪叩；司仪授茶，众人要一叩；将茶饮毕，众人要跪叩；大臣至御前祝酒，要三跪九叩；其他如斟酒、回位、饮毕、乐舞起上等，皆要跪叩。宴会完毕，众人要跪叩谢恩以待皇帝还宫。整个宴会，众人要跪三十三次，叩九十九回，可谓抻筋练腰劳脖颈！

（3）威风八面的皇家气派。清宫宴规模庞大，在人力、物力和财力上显出皇家气派，但重叠的肴馔和过长的宴时也是惊人的耗费。

如皇子娶福晋，在福晋家所设之定礼宴就需摆下饽饽桌五十张，酒宴五十席，用羊四十九只。成婚宴又要摆下饽饽桌四十张，酒宴六十席，用羊五十九只，黄酒六十瓶。

清代皇帝及其皇室成员在进行筵宴时，不仅精于美食，而且重视美器，通过精美的食品和精巧的食器来体现政治上的至尊至荣地位，以及"举世无双"的显赫权势。所用食器多为金银、玉石、象牙器皿，并由专门的工匠精工制作。瓷器，则由江西景德镇的"官窑"烧造，由专门的官员监制，烧制后挑拣精品，派遣官员送至紫禁城。这些食器上一般都有专名，如"大金盘"、"青白玉无盖花盒"、"双凤金碗盖"、"绿龙白竹金碗盖"、"大紫龙碟金盖"。可以说，每一件餐具从外形到内观都充分体现出皇家的"尊"、"荣"、"富"、"贵"、"典"、"威"等独有的气派和权势。

宴会进行前，工匠要将筵宴大殿油饰一新，使其更加富丽堂皇。养心殿造办处的木工匠们为大宴赶造食盒、酒盘、茶桌和菜板；铁匠们为大宴赶铸蒸锅、炒勺、连环灶；专门烧造御用瓷器的景德镇等各地的官窑，为大宴赶烧五福捧寿珐琅彩等各色纹饰的盘、碟、碗、池。

烹制佳肴所需要的原料，随着皇帝大宴旨意的下传而源源不断地从水陆运来：蒙古草原上优良的乌珠穆沁羊群，伴随着牧羊人的驼铃淌过清水河涌进京城；金色甜美的新疆哈密瓜越过丝绸之路，经过长达四个多月的风沙洗礼被呈进皇宫；关外的关东鸭、野鸡爪、狍鹿等来自满洲发祥地的珍食，越过天下第一关到达京城；裹着明黄锦缎、系着大红绣带的福建、广东的金丝官燕，顺着大运河直上京都，到通州码头转抵京城；镇江鲥鱼、苏州糟鹅、金陵板鸭、金华火腿、常熟皮蛋、西湖龙井、信阳毛尖等各地名产，也沿着驿路贡抵京城。

不难看出，每一次盛宴，都是一次能工巧匠展示技艺的良机；每一次盛宴，都是一次名品宝器的盛展；每一次盛宴，都是四海时鲜在京都的一次荟萃；每一次盛宴，都是御厨名师的一次精彩表演；每一次盛宴，也是清代劳动人民的一次灾难。据清宫内务府档案《御茶膳房簿册》（中

金华火腿

国第一档案馆藏）记载，千叟宴席上的耗费是相当可观的，乾隆五十年的千叟宴，一等饭菜和次等饭菜共 800 桌，共用玉泉酒 400 斤。为举办一次千叟宴，内务府荤局还要烧用柴 3848 斤，炭 412 斤，煤 300 斤。由此可见，至高无上的皇帝和严格的封建等级制度，为通过饮膳、饮宴活动而体现出皇家气派时，所耗费的财力、物力和人力有多么巨大了。

清朝晚期，国势衰微，天灾人祸不断，帝王的气派和奢侈却依然。如光绪年间山西、陕西、河南等省贫苦农民因饥饿而死的竟达 130 万人，而光绪帝的大婚宴等项开支却耗费白银 550 多万两！

二、贵族层饮食文化

古代的官府贵族都是钟鼓馔玉、锦衣玉食，他们有条件也必须讲究排场，这种饮食文化是整个社会饮食文化的主流，中国饮食文化的"十美风格"主要形成于这一层次。"十美风格"包括色、香、味、形、器、名、质、序、境、趣。它虽然没有宫廷饮食的铺张、刻板和奢侈，但也是竞相斗富，以奢华著称。

"一世长者知居处，三世长者知服食"，曹丕在《论典》中的这句话的意思是，"三辈子做官，才懂得吃和穿"，也就是说饮食的讲究和精美要经过几代人的积累。贵族家庭虽然没有宫廷那么多的礼数和禁忌，却有很充足的经济来源，加上世代对烹饪经验的总结，确实能创造出许多玉盘珍馐、美味佳肴。官府贵族菜多有讲究"芳饪标奇"，"庖膳穷水陆之珍"的特点。

贵族饮食以孔府菜和谭家菜最为著名。

孔府历代都设有专门的内厨和外厨。在长期的发展过程中，其形成了饮食精美、注重营养、风味独特的饮食特点。这无疑是受了孔老夫子"食不厌精，脍不厌细"祖训的影响。孔府宴的另一个特点是，无论菜名，还是食器，都具有浓郁的文化气息。如"玉带虾仁"表明了孔府地位的尊荣。在食器上，除了特意制作了一些富于艺术造型的食具外，还镌刻了与器形相应的古诗句，如在琵琶形碗上镌有"碧纱待月春调瑟，红袖添香夜读书"。所有这些，都传达了天下第一食府饮食的文化品位。

另一久负盛名、保存完整的贵族饮食，当属谭家菜。谭家祖籍广东，又久居北京，故其肴馔集南北烹饪之大成，既属广东系列，又有浓郁的北京风味，在清末民初的北京享有很高的声誉。谭家菜的主要特点是选材用料范围广泛，制作技艺奇异巧妙，而尤以烹饪各种海味为著。谭家菜的主要制作要领是调味讲究原料的原汁原味，以甜提鲜，以咸引香；讲究下料狠，火候足，故菜肴烹时易于软烂，入口口感好，易于消化；选料加工比较精细，烹饪方法上常用烧、烩、焖、蒸、扒、煎、烤诸法。

贵族饮食在长期的发展中形成了各自独特的风格和极具个性化的制作方法。

三、富家层饮食文化

富家层大体上由中等仕宦、富商和其他殷富之家构成。历史上以"食客"之称闻名于世的人物，大多集中在这一层次和官府贵族层次。许多美食家、饮食理论家也大多产生于这一层次或附属于这一层次与官府贵族层次。这一层次的成员有明显的经济、政治、文化上的优势，有较充足的条件去讲究吃喝。这一层次成员的家庭饮食生活一般都由家厨或役仆专司，其中有些则能形成传统的风格。在整个社会的饮食生活的层次性结构中，这一层次占有很重要的位置，在社会风气的演变中起着不可忽视的联结和沟通上下层次的作用。仕宦（大多为地方守令、衙司权要）的特权和优游，富商大贾的豪奢贪欲，文人雅士的风情猎奇等，赋予这一层次突出的文化色彩。此外，历史上那些名楼贵馆，大体上也是服务于这一层次及官府贵族层次的。

士大夫的饮食生活是富家层饮食文化的代表之一，总体上表现为"雅"，吃"滋味"。

（一）从倾心关注外部世界到讲究饮食艺术

"士大夫"在南北朝以前指中下层贵族，也指有地位、有声望的读书人。隋唐以后随着庶族出身的知识分子走上政治舞台，这个词便逐渐成为一般知识分子的代称。自汉武帝"独尊儒术"之后，儒学一直居整个社会思想的统治地位。儒家一向积极入世，"以天下为己任"，以"修身、齐家、治国、平天下"为人生准则。所以，中国的士大夫们多"皓首穷经"，以便"学而优则仕"、"当官做老爷"，为国尽忠，为民效力。他们的目光关注的是国家大事，无暇顾及生活的细枝末节。这种不太关注饮食生活，导致饮食粗放和随意的状况，大致一直延续到唐代。他们比较注重大鱼大肉，狂吃滥饮。如李白的"烹牛宰羊且为乐，会须一饮三百杯"（《将进酒》），杜甫的"酒肉如山又一时，初筵哀丝动豪竹"（《醉为马坠诸公携酒相看》），饮食生活是粗糙的，但也是豪放的。虽然中唐以后士人开始向往闲适的生活，但大多数士大夫依然梦想建功立业。

宋以后士大夫的生活态度发生了明显的变化。随着读书人的日益增多，越来越多的士人无法跻身上流社会，加之国家山河破碎，报国无门的情绪开始笼罩在许多士人的心头。自宋以后，士大夫再也没有唐代士大夫发扬蹈厉的外向精神和雄浑气魄。他们关注的是自己内心世界的协调，往往将精力专注于生活的末节，以此寄托其用行舍藏的政治态度和旷荡超脱的人生理想，饮食生活也变成了士大夫的热门话题。元明清之际，文人讲究饮食艺术的风尚更加流行，特别是清代，一些士大夫把饮食生活搞得十分艺术化，超过了以往的任何时代，形成了有别于贵族和小康之家的士大夫饮食文化。

（二）饮食别致，格调高雅，菜品味美

虽然说士大夫的社会地位、生活水平与贵族相差一个档次，但他们大多衣食不愁，有钱、有闲、有文化修养，有精力和时间研究生活艺术，有条件讲究吃喝，有敏锐的审美思维研究饮食。因此，士大夫是推动中国历史上饮食文化探索与研究发展的最佳群体。事实也正是如此，当他们的精力和视线稍倾注于饮食之后所创造的饮食文化便呈现出极强的艺术魅力。

士大夫的饮食讲究色、香、味、形、器、名、质、序、境、趣的和谐统一，他们追求诱人的香味、悦目的色彩、鲜美的味道、美观的形态、精美的器具、文雅的名称、丰富的营养、舒适的口感、井然的秩序、优雅怡情的环境以及愉悦耳目的趣味和高雅的情调，注重实惠、美味、情调、素食和文化氛围，反对奢侈和过分的富贵气，体现出鲜明的清新淡雅之美。这些在诸如苏轼、黄庭坚、陆游、林洪、陈达叟、倪瓒、李渔、张英、袁枚等士人的饮食实践和著述中均有所反映。

值得一提的是，与士大夫同处一个饮食层、《金瓶梅》中描写的西门庆之类的人物，虽然生活相当富足豪奢，但文化品位相去甚远，应为富家层中的另一类型。《金瓶梅》中较多地描写了流氓与市侩的衣食住行，表现了市井富豪饮食生活的奢侈与粗俗，显示出的是暴发户的狂躁。

四、小康层饮食文化

（一）小康层的构成及基本特点

小康层大体上由城镇中的一般市民、农村中的中小地主、下级胥吏，以及经济、政治地位相应的其他民众所构成。这个层次里的成员一般情况下能有温饱的生活，或经济条件较好。他们的饮食构成要比果腹层的人们丰富，既可在年节喜庆时将饮食置办得丰富和体面，也可在日常生活中经常"改善"和调剂，已经有了较多的文化色彩。

（二）普通市民的饮食生活

城镇普通市民是小康层的重要构成类群，是小康层的典型代表，其饮食总体表现为"俗"，吃"实在"。

（1）食品质朴可口。从整体上看，普通市民在生活上只是略有盈余，日常生活仍需精打细算，逢年过节可"铺张"一点，寿庆喜事可"隆重"一些，隔三岔五可"打打牙祭"，改善和调剂一下生活。所选食品原料多是大路货，比不得达官贵人"一饭千金"的豪奢，也绝对没有某些高级筵席那样精心设计，乃至挖空心思、费工费时的骄奢。有的只是也只能是平常人过平常日子的平凡、实在和朴素，不像富商大贾那样有专业的、专用的厨师料理厨务。普通市民家庭多由家庭主妇主持中馈，菜品多是怎么好吃怎么做，不摆花架子，家常味浓。

（2）食品制作简便易行。与农村缓慢的生活节奏相比，城市生活的节奏要快得多，因此，城市普通居民的饮食既不像贵族之家那样精雕细琢、讲究吃中的"艺术"，也不同于村民饮食那般缺乏时间要领的"随早就晚"，随便对付。其菜品制作的总体风格是快捷方便，饮食的节奏感、时间观念较强。

（3）市民饮食在整个中国饮食文化中起着承上启下的桥梁作用。市民将乡村饮食中的"美味"吸收过来，逐渐城市化，一般是将食品的形状由大改小，分量由多化少，质量由粗变精，花色品种由单调到繁多。如普通的猪肉、鸡肉，农家往往只能制作成为数不多的品种，而在城市里却可变化出众多的花色品种。食品的风味得到改善，品位进一步提高后又被上层社会所改良和接纳，将山野普通食品逐步转化成贵族气十足的珍馐美馔。原本产于深山野岭的只有土著居民问津的走兽飞禽、乌龟甲鱼、竹荪香蕈之属，进入豪门餐桌之后便身价百倍，变得高雅而且高贵，反而离村民餐桌远了。然而，饮食文化的影响是双向的，一方面是饮食由下而上的文化攀升，另一方面是饮食文化色彩浓郁之后向下运动的普及。为贵族服务的饮食往往又流行于市井之中，市民将其通俗化、平民化，又流传普及到村野之民的餐桌上。市民在饮食文化的上下运动中充当着"二传手"的作用。

五、果腹层饮食文化

（一）果腹层的构成及基本特点

果腹层由广大最底层民众构成，其中以占全部人口绝大多数的农民为主体，包括城镇贫民，以及其他贫困者。果腹层是一个基础性的层次，是反映历史上民众生活基本水平的层次。这个基本水准是经常在"果腹线"上下波动的。所谓"果腹线"，是指在自给自足的自然经济条件下，生产（一般表现为简单再生产）和延续劳动力所必需的食物，为最起码的社会性极限标准。他们的饮食生活在很大程度上属于一种纯生理活动，谈不上有太多的文化创造，因为这种文化创造从某种意义上来说是一个细加工、再加工的过程。只有长期相对稳定地超出纯粹生理活动线的饮食生活社会性水准（我们称之为"饮食文化创造线"），才能使文化创造具有充分保证。

作为民族饮食的基本群体和饮食文化之塔的基层，果腹层是"文化特征"最少的一个文化层次。这一层次的创造，多为自在的偶发行为，往往处于初步的和粗糙的"原始阶段"。

（二）乡村农民的饮食生活

占全社会人口主体的广大农民是果腹层的核心和主要组成部分，村野之民既是饮食文化创造和发展的基石，其本身的饮食又最少具有文化特征。历史上乡村农民的饮食生活总体上表现为"粗"，吃"无奈"，主要有以下几个特点：

（1）清新宁静的村野情趣。中国广大农民长期处在自给自足的自然经济环境之中。正如春秋时期著名思想家老子所言："鸡犬之声相闻，民至老死不相往来。"这种只知日出而作，日落而息，不知世事更迭的村野生活，在老子之后保持了几千年的时间。村野之民的饮食是简陋的，然而却是清新的。伴随着杵棒的起落，阵阵稻香从石臼中散发开来，弥漫在村野所独有的清新空气中。新采挖的野菜、香菇、甘薯、花生、菱藕散发出诱人的清香，刚渔猎的山鸡、斑鸠、蛇、石蛙、活鱼等山珍河鲜现宰现烹或置于柴草烧烤，浸透着、挥发出的是别致的山野之趣。当西天的晚霞渐渐退去，家家户户的屋顶升腾起一缕缕青烟，"遍地英雄下夕烟"之时，柴木燃烧后的香气和着新米饭的馨香，呈现出的是宁静的自然情调，浓浓的泥土芬芳之情。虽然饮食制品没有多少精美的花样，但主副食品都很新鲜。当村民们享受着用自己的汗水辛勤浇灌出来的饭菜时，所产生的那种别有一番滋味在心头之感，是食不厌精的富商大贾和达官贵人所无法体味的。

（2）粗糙简单的饮食基调。村民的饮食是清苦的，仅果腹充饥而已。小国寡民，恬然自乐，那是风调雨顺之年，一帆风顺之家；倘若年景不佳，家有变故，则常为"无米之炊"。史书记载，每逢水旱大灾，因饥饿而死亡的，十有八九是村野之民。这正是两千年来揭竿而起的主体均是农民的根源所在。从整个封建社会村民的食品结构上看，基本上是"粗茶淡饭，糠菜半年粮"。自种的五谷是他们的主要食物原料，很少有肉可食，其他副食也是单调的自种菜蔬。食品多来自各家的直接农事，并以一定数量的采集、渔猎食品作为补充和调剂。因此，他们的饮食生活基本上属于一种纯生理活动，还不具备充分体现饮食生活的文化、艺术、思想和哲学特征的物质和精神条件，缺乏对饮食文化的创造。在食品加工制作方面，一般奉行"从简实惠"的原则，与市井酒菜馆中的精心烹制，尤其是达官巨贾家宴上的那些奢侈阔绰复杂的烹制方法，恰成鲜明对比。不过，许多令人望而生畏的山珍海味、野菜山果正是这些村民们大胆尝试之后，发现其食用价值，才使之流入市井，乃至登临高耸的宫墙之中，成为豪门摆阔的象征。作为整个社会食物原料的主要贡献者，以及物品是否可食的勇于尝试者，他们的饮食生活是十分清苦的，仅果腹而已。

（3）浊酒一碗溢醇畅的饮食风格。村夫所饮之酒虽没有市井酒之清醇，更无上层社会美酒之高贵，然而上流社会饮酒时有更多的弦外之音，往往有额外的精神压力和负担，远不及山野村夫解渴充饥时的痛快淋漓、纯朴醇畅。文人的雅饮，往往是通过酒的刺激，搜肠刮肚来捕捉瞬间闪现的灵感；侠客勇士的豪饮，往往是为了壮胆，以增添几分豪气；而达官贵人的饮酒，往往是为了通过名酒、珍馐的摆列，炫耀财富，显示权势。村野之民饮酒或为解渴解乏，或为节日婚嫁寿庆助兴，他们没有文人们酒后冥思苦想佳句的精神负担，也没有酒后惨遭暗算的担忧，更无侠士"舍命陪君子"的争强斗勇以及酒后的拔刀争斗，有的只是酒后敞开肺腑话家常之痛快。因此，酒在乡村饮食文化中居显赫地位，有了它，方才给处于艰难困苦中的农民的精神生活抹上了一点亮色。如果说茶更多地作为中上层社会有闲阶层的清逸饮料的话，酒则在乡村饮食生活中扮演着极为重要的活跃气氛、温暖人们身心的角色。

第四节　饮食文化的思想

一、儒家的民以食为天

在儒家思想中，饮食不仅能满足人类的需求和欲望，更重要的是还能与天理相通。《左传》中所描述的"民之所欲，天必从之"就表现出了人欲和天理相应的必然性。儒家倡导的就是民以食为天的思想。

孟子说："食、色，性也。"先秦儒家经典《礼记·礼运》中也有饮食名言："饮食男女，人之大欲存焉。"在儒家观点看来，食和性不仅是出自人类原始自然属性的欲望，更是天下之大欲，这一"大"字，就把饮食提高到至上的地位。汉代大儒董仲舒的"天人合一"思想的日益深化，促使这一饮食观念朝着理论和系统化的方向发展。

（一）儒家饮食观点的确立

荀子说："若夫目好色，耳好声，口好味，心好利，骨体肤理好愉快，是皆生于人之情性者也。"在儒家的观念里，日常所必需且又习以为常的饮食已经被推崇为了天理，成为了一种至高无上的信念，甚至成为了一种民食即天理的伦理观念。

饮食是天理、人欲这一信念的确立，对中国封建社会产生了重要的影响，历代封建王朝的统治者都把"足食"，即满足百姓的饮食需求，当作了富国强兵的一项基本且重要的国策。对普通百姓来讲，人们把追求温饱和美味的食品当成了生活、发展和享受的合理需求，这促进了中国饮食业的发展和发达，更成为提高烹饪技艺的催化剂。

（二）儒家饮食伦理思想

中国饮食的独具特色，不仅是儒家经典思想的熏陶，更出于儒家文化思想"礼"的孕育。儒家认为"夫礼之初，始诸饮食。"在他们看来，饮食和礼的产生有着密不可分的联系，这给饮食这一普通的生活必须行为赋予了神圣的文化和伦理上的内涵。儒家把饮食观念伦理化的重要表现是重视进食的礼仪，在儒家看来，饮食是人之间交往的一条重要的纽带，我们在饮食当中必须重视礼仪。由此可见，以吃喝为主要内容的宴饮礼仪，其社会意义已远远超出美食享受之外，表现尊卑贵贱的社会秩序，承担着联络宾客、增进情谊，体现恭谦慈惠的道德风范。吃喝宴饮已成为人际关系不可分离的重要组成部分，以伦理为本位的儒家思想在这里有淋漓尽致的表现。

在《礼记·曲礼上》曾经详细记述过宴饮的各种礼仪，从中也体现了儒家对饮食礼仪的重视。按照儒家的要求：入宴席前要从容淡定，脸色不能改变，手要提着衣裳，使其离地一尺，不要掀动上衣，更不要顿足发出声音。席间菜肴的摆放要有顺序。进食时要顾及他人，不能用手抓饭，不能流汗。吃饭不能发出声音，送到嘴的鱼肉不能重新放回盘。也不能把骨头扔给狗，更不能大口喝汤，不能当客人的面调汤汁，也不能当众剔牙。主客长幼要有序，并且彬彬有礼。陪长者饮酒，见到长者要递酒，赶快起立拜受，等到长者回话，才能回到席位。如果长者没有举杯饮尽，少者不能先饮。席间谈话，表情要庄重，听讲要虔诚，不能打断别人的话头，也不能随声附和。谈话要有根据，或者先引哲人的名言警句，再自己发挥。宴饮结束，客人要起身收拾碗盘，交给旁边的侍者，主人婉言谢绝后，再坐下。如此等等，从迎送宾客、入席仪态、陈设餐具，到吃肉喝汤，都有详尽的规章，充分表现出儒家倡导的恭敬礼让的饮食风格。

上述的饮食思想和礼仪，不仅历史悠久，也对我们现代人的生活有着重要的影响，很多观念至今还在被中华民族所沿用。

二、孔子的饮食思想

孔子最早提出了饮食卫生、饮食礼仪等方面的饮食要求，为中国饮食思想的形成奠定了重要的理论基础，同时他提供的史料也为我们研究春秋战国时期黄河流域的饮食提供了素材。

孔子一生大部分时间都在为推行自己的观点而游走，活到73岁，在中国古代是长寿之人，他的健康长寿与科学饮食有着密不可分的关系。孔子的饮食思想不仅丰富和具体，更贴近现实生活。

（一）俭朴和平凡的饮食思想

孔子曰："君子食无求饱，居无求安，敏于事而慎于言，就有道而正焉，可谓好学也已。"他对那种终日追求饮食享受且无所事事的生活没有太大的向往，他追求饮食上的简朴和平凡。他说："饭蔬食，饮水，其肱而枕之，乐亦在其中矣。不义而富且贵，于我如浮云。"孔子还说过："士志于道，而耻恶衣恶食者，未足与议也"。对于那些虽然立志学习和施行圣人之道，但又认为吃穿不好是一种耻辱的人，孔子采取的是不理

孔子

睬和不交谈的态度。对于那位家境贫寒、深居简出、好学不倦的弟子颜回，则大加称赞他道："贤哉回也！"他这种把实现自己的远大抱负看得比衣食生命还重要的思想境界，被无数后世有志之士继承。

（二）讲究饮食卫生的饮食思想

在先秦时代，人们对饮食卫生的认识很欠缺，食物中毒的现象在民间很普遍。孔子警告人们要严格注意食品卫生，即使是国君赐给的祭肉，超过了贮存期限也应该丢弃不食。

孔子同时提出了一些饮食卫生的细则和鉴别食物卫生与否的判断标准，这集中记载在《论语·乡党》中，如："鱼馁而肉败不食"，食物腐败变味了，鱼和肉都陈旧变质了，都不应该吃；"色恶不食"，食物的颜色变坏了不吃；"臭恶不食"，食物的色味不好不吃。孔子的讲求饮食卫生体之道也体现在饮食之"礼"中。他认为，"败"、"馁"、"色恶"及"臭恶"，本质是指"无道"，而"不食"体现了"正道"的追求。从中可以看出，孔子把其伦理思想独具匠心的灌注在了饮食之

道中。

（三）饮食要讲究时、节、度

孔子告诉人们，日常应该遵守"不使胜食气，不多食"的饮食习惯。他认为：进餐不仅要有节制还要适量、适度，更要按时间和季节的需要来定时定量的进餐。孔子对饮酒的态度十分谨慎，在所有记录孔子生活的文字中少见孔子饮酒。《论语·乡党》中记载孔子有"唯酒无量，不及乱"之语，通过这句话，孔子把其对待饮酒的态度表达了出来。他主张饮酒要"唯酒无量"，即饮酒要因人而异，量大者可多喝，量少者少饮，不能喝的人可以不饮，原则是以"不及乱"为标准。

（四）孔子的养生之道

孔子认为：菜肴、饭食加工的精，不仅能够充分入味和成熟，还有益于人体的消化吸收。在饮食上合理的调味不仅增加了菜肴的美味，还具有极其重要的养生意义。所以孔子提出了饮食要"食精"、"脍细"、"酱姜"的观点，这是有科学根据和重要意义的。孔子主张饮食要讲究时、节、度的思想也是其养生之道。

孔子的饮食言论不仅对孔子生活的年代有着重要的影响，对现代社会也有着深远的意义，对后世孔府饮食文化的形成奠定了坚实的理论基础。

三、孟子的饮食见解

孟子主张"君子远庖厨"，从仁爱的角度解释了饮食思想，他倡导的食志、食功、食德思想对后世产生了重要和深远的影响。

孟子继承了孔子的儒家学说，被尊为"亚圣"。他与门徒公孙丑、万章等人著书立说，提出了中国历史上著名的"民贵君轻"思想，并劝告统治者重视人民。孟子在饮食上也提出了很多独到的见解，这些见解也被后人视为经典。

（一）孟子的"食志"思想

孟子曾经提出不因没有功绩而获取饮食的"食志"原则。孟子说："梓匠轮舆，其志将以求食也；君子之为道也，其志亦将以求食与。"孟子称那些只是为了"养口腹而失道德"的人是"饮食之人"，这种人"则人贱之矣，为其养小以失大也"。孟子上述言论中的那些"饮食之人"，其实与孔子所鄙夷的那类"谋食"而不"谋道"之辈是对等的，孔子对那些鄙夷的人采取的是"是不与为伍"的原则，而孟子对这些人的态度则是"人以群分"的定性区分标准，因而也更加具备了理论性和实践性。他主张"非其道，则一箪食不可受于人；如其道，则舜受尧之天下，不以为泰。"在他看来，人们用自己有益于别人的劳动去获取生存必备的饮食是理所当然的事情，这就是孟子所倡导的"食志"思想。

（二）孟子的"食功"思想

孟子的"食功"思想，可以理解为人们用等价或等量的体力或者脑力劳动成果来获得来生存必备饮食的过程。他认为，世界上并没有"素餐"，"士无事而食，不可也。"为了生存，为了养家糊口，就必须要用劳动去换取食物，没有用劳动就换来的饮食是不存在的。孟子非常赞赏齐国仲子的饮食行为准则，他赞美仲子道："仲子，齐之世家也。兄戴，盖禄万锺。以兄之禄为不义之禄，而不食也；以兄之室为不义之室，而不居也。"由此可见，孟子对"食功"思想的重视。

（三）孟子的"食德"思想

孟子的"食德"思想，可以理解为饮食时候要注意礼仪和礼节。他认为，食用别人饮食要有"礼"，给予别人饮食之时也要有"礼"，并且说："食而弗爱，豕交之也；爱而不敬，兽畜之也"。意思是，人们在交往之中，不爱别人却用饮食相馈赠，就如同是喂猪；爱别人但是却不以礼相待，则就像豢养禽兽一样，违背"礼"的原则。孟子将这种思想凝结在他的一句名言里："鱼我所欲也，熊掌亦我所欲也。二者不可得兼，舍鱼而取熊掌者也。生亦我所欲也，义亦我所欲也，二者不可得兼，舍生而取义者也"。

孟子同样认为进食讲求"礼"是关乎食德的重大原则性问题，认为即便在"以礼食，则饥而死；不以礼食，则得食"的生死抉择面前，也应当毫不迟疑地守礼而死。他说过："一箪食，一豆羹，得之则生，弗得则死。呼尔而与之，行道之人弗受；蹴尔而与之，乞人不屑也。"

孟子沿袭了孔子的饮食思想，视孔子的行为为规范。他经过自己的日常实践和理解，将自己的饮食思想和孔子的饮食思想深化成为"食志——食功——食德"的饮食观念和鲜明系统化的"孔孟食道"理论。

四、崇尚养生的道家饮食

道家以其崇尚自然、重视强身健体的思想闻名于世。道家学说对中国饮食文化也有着较深刻的影响，道家的诸多饮食思想时至今日还在影响着人们的饮食观念。

道家创始人老子在其《道德经》中提出了"道"的概念，认为"造化生根，神明之本"。"道生一，一生二，二生三，三生万物"，因此，"万象以之生，五行以之成"，构成宇宙的万事万物。这种基本思想也不可避免的影响到了道家对饮食的观念。

（一）道家的养生食疗观念

中国历史上"食补"和"食疗"的发展归根结底要得益于道家的益气养生学说的促进，进而也衍生出了"药膳"。有些著名医药学家往往又是道教的信徒，他们以自己的饮食观念和医学知识发展和丰富了"食治"理论和配方。唐朝孙思邈就是一位虔诚的道士，并且以其《食治》和《养老食疗》这两部巨著享誉千古。他认为："食能排邪而安脏腑，悦神爽志，以资血气。若能用食平疴，释情遣疾者，可谓良工。长年饵老之奇法，极养生之术也。"他又说："夫为医者，当须先洞晓病源，知其所犯，以食治之；食疗不愈，然后用药。"可见孙思邈对饮食的观念和态度都继承了道家学派的养生食疗观念。

历史上很多养生食品都诞生于道家学派之中，养生食品豆腐就是汉代淮南王刘安门下的一批道士修道炼丹时发明的。在中药中的诸多原料同样也是食物的原料，道教所服的药饵如枸杞子、伏苓、黄芪、何首乌、天门冬、菊花、白术、苡仁、山药、杏仁、松子、白芍等，经现代科学证实，也都具有人体需要的许多营养要素，也可以加工成美味的食品。

（二）道家的烹饪技巧

炼丹是道教修炼的方术，这种炼丹以神为体，意为用，在修炼中对意念的把握称为"火候"，这一概念被引用在烹饪中，指对食品加热制作过程中，火力掌握大小强弱的恰到好处。这是道家对烹饪工艺的一个重要的贡献。

唐代以前，烹饪用火中只有"火齐"、"火剂"的说法，从唐代以来出现了大火、小火、微火、文火、武火、明火、暗火、余火、活火、死火等丰富多彩的烹饪用火技术，使食品的制作具有了多种口味。在唐代人的笔记《酉阳杂俎》中记载："物无不堪吃，唯在火候，善均五味。"善于用火的道观往往能制作出令人垂涎的美味佳肴，武当山紫宵宫的芝麻山药、泰山斗姥宫的金银豆腐、青城山天师洞的白果烧鸡都蜚声海内外。

（三）道家的进食之道

道家崇尚养生的饮食思想逐渐发展出了一套具有道家特色的进食之道，讲究服食和行气，以外养和内修，调整阴阳，行气活血，返本还元，以得到延年益寿的思想。孙思邈在其《五味损益食治篇》等著作中提出"饮食有节"的思想，他主张少食多餐，并且认为"善养性者，先饥而食，先渴而饮。不欲顿而多，则难消也。常欲令饱中饥，饥中饱耳。"又说："一日之忌，暮勿饱食。"他认为"人之当食，须去烦恼；食归熟嚼，使米脂入腹。"即吃东西时一定要保持愉快的心情。他还说：进食后用"温水漱口，令人无齿疾口臭。""凡清晨刷牙，不如夜刷牙，齿疾不生。"可见，早在一千多年前道家就有人系统地提出进食的卫生保健知识，这是饮食文明高度发展的体现，更是道家注重养生的进食之道的体现。

五、老子的饮食之道

道家学派的创始人老子，不仅对中国哲学发展产生了重要的影响，其倡导的饮食思想也有独特之处，他的"味无味"、"甘其食、美其服、安其居、乐其俗"的思想对后世影响深远。

老子是中国古代伟大的哲学家和思想家，道教中尊奉他为道祖，他还曾经被唐皇武后封为太上老君，对中国哲学发展具有深刻影响。老子曾经在周国都洛邑担任藏室史，他博学多才，孔子周游列国时曾经向老子问礼。传说，老子晚年乘青牛西去，在函谷关写成了五千言的《道德经》。老子对饮食的独特思想也影响了道家的饮食观念。

（一）为腹不为目

老子认为饮食应该"为腹不为目"，不能去追求饮食声色的悦目，能填饱自己的肚子就是饮食的终极目标。"为腹"是以食物养自己，就是用外界的食物来滋养自己的生命，"为目"是以物奴役己，就是用外面的事物来驾驭自己。老子的饮食之道就是人要为了填饱肚子而饮食，不要为追求声色上的享受而饮食。

（二）五味令人口爽

老子也认为饮食中"五味令人口爽"，"五味"就是酸、苦、辛、咸、甘五种味道，这个五味不仅表示了五种东西，还表示调出来的美味食品，所以五味又延伸的指美食。"口爽"的"爽"是差错的意思。五味口爽就是美食吃得太多了，以至于嘴巴、口感、口角发生错乱，已经辨认不出美食的味道来了。由此可见，他对待饮食采取的是一种朴素的谨慎态度。

（三）味无味

老子说："为无为，事无事，味无味。"这句话表达的意思就是：做无为的事，做无事的事，体味无味的东西，饮食要做到味无味。仔细探讨这句话，蕴含着深刻的人生智慧。"味无味"就是要从没有味道的东西中体会出它的味道和美味。即使我们吃的是清淡无味的素菜，咬的是普通的青菜根，我们也要能从粗茶淡饭中品味出美感来，品味出人生的淡定和安宁，提炼出养身理念和人生恬淡的幸福。除此以外，"味无味"还包含了另一种意思：当我们食用了美味的东西，吃了以后还要像无味一样。

可见，老子倡导对美食采取适可而止的态度，还要体味不是美食的有滋有味，以求达到一种饮食结构上面的平衡，即便是吃比较简单的粗茶淡饭，也要满足。老子说："饭素食，曲肱而枕之"，即吃东西不受上下、粗细、美丑的限制，这也是老子所说的饮食"味无味"思想。

（四）甘其食、美其服、安其居、乐其俗

老子说："甘其食、美其服、安其居、乐其俗"，即满足于自己食物的香甜，满足于自己服装的美丽，满足于自己居所的安适，满足于自己民风民俗的快乐。现在我们可以理解为：即使这个地方很偏僻很落后，你还是要认为自己吃的东西是美好的；虽然你穿的衣服很薄很廉价，你要认为自己穿的衣服是美丽的；虽然你居住的地方很简陋，你要认为自己居住的地方是最好的；虽然你的风俗不大先进，你要认为你那里的风俗是最优等的。这种饮食思想既朴素又影响深远。他推崇的是一种恬淡自然的饮食方式，意在告诫人们，自己的饮食感受不要受外界的影响，要有独立的感觉系统。

老子的思想之后又被庄子所传承，并与儒家和后来的佛家思想一起构成了中国传统思想文化的核心内容。虽然几千年过去了，但是老子的饮食之道对于今天的人来说，仍然有很大的借鉴意义，对于中国饮食文化来说更是一份宝贵的遗产。

六、庄子简朴的饮食观

庄子的饮食观念中饱含了对俭朴饮食观念的推崇，从他的饮食思想中，我们也能体会到一种淡泊的人生观和价值观。

庄子在《庄子》一书中勾勒出了自己向往的圣人生活状态，同时也表达了他的饮食观念。庄子认为上古时期是最美好、最值得人们回忆与追求的时代，最重要的原因就是人们可以"含哺而嘻，鼓腹而游"，也就是，人们吃饱之后，嘴里还要含着剩下的食物无忧无虑地游逛，这才能充分享受人生的乐趣。他觉得饮食就是要"食于苟简之田，立于不贷之圃"，他主张过一种清心寡欲的简单生活，并且要"其食不甘"，即不追求美味珍馐，是真人的饮食状态，这是庄子简朴的饮食观。

（一）借饮食寓人生

相传，庄子和卜季是很要好的朋友。庄子淡泊名利，卜季却做了丞相。庄子认为，清高的人应放弃对富贵权势的追逐，不应该持权贵之欲，贪红尘之染。于是庄子想劝说卜季放弃丞相官职，和他一起逍遥自由的游览世间。

卜季知道庄子要来说服他时，感到很不安。他认为庄子有着比自己更高的才华，有更明确的治国策略，此次前来有夺自己丞相之位的嫌疑，于是就下命令捉拿庄子。庄子躲开了追缉，来到了卜季面前。此时卜季衣着华贵，庄子则穿着一身破旧的粗布衣服，庄子说要讲一个故事给卜季听。他说："世上有一种最高洁的圣鹤，只在梧桐树上歇脚，只吃梧桐叶为食，它的高洁和清雅是其它鸟类不能相比的。圣鹤每年都从西北的天山飞往东海的沿岸。一次，当它经过一片草原时，地上有一只猫头鹰正在啄食一只生满蛆虫的死老鼠，吃得津津有味。这时圣鹤经过猫头鹰的头顶，猫头鹰紧抓死老鼠抬头叫到：'谁敢抢我的死老鼠？'"庄子是在嘲讽卜季的丞相职位是猫头鹰口中的死老鼠。之后庄子厉声问道："卜季，你怀疑我会夺你的丞相职位吗？"卜季惭愧地低下了头。

（二）饮食节制思想

庄子不仅会借用饮食典故来教化众人，还有着很多独到和科学的饮食思想。庄子说："人可害怕的，宴席饮食之间，却不知道有所节制，实在是过失。"他认为：人对饮食的欲望，一般来说是容易满足的，"啜菽饮水"，无需很大的力气就可以吃饱，所以人们很容易处在快乐里面。

庄子很重视饮食的限度，他讲道："大渴不要大饮，大饥不要大食"。庄子还认为：善于养生的人会懂得内在调养，不善于养生的人只会从外在调养。善于养内的人，会使脏腑恬淡，血气顺调，使一身之气，流行冲和，各种疾病都没有办法发作；注重养外的人会极力满足自己的感官享受，贪婪追求滋味的美妙，享尽饮食的欢乐，虽然这些人的肌肉躯体充实丰腴，容貌面色愉悦光泽，但是酷烈之气已经开始在其体内腐蚀脏腑了，此时形神已经空虚了，怎么能保证良好的身体状态而长寿呢？

在两千多年前的春秋时期，庄子就形成了如此科学和独到的饮食言论及其饮食思想，是很难得的。他的饮食观念也对后世产生了深远的影响，其饮食思想不仅在中国饮食史上具有重要意义，更被华夏子孙所铭记。

七、茹素修行的佛家饮食

中国佛教在饮食上以茹素作为斋戒，形成了禁欲修行和素食并存的制度，其饮食观念对中国人的生活方式有很深远的影响。

中国佛家禁止肉食的戒律是由中国教派从大乘教义中引伸出来的。佛教有三界轮回的观念，佛教徒相信因果报应，认为只有今世通过斋戒修炼的方法，才能在来世往生极乐世界。所以，佛教徒的饮食只有有所禁忌，才能够真正做到法正，即法食或正食。

"食"在梵语中称"阿贺罗"，即有益身心之意。法食就是遵循法制之食，依法之食必然是正食。适合僧侣食用的有五种净食，食物用火烧熟的为火净，用刀去掉皮核的为刀净，用爪去壳的为爪净，将果物蔫干失去生机再食用的为蔫净，取食被鸟啄残的食物谓之鸟啄净。不能达到火净、刀净、爪净、蔫净、鸟啄净的食物，就是佛家所禁忌的邪命食。

（一）断肉吃素

中国佛教禁止肉食的制度从南朝开始，由南朝梁武帝萧衍倡导。511 年，梁武帝亲自颁布了《断酒肉文》，以此劝诫佛教徒要严格遵守不杀生的戒律，并且自己身体力行的遵守。他认为：食肉就是杀生，是一种违反佛教教规的行为，并且凭借自己的皇权对饮酒食肉的僧侣们加以处罚。从那时起，佛教寺院都禁止了饮酒吃肉的行为。僧侣们常年吃素，这样的行为也对信奉佛教的居士们产生了影响，对素食的发展起到了一定的推动作用。佛家倡导素食，素食是指植物性原料的制成品。

（二）佛家所谓的荤食

在佛教的《梵网经》中有"佛子不得食五辛"的规定。《天台戒疏》中曾经对"五辛"加以了解释，认为是"蒜、慈葱、兴渠、韭、薤"。在《西域记》中也认为："葱蒜虽少，家有食者，驱令出郭。"由此可见，佛家的荤食概念，并不仅仅是指鱼肉等生灵之肉，凡是具有浓烈气味的蔬菜也在僧侣们的饮食禁忌之列。

（三）佛家重视饮水

在日常的饮食中，佛家对饮水的重视程度可谓超出人们的想象。水在佛家眼中有三种：经过过滤并即时饮用的水称为"时水"；经过滤但是被储存饮用的水称其为"非时水"；洗手或洗器物而不能饮用的水称为"触用水"。佛家戒律认为，没有过滤的水中有虫，喝带虫的水是犯戒。

晚清的薛宝辰，出任过翰林院侍读学士、文渊阁校理等职，晚年信佛，薛府的膳馔以素食为主，薛宝辰又撰写了颇有秦、晋、京、鲁风味的《素食说略》一书，书中记录了当时流行的 170 多种素食的制作方法。薛宝辰反对杀生，反对荤食。他指出，如果使用合适的烹饪方法，素食的味道绝对不会比荤食差。薛宝辰劝人们吃素，他经常对别人说：一碗肉，是很多禽兽的生命换来的，食用下去能让人高兴到什么地步呢？想想动物生前活泼自在的样子，再想到它们被捕后的挣扎，最后看到它们在被烹煮的可怜样子，还有什么心情动筷子呢？可见，佛家的饮食文化和饮食观念对中国的饮食文化产生了巨大的影响。

八、李渔的饮食养生观

李渔不仅是清代著名的戏剧理论家、文学家，还是一位杰出的美食家。在他撰写的《闲情偶记》一书中的饮馔部分，较为全面地反映了其饮食观与饮食美学思想，同时也对饮食养生之道提出了独到的见解。

李渔是中国清代著名的作家、戏曲理论家，著有《风筝误》等作品，其所撰写的《闲情偶寄·饮馔》是专门写饮食的。饮馔部所描述的几乎全是他自己的经验之谈，结论中肯务实，而不同于一般的食谱类烹饪著作。饮馔部将饮食分为蔬菜、谷食、肉食三节，分类进行了深入的理论探讨。

（一）重蔬食

李渔主张蔬食为上，肉食次之。他认为：一般论述蔬菜的人，只谈到蔬菜清、洁、芳馥、松脆而已，却不懂得蔬菜最美的地方也在于一个"鲜"字。这种观点在《闲情偶记》中得到了很好的表达，他在书中把蔬食放在卷前，而将肉食放在卷后，表达了清淡饮食的主张。他说："吾为饮食之道，脍不如肉，肉不如蔬。"李渔认为，蔬食能"渐近自然"，因此能养生健体，远肥腻，甘蔬素，是他养性修身的重要内容。

（二）崇俭约

李渔崇尚节俭治家，认为节俭能使一家人生活愉快和圆满。因此，他还创制出了奇特的五香面和八珍面。五香面朴实无华，留作自己家食用；八珍面选料精细，用来待客。除此以外，他还经常"焯笋之汤，悉留不去，每作一馔，必以和之"，"以焯虾之汤和入诸品，则物物皆鲜"等等，这些既是他的烹饪诀窍，也体现了他的俭约的家风。李渔乡居修坝时，常对人讲的一句话就是"五谷杂粮粗茶淡饭最养人。"

（三）主清淡

李渔认为："馔之美，在于清淡，清则近醇，淡则存真。味浓则真味常为他物所夺，失其本性。五味清淡，可使人神爽、气清、少病。五味之于五脏各有所宜，食不节必至于损：酸多伤脾，咸多伤心，苦多伤肺，辛多伤肝，甘多伤肾。"这种饮食观念符合现代的烹调道理。

李渔谈到食鱼食蟹，又道出了很多的深刻道理。他认为：吃鱼的讲究，首先重在鲜，其次才是肥。鲜、肥概括了鱼的全部特点，但针对不同的鱼又各自有侧重。如鲫鱼、鲤鱼、鲟鱼都是以鲜取胜，适宜清蒸或者做汤；如白鱼、鲥鱼、鳊鱼、鲢鱼以肥取胜的鱼，适宜做味道浓厚的菜肴。

（四）忌油腻

李渔说，油腻能"堵塞心窍，窍门既堵，以何来聪明才智？"可见他对油腻的食品是不太喜欢的。这种"忌油腻"的观点也表现在他平时喜欢吃竹笋的习惯上，李渔吃竹笋，主张"素宜白水"，熟后再放一些酱油香醋即可，甚至连麻油也不用。李渔认为，食物自身的鲜和微甜能呈其美味，且可夺他物之鲜丰富己之美，而乱加重油厚味会使本来之"甘"尽失。这些观点今天看来未必科学，但现代科学研究认为，过量的食用油腻食物与肥胖症、冠心病、高血压之间有着密切的关系。

（五）求食益

李渔认为：米养脾，麦补心，应该搭配食用，各取所长。为了能让饮食有益于人的身体健康，饮食不能过多、过快。还要注意饮食时的情绪和心境，大悲或者大怒时都尽量避免饮食。

李渔的饮食之道，源于他崇尚"自然、本色、天成"的观点，而其中又以俭约、清淡、洁美、调和、食益为饮食思想的精髓，俭约中求精美，平淡中得乐趣。300 多年过去了，李渔的思想还在对中国饮食文化的发展产生着影响。

第五节　中华食品文化

一、古风犹存的汤文化

汤作为一种美味的载体，在中国的饮食文化中显示出耀眼的光辉。在历代食客和文人的努力下，中国的汤羹已扩展为一种文化现象进入了社交、礼俗和文学的视域。

在古代汤也被称为羹。最初的汤只是单纯的水煮载体，后来才逐渐演变成一种液态食品，这才是真正意义上的汤，这个过程也体现了古代烹饪技术的进步。

（一）汤羹发展史

在菜肴并不丰盛、烹饪技能并不完美的上古时代，汤羹成了佐饭的最佳选择。如《礼记》中讲"羹之与饭是食之主，故诸侯以下无等差也，此谓每日常食。"上古时代的进餐仪式中也明确规定了汤羹的摆放位置，如《礼记》中记载："凡进食之礼，左肴右馔，食居人之左，羹居人之右。"

秦汉朝时，汤羹品类已很丰富。《后汉书》中不仅描述了富裕者吃肉羹的场面，还记载了贫贱者食用菜羹的情况。这些史料反映了汉朝人羹食的普遍性。马王堆汉墓出土了一批竹简菜单和随葬汤羹，也展示了2000多年前的汤羹文化。

魏晋以后，汤羹品种与日俱增，不但入汤原料增多，烹调技艺升华，而且还渗透了很强的人文色彩。除传统的肉羹和菜羹之外，又相继推出鱼羹、甜羹等。贾思勰的《齐民要术》记载了北方流行的各种汤羹，并对前代的汤羹做了扼要的记录和总结，可见，当时的汤羹烹调技术已经非常到位。

唐宋以后，汤羹向高档和低档两个方向发展。如《独异志》记载："武宗朝宰相李德裕，奢侈极，每食一杯羹，费钱约三万。"这是高档汤羹的典型代表。对生活清贫的百姓而言，菜羹仍是其主要食馔。总之，自从汤羹生成之日起，中华饮食园地中就始终散发着汤羹的芳香。

（二）羹汤礼仪

古人解读烹饪技艺，总要把汤羹摆在一个显著的位置，并以调鼎的方式来展示羹的魅力。其中"鼎"是加工汤羹的炊具，"调"是烹饪汤羹的手法，二者合一，则可以产生特殊效应。如《史记》之中就记载了商汤初期，名士伊尹将调鼎的道理比拟于国事，向皇帝纳谏。可见羹汤的意义已超越烹饪的范畴。后来，人们为了表示对来客的尊敬，往往亲自动手调鼎，并将调好五味的羹送到客人面前，就连天子帝王赏赐大臣，也以这种方式来表达心愿。由此可见，在中国古代调羹逐渐发展成为一种敬重来宾的礼仪文化。

（三）羹汤文学

古代的美味汤羹曾令许多名人为之留恋，名人的巨大效应也使得一些传统汤羹闻名天下。从此，汤羹开始从肴馔进入文化领地。古代学子为了表示自己的生活清贫与品格清雅，常以"藜羹"为标识而自立，意在承袭先哲。可见，藜羹不仅仅是一种普通的汤食，更代表了一种气节和文化。

另据《晋书·张翰传》记载："翰因见秋风起，乃思吴中菰菜、莼羹、鲈鱼脍"，以后人们每食莼羹，必以张翰为榜样，抒发内心情怀。可见，莼羹也演变成一种怀恋家乡、不图功利的文化表象。为此，很多文人为此写诗作赋者，如宋人徐似道的《莼羹》："千里莼丝未下盐，北游谁复话江南。可怜一箸秋风味，错被旁人苦未参。"直到今天，江浙一带食及药羹，仍然保留着一种古老的情结。此外，许多名人还自制汤羹，留给后人的不仅仅是一碗汤品，同时也留下了着千年的文雅之风。如著名的"东坡羹"就由苏轼创作，并在食界引起强烈震撼。其实，东坡羹只不过是一种很普通的菜羹，但经过苏轼之手来烹调，则展现一种特殊的韵味。自此羹面世以后，文人雅士积极响应，模仿制作此羹，还用诗词的形式加以歌咏。

二、丰富多彩的粥文化

中国的粥起源很早，食粥不仅是百姓充饥的重要手段，也是统治阶级的养生之举。在整个古代社会，粥便在果腹与养生两条道路上并行发展，而且融进了中国的历史与文化，形成了具有中华特色的粥文化。

中国是世界文明的美食大国。在有文字记载的 4000 多年中，粥始终跟随着历史的脚步。最早见于文字的"粥"是在周朝："黄帝始烹谷为粥"。接下来的几千年，粥文化一直绵延不绝。

（一）粥的养生文化

中国的粥在 4000 年前主要是食用，2500 年前开始用作药用。由于中国历代医家都十分重视饮食对防病治病的养生作用，因而形成了中国独特的食疗法，而药粥则是其十分重要的一支。《史记·仓公列传》中就有名医淳于意以粥治病的故事。长沙马王堆汉墓有 14 种医学方技，其中有以服食青粱米粥治疗蛇伤的药粥方，堪称中国最早的药粥方。而后《伤寒论》、《千金要方》、《本草纲目》等药书也记载了粥的药用价值。

秦汉时期，粥的食用、药用功能开始高度融合，从而进入了带有人文色彩的养生层次。当时的医学家认为，粥甘温无毒，有利小便、止烦渴、养脾胃、益气调中等功效。因此，王公贵族将粥视为养生之宝。宋代苏东坡有书帖曰："夜饥甚，吴子野劝食白粥，云能推陈致新，利隔益胃。粥既快美，粥后一觉，妙不可言。"南宋著名诗人陆游曾作《粥食》诗一首："世人个个学长年，不悟长年在目前。我得宛丘平易法，只将食粥致神仙。"从而将世人对粥的认识提高到了一个新的境界。

（二）粥的礼节文化

饮粥是中国饮食中的普遍现象，它曾是权势的代表，也曾是贫穷的象征。帝王将相、达官贵人食粥以调剂胃口、延年养生；穷苦贫困之人食粥以果腹充饥，节约开支。早在 3000 年前的西周，粥就被列为王公大臣的"六饮"之一。相传三国时曹操喜爱喝粥，还以辽东特产的红粱做粥赏赐臣僚。粥作为御品恩赐臣属之风延续至唐代，唐穆宗时，白居易因才华出众，得到皇帝御赐的"防风粥"，七日之后仍觉得口齿留香，这在当时是一种难得的荣耀。宋元时每年的十二月八日，宫中照例会赐粥与百官，粥的花色越多，代表其所受的恩宠越浩大。清朝时，雍和宫中仍有定点熬制腊八粥的惯例。

此外，在中国古代许多传统节日还有食粥之俗，如每年正月十五有以膏粥（以油膏加于豆粥之上）祭祀门神和蚕神之俗；在寒食节有食冷粥以纪念介之推之俗；每年腊月二十五有合家吃"口数粥"以驱疫鬼、祈求万福（其意义相当于今天的年夜饭）之俗。

（三）粥的人文内涵

从古至今，中国粥的品种、类别有很多，各地食粥风俗也是千姿百态。但从文化学的角度看，饮食习惯差异是由文化内涵决定的，而不同性情的人会形成不同的文化内涵。南方的粥绵软细腻，花色繁多，凡是能做菜的物品都可以入粥，小火慢慢熬制，香气四溢，用青花小瓷碗盛，配以清淡的小菜，再一点点细吸下去，是一种婉约到了极致的风情。北方的粥则略显粗放，多用五谷杂粮，熬煮过程相对简单，盛粥的器具常为厚重结实的海碗，而粥本身多有清汤。由此可见，粥如其人，南方的粥中蕴含着江南女子的温婉细致，而北方的粥又彰显了北方汉子的豪放大气。

三、源远流长的豆腐文化

豆腐为中国人所发明，通过数千年的衍化，融入包容万象的哲理，也演绎出源远流长的豆腐文化。它涵盖了中华民族的人格精神，对中国文化起到了传承和保存的作用。

豆腐在古代称其为小宰羊、软玉、藜祁、犁祁、豆脯、来其、寂乳等等。此外，豆腐还有没骨肉、鬼食等异称。中国人首开食用豆腐之先河，在人类饮食史上树立了不朽的丰功伟绩。

（一）豆腐史话

豆腐是中国人发明的一种食品，它的历史十分久远。最早的文字记载见于五代陶谷所撰《清异录》由。李时珍的《本草纲目》、叶子奇的《草目子》等著作中还有豆腐始于汉代淮南王刘安的记载。此外，还有周代说、战国说、汉代说等不同说法。考古学界有人认为，在河南富县打虎山汉墓发现的画像石有制豆腐的全过程图，据此可以推断汉代已经出现了豆腐的加工工艺。因此，豆腐最迟当系汉代创制。

到了宋代，豆腐已经在民间得以普及，开始出现在一些食谱之中。如司膳内人《玉食批》"生豆腐百宜羹"，《山家清供》"东坡豆腐"，《混水燕谈录》"厚朴烧豆腐"，《老学庵笔记》"蜜渍豆腐"等。同时还出现了赞颂豆腐的诗文，如袁枚说"豆腐得味胜燕窝"。元明期间，豆腐生产不仅遍及全国各地，还传到了日本、印度尼西亚等地，清代甚至传到了欧洲一带。如今豆腐因为口感柔润，营养丰富，成为人人喜爱的家常菜。

（二）豆腐诗词

自唐以来，很多诗人文豪都曾留下了许多题咏豆腐的诗词。唐诗中有"旋乾磨上流琼液，煮月锅中滚雪花"的诗句，南宋爱国诗人陆游曾咏道："拭磨推碾转，洗釜煮黎祁"。宋朝著名学者朱熹诗云："种豆豆苗稀，力竭心已苦，早知情有术，安坐获帛布。"描述了豆农的辛苦劳累，希望他们把大豆加工成豆腐，以便获得更多的经济效益。元代有一首咏豆腐的长诗，其中一段是写豆腐的制作过程："戎菽来南山，清漪洗浮埃。转身一旋磨，流膏入盆来。大釜气浮浮，小眼汤徊徊。倾待晴浪翻，坐见雪华皑。青盐化液卤，绛蜡窜烟煤。霍霍磨昆吾，白玉大片裁。烹前适我口，不畏老齿摧。"这首诗形象、精炼的描绘了豆腐制作的全过程。明代诗人苏秉衡曾赞美道："使得淮南术最佳，皮肤褪尽见精华，一轮磨上流琼液，百沸汤中滚雪花……"。清代诗人李调元的《童山诗选》对豆腐及豆腐制品的描述更为动人，更给人以美的享受，诗云："家用为宜客非用，舍家高会命相依。石膏化后浓如酪，水沫挑成皱成衣……近来腐价高于肉，只恐贫人不救饥。不须玉豆与金笾，味比佳肴尽可损"。

（三）豆腐熟语

在中国民俗中流传不少与豆腐有关的熟语，形成了别具特色的豆腐文化。人们常用"刀子嘴，豆腐心"来形容那些说话强硬尖刻但心肠和善慈软的人，也用对比的手法鲜明地突出了豆腐"软"的特性。人们甚至用豆腐指代具有软性的一切事物，如"豆腐补锅——不牢靠"，"豆腐垫鞋底——一踏就软"，"豆腐做匕首——软刀子"等。小葱拌豆腐———一清二白"含义丰富，既可以用来表示清楚明白、毫不含混，也可表示人与人的关系明白。"小葱拌豆腐———一清二白"在中国还有着其他熟语所没有的深刻内涵，不仅被不同文化层次的人使用，而且所强调的语义内容几乎成了整个中华民族人格的象征。

可见，豆腐文化触及人们生活的每一个角落，是人民群众社会生活经验的总结，表现出了非常强烈的民族特性。

四、老少皆宜的面条文化

面条历史悠久、常年不衰，制法随意、吃法多样、省工便捷、经济实惠，是可口开胃的理想快餐，而且人们在其身上寄托了无限情思，从而形成了具有中国特色的面条文化。

面条是一种非常古老的食物，它起源于中国，其形状为长条形，花样却举不胜举，制面方法之多也令人叹为观止，可擀、可削、可拨、可抿、可擦、可压、可搓、可漏、可拉。面条既属经济饱肚的主食，还可作登大雅之堂的上佳美食。

（一）面条史话

面条历史久远，古时又叫汤饼、煮饼、水瘦饼、水引、汤面，在东汉年间已有记载。如刘熙《释名释饮食》说："饼，并也，……蒸饼、汤饼……之属，皆随形而名之也。"但当时的"汤饼"并不是"饼"，实际是一种"片儿汤"，制作时将面擀成片状，一手托面片"团'，一手往汤锅里撕片。现在北方有的地方把这种面条称作"揪面片"。

到了北魏时期，人们不再用手托面片"团"，而是用案板、杖、刀等工具，将面团拼薄后再切成细条，这就是最早的面条。面食的大量出现和推广则在唐代。由于当时经济繁荣，扩大了小麦的种植面积，而且对小麦制粉技术进行了革新，先用人力或畜力推动石臼加工面粉，后用水车转动碾磨，从而降低了面粉的价格，使一般人也有条件食用面食，促进了面食的发展。

宋代，"面条"一词才开始正式通用，各种面条随之问世，如鸡丝面、三鲜面、鳝鱼面、羊肉面等，并普及整个中国。孟元老《东京梦华录》"食店"条目有

"面"字的面食类，有生软面、桐皮面、插肉面等。此后，南宋出现"拉面"，元代出现了可以长期保存的挂面，明代又出现了技艺高超的抻面。这些制面技艺的出现都为面条的发展做出了重大的贡献，面条由此遍及全国。

面食到了清朝已经发展成熟，此时出现了五香面、八珍面以及耐保存的伊府面（方便面的前身）。更为重要的是，各个地区也形成了独特风味的面条，如中国五大名面：四川担担面、两广伊府面、北方炸酱面、山西刀削面及武汉热干面。晚清中外文化的交流与发展，更令中国的面条文化大放异彩。

（二）面条礼俗

面条不仅是果腹充饥之物，随着历史的发展逐渐融入到人们的生活礼俗之中，从而具有了一定的文化意义。如中国的很多面条的背后都有不同意义和故事，最为典型的就是长寿面。面条细长的形态寓意着长命百岁，故中国人每逢生辰都必吃此面以图吉祥之兆。吃长寿面还象征新生男婴长命百岁，这种世俗也一直沿袭到今天。长寿面的吃法也很讲究，吃面时要将一整条面一次过吞下，既不可以筷子夹断，也不可以口咬断之。吃长寿面也有敬老之意。相传黄帝于冬至当日得道成仙，自此以后的每一个冬至都以吃长寿面代表敬老，所以长寿面又称冬至面。此外，福州面线也有很多礼俗。据民间传说，面线是九天玄女为母亲王母娘娘祝寿而准备的贺礼，因而做面线的人家中都会供奉九天玄女的神像。

可见，中国很多的民间风俗都离不开面条：结婚时送予女方的面条叫"喜面"、孕妇于产期吃的面条称"福面"、相赠亲友的面条则是"太平面"，僧侣尼姑吃的面叫"素斋面"，甚至老弱及病者吃的面线会被称为"健康面"。

五、风韵独特的饺子文化

饺子是中国人的发明，吃饺子是中国的一种民间习俗，逢年过节之时更是不可或缺。饺子在百姓心目中扎下了根，成为中国饮食文化的象征。

相传饺子是东汉末年著名医学家张仲景首先发明的，距今已有1800多年的历史了，是深受中国人民喜爱的传统特色食品。由于历史、地理、习俗的不同，对饺子的称呼也多有不同，如馄饨、扁食、角子和悖悖等。

（一）饺子史话

据说，医圣张仲景辞官回乡，当时正值冬至，他看见南洋的老百姓饥寒交迫，两只耳朵均已冻伤，便在当地搭了一个医棚，支起一面大锅，煎熬羊肉、辣椒和祛寒提热的药材，用面皮包成耳朵形状，煮熟之后连汤带食赠送给穷人。老百姓从冬至吃到除夕，抵御了伤寒，治好了冻耳。从此乡里人及后人皆模仿制作这种食物。

到了唐代，饺子已经变得和现在的饺子几乎一样，而且是捞出来放在盘子里单个吃。如在中国新疆吐鲁番出土的一座唐代墓葬里，遗有 5 厘米长的小麦面制作的半月形饺子，这一发现充分说明了在唐代已有吃饺子的习俗。

宋代称饺子为"角子"，它是后世"饺子"一词的词源。根据《东京梦华录》记载，当时的东京汴梁就有水晶角子、煎角子和官府食用的双下驼峰角子。元朝称饺子为"扁食"。如忽思慧的《饮膳正要》记载撇列角儿、漤萝角儿等。所有这些"角子"、"角儿"都是今日饺子的前身。

饺子品种从明、清时代开始与日俱增，出现了诸如"饺儿"、"水点心"、"煮饽饽"等有关饺子的新的称谓。这说明饺子流传的地域在不断扩大，已经在长城内外、大江南北得以普及，它的加工技法也有煮、蒸、煎、炸等多种，其馅料更是多得难以详述。

（二）饺子习俗

据明、清史料记载，"元旦子时，盛撰周享，各食扁食，名角子，取更岁交子之意"。当时饺子已由一般食品上升为节日食品，人们吃饺子已有辞旧迎新、富贵吉祥之意。

大年三十包的饺子更是中国民间过年最为重要的内容之一，三十的饺子还有了许多规矩和习俗。如人们在包饺子时，常将金如意、糖、花生、枣和栗子等包进馅里。吃到如意、吃到糖的人，来年的日子更甜美，吃到花生的人将健康长寿，吃到枣和栗子的人将早生贵子。而且饺子一般要在年三十晚上 12 点以前包好，待到半夜子时吃，这时正是农历正月初一的伊始，吃饺子取"更岁交子"之意，"子"为"子时"，交与"饺"谐音，有"喜庆团圆"和"吉祥如意"的意思。有些地区的人家在吃饺子的同时，还要配些副食以示吉利。如吃豆腐，象征全家幸福；吃柿饼，象征事事如意；吃三鲜菜，象征三阳开泰等等。

六、派系林立的点心文化

中国点心经过劳动人民的长期实践和数千年的衍化，品种日渐丰富，还融入了很多文化因素，从而形成了各种派系文化，如京派糕点文化、苏派糕点文化等等。

点心是中国人饮食生活中不可缺少的食品。传说北宋女英雄梁红玉击鼓退金兵时，见将士们日夜浴血奋战，英勇杀敌，屡建功勋，很受感动。于是，命令部属烘制各种民间喜爱的糕饼送往前线慰劳将士，以表"点点心意"。从此，"点心"一词便出现了，并沿袭至今。

（一）点心史话

在中国历史上，关于点心的最早文字记载见于南宋时期。当时的文学家吴曾在《能改斋漫录事始》中写道："世俗例，以早晨小食为点心，自唐时已有此语。"可见，"点心"之名始于唐朝，而且他还称点心为"世俗例"，可见当时的点心以具雏形。此外，他还记载了一件轶事："按唐郑参为江淮留守，家人备夫人晨撰。夫人顾其弟曰：'治妆未毕，我未及餐，尔且可点心。'"意思是，唐代统辖江苏安徽的官宦郑家，早饭还未开，正在梳妆打扮的郑夫人怕弟弟饿，便叫他吃点点心。这说明唐宋时期的点心已较为普遍。随着唐代甘蔗的广泛栽培和砂糖的大量生产，加上波斯制糖技术的传入，为点心的开发和普及提供了良好的发展条件。从此，点心开始进入了蓬勃发展期。

（二）京式糕点文化

北京糕点的形成与唐代以后饮茶之风有关，因为糕点是重要的佐茶食品。元代太医忽思慧在《饮膳正要》中也记述了大量的元代茶食，经考证很多都属于点心。可见，北京的饮茶之风也在客观上促进了京城糕点业的发展。尤其是明成祖朱棣迁都北京后，各式南味糕点开始出现在北京的街头，市井中也多了"南果铺"一行。随后的满人入京，又带来了满蒙糕点。京式糕点就是在借鉴和融合多种糕点流派的基础之上形成而久负盛名。

清代文献中称糕点为"饽饽"。北京饽饽铺多以斋为名，如金兰斋、桂兴斋、异馥斋、聚庆斋、芙蓉斋等，能让人感受到一种古老而浪漫的生活氛围。饽饽铺精制满汉细点，名目繁多，具有独特的民族风格。这种老式的饽饽铺，在旧时北京人的生活中占有极为重要的地位。当年北京人买饽饽并不单纯为了吃，而是一种民俗和礼节。老百姓供佛祭祖、探亲访友、婚嫁生育所用的糕点几乎完全来自饽饽铺，饽饽铺也就有了做不完的生意。道光二十八年所立《马神庙糖饼行行规碑》载，满洲饽饽为"国家供享神祇、祭祀宗庙及内廷殿试、外藩筵宴，又如佛前供素，乃旗民僧道所必用。喜筵桌张，凡冠婚丧祭而不可无，其用亦大矣"。

（三）苏式糕点文化

苏式糕点的起源于隋唐年间，此时的苏州物产丰富，市井繁荣，商贾云集，成为江南的繁华都会，为苏州糕点行业的兴起提供了良好的经济条件。到了唐代，苏式糕点开始进入了兴旺、发达时期。宋代时，苏式糕点已经形成一个独特的糕点帮式，品种甚多，已有炙、烙、炸、蒸制法，并已形成商品生产，又有茶食（糕点）店铺供应。历代骚人墨客在赞美苏州风光的同时，也对精巧可口的苏式糕点赞美不已。白居易、杜甫、苏东坡、陆游等著名文学家和诗人都对苏式糕点怀有特别的感情。明、清时期，苏州工商业的农业生产全国领先，为糕点业的发展提供了源源不断的原料，这时的苏式糕点更是飞速发展，品种已达130余种。

七、花色纷呈的火锅文化

火锅是中国的传统饮食方式，即用火烧锅，以汤导热，涮食物，在上千年的演变过程中，不仅产生了很多与之相关的历史趣闻，还形成了独特的火锅文化。

在古代，火锅因投料入沸水时发出的"咕咚"声得名为"古董羹"，是中国独创的美食。火锅历史悠久，种类也是花色纷呈，百锅千味，是民间不可多得的美味。

（一）火锅史话

火锅的历史十分久远，烹制方法十分简单，早在商周时期就已出现。《韩诗外传》记载，古代举行祭祀或庆典时要"击钟列鼎"而食，众人围在鼎四周，将牛、羊肉等放入鼎中煮熟分食，这是火锅的萌芽。据《魏书》记载，三国时代的曹丕时期，已经出现了用铜所制的火锅，当时并不流行。到了南北朝时期，人们使用火锅煮食逐渐多起来。最初流行于中国寒冷的北方地区，人们用来涮猪、牛、羊、鸡、鱼等各种肉食。随着中国经济文化日益发达、烹调技术进一步的发展，各式的火锅也相继闪亮登场。

唐宋时期，经济发展，人类饮食活动增加，烹饪随之有了很快发展，火锅得到了丰富和改良，流行地域不断扩大。诗人白居易喜欢邀友至家吟诗赋词，他有一首诗云："绿蚁新醅酒，红泥小火炉。晚来天欲雪，能饮一杯无。""红泥小火炉"即是唐代流行的一种陶制火锅。明清时期，火锅开始盛行，重视内容，也注重形式，火锅花样不断翻新，尤其是清朝末期民国初期，在全国已形成了几十种不同的火锅而且各具特色。

（二）名人的火锅轶事

中国古代很多名人都有一些关于火锅的趣事。如元世祖忽必烈就喜欢吃火锅。有一年冬天，在行军之中他忽然要吃羊肉，聪明的厨师情急之中便将羊肉切成薄片，放入开水锅中烫熟，加上调料、葱花等物，忽必烈食后赞不绝口，并赐名为"涮羊肉"。

明代文学家杨慎自小与火锅结缘，他的火锅对联也被传为佳话。当时他随父亲共赴弘治皇帝在御花园设的酒宴。宴上有涮羊肉的火锅，火里烧着木炭，弘治皇帝借此得一上联："炭黑火红灰似雪"，要众臣对下联，大臣们顿时个个面面相觑。此时，年少的杨慎悄悄地对父亲吟出下联："谷黄米白饭如霜"。其父就把儿子的对句念给皇上听，皇上听后龙颜大悦，当即赏御酒一杯。

清代乾隆皇帝酷爱火锅，他在嘉庆元年正月摆设的"千叟宴"，全席共上火锅1550余个，应邀品尝者达5000余人，成为历史上最大的一次火锅盛宴。近代文化名流胡适对故乡徽州的火锅情有独钟，他在家宴请客人吃饭时，大多由夫人精心烹制徽州火锅来招待客人。著名文学家梁实秋在一篇题为《胡适先生二三事》的回忆短文中，就描写了徽州火锅给他留下的深刻印象以及胡适对徽州火锅的偏爱之情。

（三）火锅的文化意义

火锅不仅是独特的饮食方式，还具有深厚的历史和文化底蕴。火锅体现了中国烹饪的包容性。"火锅"一词既是炊具、盛具的名称，还是技法、吃法与炊具、盛具的统一。火锅还表现了中国饮食之道所蕴涵的和谐性。从原料、汤料的采用到烹调技法的配合，同中求异，异中求和，使荤与素、生与熟、麻辣与鲜甜、嫩脆与绵烂、清香与浓醇等美妙地结合在一起。在民俗风情上，火锅呈现出一派和谐与酣畅的淋漓场景，营造出一种"同心、同聚、同享、同乐"的文化氛围。火锅来源于民间，其消费群体涵盖之广泛、人均消费次数之大，是其他食品望尘莫及的。无论是贩夫走卒、达官显宦，还是文人骚客、商贾农工都乐食此味。

八、风味各异的小吃文化

小吃是中华饮食文化中的一朵奇葩，每种小吃的制作方式和食用方式，都蕴涵着深刻的哲理和人类特有的审善意趣，从而形成了不同流派的小吃文化。

在中华民族饮食文化的长河中，小吃犹如一颗璀璨的明珠在历史的星空中闪烁。由于气候条件、饮食习惯的不同和历史文化背景的差异，中国的小吃在选料、口味、技艺上形成了各自不同的风格和流派。人们一般以长江为界限，将小吃分为南北两大风味，具体地又将其分成京式、苏式、广式3大特色小吃。

（一）京式风味小吃

京式小吃指黄河以北大部分地区制作的小吃，包括华北、东北等地，以北京为代表。京式小吃历史久远，许多民间小吃还成了御膳名品，如芸豆卷、豌豆黄。由于北京作为都城，先后有不同民族的统治者，所以北京小吃又融入了汉、回、满各族特色以及沿承的宫廷风味特色。在小吃烹调方式上更是煎炒烹炸烤涮烙样样齐全，北京小吃比较有名的有：绿豆糕、玫瑰饼、萨其马、藤萝饼、卤煮火烧、豌豆黄、豆汁、焦圈、爆肚、驴打滚、艾窝窝、炒肝、炸灌肠、白水羊头、一品酥脆煎饼、干锅鸭头。

（二）苏式小吃文化

苏式小吃指长江中下游江、浙一带制作的小吃，以江苏省为代表。苏州风味小吃与刺绣、园林并称为"苏州三绝"，其中最负有盛名的是苏州糖年糕，相传起源于吴越，至今民间还流传着伍子胥以糯米粉制作城砖解救百姓的传奇故事。

苏式小吃继承和发扬了本地的传统特色，具有浓厚的乡土风味。南京夫子庙、苏州玄妙观、无锡崇安寺、常州双桂坊、南通南大街和盐城鱼市口等都是历史悠久、闻名遐迩的小吃群集地，这里名店鳞次栉比，名师荟萃，集当地传统小吃之大成。苏州小吃的文明不仅在于其品种繁盛、制作多样，还有一大批文人学士为其增加了几分文化意蕴。如朱自清先生十分喜欢扬州小吃，认为扬州的面"汤味醇厚"，扬州烫干丝、小笼点心、翡翠烧卖都是"最可口的"，干菜包子"细细地咬嚼，可以嚼出一点橄榄般的回味来"。

苏式小吃的代表有：葱油火烧、三丁包子、蟹黄烧麦、烧麦、黄天源糕点、苏式糖果、苏式蜜饯、鸭血粉丝汤、鸭油烧卖、酥油饼、重阳栗糕、鲜肉棕子、虾爆鳝面、紫米八宝饭。

（三）广式小吃文化

广式小吃指中国珠江流域及南部沿海一带制作的小吃，以广东省为代表。广式小吃是在博采众长中形成的。由于受到北方饮食文化的影响，广式小吃中出现了面粉制品。此外，广式小吃还受到西点影响。唐代，广州已成为著名港口，与海外各国交往密切。尤其是鸦片战争后，广州的面点师吸取西点制作技术精华，形成了中点西做的特色。如甘露酥就是吸取了西点混酥的制作技术。

玉兔饺

广式小吃代表有：马岗鸡仔饼、皮蛋酥、冰肉千层酥、双皮奶、野鸡卷，均安煎鱼饼、龙江煎堆、肇庆裹蒸粽、广东月饼、酥皮莲蓉包、薄皮鲜虾饺及第粥、玉兔饺、干蒸蟹黄烧麦、鸭母念、牛肉果条、潮州牛肉丸、胡荣泉捞饼等。

除京式小吃、苏式小吃、广式小吃外，还有西北的秦式小吃、西南的川式小吃等等，数不胜数，这也体现了中国小吃文化的博大精深。

第六节　中国调料文化

一、历久不衰的酱油文化

中国是酱油的故乡，中国人最早开始食用酱油。存在了2000多年的酱园模式，不仅对酱油的发展产生了重大影响，还形成了独特的酱园文化。

酱油是以大豆蛋白为主要原料，按"全料制"、"天然踩黄"工艺酿造而成的成香型调味液。酱油在中国历史上被习惯性的称为"清酱"、"酱清"、"豆酱清"、"豉汁"、"豉清"、"酱汁"等。从历史文化的角度看，酱油是中国传统烹饪的基本调料，用以指代厨房或烹饪之事，而后又被引申为不登大雅的琐屑之事。

（一）酱油史话

2000 多年前的西汉，就已经普遍酿制和食用酱油了。酱油源于酱，酱在中国周朝就已经问世，当酱存放长久时其表面会出现一层汁，人们品尝之后发现味道很好，于是便改进制酱的工艺，特意酿制酱汁，这就是早期酱油的诞生过程。这时的酱油被称作"清酱"。

自中国历史上第一代酱油出现以后，在漫漫 2000 余年的时间里，中国人的生活方式几乎一直是"周而复始"的运转，而酱油的生产方式也以作坊模式为主。正因为如此，中国酱油的传统称谓才能够经受历史时间的考验，一直保留在亿万人民的嘴巴上，如同酱油本身一样至今浓香依旧，毫不褪色。

到了宋代，"酱油"一词的才明确见于历史文献。如北宋人苏轼曾记载了用酽醋、酱油或灯心净墨污的生活经验："金笺及扇面误字，以酽醋或酱油用新笔蘸洗，或灯心揩之即去"。"酱油"一词的出现，其意义不仅在于中国酱油从此有了一个更规范的雅称，更在于这种称谓背后所蕴含的历史文化。此后，虽然"清酱"一词仍然留存于北方局部地区，但它的意义已经与唐代以前"清酱"不同了。后来又有了"豆油"、"秋油"、"麦油"、"套油"、"豉油"，以及近现代仍在流行的"老抽"、"生抽"、"生清"、"上油"、"头油"等称谓，只是标榜了酱油的风味品质。这也反映了中国酱油文化形态的丰富多彩与中国人对酱油品味的深刻理解。

（二）酱园文化

在中国古代，酱油的生产基本是传统的酱园模式，这也是中国酱油文化的特征之一。酱园，又称酱坊，指制作并出售酱品的作坊或商店。中国历史上的酱园规模很小，通常是前店后坊布局模式，因此，酱园具备生产加工与经营销售两种职能。在历史上，无论是通都大邑还是百家聚落的小邑镇，必有酱园的存在。这其中也有经营有方、声誉良好、颇具规模的名店，如历史上的江北四大酱园、六必居、槐茂、玉堂、济美。酱园不仅方便了城居百姓和四方来客的生活之需，同时也装点了城市文化。

酱园在中国历史上是一个很包容的文化概念，它所经营的不仅有酱、豉、酱油、醋、酱菜、腐乳、盐、作料酒、各种辛香料、食物油，甚至还兼营饮料酒类等，这种酱园文化的兼容特征恰是由庶民大众食事生活的综合需要所决定的。对于庶民大众来说，人们到酱园来购买的主要的仍然是酱油和醋两大代表性品种。

二、底蕴深厚的醋文化

中国是醋的故乡，醋有悠久的历史，是中国传统的调味品，产地多，品种丰富，作为一种文化现象深深地融入中华民族的文化之中，形成了独具风格的醋文化。

古人有句话："开门七件事，柴米油盐酱醋茶。"这说明自古以来醋就在中国人民生活中占有重要的地位，而醋文化已经成为中华民族饮食文化的重要组成部分。

（一）醋的历史

中国是世界上最早用谷物酿醋的国家，距今已有3000多年的历史。据《周礼》记载，周朝时朝廷就开始设有专门管理醋政的官员"酸人"。春秋末年晋阳（太原）城建立时就有一定规模的醋作坊。南北朝时醋被视为奢侈品，用醋调味成为宴请档次的一条标准。北魏农学家贾思勰在《齐民要术》中对醋的发酵工艺作了详细记述。到了唐宋时期，制醋业有了较大发展，醋开始进入了寻常百姓之家。明清时，酿醋技术出现高峰，山西王来福创制了隔年陈酿醋，至今仍被老陈醋生产企业所保留。

（二）醋的多元用途

醋的用途很多，其药用是中国醋文化的显著特征。早在战国时期，扁鹊就认为醋有协助诸药消毒疗疾的功用，此后历代名医都有很多相关的记载。尤其是李时珍在《本草纲目》一书所录的用醋药方就有30多种，其中关于在室内蒸发醋气以消毒的方式至今仍用以防止流感等传染性疾病。醋不仅广泛应用于调味，饮酒过量之后，喝上几口醋还有助于解酒；许多生活用具可用醋擦洗除掉污垢、去异味等等。

（三）醋的文化现象

醋不仅是一种调味之物，还开始渗透到文化之中。最为显著地就是，在现实生活中人们还经常使用"吃醋"、"醋意"等来形容人的妒忌心理，多数情况下是指男女感情之间的排他性。从历史文献上看，该种语意可以追溯到唐代。史传唐太宗李世民赏了几个美女给房玄龄，但是房玄龄却惧内不敢接受，于是李世民就派人给房玄龄之妻卢氏送去一壶毒酒，同时宣布旨意：同意房玄龄接受皇帝的赏赐，否则饮鸠受死。没想到，刚烈的卢氏竟不假思索地夺过酒壶一饮而尽。可见，在中国封建制时代，一个女人为了把"第三者"关在门外，连付出自己的生命都能够无所顾忌。然而，这位卢氏并没有死，因为唐太宗在壶中装的是醋。于是，卢氏"吃醋"不怕丢命的故事便有了名。

醋是日常生活中的便宜调料，人们买醋一般多以一斤为单位，一斤醋通常也就是一瓶，"买一瓶醋"已经成了生活中的习俗。于是，有了用"半瓶醋"一词来讽刺哪些对某种知识技能一知半解的人或事，如元末明初时无名氏作南戏《司马相如题桥记》文："如今那街市上常人，粗读几句书，咬文嚼字，人叫他做半瓶醋。"此外，在中国历史上，尤其是唐宋以后，读书人的社会出路渐趋狭窄。于是，未能入仕的读书人社会地位逐渐下跌，于是"酸腐"成了读书人的"专利"，"酸子"成了为落魄读书人的代名词。

总之，醋历尽千年沧桑，早已超越了调味品的范畴，已成为一种文化深深融入人们的心中。

三、多姿多彩的糖文化

中国制糖的历史悠久，有了糖，成千上万种美馔佳肴和花式糖点才得以产生，人们的饮食品种也不再单调。随着国外制糖技术的传入，中国的制糖业迎来了蓬勃兴旺的发展时期，不但使许多古代糖点重新焕发出新的光彩，也形成为具有中国特色的糖文化。

糖，在古代有许多同义字或近义字，如：饧、饴、铺、馓、粝、鏈等。糖是人体赖以产生热量的重要物质，既可直接单独食用，又是人们生活中的调味品和甜食、糖果、糕点的原料。

中国先秦就有制糖的风俗。西周《诗经·大雅·绵篇》载："周原膴膴，堇荼如饴"。可见，最迟在公元前1000年左右，中国已知道把淀粉质水解成甜糖了。屈原的《楚辞·招魂》有"柜籹蜜饵有餦餭"的句子，餦餭就是以麦芽糖为主要成分的饧。用麦芽制糖是古代最早的制糖方法，许慎《说文解字》上说："饴，米糵煎也"。糵是发芽的麦子，能使煮过的米里的淀粉糖化。北魏贾思勰《齐民要术》里，也记载过制造"白饧"、"黑饧"、"琥珀饧"、"煮铺"、"作饴"等五种制造饴糖的方法。这些方法与现在制饴坊用的基本相同。

中国很早就有甘蔗和甘蔗制糖的记载，中国种植甘蔗的历史可以追溯到战国时期，那时还不会用它生产砂糖。古时对甘蔗的利用，一是当果品吃，二是榨成蔗汁饮用或调味，三是将蔗汁熬成"蔗浆"，四是将蔗汁熬得像饴糖那样浓的"蔗饧"，五是以蔗汁曝晒或加乳熬成硬饴状，称为"石蜜"。

南北朝时代，中国人就已经开始制造蔗糖了。《齐民要术》里转引《异物志》说："甘蔗远近皆有……迮取汁如饴饧，名之曰糖，益复珍也。又煎而曝之，既凝而冰"。这是中国书籍里关于蔗糖制造的最早的记载。蔗糖的大规模生产始于唐代的贞观年间，据《新唐书·西域传·摩揭陀传》中记载："唐太宗遣使取熬糖法，即诏扬州上诸蔗，榨沈如其剂，色味愈西域远甚。"《唐会要》还称："西蕃胡国出石蜜（指蔗糖），中国贵之，太宗遣使至摩伽伦国取其法，令扬州煎蔗汁，于中国自造，色味愈西域所出者。"从此中国逐渐开始成为制糖大国。

到了宋代，蔗糖生产已以江、浙、闽、广、蜀等地为主了。据北宋《政和本草》载：甘蔗"一种似竹，粗长。榨其汁，以为砂糖，皆用竹蔗。泉、福、吉、广州多作之。炼砂糖和乳为石蜜，即乳搪也，惟蜀作之。"此外，北宋还把砂糖进一步加工成冰糖，这种冰糖流行于元代，时称"糖霜"。同时，这种冰糖也深得文人志士的青睐。北宋黄庭坚《答梓州雍熙长老寄糖霜》诗云："远寄蔗霜知有味，胜于崔子水晶盐。正宗扫地从谁说，我舌犹能及鼻尖。"元代洪希文《糖霜》诗："春余甘蔗榨为浆，色美鹅儿浅浅黄。金掌飞仙承瑞露，板桥行客履新霜。携来已见坚冰渐，嚼过谁传餐玉方。输于雪堂老居士，牙盘玛瑙妙称扬。"

糖在中国古代的利用也较为广泛，除了部分用于烹饪调味，如渍制果品脯干、加入菜肴增味、加入小吃甜食等。另外，还大量用于单食。如中国唐代就有口香糖了，当时的著名诗人宋之问有口臭的毛病，经常"以香口糖掩之"。至于食用糖品，则从开始制糖的时候就有了。

四、妙趣横生的姜文化

中国有句古话："上床萝卜下床姜"，可见姜是人类日常生活中不可缺少的食品和调味品。同时，生姜还是典型的药、食同源的植物，在漫长的历史过程中，还形成了独特的姜文化。

姜又名生姜，属姜科植物，根茎味辛，性微温，气香特异。中国很早就开始种植生姜，如湖北江陵县出土的战国墓中就有姜，西汉司马迁所作的《史记》中也有

"千畦姜韭其人与千户侯等"的记载，这说明早在 2000 多年前，生姜就已经成为中国的重要经济作物。

（一）姜的调味功用

姜是中华烹饪中的主要调味品，辛辣芳香，溶解到菜肴中去，可使原料更加鲜美。民间自古就有"饭不香，吃生姜"的谚语。李时珍在《本草纲目》中赞颂姜的美味："辛而不荤，去邪辟恶，生唤熟食，醋、酱、糟、盐、蜜煎调和，无不宜之。可蔬可和，可果可

生姜

药，其利博矣"。因此，在炖鸡、鸭、鱼、肉时放些姜，可使肉味醇厚。做糖醋鱼时用姜末调汁，可获得一种特殊的甜酸味。醋与姜末相兑蘸食清蒸螃蟹，不仅可去腥尝鲜，而且可借助姜的热性减少螃蟹的腥味及寒性。故《红楼梦》中说道"性防积冷定须姜"。

（二）姜的药用

姜不只是烹饪菜肴的调味佳品，其药用价值也很大，具有发汗解表、温中止呕的等功效。每个地方都有和生姜有关的保健谚语，例如："冬吃萝卜夏吃姜、不劳医生开处方"；"每天三片姜，赛过鹿茸人参汤"；"十月生姜小人参"等等。孔子就主张："每食不撤姜"，意思是孔子常食用姜。红糖姜汤更是成为中国各地普遍采用的治疗感冒的民间处方，每天喝两三杯姜饮料，对身体十分有益。

药用的姜可分鲜姜、干姜和泡姜。千百年来百姓常用其疗伤治病，价廉效著，显示出中国传统医药文化的宏大博深。古代很多医学著作中有关于姜的药用功效的记载，如《五十二病方》中就有"姜"、"干姜"、"枯姜"的记载。《神农本草经》则列干姜为中品，并且称其"辛、温、无毒"，主治"胸满，咳逆上气，温中，止血"，"久服去臭气，通神明"。《名医别录》认为，生姜有"归五脏，除风邪寒热，伤寒头痛鼻塞，咳逆上气，止呕吐，去痰下气"的功能。至于干姜炮制法，苏颂《图经本草》载："采（生姜）根于长流水洗过，日晒为干姜。"

古代使用生姜的医药家有很多，但深得生姜药理者首推医圣张仲景，他所著的

《伤寒论》共载方113剂，其中使用生姜和干姜的方剂就有57剂，如温肺化饮、解表散寒的小青龙汤；发汗解表、清热除烦的大青龙汤；温中祛寒、回阳救逆的四逆汤；温中祛寒、补益脾胃的理中汤；和胃降逆、开结除痞的半夏泻心汤等等。这些处方均有生姜或干姜，都是至今临床仍在使用且非常有效的著名方剂。医圣张仲景的用姜经验，囊括了姜的温胃、散寒、降逆、止呕、行水、温肺止咳的药理作用，已成为中医药学临床用姜的法则。

五、历史悠久的蒜文化

蒜是舶来之品，在中国流传了两千多年，不仅进入中华百姓的日常饮食生活之中，还形成了具有中国特色的蒜文化。

早期的中国没有蒜，西汉时期，汉武帝派遣张骞出使西域带回很多域外物种，大蒜就是其中之一。大蒜传入中国后，很快成为人们日常生活中的美蔬和佳料，作为蔬菜与葱、韭菜并重，作为调料与盐、豉齐名，食用方式多种多样。

魏晋时期，大蒜的种植规模迅速扩大。据说晋惠帝在逃难时，还曾从民间取大蒜佐饭。此外，《太平御览》记："成都王颖奉惠帝还洛阳，道中于客舍作食，宫人持斗余粳米饭以供至尊，大蒜、盐、豉到，获嘉；市粗米饭，瓦盂盛之。天子吱两盂，燥蒜数枚，盐豉而已。"可见，食蒜之俗已经深入社会的各个阶层。

南北朝时期，食蒜习俗得以进一步扩大，出现了很多新的食用方式。贾思勰的《齐民要术》中就记载了一种"八和童"的制作方式，其中重要的一味原料就是大蒜。其云"蒜：净剥，掐去强根，不去则苦。尝经渡水者，蒜味甜美，剥即用；未尝渡水者，宜以鱼眼汤半许半生用。朝歌大蒜，辛辣异常，宜分破去心，全心用之，不然辣，则失其食味也"。制作中，"先捣白梅、姜、橘皮为末，贮出之。次捣粟、饭使熟，以渐下生蒜，蒜顿难熟，故宜以渐。生蒜难捣，故须先下"。由此可见，蒜是八和童的主味之一。

到了唐代，食蒜之风大为兴盛，蒜成为一些人的生活必须之品。宋代时期，食蒜风气更为流行，还出现了很多新的蒜食烹制方法。如浦江吴氏《中馈录·制蔬》就介绍了蒜瓜、蒜苗干、做蒜苗方、蒜冬瓜四种食蒜法。如蒜瓜："秋间小黄瓜一斤，石灰、白矾汤焯过，控干。盐半两，腌一宿。又盐半两，剥大蒜瓣三两，捣为泥，与瓜拌匀，倾入腌下水中，熬好酒、醋，浸着，凉处顿放。冬瓜、茄子同法。"

由此可见，宋代人食蒜的方式比较多元，不仅生食，还用于烹调。

元明时期，人们已经掌握了大蒜的各种食用功用，此时人们的烹蒜手法也更为成熟。如明人高濂在《饮馔服食笺》中记载了"蒜梅"的做法："青硬梅子二斤，大蒜一斤，或囊剥净，炒盐三两，酌量水煎汤，停冷浸之。候五十日后卤水将变色，倾出再煎，其水停冷浸之，入瓶。至七月后食。梅无酸味，蒜无荤气也。"

到了清代，人们的食蒜方式已经接近今天，此时的烹蒜方式也逐渐分为南北两大派系。北方的烹蒜法在山东人丁宜曾的《农圃便览》中有详细的记载。如"水晶蒜"："拔苔后七八日刨蒜，去总皮，每斤用盐七钱拌匀，时常颠弄。腌四日，装磁罐内，按实令满。竹衣封口，上插数孔，倒控出臭水。四五日取起，泥封，数日可用。用时随开随闭，勿冒风。"

南方的烹蒜法，总的来讲手法细腻，加工讲究。如《调鼎集》中记载了江浙一带的烹蒜方式。如"腌蒜头"："新出蒜头，乘未甚干者，去干及根，用清水泡两三日，尝辛辣之味去有七八就好。如未，即将换清水再泡，洗净再泡，用盐加醋腌之。若用咸，每蒜一斤，用盐二两，醋三两，先腌二三日，添水至满封贮，可久存不坏。设需半咸半甜，一水中捞起时，先用薄盐腌一二日，后用糖醋煎滚，候冷灌之。若太淡加盐，不甜加糖可也。"但是南方人的好蒜程度比不过北方人。

六、色彩斑斓的花椒文化

中国菜肴讲究色、香、味，而用花椒调成的菜肴其最明显的味道当然是辣，对于嗜辣的国人来说，这辣味沁人肺腑，使人难以忘怀，并由此诞生了花椒文化。

早期的花椒是一种敬神的香物，在《神农本草经》中，花椒被称之为秦椒。花椒资源的开发经历了 2000 多年的历史，从最初的香料过渡到调味品，就经历了近千年的时间。

（一）从香料到调料

先秦时期，花椒不能用来果腹充饥，也不能单独食。但是花椒果实红艳，气味芳烈，于是人们以之作为一种象征物，借以表达自己的思想情感。可见，早期的花椒是作为香物出现在祭祀和敬神活动中，这就是先民对花椒的最早使用。如《楚辞章句》中云："椒，香物，所以降神。"这证明，花椒作为一种香料物质得到了广泛应用。

后来花椒逐渐成为一种调味品。南北朝时期吴均在《饼说》中罗列了当时一批有名的特产，其中调味品有"洞庭负霜之桔，仇池连蒂之椒，济北之盐"，以之制作的饼食"既闻香而口闷，亦见色而心迷"。南宋林洪的《山家清供》记载："寻鸡洗涤，用麻油、盐、火煮、入椒。"元代忽思慧的《饮膳正要》、清代薛宝辰撰写的《素食说略》等都有对花椒调味的相关记载。

（二）花椒的药用

花椒不仅是一种上好的调味品，还是治疗疾病的良药。在中国上古时期，花椒就被认是人与神沟通的灵性之物，并被封为法力无边的"玉衡星精"。可见在先人心中花椒就是济世之物。中国最早的药学专著《神农本草经》记载：花椒能"坚齿发"、"耐老"、"增年"。唐代孙思邈在《千金食治》中记载："蜀椒：味辛、大热、有毒，主邪气，温中下气，留饮宿"。明代药圣李时珍说："椒禀纯阳之物，乃手足太阴、右肾命门气分之药。其味辛而麻，其气温以热，禀南方之阳，受西方之阴，所以能入肺散寒，治咳嗽；入脾除湿，治风寒湿痹，水肿泻痢。"他《本草纲目》中记载："治上气，咳嗽吐逆，风湿寒痹。下气杀虫，利五脏，去老血"等等。由此可见，花椒是中国的传统中药，其药用价值毋庸置疑，随着科技的进步，它还会得到更为有效的利用。

（三）花椒的文化意义

花椒除了具有食药同源的特征之外，还逐渐成为一种文化的表征，具有了一定的符号学意义。中国的先民将其作为象征之物，赋予它许多特殊的含义，借以表达自己的美好情感和对幸福生活的美好希望。花椒香气浓郁、结果累累，所以被人们看做多子多福的象征。《唐风·椒聊》中的"椒聊之实，繁衍盈升"便很好地说明了这一点。同时，花椒还被人们视为高贵的象征，《荀子·议兵》云："民之视我，欢若父母，其好我芳若椒兰"，表达了作者的清高和尊贵。两汉时期，花椒成为宫廷贵族的宠儿，皇后居所有了"椒房"、"椒宫"的称谓。《汉官仪》载："皇后称椒房，取其实蔓延，外以椒涂，亦取其温。"

由此可见，花椒不仅承载了中国人在开发利用自然资源方面的聪明才智，还展现了中国人超脱的想象力及天人合一的哲学思想、药食同源的饮食文化观、兼容并蓄的发展观，这都是中国花椒文化的创造源泉。

七、红火辛辣的辣椒文化

辣椒在古代被称为海椒，说明它是从海外传进来的。在中国长时间辗转流传过程中，辣椒不仅成为人们的主要辛辣调料，还形成了独特的辣椒文化。

辣椒是一种茄科辣椒属植物，最常见的主要有青辣椒和红辣椒。新鲜的青辣椒、红辣椒可做主菜食用，红辣椒经过加工还可以制成干辣椒、辣椒酱等用于菜肴的调料。辣椒原产于美洲墨西哥、秘鲁等国，最先由印第安人种食。15世纪末，哥伦布发现美洲之后把辣椒带回欧洲，并由此传播到世界各地。

（一）辣椒传入中国

据说辣椒是在明代郑和下西洋时传入中国，起先作为观赏植物，后来迅速与花椒、蔊、茱萸等两种本土植物一起，成为中国"三大辛辣"食品之一。

在辣椒传入中国之前，民间主要辛辣调料是花椒、姜、茱萸，其中花椒在中国古代辛辣调料中地位最为重要。辣椒进入中国，最初的名字叫番椒、地胡椒、斑椒、狗椒、黔椒、辣枚、海椒、辣子、茄椒、辣角、秦椒等。最初吃辣椒的中国人均居住在长江下游，即所谓"下江人"。下江人尝试辣椒之时，四川人尚不知辣椒为何物。辣椒最先从江浙、两广传来，但是并没有在那些地方得到充分利用，却在长江上游、西南地区得到充分利用，这也是四川人在饮食上吸取天下之长，不断推陈出新的结果。

（二）辣椒发展史

辣椒的发展史可以从清朝初期开始算起，最先开始食用辣椒的是贵州及其相邻地区。在盐巴缺乏的贵州，康熙年间就有"土苗用以代盐"，当时的辣椒起了盐的作用，可见其与生活关系之密切。从乾隆年间开始，贵州地区已经大量食用辣椒，与贵州相邻的云南镇雄和贵州东部的湖南辰州府也开始食用辣子。

嘉庆以后，黔、湘、川、赣等地普遍种植辣椒。有记载说，由于辣椒在江西、湖南、贵州、四川等地大受欢迎，农民开始把它"种以为蔬"。道光年间贵州北部已经是"顿顿之食每物必蕃椒"，同治时贵州一带的人们"四时以食"海椒。清代末年，贵州地区还盛行包谷饭，其菜多用豆花，便是用水泡盐块加海椒，用作蘸水，类似于今天四川富顺豆花的海椒蘸水。

湖南在道光、咸丰、同治、光绪年间，食用辣椒已很普遍。据清代末年《清稗类钞》记载："滇、黔、湘、蜀人嗜辛辣品"、"无椒芥不下箸也，汤则多有之"。从此段文字可见，清代末年，湖南、湖北人食辣已经成性，连汤都要放辣椒了。同时，辣椒在四川"山野遍种之"。光绪以后，四川经典菜谱中有大量食用辣椒的记载。清末傅崇集《成都通览》载，当时成都各种菜肴放辣椒的有1328种，辣椒已经成为川菜主要的作料之一。清代末年，食椒已经成为四川人饮食的重要特色。徐心余《蜀游闻见录》记载："惟川人食椒，须择其极辣者，且每饭每菜，非辣不可。"

辣椒传入中国600多年，有人戏称其实现了一场"红色侵略"，抢占了传统的花椒、姜、茱萸的地位，花椒食用被挤缩在四川盆地之内，茱萸则完全退出中国饮食辛香用料的舞台，姜的地位也从饮食中大量退出。辣椒至今不衰，其威力几乎是任何辛辣香料都无法抗衡的。

第七节　中国传食经要

一、《礼记·内则》：中国最早的饮食文献

《礼记》是中国最早的古代典籍之一，其不仅是中国研究夏商周时代历史的珍贵史料，更反应了很多那一时代的饮食文化。

《礼记》成书于春秋，内容包括夏商周典章制度、社会变迁、社会生活，其中的《内则》篇比较详实的记录了商周时代特别是周代的饮食发展状况和饮食思想，该书称得上是中国最早的饮食文献。商周时代在中国的饮食发展史上曾经占有了非常重要的地位，北方菜系就成于该时代，这时的"周八珍"宴更加闻名遐迩。

《礼记·内则》中的周八珍

谈起中国古代的饮食名馔，人们总会提到八珍。八珍原来指八种珍贵的食物，后来又指八种罕见稀有的烹饪原料。最早的八珍出现于周代，之后中国历代都有八珍之说，其内容随着朝代的变化而变迁。八珍最早的提法见于《周礼·天官·冢

宰》，其中记载："食医，掌和王之六食、六饮、六膳、百馐、百酱、八珍之齐。"具体的八珍在中国古代的历史资料中也确有记载，在《礼记·内则》中，就有对这8种食品原料、烹饪工艺、炊具、注意事项的具体记载。按照《礼记·内则》的记载，八珍是这样的八种食物：

第一种，淳熬。"淳"是沃的意思，指加入动物油搅拌；"熬"是煎的意思，指煎肉酱。它的具体做法是，把肉酱煎热之后浇在陆稻制成的米饭上，之后再向里面倒入动物油搅拌。这种饭、肉酱、油脂的组合，混合了各种味道，不需要其他的菜肴相配同食，这种饮食与现在的盖浇饭很类似。

第二种，淳母。这种烹饪方法和第一种"淳熬"相同，只是淳母的饭食原料不是陆稻而是黍米。"母"在这里的读音是"模"，表达像的意思，即和"淳熬"相似。

第三种，炮豚。炮豚的烹饪方法非常的复杂，要选用小猪作为主料，将其内脏掏出，并用枣装满在已经清空的腹腔内，用芦苇将其裹起来，外面还要涂上一层带着草的泥巴，放在火中用猛火烧制。炮完之后，清掉上面的泥，用洗干净的手搓揉掉猪体上面因烧制产生的皱皮，再用调成糊状的稻米粉涂遍小猪的全身，还要把其放入到装有动物油的小鼎之中，这些动物油必须要淹没猪身。之后还要将小鼎坐在装有水的大锅里面，且大锅的水面还不能高出小鼎边缘，用来防止水进入鼎中。最后还要用火烧熬三天三夜，将小猪用醋、肉酱等调和食用。

第四种，炮牂。炮牂的烹调工艺与炮豚相同，只是材料不是小猪，而是小母羊。

第五种，捣珍。这种烹饪调料要选用羊、牛、鹿、麋鹿、獐等动物的里脊，将其反复的捶打，直到去掉里面的筋腱，煮熟之后将其取出揉成肉泥食用。

第六种，渍。这种烹饪方式一定要选用刚刚宰杀的新鲜牛肉切成薄片，并且放在美酒里面整整浸泡一夜，之后还要佐以醋、肉酱、梅浆等作料食用。在这道菜品中，肉要新鲜，切肉之时还要视肉的纹理横切。

第七种，熬。这种烹饪方式的食料选用牛肉或者鹿肉、獐肉、麋肉等。首先要将原料捶打，去掉其中的皮膜，摊开放在苇蔑之上，撒上桂、姜和盐面儿，用小火烘干。这种食物类似于后来的肉脯。这种制成的食物干、湿两吃。想吃干的就要捶打松散，想吃湿的就放到肉酱里煎制食用。

第八种，肝膋。膋的意思是指肠上的脂肪，也泛指脂肪。制作这种珍品，需要选用狗肝一副，并且要用狗脂肪将其盖住，加上适当的汁放在火上烤，让脂肪慢慢的进入肝内，烤制时也不能用蓼草作为香料。最后还要用米粉糊来润泽，用狼的臆间脂肪切碎，和稻米一起合制成稠糊，一起食用。

从《礼记·内则》中，我们能看到，我们的祖先早在 2000 多年前就掌握了很多复杂的烹饪方法。他们不仅懂得选用动物不同部位的肉来烹饪，更知道烹饪过程中应该注重卫生和规范，从中我们不难看出中国烹饪文化的悠久历史。自周代后，中国历史上历朝历代都有"八珍"一说，随着时代的变迁，"八珍"的内容有了改变，但是其中包含的内容都结合了中华民族的食品精华。

二、《黄帝内经》：食疗的基础理论著作

《黄帝内经》是中国迄今为止最古老的一部中医文献，在《黄帝内经·素问》中系统的阐述的一套食补食疗理论，为中医营养医疗学奠定了基础。

中国古代人很早就认识到，饮食营养的合理搭配是决定人们能否健康长寿的重要因素，因此也就提出了对后世影响深远的"医食同源"学说。

（一）《黄帝内经》中的饮食营养理论

在《黄帝内经》的《素问·藏气法时论篇》中，将食物区分为了谷、果、畜、菜四大类，即所谓五谷、五果、五畜、五菜。五谷为黍、稷、稻、麦、菽，五果指桃、李、杏、枣、栗，五畜为牛、羊、犬、豕、鸡，五菜是葵、藿、葱、韭、薤。

这是为了配合古代的阴阳五行学说，才把每类归为五种，其所指并非就是具体的五种，都可以有泛指之意。这几类食物在人们日常饮食中的比重和所发挥的作用在《素问》当中都有阐述，其提出的"五谷为养，五果为助，五菜为充，气味合而服之，以补精益气"的论述，就是指人们在饮食当中要以五谷为主食，以果、畜、菜为补充。扩展开来可以将其理解为：人的生长发育和健康长寿不能离开五谷的支持；肉、蛋、乳一类的食品因为营养价值和吸收利用率较高，应该作为人们在五谷之外的配餐；仅仅食用肉类和粮食营养还不够全面，蔬菜也必须作为人们日常饮食的必需品；除此以外，人们还应该尽可能的食用些有利于保健和卫生的干、鲜果品。

上述几点，不仅较为全面的概括了人类日常饮食中的原料，更重要的是其借助每类食品中的"五"种数量和不同种类食品用"养"、"益"、"助"、"充"的形容字表达出其对饮食的思想。其一，人们为了从食物中涉取全面的营养，应该尽量的丰富平日的饮食种类，每类食物都是由不同种类的食品组成的，应该尽量吃杂一点。即使是吃主食，也不能只吃细粮而不吃杂粮，同理对于肉类和蔬菜也是一样。其二，各类食品对人体的功能是有着主次之分的，切勿喧宾夺主，"养"为主要的，"益"、"充"、"助"是辅助的。

（二）《黄帝内经》中阐述的饮食五味与保健的关系

在《黄帝内经·素问》当中还阐述了一套五味与保健的关系，也值得后世参考。饮食之物，按照中医学的理论来看，都有温、热、平、的性味和酸、苦、辛、咸、甘的气味。五味五气各有所主，或补或泻，为体所用。从书中写到的各种饮食需要"气味合而服之，以补精益气"可以看出，《黄帝内经》中认为四类食品对于人体的各项功能不是无条件的，只有"气味合"才能起到"补精益气"的作用。所谓"气味合"指的是"心欲苦、肺欲辛、肝欲酸、脾欲甘、胃欲咸。此五味之所含藏之气也。"

《黄帝内经·生气通天论篇》中有一则专门论述五味与人体五脏的关系，并且阐述了如果饮食五味不合对人体有损害的思想，其中写道："味过于酸，肝气从律，脾气乃绝；味过于咸，大骨气劳，短肌，心气抑；味过于甘，心气喘喘，色黑，肾气不衡；味过于苦，脾气不濡，胃气乃厚；味过于辛，筋脉沮弛，精神乃央。"这些论述都揭示出了饮食五味与人体健康的密切关系。在《黄帝内经·五藏生成篇》中也谈到了饮食偏食一味的害处，曰："多食咸则脉凝泣而色变，多食苦则皮槁而毛拔，多食辛则筋急而爪枯，多食酸则肉胝而唇枯，多食甘则骨痛而发落。"在《黄帝内经·宣明五气篇》中说："酸入肝，辛入肺，苦入心，咸入肾，甘入脾。"由此可见，如果在日常的饮食中不注重五味的搭配，很有可能受到五味的伤害。

《黄帝内经》中的这些论述，不仅是中医学上的经典思想，也给人们提供了饮食上需要遵循的原则性指导。这些理论和思想不仅符合中国古代的国情和食物资源的实际情况，更表现出了东方饮食结构的标志性特点。直到现在，华夏大地上绝大多数人的食物构成依然遵循了这个模式，这也体现了中国农业经济在古代的发展

高度。

三、《饮膳正要》：中国第一部营养学专著

忽思慧是中国元代著名营养学家，他编撰的《饮膳正要》是中国历史上现存最早的饮食卫生与营养学著作，对中国营养饮食思想的传播起到了重要的推动作用。

早在周代，宫廷内就设有"食医"，以后历代都沿袭了这一传统。到元世祖忽必烈时，在皇宫里专设"掌饮膳太医四人"。忽思慧因在营养饮食方面的造诣被元朝统治者选中，担任了专门负责宫中饮食搭配工作的饮膳太医。任职期间，他不仅积累了丰富的饮食营养知识，更熟识了烹调技术等多方面的技能。他又兼通蒙、汉医学，几年之后，他总结前人的研究成果，并结合了自己获得的饮食营养知识，编著了《饮膳正要》。这部著作因后世得到了明代宗皇帝朱祁钰的肯定，并为之作序，得以完整的保存。

（一）《饮膳正要》中的主要内容

《饮膳正要》成书于元朝天历三年（1330 年），全书共三卷。除了记载帝王圣祭、养生避讳之外，还记有食珍九十四谱，食疗方六十一谱，汤煎方五十五种，另有若干饮水方和"神仙方"。书中记载的食疗方和药膳方堪称丰富，不仅特别注重阐述各种饮食的滋补作用和性味，并且还记载有妊娠食忌、乳母食忌、饮酒避忌等内容。《饮膳正要》中还制定出了一套饮食卫生法则，记载了一些饮食卫生、营养疗法，乃至食物中毒的防治问题。书中大量的插图也是此书特色之一，该书第三卷实际上是饮食动植物图，每个知识点都配图，画面生动形象，明白易懂。

（二）《饮膳正要》中的饮食思想

忽思慧很注意研究《黄帝内经》以及汉、唐、宋时代医家有关饮食营养与食疗方面的研究成果。《黄帝内经》和孙思邈在《千金方》中的一些宝贵论述和经验，给了忽思慧极大的影响，在这些药膳原理中，他继承了食、养、医结合的医学传统，将药物与食物相结合的滋补，治疗作用，提高到科学的高度。

忽思慧在《饮膳正要》序言中认为：饮食就像药一样，性味都不同，如果搭配不好，很可能出现危害身体健康的现象。在"养生避忌"一节中，忽思慧较全面地阐述了他的人体保健方面的见解。他说："善服药者不若善保养，不善保养不若善

服药。"他指出治病首先要防病。接着他又说："善摄生者，薄滋味，省思虑，节嗜欲，戒喜怒，惜元气，简言语，轻得失，破忧阻，除妄想，远好恶，收视听，勤内固。……故善养性者，先饥而食，食勿令饱；先渴而饮，饮勿令过；食欲数而少，不欲顿而多。盖饱中饥，饥中饱，饱则伤肺，饥则伤气。若食饱不得便卧，即生百病。"他强调了身体与精神两方面的保健，这是不仅是科学的，更体现出了他著作的独到之处。

在《饮膳正要》中，忽思慧将历代宫廷中的美味珍馐集合起来，总结了前人的养生经验，强调"药补不如食补"的观念。《饮膳正要》虽是宫廷贵族的饮食指南，但是这部书一反皇帝食谱中遍布山珍海味的常规，反而重视起粗茶淡饭的滋补价值，把补气益中的羊馔放到了首位。在药补方面，人参、鹿茸、灵芝一类的名贵补品也并没有大量出现，反而是首乌、茯苓这类的普通药品多次列出。书中倡导的饮食有节，注意食物多样化和季节调养的饮食营养观即务实又朴素。

《饮膳正要》包括医疗卫生，以及历代名医的验方、秘方和具有蒙古族饮食特点的各种肉、乳食品等内容，使其已经超越了饮食典籍的界限，有了医疗研究方面的意义。这部蒙汉医学和饮食交流产物的著作，对研究元代宫廷生活和当时的文化也有一定的参考价值。

四、《饮食须知》：食物搭配需宜忌

元代贾铭的《饮食须知》是一部专门论述饮食禁忌的著作，书中详细阐述了食物间相配的禁忌，以及多食某种食物所产生的副作用和解救方法，书中很多内容对今人都有很高的参考价值。

贾铭，字文鼎，浙江海宁人，元代养生家。贾铭在《饮食须知》自序中说：写这本书的目的在于能够让注重养生的人们了解饮食之物性有相反相忌的作，在日常饮食中要多加注意，适度饮食。否则的话，轻则五内不和，重则立生祸害。因此，《饮食须知》选录许多本草疏注中关于物性相反相忌的部分编成书，以便帮助人们掌握饮食的调配方法，避免因饮食搭配不当而给人身体健康造成损害。

《饮食须知》的主要内容

《饮食须知》全书八卷，第一卷水类 30 种，火类 6 种；第二卷谷类 50 种；第三卷菜类 86 种；第四卷果类 59 种；第五卷味类 33 种；第六卷鱼类 65 种；第七卷禽类 34 种；第八卷兽类 40 种。另附几类食物有毒、解毒、收藏之法。

谷物卷列出了米豆类共 30 多种。贾铭提到，胡麻蒸制不熟，食后令人脱发；绿豆共鲤鲊久食，令人肝黄；豆花可解酒毒。

菜蔬卷列出家蔬野菜共 70 多种。贾铭说：葱多食令人虚气上冲，损头发，昏人神志；大蒜多食生痰，助火昏目；秋后食茄子损目，同大蒜食发痔漏；刀豆多食令人气闷头胀；绿豆芽多食发疮动气；黄瓜多食损阴血，生疮疥，令人虚热上逆。

瓜果卷列出果品瓜类共 50 余种。贾铭提到，杏子不益人，生食多伤筋骨，多食昏神，发疮痈，落须眉；生桃损人，食之无益；枣子生食令人热渴膨胀，损脾元，助湿热；柿子多食发痰，同酒食易醉；樱桃多食令人呕吐，伤筋骨，败血气；西瓜胃弱者不可多食，作吐利；椰子浆食之昏昏如醉，食其肉则不饥，饮其浆则增渴。

调味品卷中，叙述了盐、豆油、麻油、白沙糖、蜂蜜、酒等 30 多种调味品。贾铭指出，盐多食伤肺发咳，令人失色损筋力；麻油多食滑肠胃，久食损人肌肉；川椒多食，令人乏气伤血脉；茶久饮令人瘦，去脂肪。

水产品卷中列有鱼类等 60 多种。贾铭说，鲟鱼多食动风气，久食令人心痛腰痛；鳖肉同芥子食，生恶疮；淡菜多食令人头目昏闷，久食脱人发；海虾同猪肉食，令人多唾。

禽鸟卷和走兽卷共列动物 70 多种。贾铭谈到了禁忌：鸭肉滑中发冷利，患脚气人勿食；燕肉不可食，损人神气；鸳鸯多食，令人患大风病；狗肉同生葱蒜食损人，炙食易得消渴疾；驴肉多食动风，同猪肉食伤气；兔肉久食绝人血脉，损元气，令人痿黄。

贾铭在书中提出萝卜在"服何首乌诸补药忌食"的观点就有科学道理。只有身体虚弱的人才服用滋补药，一般的滋补药所含有的糖分高，而萝卜中含有大量糖化酵素、芥子油，可刺激肠胃的蠕动，进而让滋补成分排出体外，抑制了人参的滋补功效。至今，服人参时忌吃萝卜的说法还被人们所信奉。他还说道：大蒜"消肉积"。根据科学证明，大蒜当中含有蒜氨酸，的确有降血脂和抗动脉粥样硬化的作用。

《饮食须知》不仅对饮食烹饪有重要的参考价值，对人民的日常生活也有一定的指导意义。此书从"饮食精以养生"、"物性有相反相忌"的角度出发，对食物的性味、反忌、毒性、收藏等性质进行了编选介绍，同时也提出了"养生者未尝不害生"的观点。

客观上来说，《饮食须知》一书也并非十全十美，因其所列禁忌过多，过于繁琐而给人们带来了无所适从的感觉。但人们绝不可因为一些局限性而轻忽它的参考作用。

五、《吴氏中馈录》：女厨编著的饮食典籍

中国历史上出现了很多著名的女厨，其中以宋代的吴氏和宋氏最具代表性，她们不仅厨艺高超，更留下了被世人广为传颂的饮食典籍。

宋代之前，职业烹饪者被冠以厨子、厨司、厨人、厨丁的名称，这些称呼明显是指男性。宋代开始出现了以烹饪为职业的妇女，当时人们称其为"厨娘"。在当时的都城汴梁，人们重男轻女的思想并不严重，生了女儿反倒十分爱惜，等到女子到了一定年龄，便训练其厨艺，让其成为"烹饪专家"，供当时的贵族之家选用。宋代，中国出现了历史上有名的两位女厨——吴氏和朱氏，她们不仅厨艺精湛，还著有流传后世的饮食典籍。

（一）《吴氏中馈录》

吴氏，南宋浙西浦江人。她特别擅长私家菜的烹制，所做的菜多取材于浙江地方原料，做工精细，以家常小菜为主，非常具有创意。其中腌制、酱制、腊制等诸多方法很具有实用价值，当中的很多技法一直流传至今。吴氏不仅烹饪技艺高超，也是一位有名的才女，她对民间烹饪实践进行总结与整理，收集了浙西南地区76种菜点的制作方法，著成以吴氏菜谱命名的饮食专录——《吴氏中馈录》。

《吴氏中馈录》是中国历史上一部重要的烹饪典籍。全书共分脯鲊、制蔬、甜食三部分，所载菜点采用炙、腌、炒、煮、焙、蒸、酱、糟、醉、晒等十几种烹饪方法，代表了宋代浙江民间烹饪的最高水平，有些做法至今还在江南一些地区流行。《吴氏中馈录》不仅丰富了流传已久的"私家菜"品种，使得家常宴饮化平凡为神奇，更为中国的传统饮食文化作出了重要的贡献。

（二）《宋氏养生部》

南宋时期，浙江民间还出现一位著名女厨宋五嫂。相传，她曾经在钱塘门外做

鱼羹，因得到宋高宗的赞赏而闻名，其名至今与名菜"宋嫂鱼羹"一起流传于世。

宋五嫂，本姓朱，嫁于宋氏人家，随丈夫姓，又被人们称为宋氏。宋氏善于烹饪，曾经多年作为官府的主厨，因此擅长官府菜。在平日闲暇之时，宋氏将几十年的厨艺经验都转述给了她的儿子宋诩，汇集编成了《宋氏养生部》六卷。第一卷介绍内容有茶制、酒制、酱制、醋制；第二卷介绍面食制、粉食制、蓼花制、白糖制、蜜煎制、汤水制；第三卷为兽属制、禽属制；第四卷为鳞属制、虫制；第五卷为苹果制、羹制；第六卷为杂造制、食药制、收藏制、宜禁制。每一类下还分若干的详细目录，记载各种食品的制法。此书共收集菜肴1300余种，成为了中国古代食物制作的著名典籍。

因宋氏曾经在官府厨房任职，书中所收录的菜品多为官府菜。此书有很强的实用性，收录的菜肴品种齐全、风味多样，是中国食品制造加工史上有里程碑意义的饮食著作。

六、《千金食治》：药王的食疗理论精粹

孙思邈是中国历史上伟大的中医药学家，他不仅对中医药学有着深入的研究，其对人们日常饮食与养生保健之间的关系也有着独特的见解，他的很多理论至今对人们的生活都产生着影响。

孙思邈，唐代医药学家，被人奉为"药王"。孙思邈7岁时开始读书，坚持攻读医学和经史百家等知识，后世传说他有过目不忘的本领。孙思邈一生淡泊名利，多次谢绝朝中要求为官的要求，立志做一名济世救人的民间医生。他著的《千金方》和《千金翼方》等医学著作对后世的影响极其深远，在这两部书中都有关于食疗的论述。《千金方》又名《备急千金要方》，全书30卷，第26卷为食治专论，后人称之为《千金食治》。

（一）《千金食治》的饮食思想

在《千金食治》的序论部分，作者阐述了他的食疗思想。孙思邈说："人安身的根本，在于饮食；要疗疾见效快，就得凭于药物。不知饮食之宜的人，不足以长生；不明药物禁忌的人，没法根除病痛。这两件事至关重要，如果忽而不学，那就实在太可悲了。饮食能排除身体内的邪气，能安顺脏腑，悦人神志。如

果能用食物治疗疾病，那就算得上是良医。作为一个医生，先要求摸清疾病的根源，知道它给身体什么部位会带来危害，再以食物疗治。只有在食疗不愈时，才可用药。"

孙思邈还告诫人们说："凡常饮食，每令节俭，若贪味多餐，临盘人饱，食讫觉腹中彭亨（涨肚）短气，或致暴疾，仍为霍乱。又夏至以后，迄至秋分，必须慎肥腻、饼、酥油之属，此物与酒浆瓜果，理极相仿。夫在身所以多疾病，皆由春夏取冷太过，饮食不节故也。又鱼脍诸腥冷

孙思邈

之物，多损于人，断之益善。乳酪酥等常食之，令人有筋力胆干，肌体润泽，卒多食之，亦令腹胀泄利，渐渐自己。"这段话当中既谈到一些平时饮食搭配的禁忌，也谈到了饮食与节气之间的紧密关系，很多思想都包含了很科学的道理。

（二）《千金食治》的内容

《千金食治》分果实、蔬菜、谷米、鸟兽等几篇，内容中详细描述了各种食物的药理性和功能。在果实篇中，孙思邈提倡多吃大枣、鸡头实、樱桃，说这些食物能使人身轻如仙。告诫人们不能多食用的东西有：梅，坏人牙齿；桃仁，令人发热气；李仁，令人体虚；安石榴，损人肺脏；梨，令人生寒气；胡桃，令人呕吐，动痰火。食杏仁尤应注意，孙思邈引扁鹊的话说："杏仁不可久服，令人目盲，眉发落，动一切宿病，不可不慎。"

在蔬菜篇中，孙思邈认为：越瓜、胡瓜、早青瓜、蜀椒不可多食，而苋菜实和小苋菜、苦菜、苜蓿、薤、白蒿、茗叶、苍耳子、竹笋均可长久食，这些食物不仅可以让人身体轻松有力气，更可延缓衰老。

在谷米篇中，孙思邈认为：长久食用薏仁、胡麻、白麻子、饴、大麦、青粱米能让人身轻有力，使人不老；赤小豆则会让人肌肤枯燥；白黍米和糯米令人烦热；盐会损人力，黑肤色，这些都不可多食。

在鸟兽篇中，孙思邈认为：乳酪制品对人有益；虎肉不能热食，能坏人齿；石

蜜久服，强志轻体，耐第延年；腹蛇肉泡酒饮，可疗心腹痛；乌贼鱼也有益气强志之功，鳖肉食后能治脚气。

孙思邈的这些经验不仅使他成为了"药王"，更让其活到百余岁，他提到的饮食思想对后人有很大的启示作用。

七、《随园食单》：文人的饮食心得

袁枚用文人的感性和博学，创造出了一部影响深远的饮食著作《随园食单》。《随园食单》是清代一部系统地论述烹饪技术和南北幕点的重要著作。

袁枚，字子才，号简斋，浙江钱塘人。清代著名的学者、诗人、文学家、饮食文化理论家、烹饪艺术家。他一生著有《小仓山房诗文集》、《随园随笔》、《随园食单》等30余部文学艺术作品。袁枚利用自己广博的见识，深远的见解所著的《随园食单》一书，可谓品位高雅、依据真实，给当时的饮食文化带来了巨大影响。在今天，其中的许多观念仍然值得我们学习和借鉴。

（一）《随园食单》的主要内容

在《随园食单》中，袁枚系统论述了清代烹饪技术，涵盖了南北菜品的菜谱，全书分为须知单、戒单、海鲜单、江鲜单、特牲单、杂牲单、羽族单、水族有鳞单、水族无鳞单、杂素单、小菜单、点心单、饭粥单和菜酒单14个方面。书中用大量的篇幅系统介绍了从14世纪到18世纪中叶流行于南北的342道菜点、茶酒的用料和制作，有江南地方风味菜肴，也有山东、安徽、广东等地方风味食品。在书中还表达了作者对饮食卫生、饮食方式和菜品搭配等方面的观点。这些观点在今天看来依然实用，读来让人获益匪浅。

（二）反对重量不重质的饮食

在《随园食单》中，袁枚说："豆腐煮得好，远胜燕窝；海菜若烧得不好，不如竹笋"。由此可见，袁枚认为：美食之美不在数量而在质量，要讲求营养。袁枚的这种饮食观念也渗透进了他平时的饮食习惯之中。

（三）强调食物搭配的重要性

袁枚在《随园食单》中谈到，食物搭配也要"才貌"相适宜，烹调必须要"同类相配"，"要使清者配清，浓者配浓，柔者配柔，刚者配刚，方有和合之妙"。

可见，袁枚对食物之间的搭配是相当看重的。

（四）要求干净卫生的烹饪习惯

袁枚认为饮食要讲求卫生。他强调：菜肴再美味，如不卫生，必定让人难以下咽。像烟灰、汗珠和灶台上的苍蝇、蚂蚁等，如果落入菜中，再好的美食也会让人掩鼻而过。

对饮食用具，袁枚也要求很严格。一定要专器专用，"切葱之刀，不可以切笋；捣椒之臼，不可以捣粉"。其常用的饮食器具要清洁，"闻菜有抹布气者，由其布之不洁也；闻菜有砧板气者，由其板之不净也。"好的厨师应该做到"四多"，良厨应"多磨刀、多换布、多刮板、多洗手，然后治菜"。

（五）讲究菜肴的味道

袁枚要求菜"味要浓厚，不可油腻；味要清鲜，不可淡薄……如果一味追求肥腻，不如吃猪油好了……如果只是贪图淡薄，那不如去喝水好了"。在吃饭之时，袁枚主张严格按照上菜顺序来放置菜肴，要"咸者宜先，淡者宜后；浓者宜先，薄者宜后；无汤者宜先，有汤者宜后。"

（六）讲究节令饮食

袁枚认为：饮食只有按照节令而用之，才能强身健体。他在《随园食单》中的"须知单"中，就表达了这样的思想，他专门列有"时节须知"，主要阐释的强身之道有三点：其一，人之饮食，应循时而进。袁枚解释说："夏日长而热，宰杀太早，则肉败矣；冬日短而寒，烹饪稍迟，则物生矣。冬宜食牛羊，移之于夏，非其时也。夏宜食干腊，移之于冬，非其时也。"其二，人之饮食，当因季变味。他写道："辅佐之物，夏宜用芥末，冬宜用胡椒。当三伏天而得冬腌菜，贱物也，而竟成至宝矣。当秋凉时，而得行鞭笋，亦贱物也，而视若珍馐矣。"其三，人之饮食，须择时"见好"而食。袁枚指出："有先时而见好者，三月食鲥鱼是也；有后时而见好者，四月食芋芳是也。其他亦可类推。有过时而不可吃者，萝卜过时则心空；山笋过时则味苦；刀鲚过时则骨硬。所谓四时之序，成功者退，精华已竭，褰裳去之也。"

《随园食单》展示了作者对饮食的讲究，蕴含了他的情趣与人生观。这种生活哲学和思考，正是菜谱的精髓所在。这部书系统论述和阐释了饮食文化理论、烹饪技艺、南北茶点制作技术等方面内容，袁枚的饮食美学思想、饮食烹饪技艺思想和饮食保健思想也得到了集中体现，是中国古代饮食文化的精髓之作。

第八节　文艺中的饮食

一、音乐与饮食：鼓瑟吹笙享美食

中华民族十分重视饮食时的气氛。同样也较早的意识到了饮食带给人们的愉快和欢乐，人们经常通过音乐的方式来表达或者来烘托宴饮的欢乐气氛。这样一来，饮食与音乐之间就有了密不可分的紧密联系。

"乐"本来指乐器，后来引申包括音乐、快乐等含义。古人认为，只有沉浸在快乐之中，才能够达到宴饮的目的。《礼记·曲礼》中有"当食不叹"的规矩，汉代刘向在《说苑·贵游》中说："今有满堂饮酒者，有一人独索然向隅而泣，则一堂之人皆不乐也。"可见古人对宴饮气氛的重视。为了烘托宴饮气氛，同时也为了表达在宴饮之时的快乐之情，人们就会经常利用音乐的形式来抒发宴饮之时的感情。

先秦时期，当主人在宴饮上请客人喝酒时，手里拿着点燃的蜡烛，另一只手抱着备用的烛炬，在前面领路，客人起身谦让时，主人将烛火交给仆人，并和客人作揖礼让，还互相唱着诗歌。主人借歌声表达对客人的诚意，客人用歌声抒发自己内心的感谢。

（一）周代宴饮歌曲

周代贵族在宴饮之时使用的传世乐歌非常多，《诗经》中的《鹿鸣》、《伐木》、《南有嘉鱼》、《噫嘻》、《振鹭》、《丝衣》都是当时宴饮之时所唱的歌曲。《彤弓》是周天子赏赐有功之臣的乐歌，《天保》、《南山有台》、《菁菁者莪》皆为诸侯们赞颂周天子的歌曲。

根据《史记·孔子世家》记载："《关雎》为《风》始；《鹿鸣》为《小雅》始；《文王》为《大雅》始；《清庙》为《颂》始。"古代人们认为《鹿鸣》是《诗经》四始之一，《鹿鸣》就是周天子宴乐群臣时的歌曲，分为三章：第一章写主人鼓瑟吹笙的邀请嘉宾；第二章赞扬嘉宾的贤德；第三章写宾客和主人一同奏乐，欢乐的情绪达到最高潮，嘉宾为了感谢主人，拿出准备的币帛当作礼物赠送，主人也要拿出物品回礼。

（二）战国宴饮乐器

1978 年，在湖北随县出土的曾侯乙墓中，发现了一套震惊世界的乐器，那套 65 件（钮钟 19 件、甬钟 45 件、钟 1 件）组成的编钟，编制齐全、制作精美、音域宽广，依大小顺序排列三层，悬挂在曲尺形的铜木钟架上。编钟低音浑厚，中、高音悠扬，12 个半音齐全，能演奏各种乐曲。这套乐器完全按照墓主人生前宴饮作乐的场景安放的。通过这些乐器，我们能想象出当时的宴饮音乐已经发展到了很高的水平。

（三）明代宴饮音乐

明代的宴饮音乐受元代杂剧的影响比较大。明代洪武三年（1370 年），朝廷定宴饮之乐曲，大多数都会采用杂剧的音乐曲调填词，如《开太平》、《大一统》、《安建业》、《定封贵》、《抚四夷》、《起临壕》、《守承平》等宴乐，都是按照杂剧的曲调演奏。到了明洪武十五年又重新确定宴乐的乐章。这些歌曲的内容主要是用来歌颂当朝统治者的文治武功，宣扬国威，祝福皇帝长寿健康，歌唱都城繁荣等。后来，一些少数民族前来朝贡之时，为了炫耀中原的强大和富饶，在招待外国使节的酒宴上，还要兼用大乐、细乐、舞队，奏《醉太平》、《朝天子》之曲。

二、舞蹈与饮食：翩翩起舞侑宴饮

为了让宴饮更加欢乐和热闹，除了需要音乐伴奏之外，还需要舞蹈的衬托，只有用舞蹈和音乐相结合，才能把人们在宴饮之时的快乐感情表达的淋漓尽致。因此，饮食与舞蹈的结合历来被中国人所重视。

宴饮之时的快乐是人们内心的感觉，而吃到兴起之时的翩翩起舞则是快乐的外在表现。每当人们在饮食当中得到快乐，便可以起身舞蹈，这些舞蹈又增加了人们在饮食之中的快乐感受。

（一）古代的宴饮舞伎

自古以来，天子、诸侯、贵族、大夫门下都有专门从事音乐歌舞之人，这些人经常会在宴会上表演，用来娱乐参加宴会的人。史料记载，春秋时期中国就出现了家养女伎的现象，之后这一风俗逐渐延续下来。这些女伎大多家境贫寒，有着美丽的相貌和高超的技艺。她们接受严格的舞蹈训练，之后被选入宫廷、贵族、官宦家族，以供这些人家宴饮时娱乐消遣。秦始皇统一全国之后，就曾经集中全国女伎来补充后宫。

除了宫廷舞伎，历代私人家庭中也有豢养舞伎的习俗。北宋沈括在《梦溪笔谈》中记载，著名宰相寇准家里也有一群拥有精湛舞蹈技艺的舞伎。据传，寇准非常喜爱《柘枝舞》。

（二）唐代宴饮舞蹈的兴盛

唐代是中国封建社会历史中较为繁荣和昌盛的时期。由于国家的开放，各国传入的舞蹈都在中原流传，人们越来越喜欢舞蹈，在宴饮之中欣赏舞蹈成了普遍的风俗。在唐代的宴饮活动中，吃到兴起之时，主人和受邀嘉宾即兴跳起舞也是常见的事情。

贞观十六年（642年），唐太宗李世民在庆善宫南门宴请大臣，他与当时的大臣们谈到高兴之处，感慨万千，受邀的臣子们纷纷起舞，向李世民祝酒。唐中宗在宴饮之时，也经常让大臣们即兴舞蹈。大臣宗晋卿舞《浑脱》、左卫将军张治舞健舞类的《黄獐》、工部尚书张锡舞《谈客娘》。在唐代，以歌舞劝酒的习俗也十分兴盛。白居易在《劝我酒》中说道："劝我酒，我不辞；请君歌，歌莫迟。"这就是对唐代这种风俗的表现。在唐代，有很多西域人来到中原，胡舞在宴饮当中十分流行。李白在《前有樽酒行》中说："胡姬貌如花，当炉笑春风。笑春风，舞罗衣，君今不醉将安归。"这是对当时宴饮之时胡姬歌舞侑酒、宾客们一边用餐一面欣赏华丽胡舞景象的生动描写。

（三）宋代的宫廷宴乐舞

宋代出现了专门主管宫廷宴乐的机构，称教坊，在这里集中了全国各地的优秀艺人，这支队伍有360人的规模。宋代的宫廷宴饮舞蹈被称之为队舞，这是一种在唐代舞蹈的基础之上发展起来的具有欣赏、礼仪、娱乐、典礼等多重性质的舞蹈。队舞分为"女弟子队"和"小儿队"两种形式，一共有20支，这些宴饮舞蹈风俗对中国后世歌舞剧和戏曲的发展有着积极的推动意义。

（四）元代的天魔舞

蒙古族是擅长舞蹈的民族，当他们入主中原之后，在本民族舞蹈的基础上吸收和融和了前代的乐舞形式，形成了兼有着汉族和蒙古族特色的宴饮舞蹈。元代的天魔舞代表了元代宫廷宴饮舞蹈水平的最高境界，元末顺帝时期创作。根据《元史·顺帝本纪》记载：元顺帝独爱游宴，不爱治国。他命宫女文殊奴、三圣奴、妙乐奴等16人，披头散发，戴着象牙、佛冠，身披璎珞，穿着大红绡金长短裙、金杂袄、云肩和袖天衣、绶带、鞋袜，各拿加巴剌般之器而舞，一人执杵击铃，另配有多名宫女组成的乐队为其伴奏。这舞蹈原本是在宫中做佛事时的表演，后来由于这种舞蹈具有较高的观赏价值和艺术性，逐渐走向了宴饮场合。

三、诗歌与饮食：文人风雅赞佳肴

诗歌与饮食自古以来就结下不解之缘，很多文人都是饮食方面的专家，对美食有着独到的研究和见解，其中很多人更是善于烹饪。所以，中国历史上出现了大量的以饮食为内容的诗歌作品。

自诗歌开始发展，人们就将饮食作为一种诗歌的材料，饮食对于文学的一个极大的贡献就是丰富了诗歌的题材。《诗经·魏风·硕鼠》中以"硕鼠硕鼠，无食我黍！"起兴，复沓回环，将残酷剥削人民的统治者骂作老鼠畅快淋漓。《诗经·陈风》中有"岂其食鱼，必河之鲂？""岂其食鱼，必河之鲤？"这里，鲂与鲤都是黄河里味道极好的两种鱼。诗歌和菜肴，是高雅与平凡的统一，是中国饮食文化中的一处亮丽的风景。

诗歌发展到唐代进入了繁盛时期，民族融合使各民族的特色饮食汇入了长安，从长安辐射到了全国各地，甚至伴随着丝绸之路传到西方。这样与饮食有关的诗歌也就层出不穷了。

（一）杜甫的槐叶冷淘诗

唐代宫廷中有一种供奉食品名叫槐叶冷淘，作为唐代皇室夏季消暑降温而享誉整个唐代。这种食物颜色碧绿，味道清凉爽口，是炎热夏季的消暑佳品。唐代夏日九品以上官员朝会之时，掌管宫内饮食的御厨定会奉上槐叶冷淘这道菜。唐代诗人杜甫，夏天寓居瀼西草堂时，还做过一首名叫《槐叶冷淘》的诗：

青青高槐叶，采掇付中厨。新面来近市，汁滓宛相俱。

入鼎资过熟，加餐愁欲无。碧鲜俱照箸，香饭兼芭芦。

经齿冷于雪，劝人投此珠。愿随金騕褭，走置锦屠苏。

路远思恐泥，兴深终不渝。献芹则小小，荐藻明区区。

万里露寒殿，开冰清玉壶。君王纳凉晚，此味亦时须。

可见，这道菜不仅深受宫廷的喜爱，连唐代的大诗人杜甫也对其钟爱有嘉。

（二）李白诗酒"翰林鸡"

李白平时喜欢吃鸡、鸭、鱼、鹅、牛肉、野味和蔬菜水果等菜肴，在众多美味的菜肴中，他对"烹鸡"情有独钟。一次李白来到陆安游玩，当他接到朝廷的诏令还想到了烹鸡的美味，于是作诗道："白酒新熟山中归，黄鸡啄黍秋正肥。呼童烹鸡酌白酒，儿女歌笑牵人衣。"在这首诗中流露出诗人踌躇满志的感情，不久后李白就入朝担任翰林职位，后人便称李白喜食的烹鸡为"翰林鸡"。

（三）苏轼的饮食诗歌

在中国历史上，苏轼不仅给后人留下了众多美食佳话，更留下了大量关于饮食的诗歌。苏东坡曾经创制了一道名叫"芦菔羹"的汤，芦菔又名"葐菜"，是萝卜的一种，这道菜的用料是极普通的蔓菁和芦菔根，味道却非常鲜美。苏轼曾经在《狄韶州煮蔓菁芦菔羹》中称赞这种汤比那些用羊肉、鱼烹饪的汤还要好喝，他说道：

我昔在田间，家庖有珍烹。常餐折脚鼎，自煮花蔓菁。

中年失此味，想象如隔生。谁知南岳老，解作东坡羹。

中有芦菔根，尚含晓露清。勿语贵公子，从渠嗜膳腥。

（四）陆龟蒙的乌饭诗

乌饭是中国古代用南烛草液汁浸米后煮成的饭，因饭呈青碧色，所以称乌饭。乌饭又称青精饭、青饵饭。道教认为常食乌饭可以强身延年。佛教也在农历四月初八以乌饭供奉佛。

唐朝诗人陆龟蒙（？～约881年）曾写《润卿遗青饵饭》诗，赞美乌饭：

旧闻香积金仙食，

今见青精玉斧餐。

自笑镜中无骨录，

可能飞上紫云端。

陆龟蒙是晚唐著名诗人，与皮日休齐名，时称"皮陆"。这首诗既表达了诗人对乌饭的赞美与喜爱，也是自嘲无缘羽化成仙。诗中"香积"指寺院里的饭食；

"金仙"是佛教对如来之身的称呼；"玉斧"指仙人；骨录指相貌；"紫云"指吉祥的云气。

此外，陆龟蒙还在《四月十五日道室书事寄袭美》诗中写道："乌饭新炊芼臛香，道家斋日以为常。"

（五）秦观的莼姜鱼蟹诗

宋朝著名词人秦观（1049～1100年），字少游，又字太虚，号淮海居士。他的词清丽和婉，深有情致。他的词虽多写男女情爱和感伤身世，却不乏赞美鱼蟹鲜美的清新小诗。他曾写诗《以莼姜法鱼糟蟹寄子瞻》送给大诗人苏轼：

鲜鲫经年渍醽醁，
团脐紫蟹脂填腹。
后春莼苗滑于酥，
先社姜茅肥胜肉。

"醽醁"：酒名。

"团脐"：指雌蟹，因雌蟹腹甲呈圆形。

（六）范曾大的口数粥诗

"口数粥"又称"人口粥"，是古代汉朝人饮食习俗，流行于江南地区。每年农历腊月二十五日，民间用米加赤豆煮粥，全家在夜间聚食，以除瘟气。家中不论婴儿、僮仆都有一份。如家中有远出未归者，也留口份，所以称"口数粥"。宋朝诗人范成大（1126～1193年）是南宋四大诗人之一，以田园诗著称。他曾写《口数粥行》：

家家腊月二十五，浙米如珠和豆煮。
大杓铧铛分口数，疫鬼闻香走无处。
镂姜屑桂浇蔗糖，滑甘无比胜黄粱。
全家团栾罢晚饭，在远行人亦留份。
褓中孩子强教尝，余波溥霑获与臧。
新元叶气调玉烛，天行已过来万福。
物无疵疠年谷熟，长向腊残分豆粥。

（七）杨万里的笋蕨诗

宋朝诗人杨万里（1127～1206年），也是南宋四大诗人之一。他曾作《初食笋蕨》，表达了对鲜笋嫩蕨的喜爱：

炰凤烹龙世浪传，猩唇熊掌我无缘。

只逢笋蕨杯盘日，便是山林富贵天。

（八）郑板桥的笋竹诗

清朝画家、诗人郑板桥（1693～1765年），名燮，号板桥，著名的"扬州八怪"之一。他的两首诗生动地描述了对江南嫩笋的偏爱。

一首是在他《墨竹图》中的题诗：

扬州鲜笋趁鲥鱼，烂煮春风上巳初。

说与厨人休斫尽，清光留此照摊书。

另一首是他的《笋竹诗》：

笋菜沿江二月新，家家厨爨剥春筠。

此身愿辟千丝篾，织就湘帘护美人。

（九）罗聘的猪头诗

"扒烧猪头"是淮扬菜系的一道名菜，传说清朝时扬州法海寺有一位僧人擅长烹制"扒烧猪头"，一时被文人墨客传为佳话。清朝画家罗聘（1733～1799年），是扬州八怪之一，擅画人物。他曾将僧人烹制扒烧猪头的故事和用鲜笋配烧猪头的美味入诗，色调清淡、典雅，一如他的画风。

初打春雷第一声，雨后春笋玉淋淋。

买来配烧花猪头，不问厨娘问老僧。

（十）谢墉的粽子诗

粽子是用箬竹叶包裹糯米煮成的食品。古代中国人为了纪念战国时期的伟大诗人屈原，在每年农历五月初五，也就是相传屈原自投汨罗江的这一天，举行划龙船、往江里投粽子的活动祭祀屈原。日久天长也就形成了五月初五吃粽子、划龙船的风俗。

清朝诗人谢墉，曾以《粽子》为题作诗，诗中不仅描述了粽子的制作过程、外观，还记述了食用粽子的口感，甚而抒发了吃粽子时对古人和母爱的怀念。

玉粒量来水次淘，裹将箬叶萱丝韬。

炊余胀满峻嶒角，剥出凝成细纤膏。

土俗清明供祀墓，诗家端午吊离骚。

年年节令春徂夏，丙舍南瞻念母劳。

（十一）林兰痴的豆腐诗

中国人吃豆腐的历史至少可以追溯到西汉。元朝人孙大雅曾嫌"豆腐"一词不雅，将豆腐改称"菽乳"，菽指豆类。清朝诗人林兰痴曾写《豆腐》诗，短短二十八字，将豆腐的形、质、食法以及味道概括得淋漓尽致。

莫将菽乳等闲尝，一片冰心六月凉。

不曰坚乎惟曰白，胜他什锦佐羹汤。

（十二）韦应物的榆荚诗

榆荚是榆树的果实，因其形状如同中国古代的铜钱币，又称榆钱。榆荚味微甜，民间常用榆荚和面加糖或盐等做成蒸糕，称之为榆钱糕，或用榆荚和榆树皮磨成的粉煮成榆糕。唐朝著名诗人韦应物（737～约792年）就曾在《清明日忆诸弟》诗中写道："杏粥犹堪食，榆羹已稍煎。"清朝诗人敦诚（1734～1791年），曾专以《榆荚羹》为题作诗，记述了一家人食用榆荚糕其乐融融的场景：

自下盐梅入碧鲜，榆风吹散晚厨烟。

持杯戏向山妻说，一箸真成食万钱。

四、绘画与饮食：景深意远绘食事

在中国美术史上，曾出现过不少以饮食为题材的绘画作品。这些作品从一个侧面反映了当时社会的饮食生活和饮食文化。

绘画的产生与史前人类的饮食生活密切相关，当时的人们在追求美味的同时，还在陶盆、陶罐、陶壶等饮食器具上画上人面、鱼纹、蛙纹、方格纹、几何纹等图案，这些图案便成为中国历史上最早的绘画作品。此后，饮食更是成为历代画家竞相描绘的重要对象。

（一）国画中饮食文化

国画即用颜料在宣纸、宣绢上的绘画，是东方艺术的主要形式。中国传统的国画有着很高的艺术成就，其中也包含了丰富的饮食文化内容，许多作品都形象生动地反映了各个时代的饮食风俗和人们的饮食生活。

古代的很多画作描绘了皇家的饮食生活，如表现宫中大宴准备情形的《备宴图》，描绘宫廷仕女围娱乐茗饮的《宫乐图》，反映皇家饮食风俗的《紫光阁赐宴图》等等。有的作品反映了地主贵族阶层的饮宴生活，如新疆吐鲁番出土的纸画《墓主生活图》，南唐顾闳中的《韩熙载夜宴图》等。还有不少作品表现了文人雅士饮酒品茗的闲情逸趣，如宋徽宗赵佶的《文会图》，元代唐棣的《林荫聚饮图》，陆治的《元夜燕集图》，仇英的《松亭试泉图》等等。

国画中还有以历史人物的饮食生活为题材的历史故事画。如宋代画家李唐反映商朝遗民伯夷、叔齐耻食周粟，遁入首阳山采薇而食，最后饿死首阳山的《采薇图》；赵原表现茶神陆羽烹茶场面的《陆羽烹茶图》；明代万邦治描绘李白、贺知章等嗜酒情景的《醉饮图》；还有描绘东晋诗人陶渊明饮酒、中唐诗人卢仝烹茶场景的《渊明漉酒图》，清代黄慎的《陶令重阳饮酒图》，丁云鹏的《玉川煮茶图》等。

有的绘画作品还展现了都市和边地的饮食生活，如宋代张择端的《清明上河图》，明人所绘的《市肆筵宴图》，清代徐扬的《盛世滋生图》、金廷标的《塞宴四事图》等。有的作品或直接以饮食名肴作为题材，或再现了当时独特的饮食风俗，如清代"扬州八怪"之一的李描绘淮扬名菜的《鳜鱼葱姜图》等等。

（二）壁画中的饮食文化

中国古代的壁画与国画一样，同样包含着丰富的饮食文化内容。壁画分墓室壁画、石窟壁画、宫殿寺观壁画三大类，其中墓室壁画与饮食文化联系最为密切。墓室壁画是绘在墓室砖墙上以表现墓室主人生前生活的绘画样式，墓室壁画主要反映了地主、贵族宴饮、狩猎等日常生活场景，如内蒙古和林格尔汉墓壁画中有庖厨、宴饮、乐舞、杂技等场面的家居宴乐图。墓室壁画中还表现有关饮食的一些劳动场景，如甘肃嘉峪关魏晋墓壁画中的播种图、扬场收获图、粮食加工图、酿醋图；内蒙古和林格尔汉墓壁画中的放牧、酿造、碓舂等场面。此外，还有与饮食文化相关的墓室壁画，如河南洛阳西汉墓壁画中的《鸿门宴》、《二桃杀三士》，内蒙古和林格尔汉墓壁画的《二桃杀三士》等。

在石窟壁画中也有很多反映饮食文化的内容。如敦煌莫高窟的壁画之中就有不下50幅的宴饮场面，如《狩猎图》、《屠房图》、《挤奶图》等等；甘肃安西榆林窟也发现了很多西夏壁画，其中也有《踏碓图》、《酿酒图》等等。涉及饮食文化的宫殿寺观壁画也为数不少，如山西繁峙岩上寺的金代壁画《酒楼市肆图》，山西洪洞广胜寺水神庙元代壁画《后宫尚食图》、《官人买鱼图》等等。

五、成语与饮食：食用万物道百态

在中国众多成语之中，涉及饮食文化的也很多。这些饮食成语不仅反映了人们对饮食的态度和观点，还被寄予了更为深刻的内涵。

中国人十分注重饮食，出现了大量饮食类成语，这些成语的背后往往还有很多饮食典故、饮食风俗。例如"莼鲈之思"，就是形容游子思乡的成语，而莼菜、鲈鱼也是浙江、苏南一带颇为著名的美食。很多成语的意义也是多元的，例如"庖丁解牛"，本意是形容厨师在分割牛肉的高超技术。但从生理学的角度看，可以知道春秋战国时代已有相当高的解剖技术；从烹饪学的角度看，当时的分档取料和切割技术已经相当成熟了。因此，成语中的饮食文化极为丰富，同时蕴含了很多为人处世的哲理。

（一）形容贪婪自私行为的成语

刀头舐蜜。佛经《佛说四十二章经》载："财色于人，人之不舍。譬如刀刃有蜜，不足一餐之美，小儿舐之，则有割舌之患。"一些人为了舐食刀刃上的一点点蜜，甘冒舌头被割破的危险，实在是因小失大，得不偿失。

卖李钻核。《世说新语·俭啬》载："王戎有好李，卖之恐人得种，恒钻其核。"王戎家里很富有，他家有一棵李树，结出来的李子很好，他怕人家买了他的李子后培育出和他一样好的李树，就在出卖李子之前先将其中的李核钻孔取出。可见其贪鄙嘴脸，令人作呕。

（二）形容贫困的成语

二旬九食。西汉刘向在《说苑·立节》中说："子思居于卫，缊袍无表，二旬而九食。"孔子之孙子思在卫国时，二十天只吃了九顿饭。因此人们将极度贫困、衣食无着的窘况称为"二旬九食"。

一瓶一钵。首见使用这个成语的是五代前蜀时的和尚贯休，他在《陈情献蜀皇帝》中有："一瓶一钵垂垂老，千水千山得得来。"故贯休又被称为得得和尚，而"一瓶一钵"也被人们用来形容家境贫寒、生活困苦的窘况。

（三）形容徒有虚名的成语

尸位素餐。古代祭祀时，常以活人代替鬼魂受祭，这种活人便称为尸，而居其位且无所事事者便叫尸位。之后人们对于那些食禄而不能尽职的人，便称为"尸位素餐"。

吃粮不管事。一句民间俗语，指只拿报酬，不干实事。类似的还有"衣架饭囊"、"酒囊饭袋"或"饭坑酒囊"（王充《论衡别通》），"饭来张口，衣来伸手"、"饱食终日，无所用心"（《论语·阳货》）等等。

（四）形容饮食生活豪奢的成语

列鼎而食。汉代刘向《说苑·建本》"累茵而坐，列鼎而食"。列鼎而食形容宴饮时，饮食器皿排得很长，彰显奢华铺张的排场。

脑满肠肥。《北齐书·琅琊王俨传》："琅琊王年少，肠肥脑满，轻为举措。"脑满肠肥指吃得既好又多，养得很胖，用以形容那些生活奢侈、养尊处优的人。

饫甘餍肥。这个成语指食用奢华的食品，同样用来形容饮食奢侈，《红楼梦》就曾用了这个成语。

（五）形容人格气节的成语

不饮盗泉。古籍《尸子》说孔子"过于盗泉，渴矣而不饮，恶其名也"。形容孔子疾恶如仇，为人清正，洁身自好，即使口渴异常，遇到名为盗泉的水也不饮用。说明为人处世要有原则。

不食周粟。见于《史记·伯夷列传》，商朝老臣伯夷、叔齐反对周武王起兵伐纣，在武王灭了殷商之后，伯夷、叔齐发誓不食周朝的粟，采薇蕨而食，结果饿死在首阳山上，表达了从一而终、不事二主的决心。

六、别致养生的红楼美食

在我国古典文学中，《红楼梦》具有极高的文学艺术价值。在这部巨著中，曹雪芹不仅为我们讲述了令人荡气回肠的宝黛爱情故事，红楼中人的悲欢离合以及四大家族的荣辱兴衰，还用大量的笔墨描述了众多人物丰富多彩的饮食文化活动。描写的美食名目繁多，精彩绝伦，是清代权贵之家饮食风俗的缩影，堪称中国饮食文化宝典。可以说红楼中人，上自身份尊贵的贾母、宝玉、熙凤，下至地位卑微的奴婢丫鬟，个个都是美容养生的高手。这里，我们撷取《红楼梦》中几道菜点茶肴，探秘红楼美食中的养生诀窍和大观园一日三餐的祛病良方。

贾母在《红楼梦》中可算是至尊至贵的人物。看似锦衣玉食养尊处优，可是偌大个贾府，上下有百余人众，关系复杂，事物繁多，虽有王夫人和王熙凤在前台打理，但若没有贾母从中调停掌舵，恐怕也会失了准星，乱了章法。一个年逾古稀的老人，如果没有充足的精气神，又怎能明辨是非，从容定夺？再看她整日率领儿孙们赏花游园，宴饮取乐，精力旺盛，从不倦怠，可见她虽年纪高迈，却十分健康。那么贾母到底有什么养生诀窍呢？看看《红楼梦》中关于贾母选用的几道菜肴点心，你就会知道其实贾母是深谙养生美颜之道的。

（一）杏仁茶

1．情节回放

《红楼梦》第五十四回"史太君破陈腐旧套，王熙凤效戏彩斑衣"中写道：在火树银花的元宵佳节，大家都在准备看烟火，贾母突然觉得有点饿，王熙凤赶忙报上长长的夜宵菜单。贾母挑来选去，竟没有一道称心合意的，在清冷的元宵之夜，贾母只想吃些清淡的，凤姐忙道："还有杏仁茶。"最后，贾母出人意料地选了一道普普通通的杏仁茶。

2．营养探秘

"杏仁茶"主料杏仁、糯米。糯米温补养生的作用众所周知，而杏仁美容养生的神奇功效更是有口皆碑。

杏仁具有养阴清肺、化痰止咳的作用。杏仁含有大量的脂类、微量元素和维生素 E，可使人肌肤滋润光泽，能帮助皮肤抗氧化，防止各种因素对面部肌肤的损伤，能去斑，抗衰老，具有美容养颜的作用。杏仁含"仁苷"，具有抗癌的功效。南太平洋上有一个国家——斐济，号称"无癌之国"，据说就是和当地人常吃杏仁有关。

3．美丽传说

杏仁美容养生的传说自古流传。早在几千年前的宫廷里，嫔妃们就流行用杏仁养生美容。春秋时期，郑穆公的女儿夏姬因喜食杏仁，据说健康地生活了一百多岁，终老时仍面色红润，鲜若处女。有"闭月羞花"之美的杨贵妃就是用杏仁做美容面膜和日常护肤，杏仁神奇的美容功效使她肌肤白嫩红润，获得唐玄宗"万千宠爱于一身"。唐宋以来，许多宫女嫔妃都喜食杏仁做的茶点，以增加体香。据说香妃就是因喜食杏仁而体生异香，才深得乾隆皇帝的宠爱。不过，人们用来做杏仁茶的是可以食用的甜杏仁，而苦杏仁却是有毒的，只能入药。

4. 制作方法

（1）原料

甜杏仁100克、糯米50克、冰糖适量。

（2）制作

先用凉水把甜杏仁和糯米浸泡4～6小时，再将泡好的甜杏仁和糯米放入搅拌机中，加入200克清水后，开始搅拌。这时在砂锅里加入清水，再加入适量冰糖用中火慢煮，直到冰糖完全融化。另一方面，用空碗过滤杏仁和糯米汁后，把滤好的汁液倒入锅中烧开盛入碗中，这样，你就可享用一道香甜美容的杏仁茶了。

（二）牛乳蒸羊羔

1. 情节回放

《红楼梦》第四十九回"琉璃世界雪红梅，脂粉香娃腥啖膻"中写道：在一个大雪后的早晨，宝玉和众姐妹一起到贾母房里吃饭，上的第一道菜便是这"牛乳蒸羊羔"，贾母说："这是我们上了年纪人的'药'，没见天日的东西，可惜你们小孩子吃不得。今儿另外有新鲜鹿肉，你们等着吃吧。"

2. 营养探秘

贾母说的那个"没见天日的东西"原来就是羊胎。中医认为，羊胎可以大补元气，温暖命门，是延年益寿的佳品。贾母吃的"牛乳蒸羊羔"是冬日进补养生的天赐良"药"。

现在人们用羔羊肉替代羊胎，也有很好的养生功效，俗语说"羊吃百草治百病"，羊肉有"百药之库"的美誉。

羊肉味甘而不腻，性温而不燥，具有补肾、暖中祛寒、温补气血、开胃健脾的功效，平日怕冷、手脚凉的人，羊肉是再好不过的温补佳品。冬天吃羊肉，既能抵御风寒，又可滋补身体。

羊肉含有丰富的蛋白质、维生素和氨基酸，易吸收消化，可抗疲劳，是中老年人和易疲劳人群滋补养生的首选。

尤其特别的是，羊肉含有一种能激发人体消耗原有脂肪的特殊物质，是减肥佳品，最适合那些想吃肉又怕长胖的人。

3．制作方法

（1）原料

羔羊肉 500 克，银耳 200 克，鲜牛奶 500 克，白酒 30 克。

（2）制作

先烧一锅开水，放进几片姜，然后把羔羊肉放进去，倒入一半的白酒，用中火煮 30 分钟，捞出羔羊肉，趁热切成小丁，码入大盆，再放入切碎的银耳，倒入剩下的白酒，再倒入牛奶，没过羊肉即可。再把大盆放进蒸锅，用小火蒸 40 分钟左右。一道美味滋补的牛乳蒸羊羔就大功告成了。

贾母日常的养生食谱远不止这些，《红楼梦》中还记载了贾母吃的红稻米粥、鸭子肉粥、鸡髓笋、松瓤鹅油卷等，样样都是上好的滋补养生佳品，难怪贾母能成为大观园里最长寿的人。

要说贾宝玉，那可是大观园中最受宠的宝贝人物，贾母的掌上明珠，王夫人的老来独子，姐姐妹妹们众星捧月地陪伴着，一大群丫鬟小心谨慎地伺候着，整天吃的那更是珍馐美味。在《红楼梦》中，单说宝玉吃的菜肴就不知道有多少，这里我们给大家介绍几道宝玉爱吃的菜点。

（三）糟鹅掌鸭信

1．情节回放

《红楼梦》第八回"比通灵金莺微露意，探宝钗黛玉半含酸"中写道：宝玉去梨香院看宝钗，两个人一边观赏一边比较各自脖子上带的物件，谈笑嬉闹，时辰晚了，屋外又下着雪，薛姨妈已经摆了几样细茶果来留他们吃茶。宝玉夸赞前日在宁府里珍大嫂子的糟鹅掌鸭信。薛姨妈听了，也忙把自己糟的取了些来与他尝。

2．营养探秘

这是一道时尚养生的下酒菜，主要原料是鹅掌、鸭信和糟酒：

鹅肉是上好的滋补品，可以健脾、益胃、增力，能健身壮体。鹅掌味甘平，有补阴益气、暖胃开津、祛风湿防衰老之功效。它营养丰富，富含人体必需的多种氨基酸、维生素、微量元素和胶原蛋白，可以使皮肤更润泽，防止皮肤衰老。它既有鹅肉的滋补功效，又能滋养皮肤，营养价值可与熊掌媲美，是中医食疗的上品。

鸭信就是鸭舌，性偏寒凉，可以健脾利湿，破解鹅肉热湿之毒，更好地起到美肤的作用。同时，鸭信中含有视黄醇，可以防止亚硝酸盐的形成，具有一定的防癌作用。

而糟酒含丰富的营养物质和微量元素，味道鲜美，可使粗硬的鹅掌变得鲜嫩可口，如果缺了糟酒，这道菜的口味就大大逊色了。

这道"糟鹅掌鸭信"可以说是一道延年益寿的药膳。不过，因为鹅肉是"发物"，所以体内有湿或疔疮等热毒的患者不宜食用。

3. 制作方法

（1）原料

鹅掌 5 个，鸭信 10 个，糟酒 500 克，葱段、姜片适量：

（2）制作

先把洗净的鹅掌放进热水锅里煮一下，再放入鸭信，倒一点料酒去腥味，煮 10 分钟后捞出，并迅速放进凉水里，这样做出的菜口感很脆。接下来，把鸭信从中间切一刀，去掉舌根，留下舌尖，再把鹅掌去掉指尖和掌骨。连同切好的鸭信，一起放进一个大盆里，再把葱段和姜片都放进去，倒入糟酒，用保鲜膜把盆口密封好，腌渍 12 个小时。这道极富特色的糟鹅掌鸭信就可以装盘享用了。

（四）酸梅汤

1. 情节回放

《红楼梦》第三十四回写道：要风得风要雨得雨的贾宝玉，一见了父亲就失魂落魄，道貌岸然的贾政看天性自由的宝玉百般的不顺眼，父子俩水火不容。这一天，有人状告宝玉，火冒三丈的贾政关起门来把宝玉打得皮开肉绽，阵阵剧痛使宝玉神志不清，食不下咽，贾母心痛如绞，正在大家纷纷着急时，宝玉苏醒过来嚷着口渴，要喝酸梅汤，却被袭人阻止。

2. 营养探秘

酸梅汤是中国传统的清凉饮料，能让人生津止渴，消暑解烦。它的主要原料是乌梅。乌梅属碱性食品，能平衡体内的酸碱度。可是味道酸甜的酸梅汤怎么是碱性食物呢？原来，食物的酸碱性并不是由味道决定的，如柑橘、葡萄、柠檬，吃起来很酸，却都属于碱性食品，乌梅也是这样。

当我们吃多了大鱼大肉，就会导致身体变成酸性体质，呈现亚健康状态，表征为疲倦乏力，昏昏沉沉，心烦意乱，记不住事，皮肤油，痘、暗、粗等，喝酸梅汤就是调和、平衡体内酸碱度的一种有效方法。

除此之外，乌梅还能敛肺止咳，涩肠止泻，和胃止呕，有很强的收涩作用。所以，受伤的人、发烧的病人、便秘的患者都不能喝，以免产生滞涩气血的弊端。这就是为什么袭人阻止宝玉喝酸梅汤。真是令人叹服，大观园里连袭人这么个丫环都是保健养生的行家。

3．制作方法

（1）原料

乌梅 100 克，山楂 100 克，甘草 10 克，糖桂花 5 克，冰糖适量。

（2）制作

先把乌梅、山楂、甘草放入清水中浸泡 30 分钟，然后在砂锅中加入 1 000 克的清水，再把泡好的乌梅、山楂和甘草一起放入砂锅中，用大火烧开后，改小火煮 30 分钟，加入适量的冰糖，然后再煮 10 分钟左右，盛入碗里，最后再加入一小勺糖桂花搅拌均匀。这样，酸甜可口的酸梅汤就做好了。

在《红楼梦》中记述宝玉爱吃的美味佳肴还有很多，如玫瑰清露、桂圆汤、虾丸鸡皮汤、火腿竹笋汤等。这里不过抛砖引玉。大家可以利用课余时间多加探究。

（五）火肉白菜汤

1．情节回放

《红楼梦》第八十七回"感秋深抚琴悲往事，坐禅寂走火入邪魔"中写道：黛玉一面说着话儿，一面站在门口又与四人殷勤了几句，便看着他们出院去了。进来坐着，看看已是林鸟归山，夕阳西坠。因史湘云说起南边的话，便想着"父母若在，南边的景致，春花秋月，水秀山明，二十四桥，六朝遗迹。不少下人服侍，诸事可以任意，言语亦可不避。香车画舫，红杏青帘，唯我独尊。今日寄人篱下，纵有许多照应，自己无处不要留心。不知前生作了什么罪孽，今生这样孤凄。真是李后主说的'此间日中只以眼泪洗面'矣！"一面思想，不知不觉神往哪里去了。

紫鹃走来，看见这样光景，想着必是因刚才说起南边北边的话来，一时触着黛玉的心事了，便问道："姑娘们来说了半天话，想来姑娘又劳了神了。刚才我叫雪雁告诉厨房里给姑娘做了一碗火肉白菜汤，加了一点儿虾米儿，配了点青笋紫菜。姑娘想着好么？"黛玉道："也罢了。"

一席不经意的谈话便会引来一份悲悯的伤感，一声郁结的叹息，这便是林黛玉形象的写照。"两弯似蹙非蹙烟眉，一双似喜非喜含情目。态生两靥之愁，娇袭一身之病。泪光点点，娇喘微微。娴静似娇花照水，行动如弱柳扶风。心较比干多一窍，病如西子胜三分。"《红楼梦》中对林黛玉的肖像描写更是将一个蕙心兰质、体弱多病、多愁善感的林黛玉跃然纸上。

林黛玉身居贾府，寄人篱下，虽锦衣玉食，但却过着步步留心、时时在意的生活。她忧思伤感，郁郁寡欢，又身体虚弱，天生一个药罐子，饮食无欲，连宝钗送来的上等燕窝粥也只是吃下一小口。

丫环紫鹃十分着急，就安排厨房给黛玉做了一道汤。但这汤既不是山珍海味，也不是鱼翅燕窝，却是用最普通的白菜做的"火肉白菜汤"。

2. 营养探秘

白菜，原叫"菘"。因为它凌冬不凋，四时长见，能在最冷的季节常绿新鲜，可与松树媲美，有松之操，故曰"菘"。它鲜嫩味美，营养丰富。"白菜类羔豚，冒土出熊蹯。"苏东坡以羊羔和小猪肉比喻白菜，盛赞它是土里长出的熊掌。齐白石先生也有"牡丹为花中之王，荔枝为百果之先，独不论白菜为蔬之王，何也？"的赞誉。

白菜富含维生素 C 和钙，有"百菜之王"的美誉。它清淡开胃，有养胃消食、清热解渴、止咳抗癌等作用。白菜还能清火润肺，防治感冒。民间用白菜根、葱白、萝卜、生姜制成三白汤，来预防感冒。白菜还能有效清除人体过剩的雌激素，是乳腺癌高发人群或术后的食疗佳品。《名医别录》记载它有"通利肠胃，除胸中烦，解酒止渴作用"。白菜有很多养生防病的功效，所以俗语说白菜豆腐保平安。

汤料中的火肉又叫"火腿"。《本草纲目拾遗》中说，火肉营养丰富，可以益肾、补胃、生津，补而不腻，特别适合肺热咳嗽、便秘、肾病患者，气血不足者，脾虚久泻、胃口不开者，体质虚弱、虚劳怔忡、腰脚无力者食用。白菜与火肉搭配更是滋补佳品。所以，紫鹃为黛玉做的这道"火肉白菜汤"是最适合不过的。

3. 制作方法

（1）原料

白菜 200 克，虾米、紫菜适量，火腿 3～4 片，青笋 1 根。

（2）制作

切几片姜和虾米一起铺在砂锅底部，再铺两片火腿肉，白菜切段码在砂锅里，再把紫菜和剩下的火腿肉都码在白菜上。青笋切片，码在最上头。加适量高汤或清水，先用大火烧开后，再小火煮10分钟，加点鸡精调味即可。

（六）栗粉糕

1. 情节回放

《红楼梦》第三十七回"秋爽斋偶结海棠社，蘅芜苑夜拟菊花题"中写道：袭人听说，便端过两个小掐丝盒子来，先揭开一个，里面装的是红菱加鸡头，又一个是一碟子桂花糖蒸新栗粉糕，说道："这都是今年咱们这果园新结的果子，宝少爷送给史姑娘（史湘云）尝尝。"这里写的是探春、宝玉、黛玉、宝钗等人在大观园兴致勃勃地组织"海棠诗社"，独史湘云在家休养，宝玉牵挂，便派人送去了湘云最喜欢吃的栗粉糕。

金陵十二钗，大半都是病秧子，唯独史湘云身体健康，性格豪爽，活泼可爱。她大块吃肉，大口喝酒，毫不忌讳，还撺掇宝玉吃烤鹿肉，也没有任何不适的表现。宝玉过生日那天，大观园里上下忙碌着，大家兴高采烈，史湘云却闹了一处大笑话。酒后湘云醉卧芍药茵，在青石板上酣睡不醒，这极易生病的举动惊吓了众人，而史湘云却啥事没有。

2. 营养探秘

栗子又叫板栗，因其含有蛋白质、脂肪、维生素 E、维生素 B_1、维生素 B_2、胡萝卜素、钙、磷、钾等丰富的营养成分而被称为"干果之王"。板栗温性，具有健脾养胃、补肾强身、益气补血之功效。但因含糖分高，糖尿病人少食。

板栗，又叫"肾之果"，有补肾、强腰膝的功效，生吃效果更佳。梁代陶弘景说："有人腰脚酸痛，膝软无力，让他在栗子树下吃几十升栗子就好了。"

"唐宋八大家"之一的苏辙晚年出现腰酸、背痛、膝软的症状，痛苦不堪。后来一个老翁传他每天早、晚生食3~5枚栗子的药方，一段时间后，病果然好了。兴奋之余，苏辙特

板栗

意写诗赞许这种奇特的药效：

老去自添腰腿病，山翁服栗旧传方。

客来为说晨兴晚，三咽徐妆白玉浆。

这样看来，史湘云的身体健壮也许就得益于"栗粉糕"的保健作用。

3. 制作方法

（1）原料

生板栗 400 克，糯米粉 200 克，山楂糕、糖桂花适量。

（2）制作

先在生栗子皮上切十字刀，放进热水锅里，中火煮 10 分钟，捞出，趁热剥皮。然后换一锅水，中火煮 30 分钟，捞出。擀成粉末，再过细萝后，加入糯米粉和糖桂花及适量清水和匀。将面团放入抹了香油的盘里，成圆饼状上锅，大火蒸 30 分钟。另外，把山楂糕切小丁，撒在蒸好的"栗粉糕"上，再改刀切成菱形块摆盘。栗粉糕加山楂糕有助消化。

（七）黄米面茶

1. 情节回放

《红楼梦》第七十七回"俏丫环抱屈夭风流，美优伶斩情归水月"中写了这样一个情节：及至天亮时，就有小丫头传王夫人的话——"即时叫起宝玉，快洗脸，换了衣裳快来，因今儿有人请老爷寻秋赏桂花，老爷因喜欢他前儿作的诗好，故此要带他们去……你们快飞跑告诉他去，立刻叫他快来，老爷在上屋里还等他吃面茶呢。"（宝玉）只得匆匆地前来，果然贾政在那里吃茶，十分喜悦。

这里，贾政要带着宝玉和贾兰出门办事，临行前让宝玉和他一起吃早点，而他们吃的这个早点正是京津一带的特色风味小吃——黄米面茶。

在大观园，女流里的王熙凤，须眉中的贾政，是最操劳忙碌的人。贾政勤于公务，每天按时上朝、下朝。元妃省亲，他更是里外忙活，还要分身管教不省心的宝玉。为了支撑贾家的门面，他家里家外忙得不亦乐乎。年近半百的贾政缘何这样精力充沛呢？也许与这"黄米面茶"有关。

2. 营养探秘

黄米面又叫黍子面，含有丰富的脂肪、蛋白质、维生素 E 和铁、磷，它的膳食纤维为大米的 4 倍。

黄米面健脾益气，增力气。"黄米面茶"高钙、高铁、高蛋白，营养价值远远高于鸡蛋和牛奶。以它为早点能满足人体的营养需求，使人精力旺盛，做好工作。

俗话说："三十里的筱面，四十里的糕，二十里的馒头饿断腰。"意思是吃了由黄米面做的糕，人体力充沛，可以走四十里的路都不觉得累。

"黄米面茶"中的芝麻更是营养丰富。它的铁含量极高，每百克可高达50毫克。因此古人认为芝麻能"填精""益髓""补血"。古人还认为服食芝麻可除一切痼疾，能返老还童、长生不老，这是因为芝麻中含有丰富的维生素E和极为珍贵的抗氧化元素硒，能增强细胞抵制有害物质，从而起到延年益寿的作用。此外，芝麻中还含有丰富的卵磷脂和亚油酸，不但可治疗动脉粥样硬化、补脑、增强记忆力，还有防白发脱发、美容润肤、保持青春活力的作用。中医学认为，芝麻是一种滋养强壮药，有补血、生津、润肠、通乳和养发等功效。

3. 制作方法

（1）原料

黄米面200克，芝麻酱适量，芝麻盐适量。

（2）制作

用少许凉水把黄米面调成面糊，然后倒进开水锅里，不停地搅拌，熬制10分钟，再浇上一层麻酱，最后撒一层芝麻盐，这道面茶就做好了。

（八）火腿炖肘子

1. 情节回放

《红楼梦》第十六回"贾元春才选凤藻宫，秦鲸卿夭逝黄泉路"中，贾琏和凤姐请贾琏的乳母赵嬷嬷吃酒。贾琏向桌上拣两盘肴馔与他放在杌子上自吃。凤姐又道："妈妈很嚼不动那个，倒没的硌了她的牙。"因向平儿道："早起我说的那碗火腿炖肘子很烂，正好给妈妈吃，你怎么不拿了去赶着叫他们热来？"

这段写的是，正赶上吃饭的档口，贾琏的乳母赵嬷嬷前来为儿子谋差事，王熙凤便让下人端来自己早上吃过的火腿炖肘子给赵嬷嬷吃。看似轻描淡写的一笔，却能让人感觉到王熙凤对这火腿炖肘子十分钟爱。

《红楼梦》里王熙凤精明强干，工于心计，实操荣国府管家大权，事无巨细都得劳神处理，恰似现代的白领丽人。中医认为，忙碌操劳会使人阴血暗耗，面色憔悴，容易长斑。而王熙凤却总是粉面桃花，气色宜人。书中第三回这样描写王熙凤："这个人打扮与众姑娘不同，彩绣辉煌，恍若神妃仙子……一双丹凤三角眼，两弯柳叶吊梢眉，身量苗条，体格风骚，粉面含春威不露，丹唇未启笑先闻。"

在烦心劳神、忙碌操劳之后，王熙凤却能依旧保持光彩照人的形象，漂亮得恍若神妃仙子。一面是纷繁复杂的工作，一面是洛神般美丽的容颜。王熙凤有什么独特的保养方法呢？她的美丽秘籍也许就在这碗"火腿炖肘子"里。

2. 营养探秘

猪肉含有大量优质蛋白质和人体必需的脂肪酸，可提供血红素（有机铁）和促进铁吸收的半胱氨酸，能改善缺铁性贫血。

猪肘皮厚、筋多、含有大量的胶原蛋白质，猪皮甘凉，可清热去烦。带皮的猪肘子可滋阴养血，清热除烦，有和血脉、润肌肤、填肾精、健腰脚的作用，是女性美容养颜的珍品，也是王熙凤养颜的秘密武器。"火腿炖肘子"这道菜有美容保健、调养身心、驱除烦躁等功效，最适宜当今奔波劳碌、斗智斗勇于职场的白领丽人士食用。

虽然猪肘子能使人美丽动人，但湿热痰滞内蕴者慎服，肥胖、血脂较高者也不宜多食。

3. 制作方法

（1）原料

猪肘子500克，火腿350克，冬笋200克，香菇200克，葱姜适量。

（2）制作

①向锅里加入适量清水，将猪后肘肉放进去大火烧开，中火煮20分钟左右，捞出冷却。

②把火腿切成薄片，冬笋去皮切片，香菇去根切片，姜和葱用刀拍松切成段。冷却后的猪后肘也切成与火腿大小差不多的薄片。

③取一个砂锅或瓷盆，用猪后肘和冬笋片铺底，然后按香菇、火腿、香菇、后肘、冬笋的顺序依次码入砂锅，正中间放入切好的葱和姜，再盖上一片完整的香菇。

④取一个盆盛上一点高汤，放进料酒、味精、盐、酱油、香油，搅拌均匀后倒进砂锅内。最后把砂锅放进蒸锅里，中火蒸40分钟左右。

香喷喷的火腿炖肘子看着不腻，吃着养人，真是美味诱人，令人垂涎欲滴。金色的火腿与白色的肘子相间，金银生辉，寓意着金银满堂，财源广进。

（九）奶子糖粳米粥

1．情节回放

《红楼梦》第十三回、十四回写道：宁国府里，秦可卿病亡，尤氏卧病在床，贾珍恳请王熙凤帮忙料理丧事。生性好强的王熙凤使出浑身解数，把宁府上下丫头婆子们管教得服服帖帖。可是料理这样规模铺张、礼数繁杂的丧事，王熙凤不敢有丝毫怠慢。她每天卯正二刻（早6：30）就到宁国府料理事务，晚上要忙到四更天（凌晨一两点）。也就是说，她每天最多只能睡3～4个小时。王熙凤吃了什么大补的东西能有这样惊人的精力？《红楼梦》中是这样描写的：收拾完备，更衣净手，吃了两口"奶子糖粳米粥"。

2．营养探秘

食物可分寒、凉、平、温、热5种性质。人们常食用的米种有糯米、小米、粳米、薏米等，都是各有各的营养和特点。糯米，甘温，健脾敛气，能止泻、止汗和缩尿。体力较弱、小便较多、爱出汗的人或者易泻肚的人适合食用糯米。小米，也是甘温，健脾益气。消化功能弱、胃肠道吸收能力差的人食用小米，效果更好。因糯米、小米性温，体质偏热者不宜多吃。薏米味甘、淡，性微寒，归脾、胃、肺经，有健脾利水、利湿除痹、清热排脓之功效。薏米中含有一定的维生素E和硒元素，有美白润肤、轻身益气、抗癌、抗老化的功效。薏米以其丰富的营养和药用价值被誉为"生命健康之禾"。但薏米性凉，体质偏寒者不宜多吃。粳米性平，能和肠胃，补虚劳，健脾补肾，强筋骨，适宜的人群非常广泛。

大米是日常的主食，是支持人一天生活、工作、活动的能量来源，现在一些人为了减肥而不吃主食，这对健康是极为不利的，易造成缺少B族维生素、碳水化合物等，导致脱发、体力下降等。

粥饭是人间第一补益食物，贫者以粥养生，可代替参汤。尤其是由粥饭熬制出的粥油，更是补中极品。它富含维生素和诸多营养物质，对老人、小孩或体弱者有很强的补益作用。

奶子就是牛奶。牛奶中含丰富的营养物质，但亚洲人大多数体内缺少一种消化乳糖的菌群和酶类，不能很好地吸收牛奶中的营养，有些人喝牛奶还会肚子疼，甚至会腹泻。而牛奶与粳米一起熬粥喝就不会出现不良反应。

3．制作方法

（1）原料

粳米 100 克，牛奶 250 克，红糖或白糖适量。

（2）制作

粳米洗净下锅，大火烧开后，改小火慢熬 1 小时左右，粥快熬好时加入牛奶搅拌均匀，再熬几分钟即可，加入适量的红糖或白糖。注意牛奶不能过早加入，否则会破坏它的营养成分。

（十）银耳鸽子蛋

1．情节回放

美女如云的大观园，是个名副其实的女儿国。在这佳丽云集的大观园里用什么来调适女人们的妇科疾病呢？

《红楼梦》第四十回"史太君两宴大观园，金鸳鸯三宣牙牌令"中写道：宴席上，凤姐捡了一碗鸽子蛋，放在了刘姥姥的桌前，刘姥姥站起来说："老刘老刘食大如牛，吃个老母猪不抬头。"一席幽默的话给整个宴会带来了欢笑。

招待刘姥姥的游园活动，让我们从那些吃喝玩乐中发现了大观园里的美女佳丽们保养身体的秘诀——银耳鸽子蛋。

2．营养探秘

鸽子蛋营养价值极高，被誉为"动物人参"。鸽子蛋含优质蛋白、各种维生素、微量元素和丰富的营养物质，可以补气和血，使人面容红润光泽，精力旺盛。还能补肾调经，调解内分泌，是女性的妇科良药和美容佳品。

"鸽"字从"合"从"鸟"，所以古人认为鸽子善于交合，其性最淫。古代医家善用鸽子治疗妇女的性冷淡、宫冷不孕等妇科疾病。

3．制作方法

（1）原料

银耳 150 克，鸽子蛋 10 枚。

（2）制作

冷水浸泡银耳 40 分钟左右。备 10 个瓷勺，并涂抹香油。把勺子摆放在一个大盘里，把鸽子蛋打碎盛在勺子里，再把盘子装进蒸锅，中火蒸 3 分钟左右，蒸好后摆盘。把泡好的银耳去蒂洗净，在锅里加高汤烧开，再把银耳放进去焯一下捞出。

锅里留一点汤，加入料酒、味精、盐调味后，再把银耳放回去，煮一分钟左右，加一点水淀粉勾芡，翻炒一下装盘，把多余的汤汁浇在鸽子蛋上。

（十一）鸡丝蒿子秆

1. 情节回放

《红楼梦》第六十一回"投鼠忌器宝玉瞒赃，判冤决狱平儿行权"中写晴雯要吃炒蒿子秆，厨娘柳嫂便用鸡丝炒蒿子秆。

晴雯性情率直，不加矫饰，常会得罪人。虽得宝玉钟爱，却上不见容于王夫人、王熙凤等贾府权力派，下被同行排挤。整天对上要战战兢兢，小心伺候，终日忙碌，身心紧张，压力大，生活没规律，就像现实生活中的蓝领丽人，很容易心烦上火，情绪不佳，损毁容颜。深谙养生之道的俏晴雯选用"鸡丝篙子秆"来清心安神，颐养容颜。她的养生之道之深奥不得不令人叹服。

2. 营养探秘

茼蒿在古代是宫廷佳肴，所以又称"皇帝菜"。茼蒿有蒿之清气、菊之甘香，鲜香嫩脆的美誉。其含有丰富的维生素、胡萝卜素及多种氨基酸，其胡萝卜素的含量超过一般蔬菜，可以养心安神、降压补脑、清血化痰、润肺补肝、稳定情绪、防止记忆力减退。蒿子秆中含有特殊香味的挥发油，有助于宽中理气、消食开胃、增加食欲。并且其所含粗纤维有助肠道蠕动，能通便利肠，利尿排毒，可有效地平稳血压，使人心情平和，精神稳定。

普通价廉的"鸡丝篙子秆"是晴雯疏解压力、保持光彩照人的美丽秘招。

3. 制作方法

（1）原料

蒿子秆750克，鸡脯肉150克，鸡蛋1个。

（2）制作

先洗净蒿子秆，摘去叶子，切成寸段备用。再把洗净的鸡脯肉切丝，放进盘里，打一个蛋清，加味精、盐、水淀粉抓匀，腌渍入味。然后在炒锅里多加一点油，油热后，把鸡丝放进锅里滑散，再把切好的蒿子秆也放进锅里滑炒后，倒出多余的油。加料酒、味精、盐，最后再加少许水淀粉，翻炒两下即可出锅。

鸡丝蒿子秆的鸡丝鲜嫩，清淡可口，白绿相映，色彩可人。色香味美的鸡丝篙子秆用料普通，做法简单，却能调节情绪，清理肠胃，稳定血压，是平凡中见神奇的食疗美食。寓意"好运当头，四季平安"。

红楼美食精彩纷呈，不胜枚举，如广为传颂的经典菜肴茄鲞、鸡皮虾丸汤、酒酿清蒸鸭子，富有特色的鸡髓笋、烤鹿肉、油盐炒枸杞芽儿、豆腐皮包子等。本节囿于篇幅局限只能列举几例抛砖引玉，希望同学们能参照附文《红楼美食食谱》按图索骥，广泛收集积累红楼美食资料，从中学习红楼美食的养生智慧。

附：红楼美食食谱

一、粥饭篇

《红楼梦》中提到的粥饭有碧粳粥、红稻米粥、燕窝粥、腊八粥、鸭子肉粥、江米粥、绿畦香稻粳米饭、白粳米饭、枣儿熬的粳米粥等。碧粳粥，是用尚未成熟的新鲜米熬成，泛青绿之色。红稻是稻中佳品，熬粥自然香美。燕窝煮粥，有化痰止咳养肺之功效，故为患有肺病的林妹妹饭桌上的常食。

二、点心篇

贾府中所用的点心有糖蒸酥酪、奶油松酿卷酥、莲叶羹、枣泥山药糕、桂花糖、栗粉糕、藕粉桂糖糕、如意糕、菱粉糕、菊花壳儿、桂花绿豆面子、鸡油卷儿、松酿鹅油卷、螃蟹小饺、豆腐皮包子等。

三、菜肴篇

贾府的菜肴主要有糟鹅掌、腌胭脂鹅脯、野鸡爪子、酒酿蒸鸭子、鸡髓笋、火腿炖肘子、火腿鲜笋汤、炸鹌鹑、糟鹌鹑、鹌鹑崽子汤、牛乳蒸羊羔、叉烧鹿脯、椒油纯齑酱、酸笋鸡皮汤、虾丸鸡皮汤、野鸡崽子汤、油盐炒枸杞芽儿、银耳鸽子蛋、茄鲞、姜醋桂花蟹等。菜肴中禽类占有较大的比例，这是一大特色。此外，还有螃蟹、燕窝、鸽子蛋等名贵菜肴。

四、汤羹篇

《红楼梦》中汤羹种类繁多，营养丰富，分别提到了酸笋鸡皮汤、米汤、酸梅汤、荷叶汤、建莲红枣汤、鸭子肉汤、火腿鲜笋汤、酸汤、虾丸鸡皮汤、醒酒汤、火肉白菜汤等多种汤羹。

五、酒

惠泉酒、屠苏酒、合欢酒、西洋葡萄酒、绍兴酒、万艳同杯、黄酒、烧酒。

六、茶

枫露茶、六安茶、老君眉、女儿茶（普洱茶）、酽茶、杏仁茶、千红一窟、面茶。

七、其他饮料

木樨清露、玫瑰清露、茯苓霜、酸梅汤。

七、蕴含典故的三国文化菜

《三国演义》描写了三国时期近一百年的历史风云，塑造了一批叱咤风云的英雄人物。诸葛亮的神机妙算、关羽的忠义勇武、刘备的仁爱宽厚、曹操的奸诈多疑等人物形象在我国已家喻户晓。他们在风云际会的三国历史上，演绎出一段段流芳千古的佳话传说，也为中国的饮食文化提供了广博丰富的素材，智慧勤劳的司厨人把那些传奇故事烹制成一道道美味佳肴端上餐桌，让人们在品茗饮馔中享受一份文化的熏陶。

对三国文化菜的含义有两种解读：一种叫传统三国菜，是由三国历史典故而来，且三国中的历史人物亲自吃过或做过这种菜，因此得名并流传至今，如"三丝诸葛菜""马蹄酥鳝""龙凤配"等。另一种叫现代三国菜，是后人依据三国的历史典故演绎而来，与三国人物并无直接关联，如"桃园三结义""草船借箭""火烧赤壁""水淹七军"等。

（一）三顾茅庐

《三国演义》第三十七回"司马徽再荐名士，刘玄德三顾草庐"中写道：东汉末年，诸葛亮躬耕南阳，隐居茅庐。谋士徐庶向刘备推荐诸葛亮。刘备为了敦请诸葛亮辅佐自己打天下，就同关羽、张飞一起去请他出山，可是诸葛亮不在家，刘备只好留下姓名，怏怏不乐地回去了。隔了几天，听说诸葛亮回来了，刘备又冒着风雪前去，哪知诸葛亮又出门去了。两次空走，刘备并未放弃，他义无反顾，带着诚意第三次去隆中，终于见到了诸葛亮。诸葛亮对天下形势的精辟分析，令刘备十分叹服。

刘备三顾茅庐，使诸葛亮非常感动，答应出山相佐。刘备尊诸葛亮为军师，对关羽、张飞说："我之有孔明，犹鱼之有水也！"

诸葛亮初出茅庐，就帮刘备打了不少胜仗，为刘备奠定了蜀汉的国基。

成语三顾茅庐由此而来。后用此典故表示帝王对臣下的知遇，也比喻诚心诚意地邀请或访问。聪明的厨师根据这个典故烹制出多款以"三顾茅庐"为名的精美菜肴。

（二）博望锅饼

《三国演义》第三十九回"荆州城公子三求计，博望坡军师初用兵"描写了诸葛亮初出茅庐，便巧施计谋，在博望坡设计伏兵，以火攻大败曹军。火烧博望一战，使曹军惨败，也让心存不满的关羽、张飞等人由衷折服。书中有诗赞颂道："博望相持用火攻，指挥如意谈笑中。直须惊破曹公胆，初出茅庐第一功。"

蜀军夺取博望城，留下五虎上将关羽领兵驻守。有一年，久旱不雨，城内水源断绝，连做饭的水都所剩无几。眼看将士们饥渴难忍，军心浮动，关羽急忙连夜修书送往新野，请求退兵。

诸葛亮接到告急文书，心想：博望乃军事要地，怎能轻易撤军弃城呢？苦苦思考，心生一计，便修书告诉关羽："用干面，渗少水，和硬块，锅炕之，食为馈，饷将士，稳军心。"这是一种节水食品。关羽心里暗暗佩服，想不到军师不仅善于用兵，连做饼的方法也知道。

关羽按照军师所言，派人制作馈饼。这馈饼大如盾牌，厚似酒樽，吃起来脆香爽口，做起来简单方便。将士们终于靠着它渡过难关，坚守博望城。

从此，"博望锅馈"便出了名，绵延千载，流传至今。

（三）舌战群儒

《三国演义》第四十三回"诸葛亮舌战群儒，鲁子敬力排众议"中写道：刘备兵败新野，弃走樊城，落荒夏口，面临着全军覆没的危险。诸葛亮受任于败军之际，奉命于危难之中，前往东吴游说联合抗曹大计。曹操大军沿江结寨，准备并吞江东。东吴君臣惊疑忧惧，是和是战难以定夺。诸葛亮运用谋略，与东吴群臣纵论天下大事，巧舌辩驳，说服他们，促使孙权下决心与刘备联合抗曹。这才有后来的"赤壁之战"。

成语"舌战群儒"原指与众多儒生谋士争辩驳倒对方议论，后指与很多人激烈争辩并驳倒对方。"舌战群儒"的菜式创意有两种。

（1）盘中有一个诸葛亮的雕塑，羽扇纶巾，栩栩如生。盘踞在诸葛亮脚下的是几十条鸭舌，象征着东吴的诸多谋士。这道菜的另一个名字叫"御府鸭舌"，鸭舌软烂浓香，滋味绝美。

（2）先备好猪舌、扇贝、蒜泥等原料。再将猪舌卤好，改刀成片，扣入碗中，加高汤蒸10分钟。然后洗净扇贝，撒上蒜泥蒸熟，用扇贝围边。最后将猪舌扣于盘中，浇汁即可。

（四）草船借箭

《三国演义》第四十六回"用奇谋孔明借箭，献密计黄盖受刑"中描述赤壁之战时，东吴大将周瑜心胸狭窄，一心想除掉智谋胜过自己的孔明。他以军中缺箭为借口，要孔明10天内造箭10万支。可足智多谋的孔明却胸有成竹地说10天必误大事，只需三日即可，还立下了军令状。

原来，孔明早有妙计。他回到帐内，向鲁肃借了20艘船，每船配30名士卒，船两边各束千余草人。等到深夜，20艘船列队向北岸进发。行驶江中，大雾弥漫，看不清天地。当船驶近曹操军营时，船上士卒擂鼓呐喊。曹操唯恐雾中有埋伏，便命令弓箭手乱箭射之。而此时，孔明和鲁肃正坐在船中饮酒谈笑。

天放晴后，云雾散开，20艘船上的两边草人早已插满了箭，每只船都有五六千支。孔明令收船回去，还让士卒齐喊："谢丞相的箭！"曹操这才知道上当了。回到岸上孔明将十万多支箭交给周瑜。

于是名厨借此典故，创制出草船借箭的佳肴，为餐桌增添了趣味。"草船借箭"是湖北一道传统的地方名菜。

制作方法：将鳜鱼洗净粘上面粉，做成船形，入油锅炸成外酥里嫩，浇上茄汁。将蛋松垒在鱼肚内，上面插上煮熟的冬笋细条即可。

后来，根据这个典故，厨师们又创意出多款风格独特的草船借箭菜肴。

（五）子龙脱袍

"子龙脱袍"是楚湘一道名菜，是用形似小龙的鳝鱼烹制而成。

《三国演义》第四十一回"刘玄德携民渡江，赵子龙单骑救主"中写道：三国名将赵子龙英勇盖世，百战百胜。当曹操大军和刘备血战当阳长坂坡时，由于双方力量悬殊，刘备只好在众将的掩护下退战。

赵子龙负责保护两位夫人和太子阿斗。眼看被曹兵重重围困，二夫人唯恐受辱，投井而死。死前嘱托赵子龙千万保护阿斗，保住刘皇叔的血脉。子龙怀揣阿斗，奋力突围，历经周折，找到了刘备。

伤痕累累的赵子龙脱下鲜血染红的战袍，把毫发无伤、还在酣睡的阿斗送到刘备怀里。刘备接过阿斗，一下抛在地上，痛惜地说："为了他，竟险些损失我一员大将！"在场将士无不为之感动。

后来，湘楚名厨敬仰赵子龙忠义救主，创制了"子龙脱袍"这道美味佳肴。因其制作时需退下鱼皮，与凯旋归来的将军脱下铠甲战袍颇为相似而得名。

制作方法：先划开鳝鱼，撕下鱼皮。再把鱼肉放入开水中过一下，捞出剔刺，切成细丝。随后把青椒、玉兰片、香菇同切成细丝，接着将紫苏叶切碎，把鸡蛋清搅打起沫后，放入百合粉、盐调匀，再放入鳝丝搅匀上浆。然后炒锅加油烧热，下鳝丝滑油，用筷子播散，倒入漏勺沥油。最后，轻炒玉兰片、青椒、香菇，加适量的盐，再下鳝丝，加绍酒合炒，再将醋、紫苏叶、湿淀粉、味精、肉清汤对成味汁，倒入炒锅颠几下，撒上胡椒粉，淋入芝麻油，香菜摆放盘边即可。

在这段故事中，刘备摔阿斗也广为流传。有谚语说：刘备摔阿斗，收买人心。人们又根据这一段故事创制了名为"阿斗鲍鱼"的菜肴。

（六）孔明馒头

"馒头"原名"馒首"，是我国的传统面食。它制作简单，携带方便，松软可口，深受人们喜爱。《三国演义》第九十一回"祭泸水汉相班师，伐中原武侯上表"记述了诸葛亮在平定叛乱途中创制馒头的故事，表现了一位贤明宰相爱民如子的仁爱之心。

蜀汉建兴三年秋天，诸葛亮七擒孟获，以攻心战术令孟获心悦诚服，率部投降。诸葛亮平定南中叛乱，收复西南少数民族，建立良好的关系后，班师回朝。大军行至泸水，忽然河面上狂风大作，巨浪滔天，军队无法渡河。即使精通天文的诸葛亮，也为这突然变化疑惑不解。

熟悉当地情况的孟获说："这里连年征战，很多士兵客死异乡，他们的冤魂经常出来作怪，要想渡河，按习俗必用四十九颗人头加上黑牛白羊祭供。"诸葛亮听后，说："我今班师，安可妄杀？吾自有见。"第二天，诸葛亮命士兵宰杀牛羊，将牛羊肉拌成肉馅，用面皮包上，做成人头的样子，放进笼屉蒸熟。以此代替人头祭祀。

诸葛亮亲自在泸水边摆供拜祭亡灵，受祭后的泸水顿时云开雾散，风平浪静，大军顺利渡河。

从此以后，馒头渐渐成为人们生活中不可缺少的食品，成为我国最大的一支面食家族。

古时馒头分为两种：一种是无馅的白馒头；一种是有馅的花色馒头，又叫包子。包子的花样很多，有肉包、菜包、豆沙包、汤包等，都是各具特色的风味食品。

馒头的制作非常简单。将发好的面放入一点碱，然后揉匀，搓成大小均等的面团，放到锅里蒸熟即可。

（七）龙凤配

《三国演义》第五十四回"吴国太佛寺看新郎，刘皇叔洞房续佳偶"记述了一个"刘备招亲"的有趣故事，足智多谋的诸葛亮识破周瑜的美人计后，不但让刘皇叔赴东吴娶回公主孙尚香，还使周瑜想讨还荆州的算盘落了空。

在刘备携孙夫人回荆州时，留守荆州的诸葛亮令人张灯结彩，大摆筵席，为主公接风。特别吩咐厨师烹制既有当地特色，又有吉祥寓意的菜肴，"龙凤配"就是其中之一。

"龙凤配"是选用大黄鳝和凤头鸡为主料烹制而成。盘中黄鳝蜿蜒似龙，口吐云雾，脚踏祥云，腾跃欲飞；凤头鸡引颈如凤，俯卧在龙的旁边，光彩夺目，昂首展翅，顾盼多情。用来比拟刘备和孙夫人这对恩爱夫妻，名曰"龙凤配"。

"龙凤配"又名"蟠龙黄鱼"，是荆州名菜，甜酸鲜香，外酥里嫩，清香扑鼻，造型优雅逼真，有巧夺天下之妙。

（八）锦囊妙计

《三国演义》第五十四回"吴国太佛寺看新郎，刘皇叔洞房续佳偶"中写道：周瑜听说刘备妻子刚刚去世，就设计将孙权的妹妹许配给刘备，让刘备到东吴入赘，届时将刘备囚禁以换取荆州。诸葛亮识破此计，决计派赵云护送刘备到东吴成亲。临行前，诸葛亮送给赵云3个锦囊，囊中有3条妙计。后来赵云依计而行，果然保护刘备携新夫人安全返回荆州，使周瑜只落得"周郎妙计安天下，赔了夫人又折兵"的千古笑谈。

"锦囊"中3个妙计

（1）一到东吴就拜会乔国老，让孙权的妈妈吴国太知道女儿要出嫁的事，并派人挨家挨户发喜糖，到处宣扬孙权妹妹与刘备即将结婚的消息，使刘备与东吴联姻尽人皆知，弄假成真。

（2）在孙权和周瑜用缓兵之计变相扣留刘备，而刘备也因恋美色不思离开时，让赵云谎称曹操大军压境，要来攻打荆州，催刘备赶快回归。

（3）在吴国派人欲追回刘备时，让刘备告诉孙夫人实情，并让孙夫人出面喝止吴国追兵。

这道菜的制作也别有意趣。锦囊即猪肚，妙计之"计"是鸡的谐音。它精选猪肚、土鸡，配以人参、当归、牡蛎等中药材，用果树枝小火煨制 10 个小时以上，经九沸九变，使"妙计真妙"，体现了徽菜重火功、厚滋味，以原汁原味进补的特点。

该菜清香可口，具有滋阴壮阳、清肝利肺之功效。

后来，人们奇思妙想，创意出各种款式的锦囊妙计。

（九）苦肉计

《三国演义》第四十六回"用奇谋孔明借箭，献密计黄盖受刑"中写道：赤壁之战前，周瑜与诸葛亮等各方不谋而合定下火攻的战术。为了实施"火烧连营"之计，周瑜先让庞统潜至曹营，为曹操献上了将战船拴到一起的"连环计"。而恰在此时，曹操派遣蔡和、蔡中兄弟来周瑜大营诈降。周瑜又将计就计利用二蔡对曹操实行诈降计，以诱使曹军战舰靠近，顺利点火。黄盖得知内情，自告奋勇，甘愿先受皮肉之苦，再向曹操诈降。于是，将帅二人上演了一出用心良苦的双簧苦肉计。为了掩人耳目，周瑜假戏真做，老黄盖被打得皮开肉绽，奄奄一息，最终骗过曹操，诈降成功，留下了"周瑜打黄盖，一个愿打，一个愿挨"的千古美谈。周瑜、黄盖的"苦肉计""诈降计"是"赤壁之战"大获全胜的重要计谋之一。

"苦肉计"这道菜是先将肉剁成肉糜，加入调料调味，再将苦瓜洗净、切段、去瓤，焯水后，将调好的肉馅装进苦瓜，上锅蒸熟，然后摆盘浇汁即可。

（十）过关斩将

《三国演义》第二十七回"美髯公千里走单骑，汉寿侯五关斩六将"中写道："关云长挂印封金，千里走单骑，过五关斩六将。"

关羽因收到刘备书信，欲前往寻兄，但曹操闭门不见，故不辞而别，因关羽不曾持有公文，所以遭到守城将士阻拦，关羽寻兄心切，一路过关斩将。

被关羽斩杀的六员大将有：洛阳太守韩福，牙将孟坦，东岭关孔秀，汜水关卞喜，荥阳王植和滑州秦琪。

后人有诗叹曰："挂印封金辞汉相，寻兄遥望远途还。马骑赤兔行千里，刀偃青龙出五关。忠义慨然冲宇宙，英雄从此震江山。独行斩将应无敌，今古留题翰墨间。"名厨根据《三国演义》中关羽过"五关斩六将"的故事创意了这道三国菜。

（十一）桃园结义

《三国演义》第一回"宴桃园豪杰三结义，斩黄巾英雄首立功"讲述了小说中的第一个故事——桃园三结义。

东汉末年，朝政腐败，连年灾荒，民不聊生。刘备有意匡复汉室，救民于水火，张飞、关羽愿追随刘备共同干一番事业。三人志同道合，便相约在张飞庄后一处桃园歃血为盟，结为生死与共的兄弟。排序为刘备年长做大哥，关羽第二，张飞最小做了小弟。这便是《三国演义》中著名的"桃园结义"。从此以后，三人出生入死，共创蜀汉天下。

这道菜需要配备的原料有：猪肥瘦肉各 100 克、鸡肉 150 克、鱼茸 150 克、干贝 20 克、姜末 30 克、蟹黄油 10 克、鸡汤 200 克、精盐 5 克、味精 3 克、菜心 10 克、水淀粉 150 克、葱段 5 克。

制作方法是：先将猪肉洗净，瘦肉剁成茸，肥肉切成米粒。然后将鸡肉剁成茸。再将鱼茸加姜末、清水、淀粉、精盐、味精等搅拌上劲，挤成李子大小的鱼丸，放入清水用旺火余熟。之后将干贝洗净，放入碗中，加姜片、鸡汤入笼蒸至入味，取出用净纱布裹搓散。接下来将猪瘦肉茸、肥肉末、姜末、淀粉、精盐、味精搅拌均匀，挤成肉圆沾满干贝入笼蒸熟。鸡肉剁成茸加肥肉末、姜末、精盐、味精、鸡汤等拌和上劲，炸成鸡丸。最后，将 3 种丸子分别装入 3 个小盅内加鸡汤、葱段等入笼蒸至透热，取出倒入盘中。炒锅置旺火上，先将菜心下锅，加精盐、味精炒熟盛入盘中，再下鸡汤调好味，用水淀粉勾芡浇在 3 种丸子上，用菜心围边，最后浇上蟹黄油即可。

（十二）火烧赤壁

"赤壁之战"是《三国演义》中规模最大的战事。全书共用八回的篇幅记述了"赤壁之战"的整个过程。"火烧赤壁"集中表现在第四十九回"七星坛诸葛祭风，三江口周瑜纵火"。讲述了公元 208 年冬，曹操率 80 万大军占据江北，准备攻打东吴。孙权、刘备联盟，共同抗击曹操。周瑜、诸葛亮不谋而合，共同制定了火攻的战术。又巧设"连环计""苦肉计""诈降计"等一系列计策。黄盖的"苦肉计"瞒天过海，蒙骗了狡诈多疑的曹操，诈降成功。黄盖带20条火船直驶曹军水寨，一声令下"放火"，首尾相连的曹军战舰霎时一片火海，将士死伤无数，曹军惨败。这就是历史上著名的火烧赤壁。

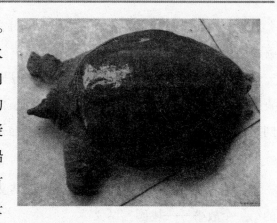

甲鱼

这道菜需要的原料有甲鱼1只（约1000克），鱼糊250克，蟹黄30克，香菜1棵，葱、姜各10克，精盐、料酒各5克，味精3克，辣椒油30克，湿淀粉15克，熟白油30克，头汤50克。

制作方法是：先把甲鱼宰杀放血洗净，用开水汆一下，刮去薄膜和黑皮，从肚下开口取出内脏，用盆盛上，放入葱、姜，加汤上笼蒸烂。再将鱼糊抹入青口壳内，点缀蟹黄、香菜叶，上笼蒸几分钟取出。再把蒸好的甲鱼放入小扒盘内，浇上辣椒油，周围摆上蒸好的鱼糊。最后炒锅上火，放入头汤调味，勾流水芡，浇在鱼糊上即可。

（十三）群英荟萃

"群英会蒋干中计"是一个著名的故事，写在《三国演义》第四十五回"三江口曹操折兵，群英会蒋干中计"。故事大意是：周瑜正在帐中与众将议事，听说蒋干来访，知道他是来为曹操做说客的，便决定利用蒋干施行反间计。周瑜大摆筵席，会饮群英。先以禁止谈论"军旅之事"封住蒋干的口，进而又向蒋干显示东吴精兵强将、兵精粮足的实力，炫耀自己得遇明主，深受信任的地位，断绝蒋干说降念头，并佯装醉酒，与蒋干"抵足而眠"。蒋干劝降不成，便使出窃取机密的鸡鸣狗盗之术，却正中周瑜将计就计请君入瓮的下怀。蒋干偷走了一封伪造蔡瑁、张允投降东吴的书信，连夜溜回曹营报功。曹操看信大怒，当即杀了蔡、张二将。周瑜的反间计最终大功告成。

"群英荟萃"这道菜是最浓墨重彩的集大成之作。菜品选用水鸭、鲍翅、蟹黄、裙边、乌鸡、霸王花、牛肝菌、羊肚菌等高档原料寓意群英，这道菜从选料、煲煨到端上餐桌，要经过 32 个小时的制作过程。

（十四）水淹七军

《三国演义》第七十四回"庞令明抬榇决死战，关云长放水淹七军"描述了水淹七军的故事。大意是关羽率兵攻取樊城，曹操遣于禁、庞德救援。庞德预制棺木，誓与关羽死战。于禁嫉妒庞德之功，移七军转屯城北罾口川。关羽乘襄江水涨，放水淹七军，生擒于禁、庞德。

这道菜的原料有鱼、葱丝、香菜等。

制作方法是：先将鱼用盐腌 1 个小时，擦净鱼面的水分，下锅煎成金黄摆在盘里。然后用番茄酱、白醋、糖、胡椒粉、高汤、淀粉、盐调汁，注意酸甜合适。最后锅里下蒜末、姜末炒香，把汁倒到锅里，一边煮一边搅，煮好后把香油浇在鱼上，再摆上葱丝、香菜做点缀即可。

典故丰富的《三国演义》为我们提供了取之不尽的创作素材，是一部充满智慧、深蕴文化的饮食宝典，值得广大餐饮工作者深入发掘探究。

八、《水浒》《金瓶梅》中的世俗饮食

（一）梁山好汉活色生香的酒食生活

施耐庵在《水浒》中，对宋元间的饮食情况有过许多精彩的描述，反映了上自王公贵族，下至市井百姓的各个阶层的饮食生活。宋朝市井饮食文化的发展达到了前所未有的高峰，主要表现在饮食店铺众多，分类细，服务面广，饮食行业增添了文化色彩。从张择端"清明上河图"描绘的参差林立的店铺和繁华的街市，我们也可以窥见市井百姓饮食生活的一斑。

《水浒》中最为精彩的是关于梁山一百单八将英雄好汉的酒食生活的描写，真是有声有色。梁山英雄的饮食生活和他们的侠义故事代代流传，影响着梁山地区的饮食习惯，透视梁山人保留至今的"大碗喝酒，大块吃肉"的豪饮习惯，我们不难看出梁山好汉活色生香的酒食生活。

1. 大碗喝酒，大块吃肉

《水浒》中处处有酒，酒香四溢，酒气熏天。其故事情节中所描述的饮食场景

多是"酒"字当头，梁山好汉的英雄壮举似乎也与酒有着不解之缘。鲁提辖拳打镇关西，武松醉打蒋门神，宋江酒后吟反诗，林教头风雪山神庙中林冲因外出买酒而躲过奸臣的谋害，就连脍炙人口的武松景阳冈打虎也是凭借十八碗酒力。接风酒、壮行酒、庆功酒、压惊酒……种种由头，事事行饮。梁山好汉行侠仗义无不借着酒力演绎。

《水浒》中写到了很多宋代酒品，有透瓶香酒、茅柴白酒、青花瓷酒、玉壶春酒、蓝桥风月酒、头脑酒等。武松景阳冈打虎前喝的是三碗不过冈的"透瓶香"。此酒酒味醇酽，入口香浓好吃，但后劲很大，饮后容易迷醉，所以又叫"出门倒"。武松醉打孔亮时吆喝着要喝酒，酒店主人应承道只有"茅柴白酒"。从"茅屋柴门"一词的意思，我们不难理解茅柴白酒应是一种劣质酒，这与孔亮喝的"青花瓷酒"无法相提并论。第三十八回中，李逵在浔阳江边与浪里白条张顺大打出手。李逵溺水，宋江急来相救，最后宋江、戴宗、李逵等在琵琶亭上喝酒言欢，所喝的就是江州有名的上色好酒"玉壶春酒"。而"蓝桥风月"酒则是让行事谨慎的宋江一反常态，在浔阳楼上题反诗的罪魁祸首，可见其酒性之浓烈，所以有学者认为"蓝桥风月"就是宋代的蒸馏酒。《水浒》中最为奇葩、最令今人摸不着边际的酒当属第五十一回中谈到的"头脑酒"。"头脑酒"是一种用肉和杂味配制的滋补酒，吃法很特别。

梁山好汉的冲天豪气还表现在惊人的海量，酒要成桶的喝，肉要几斤几斤的吃。鲁智深大闹五台山闹的就是酒。第一次大闹时，一个人喝了一桶酒。第二次大闹时，一个人喝了十来碗酒后又喝了一桶酒。吴用和阮氏三兄弟相会时，4个人坐定了，叫酒保打一桶酒放在桌子上，每人喝一桶。《水浒》借酒来塑造人物形象，表现众好汉热烈豪爽的性格，勇猛仗义的胆色，《水浒》中如果没有了酒，英雄们的人格魅力就会大为逊色。

大碗喝酒，大块吃肉，在狂吃豪饮、大快朵颐间展现英雄气概，使《水浒》饮食场面描写更加生动传神。那么梁山好汉们最喜欢吃的是什么肉呢？翻开《水浒》就可以发现，他们最喜欢吃、吃得最多的是牛肉。《水浒》中有许多关于吃牛肉的描写。如九纹龙史进上少华山落草，花和尚鲁智深在桃花山为魁，晁盖火并王伦，为救宋江劫法场反江州，108将大聚义等诸多情节中都是"宰牛杀马"聚众庆贺。梁山众好汉行止欢饮间都少不了牛肉来添欢助兴，如李逵无肉不欢，一顿就要吃上两斤多的牛肉。然而，牛在古代作为重要的农耕工具是受到法律保护的，宋朝官府屡次下令，禁止宰杀耕牛，杀牛是触犯法令的不法行为。《水浒传》中大张旗鼓地杀牛卖牛肉，毫无顾忌地吃牛肉，其意图在于表现梁山英雄的反抗精神。

2. 生猛海鲜，活色生香

啸聚山林、替天行道的梁山英雄生活在地处八百里水域的梁山泊，有着取之不尽的水产资源，梁山一带的鱼市买卖兴隆，海鲜品种齐全，生猛海鲜应有尽有，梁山英雄中还有阮氏兄弟以捕鱼为生，这为诸位好汉享用美味鱼肴提供了得天独厚的条件。《水浒》中宋江就特别喜欢吃鱼。一次，宋江、戴宗和李逵在琵琶亭喝酒，宋江想要吃新鲜鱼汤，李逵就自告奋勇去江边买鱼，结果与渔民发生争执，李逵误把所养的鱼都放跑了，还撒野打了渔夫，身为渔牙的张顺为保护鱼市秩序，与李逵大打出手，李逵溺水，幸亏宋江、戴宗及时赶到，拿出他哥哥张横的信，才劝阻了张顺，把李逵捞上岸。

梁山英雄喜食鱼肴对当地的渔业发展影响很大，梁山地区创制的鱼肴名满天下。下面介绍几道梁山名吃与传说：

（1）安山炖鱼

炖鱼是梁山境内的传统名吃，逢年过节或宴请宾客，一般都少不了炖鱼。做法大体一致，先将鱼（各种鱼均可）洗净，去鳞去杂，油炸后放入调好香料的老汤中炖煮而成。

安山镇的炖鱼在当地首屈一指，店铺多，买卖兴隆，其中陈氏兄弟的炖鱼最佳。他吸取了济宁"文火熟肉，大火焦刺"的炸鱼经验，精心制作，炖出的鱼，味道鲜美，鱼刺绵软，不扎嘴，鱼肉筋道，耐品嚼，深受顾客欢迎。

说起安山炖鱼，其中还有一段流传民间的梁山故事呢。

宋江率兵攻打东平州时，驻扎安山镇。镇里有位陈老板开的酒店失火烧毁，宋江等人因经常在酒店吃酒，便侠义相助。宋江拿出银两资助，并派宋清等人帮助建造房屋，不几日崭新的酒店盖好了，陈老板感激涕零，执意要把女儿许配梁山英雄，宋江不从，老板就派儿子到湖边收购鲜鱼，做了最美味的安山炖鱼犒劳梁山将士。宋江连连夸奖陈家炖鱼好吃，还写下："陈家人缘好，安山炖鱼香。"

自此，"安山炖鱼"代代相传。

（2）扒团鱼

团鱼也称甲鱼。梁山泊遗迹东平湖盛产团鱼，因此梁山人自古有食团鱼的习惯。

团鱼含有维生素等丰富的营养物质，是老年人和体弱多病者的滋补佳品。"扒团鱼"的用料多为半斤重的团鱼，去头放血，取出内脏，以开水氽过，再入冷水，去掉表皮和硬壳，放入鸡汤或骨汤中烹煮。同时放入姜片、葱段、花椒、茴香、食盐等，并加入木耳、鸡皮、青菜及少许味精。鱼汤并盛，故又名"团鱼汤"。扒团鱼具有汤清爽口、香而不腻、味道鲜美、营养丰富等特点，是梁山远近闻名的名吃。

相传梁山将士把捉来的团鱼放在水瓮中，派戴宗送往东京李师师处，专供肾虚体弱的宋徽宗享用。吃了梁山泊团鱼的徽宗立刻气力大增，神清气爽，满心欢喜。

（3）糖酥鲤鱼

梁山北依黄河，盛产黄河鲤鱼。黄河鲤鱼是糖酥鱼的上品原料。制作糖酥鲤鱼，以两斤重的鱼为宜。先将鱼洗净去鳞、内脏，再用面粉挂糊，手拉鱼尾，放入90℃的热油中，以勺浇油，炸至呈金黄色，取出入盘。然后将适量植物油烧热，放入葱、姜、蒜末及醋、花椒、白糖、高汤、豆粉小菜，烧沸成芡。快速出勺，浇到鱼上即成。

梁山糖酥鲤鱼，具有色泽金黄、外焦里嫩、香酥酸甜、鲜醇适口等特点，是宴席上颇受欢迎的一道名菜佳肴。

3. 带上烧饼，行侠天下

打开《水浒》中动辄就能看到这样的描述："沽两斛酒，切二斤熟牛肉，家常饼三张。"酒肉自然不必多说，酒壮英雄胆，大嚼豪饮，方能尽显英雄的侠义威猛。最重要的是"饼"，随身携带，且行且食，顿解饥饿。《水浒》中燕青和李逵就曾让刘太公"煮下干肉，做下蒸饼，各把料袋装了，拴在身边。"这"饼"可是英雄好汉行侠仗义必不可缺的食品。

宋代面食花样很多，有烤制而成烧饼，有水煮而成的汤饼，有笼中蒸成的蒸饼。饼是寻常百姓家的普通食品。《水浒》中记载的炊饼就是蒸饼，又叫笼饼。据《辞源》："宋仁宗赵祯时，因蒸与祯音近，时人避讳，呼蒸饼为炊饼。"所以《水浒》中武大郎卖的炊饼其实就是馒头的前身，现在人们所吃的香酥美味的武大郎炊饼实际是后人演绎的。

（1）武大郎炊饼

《水浒》中的武大郎虽然个子矮小，相貌丑陋，却有独到的谋生本领，他制作的炊饼金黄香酥，外焦内柔，韧性十足，咀嚼时有芝麻的碎裂声响与芳香，是颇受欢迎的风味小吃，人称"武大郎炊饼"，是《水浒》中最抢眼的美味之一。

"武大郎炊饼"因在《水浒》《金瓶梅》两部古典名著中均有描述而名扬四海。多年来，经过历代厨师们的不断创新改进，工艺日臻完善。它香脆可口，便于携带，老少皆宜，令人口齿留香，百吃不厌，是馈赠亲友的佳品。

"武大郎炊饼"制作简单。先把揉好的面团饧20分钟，调好肉馅（五花肉、葱姜丝水、鸡蛋、生粉、橄榄菜），把饧好的面团分成两份，擀成薄薄的两个圆饼。然后把肉馅均匀地铺在一张饼皮上，再盖上另一张饼皮，把边角向内卷起，封边压实。然后，上锅煎至两面金黄，浇一点水，盖上锅盖，等水干后用筷子插一下，里面没有黏黏的就表示熟了。喜辣的朋友也可以放点辣椒酱。

（2）烧饼

用炉子烤，里面有油盐花椒面，外面放芝麻，烤出炉，又热又香又酥，是梁山一大名吃。相传打青州和高唐时，百姓痛恨官府的苛捐杂税，积极支持梁山好汉，筹备粮草。起先是蒸馍馍，可是天气太热，容易霉变，后来改为烤烧饼，又好吃又好带。

除此之外，《水浒》中有些美食是来自梁山人自己劳动的收获，他们养羊种树，自给自足。据说梁山英雄爱吃羊肉，为了供应义军吃羊，后寨的眷属们特地养了一群羊，由宋太公负责，每逢年节或出征前便大批宰杀，犒赏三军。他们把山羊肉洗净煮熟，在老汤里放上芫荽、花椒，这便有了梁山好汉所钟爱的"烧羊汤"。

相传甘甜赛蜜的梁山蜜桃也是菜园子张青带上梁山来的。张青曾祖父张老翁，家境贫寒，讨饭度日。这天夜宿关帝庙，三更时分，朦胧中听见两位仙女的对话。她们从瑶池仙宴而来，因贪杯而口渴难耐，正一起吃王母娘娘赐给的仙桃解渴。一个说："千万别把桃核随便扔掉，传种到人间是要犯天条的。"另一个说："我把桃核藏在二梁北头下面的砖缝罩了，不会有人知道的。仙桃核风干后就不出芽了，妹妹不必多虑。"这时，一声雄鸡啼鸣，天将破晓，两位神仙匆匆离去。张老翁将信将疑地爬上二梁，在北头下面的砖缝里果然摸到一个桃核，还是湿漉漉的，张老翁如获至宝。从此，携家人，在东海边的一片沙滩上，精心种起仙桃来。仙桃核埋在沙壤里，当年就长成大树，开花结果。三年工夫，海边长出一座仙桃园来。蜜桃甜美的味道人间没有，十里八乡争相抢购。但张老翁只卖桃不卖核。

祖辈以种桃为业的陶员外生意受到冲击，恼羞成怒，心生歹意。趁月黑风高的夜晚，放火烧了张老翁的蜜桃园，张老翁被活活烧死在蜜桃树下。儿子张大公幸得逃生，四处流浪，无意中身边破衣袋里还带着三颗蜜桃核。几年后，又在大山深处，暗暗培育出一片葱茏茂盛的蜜桃园来。可是没多久，张家蜜桃的消息就传到心狠手辣的杜掌柜那里。杜掌柜想要霸占蜜桃园，遭到张大公拒绝，妒忌成仇，索性派人把蜜桃树砍光了。张大公为护桃园不幸惨死在蜜桃树下。张大公的儿子张小全，接受上两代人血的教训，返回故里种起菜来。他把珍藏的唯一一颗蜜桃核种在自家院子里，自种自吃，从不声张。张小全的儿子张青，自幼跟父亲学种菜，练武艺，后来投奔梁山。临行前，砍倒院里的蜜桃树，把蜜桃核带上梁山，种出一大片蜜桃树林，才使梁山蜜桃流传至今。

（二）《金瓶梅》中世俗大众的市井饮食文化

与《红楼梦》中奢华气派，精致考究的豪门贵族饮宴不同，《金瓶梅》反映的是世俗大众的市井饮食文化。小说通过对西门庆日常生活场景的描述，形象地反映了明中期上层社会和普通市民百姓的饮食生活。尤其对商贾市井的饮食描写，体现了精细、滋补、多样化的特征。表现了当时社会烹饪技艺水平的高度发达。如书中写到的糕饼点心就有卷饼、寿面、扁食、白面蒸饼、桃花烧麦、糖薄脆、果馅椒盐金饼、丁皮饼、玫瑰饼、乳饼等 31 种，菜肴 108 种，汤菜、酒水、茶点更是不计其数，成为鲁菜的重要构成，而且这些糕点菜肴大多流传至今，在当今市场酒店也很受欢迎，有很好的实用价值和市场效益。

《金瓶梅》中饮食以民间菜为基础，以商贾菜为主体，以官府菜为点缀，呈现出上中下各个层面的饮食风俗，表现了鲁菜的风味特色、繁荣发展和丰富的文化内涵，是市井饮食文化的集大成者。

现举几味菜例以展现市井饮食的特色风采。

1. 一根柴火烧猪头

西门庆的厨娘宋蕙莲有一个看家绝活，只用一根柴火烧猪头。书中写道："上下锡古子扣定，那消一个时辰，把个猪头烧的皮脱肉化，香喷喷五味俱全。"

具体做法是：将猪头洗净，火筷子烧红，将猪头的口腔、耳朵、鼻孔都燎个遍后再洗净。猪头下开水锅氽一遍除去血污。再找出两个锡做的鎜子（即很深的、专门用来烧炖食物的大锅）。将猪头放在錭里，加入清水、花椒、大料、羊角葱、黄酒，将水烧开，撇去浮沫，放入农家大酱，将另外一个锡錭紧紧地扣在炖猪头的锡錭子上，用锡箔纸封严。这密封好的锡錭子就相当于现在的高压锅，所以可以在短时间内烧好猪头。封好以后，只用一根长长的柴火放在锅灶内，不用两个小时，又酥又烂的红烧猪头就可以出锅了。再将猪头肉切片，盛在透明的玻璃盘里，配上蒜泥，那热腾腾的猪头肉满室飘香。

这道菜酱香浓郁，肥而不腻，入口即化，而且易消化、易吸收，有美容养颜之功效，是李瓶儿、潘金莲最喜欢的美容菜。

2. 捶熘凤尾虾

这是西门庆的大老婆吴月娘宴请女客时上的一道菜。此菜选取运河里的大青虾，将大青虾去头、皮，留尾，剔去沙线，用小木槌捶打成杏叶状的薄片，用水氽熟之后，熘制而成。

此菜鲜嫩清爽，洁白透明，观之爽心，食之爽口，清新无比，是滋补的佳品。当菜端上桌后，宾客个个赞不绝口，吴月娘大喜，赞过之后，重赏了厨师。

3. 奶罐子酥烙拌鸽子雏

这是西门庆的爱妾李瓶儿的拿手好菜。李瓶儿出生于河北大名府大户人家，当时各民族间有一定的文化交流，常有草原游牧民族来大名府做生意，同时也把他们的家乡菜带入大名府。当西门庆用一乘红轿把李瓶儿抬到府里时，这些富有地方特色的美食也随之进入西门府。

此菜做法是：先将鸽子用传统方式卤熟、晾凉，再将鸽肉撕下用酥酪加上盐拌好，酥酪的酸味，使得这道菜味美又开胃。

4. 八宝攒汤

《金瓶梅》第四十二回描写了这样一个场景："那应伯爵、谢希大、祝实念、韩道国，每人吃一大深碗'八宝攒汤'，三个大包子，还零四个桃花烧卖，只留一个包儿压碟儿。"文中的"八宝攒汤"又叫"八珍汤""头脑汤"，是《金瓶梅》中露脸次数最多的汤菜，也是中国药膳中传承最为广泛的。

"八宝攒汤"是明末清初著名文人和杰出医学家傅山创制。相传傅山弃文从医与他的一段生活变故有关。清兵入关时，傅山的老师袁继咸等人举旗抗击清兵，后因兵败被捕杀，傅山遂收拾了老师的遗稿，开始专心研读医学，并发明了"八宝攒汤"。

"八宝攒汤"是由煨面、黄芪、莲藕、平遥长山药、黄酒、酒糟、羊尾油、外加腌韭菜八味食菜组成。煨面，就是用羊油低温小火炒制的面粉，要一边搅拌一边炒，炒到接近金黄色即可，即是油茶。配料中的"攒汤"是由滚烫的羊汤冲制而成。最后用"攒汤"冲开油茶等 8 种食材。这样一道美味诱人的"八宝攒汤"就做好了。

"八宝攒汤"有益气调元、活血健胃、滋补虚损的功效，早年太原人天不亮就起来吃"头脑汤"，称赶头脑，家家店门前都挂起了纸灯笼，这个标志和习俗一直沿袭至今。

5. "乳饼"与"十香瓜茄"（应写"食香瓜茄"）

《金瓶梅》六十二回写到："当西门庆爱妾李瓶儿病重时，观音庵的王姑子带着精心制作的食物前去探望。只见王姑子挎着一盒儿粳米、二十块大乳饼、一小盒儿十香瓜茄来看。"在这一段简短的描写中提到了《金瓶梅》里两道菜点："乳饼"和"十香瓜茄"。

乳饼是用新鲜羊奶煮沸加食用酸点制而成的乳制品。凝固后压出水分制成四角圆润的方块状。乳饼制作简单，容易保存。《食经》中说："取乳饼在盐瓮底，不拘年月，要用时取出洗净蒸软使用，一如新者"。乳饼营养丰富，奶香浓郁，质地特别的细腻，深受人们喜爱。

乳饼的吃法很多，可煎、蒸、煮、烤，切丝炒肉，还可生吃，切片与火腿片相间。"乳饼夹火腿"又是云南汉族的传统菜。普通人家常吃"水煎乳饼"，吃其本味。

王姑子带去的另一道菜肴"十香瓜茄"也是深受人们喜爱的美食，它穿越时空，有着超凡的生存能力。

"十香瓜茄"的制作是将茄子切成三角块，用沸汤焯水，用布包榨干，腌渍一宿晒干，用姜丝、橘丝和紫苏拌匀，煎滚糖醋泼上，晒干收藏。

因为茄子属于寒凉性食物，所以要与温性的紫苏、姜丝和橘丝一起调拌，起到中和解毒的作用。天衣无缝的巧妙搭配体现了古人高度的智慧。而紫苏解凉毒的药理作用据说是医圣华佗发现的。

有一年夏天，华佗带着徒弟在河边采药，看见一只水獭正把一条大鱼连鳞带骨吞进肚里，肚皮撑得像鼓一样。水獭翻滚折腾，极其难受。后来，只见水獭爬到岸边一块紫草地，吃了些紫草叶，就跳跳蹦蹦地回到河里，舒坦自如地游走了。

为什么水獭吃了紫草就舒服了呢？华佗发现水獭是用紫苏来解鱼的凉性之毒，还发现紫苏具有表散功能，可以益脾、宣肺、利气、化痰、止咳。

王姑子送给李瓶儿的"十香瓜茄"不仅是适合病人食用的开胃小菜，而且还是健康养身的保健菜。

6. 清爽利口的拌双脆

拌双脆即豆芽菜拌海蜇。《金瓶梅》第四十四回写了这样一个情节：迎春端上来的四碟小菜中，就有一碟是豆芽菜拌海蜇。豆芽菜清爽，海蜇皮利口，两样并称"双脆"，口感可想而知。

拌双脆做法极为简单。可先将海蜇头切成薄片，用清水漂洗。再将豆芽菜洗净炒熟。最后加入调料，拌匀入味即可。《金瓶梅》中的拌双脆是炒制而成，若在炎炎夏日里食用，凉拌效果更佳，可算得上一道解暑爽口的开胃菜。

豆芽与笋、菌被称为素食鲜味三霸。豆芽中含有丰富的维生素 C、维生素 E、叶绿素等营养成分，多食有益健康。而海蜇皮中的碘是日常人体容易缺乏的微量元素，常食海蜇可有效补充体内的碘元素，避免碘缺乏造成的各种疾病。常食海蜇还有利于扩张血管，降低血压。

7. 开胃可口的酸笋汤

《金瓶梅》第四十回："李瓶儿道：'他大妈妈摆下饭了，又做了些酸笋汤，叫你吃饭去哩。'"这里特别强调了酸笋汤，可见这道夏令汤品是西门庆极其珍爱的。

"酸笋汤"的做法是先将 200 克的冬笋洗净、切片，然后在锅中放适量水，加入笋片煮，再加盐、陈醋，胡椒粉调味即可。

《本草纲目》记载，笋有消渴、利尿、益气、化热、消痰、爽胃的功效。"酸笋汤"以酸笋入汤，味道酸中带辣，开胃适口，裨益良多，无疑是夏季里一道极佳的开胃汤品。

8. 果馅凉糕

《金瓶梅》第五十二回写了这样一个情节："潘金莲斗牌赢了三钱银子，又撺掇李瓶儿出了七钱银子，让婢女兴儿买来一只烧鸭、两只鸡、一钱银子下饭（佐餐菜肴）、一坛子金华酒、一瓶白酒，另有一钱银子果馅凉糕。"凉糕是夏日里一种消暑小食，以糯米粉制成，在明代已是常见食品，现在人们根据个人爱好添加各种果馅，还根据自己喜欢的口味调制出各种风味的凉糕，如咖啡凉糕、抹茶椰奶凉糕、鲜橙蜂蜜凉糕等。

9. 家常菜肴炒面筋

"炒面筋"是《金瓶梅》中西门庆的情人王六儿的最爱。当年西门庆为了给自己的高官朋友相亲，来到了清贫的王六儿家，原打算看看王六儿的女儿，不料却被美丽淳朴的王六儿迷住，就请老冯妈去说合。老冯妈来到王六儿家的时候，王六儿正吃着炒面筋。转身之间，王六儿完成了人生的华丽蜕变，成为西门庆最宠爱的女人之一。

油面筋是无锡著名的土特产。其色泽金黄，表面光滑，味香面脆，吃起来鲜美可口，深得人们喜爱。在无锡民间，用油面筋炒制的菜肴是节日餐桌上必不可少的美食，寓意团圆和美，增加快乐气氛。

相传油面筋最早还是无锡一座尼姑庵里的烧饭师太油炸出来的。这座尼姑庵环境清静优美，有许多信众来庵中念佛清修，庵里的烧饭师太厨艺高超，烧出的菜肴味道精美，花样翻新。有一次，几十个人约好来庵堂念佛坐夜，师太备了几桌素斋需用的生麸，结果一个人都没来。师太怕过夜生麸馊了，就在生麸缸里放些盐，但思来想去还是不能安心，最后急中生智想出了油炸的方法。她把生麸团成圆球，放到锅里油炸，金黄香脆的面筋又好看，又好吃，又保鲜。后来，师太又把面筋与各种食材配合推出了各种花色的面筋菜，如清炒面筋、红烧面筋、菇炒面筋、面筋笋片、面筋汤等，人们食后赞不绝口。后来面筋菜流传到民间，厨师们更是八仙过海，各显神通，烧出了许多无锡的传统面筋名菜，如肉酿面筋等。

面筋含有丰富的维生素和蛋白质，尤其是蛋白质含量高于瘦猪肉、鸡肉、鸡蛋和大部分豆制品，属于高蛋白、低脂肪、低糖、低热量食物，还含有钙、铁、磷、钾等多种微量元素，是传统的营养保健食品。

面筋可以和百菜搭配，它谦卑随和，就像一位德高望重却谦虚平和的谦谦君子，深谙为人处世的道理。

《金瓶梅》中西门庆的家宴颇具民间市井特色，吃的多是一些家常菜。如第三十四回中的油炸烧骨即红烧排骨。第七十五回写到的黄炒银鱼、银苗豆芽菜、春不老炒冬笋、王瓜拌虾。黄炒银鱼即鸡蛋炒银鱼，银苗豆芽即无根豆芽，春不老就是雪里蕻，王瓜其实就是今天的黄瓜。还有烧猪头、炖猪蹄、烧面筋等，这些菜用料普通，菜肴精美而做法简单，又实惠经用，很接地气，所以千百年来在民间盛传不衰。这些寻常的菜肴，大众的口味至今读来倍感亲切，依然活跃在老百姓的舌尖上，充分体现了《金瓶梅》世俗大众的市井饮食文化特色。

《金瓶梅》是一桌丰盛的饮食文化大餐，全书记载了品种繁多的菜品食点，饮馔内容丰富多彩，是我们研究明代社会习俗和饮食文化的不可多得的资料。

九、《儒林外史》与文人食俗

《儒林外史》是清朝文学家吴敬梓（1701～1754年）创作的长篇小说。小说以讽刺古代科举制度为中心，入木三分地勾画了热衷于八股文取士的儒林群像，笔势纵横，尖刻幽默，成为中国古典讽刺小说的高峰。《儒林外史》写儒林没有忘记写他们的习俗，写他们的习俗当然不会遗漏他们的饮食习俗。

范进是《儒林外史》中作者重点刻画的人物之一，范进中举可谓书中最重要的情节。书中第四回写范进中举后高要县汤知县请客，因为范进既已中举，便不再是普通人，自然知县请客也要格外认真，因为这可是"官吃"，餐具当然讲究。然而赴宴的范举人此时的心情可谓复杂。因为范进的母亲为儿子的中举而乐极生悲，死了。酒席虽好，心态曲折，却还要注重礼仪，不失儒者风范。书中写道：

拱进后堂，摆上酒来。席上燕窝、鸡、鸭，此外，就是广东出的柔鱼、苦瓜，也做两碗。知县安了席坐下，用的都是银镶杯箸。范进退前缩后的不举杯箸，知县不解其故。静斋笑道："世先生因遵制，想是不用这个杯箸。"知县忙叫换去，换了一个瓷杯，一双象牙箸来。范进又不肯举。静斋道："这个箸也不用。"随即换了一双白颜色竹子的来，方才罢了。

一双筷子，都如此麻烦，可见这饭是不好吃的。但汤知县又不曾准备素菜，不免有些着急。直到看见范进用白竹筷在"燕窝碗里拣了一个大虾元子送进嘴里，方才放心"。

看来，孝道固然重要，燕窝也是好东西，但诱人、实惠的还是"大虾元子"。

书中第二十一回，写到牛浦住店吃饭。牛浦虽想冒充老名士牛布衣，但他毕竟还是个乳臭未干的穷书生，吃饭只能以实惠为主，当然也就没什么程序。

走堂的拿了一双筷子，两个小碟子，又是一碟腊猪头肉，一碟子芦蒿炒豆腐干，一碗酒，一大碗饭，一齐搬上来。

书中第三十一回，写杜少卿请客，全然是富贵士人的豪饮，连那菜肴酒馔都极其精致。有陈过三年的火腿，用半斤重的竹蟹剥出来脍制的蟹羹。一坛子酒埋了九年零七个月，"酒是二斗糯米做出来的，二十斤酿，又对了二十斤烧酒，一点水也不掺。""打开坛头，舀出一杯来，那酒和曲糊一般，堆在杯子里，闻着喷鼻香。"

《儒林外史》写文人饮食，写得真切，像白描一样。唯其如此，讽刺意味才来得更有力量。

第三章　中国饮食器具

第一节　饮食器具的历史

一、新石器时代食器

新石器时代是炊食具发展史上的初始阶段，这时的食器基本以陶器为主，它奠定了中国古代炊食器具的基本架构，其造型与装饰也寄托了先民的宗教意识与审美观念。

饮食器具文化可以追溯至旧石器时代中后期，这一时期人们掌握了采用石板和石子作为传热炊具的间接烧烤技法及发明用水煮的方法，但整个旧石器时代都不存在真正的炊具与食具。陶器的发明将人类社会带入了新石器时代，从此才有了专用于烹调、盛食、进食的器具。陶器的发明是史前时期划时代的变革，这一发明对文明进程的影响深刻而久远。在金属器进入社会生活之前的数千年里，陶器一直是人类最主要的生活器具，在中国，陶器的发明被视为由旧石器时代进入新石器时代的标志之一，人类所发明的第一件陶器是用来做饭的，因此可以说，人类第一件炊具随着新石器时代的到来而产生了。

（一）史前彩陶

陶器发明之后，经过了约两千年的发展，陶器制作达到了很高水平，精制的彩陶出现了。彩陶不宜作炊器，可以作水器和食器等，一些大型彩陶器是在特定场合使用的饮食器。黄河流域是世界上的彩陶发祥地之一，生活在渭水流域的新石器时代先民最先在陶器上施用了彩色，仰韶文化的彩陶在中国新石器时代彩陶中占有十分重要的地位。仰韶文化前期彩陶以红地黑彩为主要特色，纹饰多为动物形及其变体，具有浓厚的写实风格。还有不少几何形纹饰，纹饰线条多采用直线，纹饰复杂而繁缛，代表了黄河流域彩陶的主流。后期又出现了白衣黑彩，依然能见到写实图案，更多见到的是花瓣纹与垂弧纹等，纹饰线条多采用弧线，纹饰比较简练。彩陶是史前时代最卓越的艺术成就之一，是人类艺术史上的一座丰碑。新石器时代彩陶是史前人审美情趣的集中体现，也是史前艺术成就的集中体现，有些研究者称之为"彩陶文化"。

（二）新石器时代炊具

新石器时代的炊食具基本上以陶器为主，尽管当时还在使用木器和骨器进食，但数量已经很少。新石器时代的炊器主要有灶、鼎、鬲、甗、鬶、甑、釜、斝；食具有盆、盘、钵、罐、瓮、壶、瓶。这些器物的形态与组合关系，是与当时的食品构成、烹饪方式及饮食习俗密切相关的。由于当时对谷物只能进行脱粒、碾碎等简单的加工，因此，食品加工不外乎蒸、煮两种方法，即将碾碎的粮糁放入鼎、鬲、釜等炊具中和水而煮，或将粮糁揉成饭团面饼置入甑、甗中蒸熟，粥羹类软食与饼团状干食就构成了新石器时代的主要成品食物。

新石器时代诞生的炊食具有很多都延续发展至商周甚至以后各代，如碗、盘、盆、罐类盛食器皿自产生至今便绵延不绝，成为各个时期最普通的食具。而此时的盆、盘、豆、碗类食具主要是盛装素食的。这是因为在当时白菜、芥菜类蔬菜瓜果是人类的主要辅食，而对肉食的加工多以切割和直接烧烤为主。此外，也有一些饮食器具昙花一现，如三足类炊具，尤其是空三足炊具在新石器时代极盛一时，夏、商与西周尚在沿用，东周以后便退出了历史舞台。斝作为饮具只存在于龙山时代，进入夏、商、周便成了酒器。陶鬶作为炊具仅存在于新石器时代晚期。

二、夏商周时期食器

夏、商、周时期，是中国青铜文化的鼎盛时期，中国饮食生活的基调和格局初步奠定。考古发掘出土了大量的青铜器，就涉及很多当时最为盛行的食器。

进入奴隶制社会后，农业和手工业较新石器时代都有了长足的发展，从而提供了更为充裕的食物来源，饮食具的发展也有了坚实的技术基础。因此，夏商周时期

饮食器具的种类和数量都较以前大为增加。

（一）青铜饮食具

国家的出现，阶级观念的强化，使得饮食器具被赋予了等级的含义，大量的青铜饮食具的出现与繁盛是这一时期最伟大的变革。商周时代的青铜器在造型、装饰，多给人庄重神秘的感觉，被人们用于各种祭典中的通神礼器，青铜饮食具从而进而成为国家祭祀的礼食之器。

夏商周时期的奴隶主阶层主要使用青铜器作饮食器具，青铜炊煮器主要有鼎、甗、鬲三种，都是新石器时代就有的器形。鼎又是重要的盛食器，有方形和圆形两种。殷墟妇好墓还出土过一件气锅，中间有一透底的汽柱，柱顶铸成镂空的花瓣形，十分雅致。这类气锅可能在商代前就发明了，代表着一种高水平的烹饪技巧，说明人们对蒸汽能早就有了深入的认识。

商代的盛食器有圆形的簋和高柄的豆，水器则有盘、缶和罐等。酒器有饮酒的爵、觚，盛酒的觥、尊、方彝、壶等。一般的庶民阶层所用器皿大多为陶制，但造型却与青铜器相似，他们死后，照例在墓中随葬一两件陶、爵、陶、觚等酒器，以表明他们饮酒的嗜好。

自商代中期开始，原始瓷器也开始出现，并成为存放食品的新器具。另外，产生于新石器时代的漆器在夏商周时期有了较大的发展，成型与装饰也越来越精美，漆器餐具也逐渐成为饮食具中的重要内容。

（二）九鼎等级制

在奴隶社会，鼎不反被看作是地位的象征，也是王权的象征。原先仅仅作为烹饪食物之用的鼎，在商代贵族礼乐制度下成为第一等重要的礼器，又称作彝器，即"常宝之器"。鼎不再是一种单纯的炊器和食器，它成了贵族们的专用品，被赋予了神圣的色彩，演化为统治权力的象征。

天子用九鼎为制，据说起于夏代。后来三代的更替，是以夺到九鼎作为象征。春秋五霸之一的楚庄王"一鸣惊人"，与晋国在中原争霸，他陈兵东周王朝边境，向周王室的大臣问九鼎的"大小轻重"。后世将"问鼎"比喻为图谋王位，正缘于此。值得回味的是，这九鼎尽管如此神圣，到了战国时竟被弄得下落不明，成了一桩历史公案。

贵族们在古代被称为"肉食者"，这是他们饮食多肉的缘故。东周时烹饪技术有较大发展，肉食制品种类增多，进食方式也有了改进，餐叉的运用正是这些变化的一个结果。

这种饮食上的等级制度，被原封不动地移植在埋葬制度中。考古发现过属国君的九鼎墓，也有不少其他等级的七鼎、五鼎、三鼎和一鼎墓，没有鼎的小墓一般都见到陶鬲，这是平民通常所用的炊器。能随葬五鼎以上的死者，不仅有数还有车马殉人，各方面都显示出等级的高贵。

三、秦汉时期食器

自秦汉时期，中国封建制度逐渐稳定，社会结构与人际关系，技术革新与生活习俗，都呈现出前所未有的新气象。饮食器具也形成了承前启后的新特点。

在经历了春秋战国时期"百家争鸣"及数百年的兼并战争后，夏商周时期的礼乐制度到秦汉时期已趋于崩溃。曾一度作为礼制载体的饮食器具，由祭祀鬼神的神秘礼器还原为满足人们日常生活的普通用具。炊具中的鼎在秦汉时已大为减少并渐失本意而消亡，鬲已不复存在，甑也渐被釜甑取代。盛食器中的豆、簋完全绝迹。这些作为礼器的饮食具的消亡，标志着一个制度的终结。

（一）灶具

这一时期的炊具是以灶为核心的复合烹饪器。灶的功能和形态多样化，既有日常的不可移动的垒砌灶，也有专供温食、行军使用的小型金属灶；既有单火孔灶，也有适合煮、蒸、温水的多火也灶。灶上所用炊具是釜和甑，盛食和进食的器具有碗、盘、盆、罐及勺、箸等。这种组合已基本固定，饮食具在秦汉时期已基本齐全了。

（二）铁质炊具

秦汉时期是饮食具和饮食方式发生重大变革的时期，青铜饮食具的地位极大地消弱，铁质炊具在秦汉时期得到推广和普及。由铁釜演变而成的铁锅成为延续至今的基本炊具。铁器易于导热的性能与动物油脂的结合，更是促成了"炒"这一最具中国特色的烹饪方式。此时的陶器主要用于盛装和贮藏，其数量也大为减少，汉代的瓷器则在逐渐发展起来并在魏晋时期大量进入炊事领域。

（三）漆器

在铜器时代到来的同时，漆器时代也开始了。制漆原料为生漆，是从漆树割取的天然液汁，主要由漆酚、漆酶、树胶质及水分构成。生漆涂料有耐潮、耐高温、耐腐蚀功能。漆器多以木为胎，也有麻布做的夹纻胎，精致轻巧。漆器有铜器所没有的绚丽色彩，铜器能做出的器型，漆器也都能作出。漆器工艺在夏商时代就已发展到相当高的水平，到东周时上层社会使用漆器已相当普遍。秦汉之际，漆器制作便已达到历史的顶峰，成为中等阶层的必需品。

从战国中期开始，高度发达的商周青铜文明呈衰退之象，这与漆器工艺的发展有关。人们对漆器的兴趣，高出铜器不知几倍，过去的许多铜质饮食器具大都为漆器所取代。长沙马王堆三座汉墓出土漆器有 700 余件之多，既有小巧的漆匕，也有直径 53 厘米的大盘和高 58 厘米的大壶。

漆器工艺并不比铜器工艺简单。据《盐铁论·散不足篇》记载，一只漆杯要花用一百个工日，一具屏风则需万人之功，说的就是漆工艺之难，所以一只漆杯的价值超过铜杯的十倍有余。漆器上既有行云流水式的精美彩绘，也有隐隐约约的针刺锥画，更珍贵的则有金玉嵌饰，装饰华丽，造型优雅。漆器虽不如铜器那样经久耐用，但其华美轻巧中却透射出一种高雅的秀逸之气，摆脱了铜器所造成的庄重威严的环境气氛。因此，一些铜器工匠们甚至乐意模仿漆器工艺，造出许多仿漆器的铜质器具。

从秦汉到魏晋南北朝，这段时期的饮食器具继承了夏商周的成果，并且发展出一套具有时代特色的烹饪理论，这些理论对以后的中国饮食器具影响深远。因此，这一时期是中国古代饮食器具的定型期。

四、唐宋时期食器

隋唐时期瓷器开始兴盛，宋代瓷业达到历史上的高峰，出现了以"钧、汝、官、哥、定"为代表的官窑和以磁州窑为代表的众多民窑。从那时起，中国餐具便逐渐由瓷器占统治地位。

隋唐是中国封建社会的强盛时期，各民族在饮食文化上进一步交流融合，菜肴品种大增，宴会上的各种菜式也极为丰富，中国的就餐形式开始由分餐制演变为多人围桌的合食形式。在食具方面，最大的特征就是瓷器的兴盛。

唐代的金银饮食器形制多种多样，装饰纹样以动物纹和植物纹为主，动物纹饰姿态多样、劲健有力，植物纹则显得多彩多姿、富丽堂皇，反映社会生活的狩猎、梳妆、乐舞等题材也大量涌现出来。

唐代食器中的秘色瓷非常有名。秘色瓷一般指越窑青瓷，是专门为皇室和贵族烧制的一种薄胎、釉层润泽如玉的瓷器精品，釉色有青绿、青灰、青黄等几种，自唐至宋，五代和北宋初年是其发展高峰时期。最早提到秘色瓷的是唐人陆龟蒙的《秘色越器》诗，诗中有"九秋风露越窑开，夺得千峰翠色来"的句子，用"千峰翠色"来形容其釉色。1987年陕西扶风法门寺地宫出土了10余件秘色瓷器，是唐代皇帝作为供品奉献给释迦牟尼"佛骨舍利"的稀世之珍。釉色以青绿色为主，也见黄釉带小冰裂纹。釉色纯正，釉质晶莹润彻，釉层富透明感。个别器物在口沿和足底镶嵌银扣或以平托手法装饰鎏金的镂空花鸟团花，更显典雅华贵。

唐代的饮食器皿，比较珍贵的除了金银制品和秘色瓷外，还有玉石、玛瑙、玻璃和三彩器。有一些玻璃器可能是西域来的商品，唐人诗句中的"夜光杯"大约也包括这类玻璃器。如王翰《凉州词》："葡萄美酒夜光杯，欲饮琵琶马上催。"葡萄酒和夜光杯，作为异国情调很受唐人推崇。《太真外传》说，杨贵妃"持玻瓈七宝杯，酌凉州所献葡萄酒"，说明宫中极为看重玻璃器。

从金银器、玻璃器和秘色瓷，可以看出唐代的饮食器具发生了很大变化，这对当时的饮食生活都产生过一定的影响。因此，这一时期的炊食器具都是技术与艺术的结合体，成了不同审美情趣和社会心态的表现手段。

宋代瓷业达到历史上的高峰，出现了以"钧、汝、官、哥、定"为代表的官窑和以磁州窑为代表的众多民窑，其产品的绝大部分就是碗、盘类食具，食具进入了真正的瓷器时代。瓷器逐渐成为最普遍的食具，大量生产，更远销海内外，其质量及制作工艺也日趋精美。这一时期的食器分类越来越细致，茶具、酒具已经从传统食具中独立出来，瓶类实用器逐渐发展成精致的陈设品，常见食具中以碗、盘、瓶及壶出现最多变化。

唐代的饮食器具体现着"海纳百川，有容乃大"的气度和开放、乐观的情调。而时刻处于辽、金、西夏威胁下的两宋文人，在报国无门的郁闷中转向了灵魂与哲学问题的思索，弥漫起超然脱俗、洁身自好的情愫。宋代官瓷食具如文人画一般，散发出清秀静雅的韵致。而民众更注重日常生计，"即使在战火中也要生存"的欲念使民用瓷食具呈现出乐观向上的格调，与官瓷风格迥异。

五、明清时期食器

明清两代是瓷器的繁盛时期，瓷器的成型、配料、用釉、施彩、呈色、烧造等一系列技术在此时达到了前所未有的高度，这时的食器也以瓷制品为主。

明代初期，朝廷开始在景德镇设制御窑厂，专门烧造官府用瓷，这些官用瓷器很多都是食具。为了保证御窑厂产品的数量和质量，官府还把在战乱中失散的工匠又重新集中起来，使景德镇制瓷工匠的队伍和瓷业生产规模都空前庞大起来，"工匠来八方，器成天下走"正是当时极好的写照。明代不仅官窑兴旺，民窑也有很大发展，形成了"官民竞市"的局面，这种竞争促进了瓷业的发展，将中国瓷器装饰技术推进到一个新的阶段。

清代诗人袁枚曾提出"美食不如美器"，可见古人对饮食之美的重视与追求。清初，瓷业生产有了突飞猛进的发展，制瓷技术更趋娴熟精湛，品种尤为丰富多彩，高低温颜色釉"精莹纯全"，珐琅彩、粉彩精细秀雅，特别是康熙的青花、五彩、三彩风格别致，雍正墨彩朴素清逸，乾隆的青花玲珑和瓷雕等工艺瓷巧夺天工。造型精巧、装饰绚丽、瓷质莹润三者兼备，构成了康雍乾三朝瓷业的辉煌成就。

清代食具中，除了白瓷青瓷，更有多姿多彩的珐琅瓷。珐琅瓷是用进口珐琅料在皇宫造办处制成的一种极为名贵的宫廷御用瓷器，初创于康熙晚期，盛于雍正、乾隆时期，至嘉庆初期停止生产，清末民初又有仿清珐琅瓷的产品出现。珐琅瓷除康熙时有一些宜兴紫砂胎外，都是在景德镇烧制的白瓷器上绘上图案，再二次烘烧，即成为精美的珐琅彩瓷器。

珐琅瓷是清代宫廷特制的一种精美的高档艺术品，也是中国陶瓷品种中产量最少的一种。乾隆皇帝曾说："庶民弗得一窥见。"因此珐琅瓷每件都可称为独一无二的精品。它不仅有欣赏价值，同时也具有很高的收藏价值。康熙珐琅瓷以红、黄、蓝、绿、紫、胭脂等色作地子，在花卉团中常加有"寿"字和"万寿无疆"等字，画作工整细腻，器物表面很少见白地。釉面有极细冰裂纹，极富立体感。雍正珐琅瓷制作更加完美，多是在白色素瓷上精工细绘，一改康熙时有花无鸟图案，除在器物上绘竹子、花鸟、山水外，还配以相宜诗句。乾隆珐琅瓷采用轧道工艺，在器物局部或全身色地上刻画纤细的花纹，然后再加绘各色图案，大量吸收西方油画技法，在题材上出现了《圣经》故事、天使、西洋美女等西洋画的内容，故又称为"洋彩"。

清朝的瓷器除了著称于世外的青花瓷，釉上加彩的五彩瓷也曾风行一时。用彩色装饰瓷器的做法，起源很早，到明清两代釉上彩的配方有了重大创新，以红、黄、绿、蓝、黑、紫等多种色彩绘制出画面，色彩绚丽，这便是五彩瓷。康熙时期的五彩瓷，瑰丽多彩，品种繁多，相当珍贵。它的色彩主要为红、黄、蓝、绿、紫、黑等，以红彩为主。康熙时期的民窑五彩瓷，在装饰上受的束缚较少，所以图案题材丰富多样，运用自如，除花卉、海鹊、仕女外，还大量采用戏曲和民间故事为题材。

清朝康、雍、乾是瓷业黄金时代，制造出大量的盘、杯、碗、碟等饮食器皿精品。饮食器皿分贵贱，到了清代更是形成了一套完整的饮食器皿体系，人们以食器数量的多少、材质的优劣、工艺的高低来彰显礼仪、增添情趣。

第二节　国人的饮食器具

一、中国古代炊具

炊具是食器的重要组成部分，是通过烹、煮、蒸、炒等手段将食物原料加工成可食用物品的器具。这类器物包括灶、鼎、鬲、甑、甗、釜、鬶、斝等类别。

中国食器文化源远流长，炊具一直被视为食器文化的重要内容。中国历史上最原始的炊具就是在土地上挖成的灶坑，这种灶坑在新石器时代甚为流行，并发展为后世的用土或砖垒砌成的不可移动的灶。秦汉以后，绝大多数炊具必须与灶相结合才能进行烹饪活动，灶因此成为烹饪活动的中心。

（一）鼎

新石器时代的鼎是上古时期的主要炊具之一。到了商周时期，开始盛行青铜鼎，有圆形三足，也有方形四足。因功能的不同，又有镬鼎、升鼎等多种专称，主要是用来煮肉和调和五味。青铜鼎多在礼仪场合使用，而日常生活所用主要还是陶鼎。秦汉时期，鼎作为炊具的意义已大为减弱，演化成标示身份的随葬品。秦汉以后，鼎变为香炉，完全退出了饮食领域。

（二）鬲

考古发掘证实，最早的鬲产生于新石器时代的晚期，到了战国时期鬲就应经退出历史舞台，所以文献中关于鬲的记载很少。在青铜鬲出现之前，陶鬲一直是主要的炊器。在制作陶鬲时，一般要在黏土中加入一定比例的砂粒、蚌粉或谷壳，以便在煮食过程中能承受高温并保存热量。鬲的外形似鼎，但三足内空，目的是为了增大受热面积以更好地利用热能，它的主要用途是煮粥、制羹和烧水，同时也作为祭祀用的礼器而存在于夏商周时期。

（三）甑

甑是一种复合炊具，只有和鬲、鼎、釜等炊具组合起来才能使用，相当于现在的蒸锅。甑就是底部有孔的深腹盆，是用来蒸饭的器皿，它的镂孔底面相当于一面箅子，把它放置在炊具上，炊具中煮水产生的蒸汽通过中空的内柱进入甑内并经由柱头的镂孔散发开来，由于上部加有严密的盖，柱头散发的蒸汽无法外泄而只能弥漫于腹内，其热量就把围绕中柱放置的食物蒸熟。

（四）釜

釜产生于新石器时代中期，在中国古代曾写作"鬴"，实际就是圆底锅。商周时期有铜釜，秦汉以后则有铁釜，带耳的铁釜或铜釜叫鍪。釜单独使用时，需悬挂起来在底下烧火，大多数情况下，釜是放置在灶上使用的。"釜底抽薪"一词，表明了它作为炊具的用途。

（五）甗

甗是中国古代的一种复合炊具，下部烧水煮汤，上部蒸干食。陶甗产生于新石器时代晚期，商周时期有青铜甗，秦汉之际有铁甗，东汉之后，甗基本消亡，所以现代汉语中没有相关的语汇。东周之前的甗无论陶还是铜，多是上下连为一体的，东周及秦汉则流行由两件单体器物扣合而成的。

（六）鬹

鬹是中国古代炊具中个性最为鲜明的一种炊具，它是将鬲的上部加长并做出流，一侧再安装上把手而成。鬶只流行于新石器时代晚期的大汶口文化和山东龙山文化，其他地域罕有发现。鬶的功用与鬲相同，也是烹煮食品的器具，但因它具有尖嘴和把手，所以无需借助于勺而可以直接将煮好的食品倒入食具且不致溅溢，因而在功能上较鬲先进。

（七）斝

陶斝产生于新石器时代晚期，当时也是空足炊具之一，是煮水煮粥的炊具。进入夏商周时期，斝变为三条实足，且多青铜制成，但已是酒具而不是炊具了。商代以后，斝由盛转衰以至绝迹。

鬶

二、中国古仪进食器

筷子在中国古代称为箸，发明于商代，用于夹起食物送往人口里；勺子的使用可以追溯到七千年以前，筷子使用以后，勺子和筷子配套使用。在中国人的餐桌上，一般传统地都要摆上这两种餐具。

在中国人的日常生活中，每天都离不开筷子和勺子，这是中国传统的进食器具，在中国起源很早，与人民的物质和精神生活结下了不解之缘。

（一）筷子

中国是筷子的发源地，筷子也是中国的国粹，它既轻巧又灵活，在世界各国餐具中独树一帜，被西方人誉为"东方的文明"。中国使用筷子的历史可追溯到商代，《史记·微子世家》中有"纣始有象箸"的记载。纣为商代末期君主，以此推算，中国至少有3000多年的用筷历史。先秦时期称筷子为"挟"，秦汉时期叫"箸"。因"箸"与"住"字谐音，而又"住"有停止之意，乃不吉利之语，所以就反其意而称之为"筷"，这就是筷子名称的由来。

筷子诞生之后，历代对筷子的制作可谓费尽心思，力图在两支简单的圆柱体上展现出更多的技艺。这种首粗足细的圆柱形进食具，最早应是以木棍为之，商周时期出现青铜制品，汉代则流行竹木质筷子，至为精美。隋唐时出现了金银制作的筷子，一直沿用到明清。至宋元时期，出现了六棱、八棱形筷子，装饰也日渐奢华。宫廷用筷子更是用尽匠心，工艺考究且有题诗作画，实际成了高雅的艺术品。因此，有象牙筷子、玉筷子、金银筷子、铜筷子、木筷子之分，还有方头、圆头、多棱头之别。作为一种独特的食具，筷子已经成为中华饮食文化的精粹之一。

千百年来，人们之所以乐意使用筷子，不仅仅在于它的妙用，同时也是在追求一种精神。耿直而不愿弯曲，奉献而不求回报，平等而不会独大，合作而不会争功，同甘而不会逃避，双赢而不可缺一，这就是大家对筷子精神的评价。在中国民间筷子也被视为吉祥物，女儿出嫁时嫁妆里会放一双筷子，即快生贵子的意思。此外，筷子还是和睦相处、平等友爱、互惠互利、同甘共苦、百年好合的象征。

（二）勺子

在古代的饮食活动中，筷子的出现并不是孤立的。在仰韶文化遗址中，还已发现了匕匙（即勺），勺子与筷子往往是一同出现并配合使用的。勺在功能上可分为两种，一种是从炊具中捞取食物盛入食具的勺，同时可兼作烹饪过程中搅拌翻炒之用，古称匕，类似今天的汤勺和炒勺。另一种是从餐具中舀汤入口的勺，形体较小，古称匙，即今天所俗称的调羹。

早期的餐勺往往是兼有多种用途的，专以舀汤入口的小匙的出现应是秦汉及其以后的事。考古发现最早的餐勺距今已有 7000 余年的历史，属新石器时代。当时的勺既有木质、骨质品，也有陶质的。夏商周时期出现铜勺，带有宽扁的柄，勺头呈尖叶状，自铭为匕，即勺头展平后形如矛头或尖刀，"匕首"之称即指似勺头的刀类。战国之后，勺头由尖锐变为圆钝，柄也趋细长，此形态一直为后代沿袭。秦汉时流行漆木勺，做工华美，并分化出汤匙。此后金、银、玉质的匕、匙类也日渐增多，餐桌上的器具随着食具的多样而更加丰富了。

三、中国古代盛食器

盛食器是人们日常生活中使用最广的盛装食品的器具，也是食器的重要组成部分，包括盘、盆、碗、盂、钵、豆、敦、俎、案等类，展现了中国的悠久饮食文化。

在盛食器具中最为常见的是盘，新石器时代陶盘就已经广泛使用，此后盘一直是餐桌上不可或缺的盛食用具。盘是中国古代食具中形态最为普通、形制最为固定、年代最为久远的器皿，包括陶、铜、漆木、瓷、金银等多种质料。最为常见的食盘是圆形平底的，也有方形的。

碗也是中国饮食用具中最常见、生命力最强的器皿。碗似盘而深，形体稍小，最早产生于新石器时代早期，历久不衰且品类繁多。商周时期稍大的碗在文献中称为"盂"，既用于盛饭，也可盛水。秦以后盂的功能和名称发生变化，既可盛水，也可盛粥盛羹，形态越来越小。此外，新石器时代的陶盆也是食器，式样较多，多为圆形。秦汉以后盆的质料虽多，但造型一直比较固定，与今天所用基本无异。除了盘、碗、盆之外，在中国古代还有很多其他盛食器皿。

（一）豆

豆在古代是用来盛放食品的器具，是一件加有高底座的浅盘。新石器时代晚期就已经产生了陶豆，除陶豆以外，还有木豆、竹豆，商周以后更盛行青铜豆。按古代字书的解释，木豆称 ，竹豆叫笾，陶豆为登。豆的长柄称为"校"，柄下的圈足称为"镫"。豆沿用至商周时期，汉代已基本消亡。

（二）俎

俎的历史十分久远，据考古发现，夏商周时期就已经出现俎，当时既有石俎、又有青铜俎。俎既可用来放置食品，也可用来做切割肉食的砧板。当时的俎也是祭祀用的礼器，使用介于镬鼎、升鼎和豆之间，是承载、切割肉食的器具，常常"俎豆"连用。孔子说："俎豆之事，则尝闻之矣。"即言其擅长祭祀礼制之意。

（三）案

案和俎在形态和功用上颇为相似，秦汉之后人们便开始将这类器具成为"案"。案大致可分两种，一种案面长而足高，可称几案，既可作为家具，又可用做"食案"；另一种案面较宽，四足较矮或无足，上承盘、碗、杯、箸等器皿，专作进食之用，可称为樶案。

（四）簋

簋仅存在于夏商周时期，是一种圆形带足的大碗，方形的则叫做簠。簠簋常连用，专指商周时期的青铜盛食器。在青铜器产生之前，此类器物是陶质或竹木质。在当时这种器具除作为日常用具外，更多地用做祭祀礼器，且多与鼎连用。如天子用九鼎八簋，诸侯七鼎六簋，卿大夫五鼎四簋，一般平民不得用，因此，簠簋便成了人们身份地位的代称。古代官员为政不廉时，"簠簋不饰"还婉指其生活靡费。

（五）盒

盒产生于战国时期，流行于西汉早中期，是一种由盖、底组合成的盛器，用以装放食物，有的盒内分许多小格。自西汉至魏晋，流行于南方地区，被称为八子樏，后来发展出方形，统称为多子盒，无盖的多子盒又叫格盘，此类器具均是用来盛装点心。

（六）敦

敦产生于春秋中期，呈圆球状或椭圆状，由上下两个造型完全相同的三足深腹钵扣合而成，上下均有环形三足两耳，一分为二，上体为盖，倒置后也可盛食，与器身完全相同。敦的形态是由鼎和簋相结合演变而成的。《周礼》中簋敦不分，宋代称敦为鼎，至清代始将敦单独分出。敦盛行于春秋晚期至战国后期，是专门盛黍、稷、稻、粱等粮食作物制成品的盛食具，至秦代已基本消失。

第三节　筷子文化

现在世界上人类进食的工具主要分为 3 类：欧洲和北美用刀、叉、匙，一餐饭三器并用；中国、日本、越南、韩国和朝鲜等用筷；非洲、中东、印尼及印度次大陆以手指抓食。

一、筷子的历史渊源

（一）筷子的起源典故

筷子，源于中国。远古时代，人们吃食物是用手抓，但在有了火，有了烹饪后，吃烫热的食物时，就用木棍来佐助，天长日久，人们便练就了用木棍取食物的本领，这就是人们使用筷子的由来。大约到了原始社会末期，就有了用树枝、竹片或动物骨骼制成的筷子了。1995 年 10 月，青海西宁市西的宗日遗址 14 号灰坑出土的"骨叉"，就是原始社会的"筷子"。《礼记·典礼上》有"饭黍以籍"、"羹之菜者用挟"之说；《史记》中有"纣为象箸，而箕子唏"的记载，这是筷子最早的文字记载。由此可见，筷子的历史至少可以追溯到公元前 11 世纪的商纣之前，距今已有三千多年的历史了。筷子，在先秦时叫"挟"，秦汉时叫"箸"，隋唐时叫"筋"，宋代叫"筷"。那么，为何叫"筷子"呢？明代陆容在《菽园杂记》中述，因"箸"与"住"同音，古人十分忌讳，"舟行讳住"，"住"即为停止之意，乃不祥之语，便反其意而称之为"快"，"快"又大多以竹制成，就在"快"字头上添个"竹"字头，这就成了现在的"筷"字了。

筷子看起来只是非常简单的两根小细棒，但它有挑、拨、夹、拌、扒等功能，且使用方便，价廉物美。筷子也是当今世界上一种独特的餐具。凡是使用过筷子者，不论华人或是外国人，无不钦佩筷子的发明者。可是它是何人发明？何时创造诞生？现在谁也无法回答这个问题。当然，研究筷子文化，也不是找不到任何旁证材料。下面就看 2 个有关筷子起源的传说。

1. 姜子牙与筷子

这一传说流传于四川等地。说的是姜子牙只会直钩钓鱼，其他事一件也不会干，所以十分穷困。他老婆实在无法跟他过苦日子，就想将他害死另嫁他人。

这天姜子牙钓鱼又两手空空回到家中，老婆说："你饿了吧？我给你烧好了肉，你快吃吧！"姜子牙确实饿了，就伸手去抓肉。窗外突然飞来一只鸟，啄了他一口。他疼得"阿呀"一声，肉没吃成，忙去赶鸟。当他第二次去拿肉时，鸟又啄他的手背。姜子牙犯疑了，鸟为什么两次啄我，难道这肉我吃不得？为了试鸟，他第三次去抓肉，这时鸟又来啄他。姜子牙知道这是一只神鸟，于是装着赶鸟一直追出门去，直追到一个无人的山坡上。神鸟栖在一枝丝竹上，并呢喃鸣唱："姜子牙呀姜子牙，吃肉不可用手抓，夹肉就在我脚下……"姜子牙听了神鸟的指点，忙摘了两根细丝竹回到家中。这时老婆又催他吃肉，姜子牙于是将两根丝竹伸进碗中夹肉，突然看见丝竹咝咝地冒出一股股青烟。姜子牙假装不知放毒之事，对老婆说："肉怎么会冒烟，难道有毒？"说着，姜子牙夹起肉就向老婆嘴里送。老婆脸都吓白了，忙逃出门去。

姜子牙明白这丝竹是神鸟送的神竹，任何毒物都能验出来，从此每餐都用两根丝竹进餐。此事传出后，他老婆不但不敢再下毒，而且四邻也纷纷学着用竹枝吃饭。后来效仿的人越来越多，用筷吃饭的习俗也就一代代传了下来。

这个传说显然是崇拜姜子牙的产物，与史料记载也不符。殷纣王时代已出现了象牙筷，姜子牙和殷纣王是同时代的人，既然纣王已经用上象牙筷，那姜子牙的丝竹筷也就谈不上什么发明创造了。不过有一点却是真实的，那就是商代南方以竹为筷。

2. 大禹与筷子

这个传说流传于东北地区。说的是尧舜时代，洪水泛滥成灾，舜命禹去治理水患。大禹受命后，发誓要为民清除洪水之患，所以三过家门而不入。他日日夜夜和凶水恶浪搏斗，别说休息，就是吃饭、睡觉也舍不得耽误一分一秒。

有一次，大禹乘船来到一个岛上，饥饿难忍，就架起陶锅煮肉。肉在水中煮沸后，因为烫手无法用手抓食。大禹不愿等肉锅冷却而白白浪费时间，他要赶在洪峰前面而治水，所以就砍下两根树枝把肉从热汤中夹出，吃了起来。从此，为节约时间，大禹总是以树枝、细竹从沸滚的热锅中捞食。这样可省出时间来制服洪水。如此久而久之，大禹练就了熟练使用细棍夹取食物的本领。手下的人见他这样吃饭，既不烫手，又不会使手上沾染油腻，于是纷纷效仿，就这样渐渐形成了筷子的雏形。

虽然"传说"主要是通过某种历史素材来表现人民群众对历史事件的理解、看法和感情，而不是严格地再现历史事件本身，但大禹在治水中偶然产生使用筷箸的最初过程，使当今的人们相信这是真实的情形。它比姜子牙制筷传说显得更纯朴和具有真实感，也符合事物发展规律。

促成筷子诞生，最主要的契机应是熟食烫手。上古时代，因无金属器具，再因兽骨较短、极脆、加工不易，于是先民就随手采摘细竹和树枝来捞取熟食。当年处于荒野的环境中，人类生活在茂密的森林草丛洞穴里，最方便的材料莫过于树木、竹枝。正因如此，小棍、细竹经过先民烤物时的拨弄，急取烫食时的捞夹，蒸煮谷黍时的搅拌等，筷子的雏形逐渐出现。这是人类在特殊环境下的必然发展规律。从现在筷子的形体来研究，它还带有原始竹木棍棒的特征。即使经过3000余年的发展，其原始性依然无法改变。

当然，任何传说总是经过历代人民的取舍、剪裁、虚构、夸张、渲染，甚至幻想加工而成的，大禹创筷也不例外。它是将数千年百姓逐渐摸索到的制筷过程，集中到大禹这一典型人物身上。其实，筷箸的诞生，应是先民群众的集体智慧，并非某一人的功劳。不过，筷子可能起源于禹王时代，经过数百年甚至千年的探索和普及，到商代成了和匙共同使用的餐具。

（二）筷子的历史变迁

我们现在通称的筷子，在古代的通称是"箸"，有时写作"筯"或"櫡"。先秦时称"梜"、"箸"，两汉期间"箸"、"筯"、"櫡"三字通用，如《史记·留侯世家》载："郦食其未行，张良从外来谒。汉王方食，曰：'子房前，客有为我计桡楚权者。'具以郦生语告，曰：'于子房何如？'良曰：'谁为陛下画此计者？陛下事去矣。'汉王曰：'何哉？'张良对曰：'臣请借前箸为大王筹之'。"《史记·集解》引张晏语曰："求借所食之箸用指画也，或曰前世汤武箸明之事，以筹度今时之不若也。"《史记·绛侯周勃世家》也记有与"櫡"相关史实，景帝时周亚夫以病免相，"顷之，景帝居禁中，召条侯，赐食。独置大，无切肉，又不置櫡。条侯心不平，顾谓尚席取櫡"。同是《史记》，"箸"字的书写还保留了不同的样式。

到了隋唐时代，"筯"、"箸"两字同时使用，李白《行路难》里有"停杯投筯不能食，拔剑四顾心茫然"的诗句；杜甫《丽人行》中有"犀箸厌饫久未下，鸾刀缕切空纷纶"的诗句。

有人认为到了宋代已有"筷子"的称呼，但据准确的文献资料考察，"筷子"一名最早似出现于明代。明人陆容《菽园杂记》卷一上说："民间俗讳，各处有之，而吴中（今苏州、无锡、常州）为甚。如行舟讳住、讳翻；以箸为快（筷）儿，幡布为抹布。"明人李豫亨在《推篷寤语》里也论及此事，谓当时"也有讳恶字而呼为美字，如立箸讳滞，呼为快（筷）字，今因流传之久，至有士大夫之间亦呼为筷子者，忘其始也"。由此可见，"筷子"一名，至迟在明代已经确立了。

清代普遍称"筷子"，有时也称"箸"或"筯"，乾隆年间，曹雪芹所著《红楼梦》在第四十回"史大君两宴大观园，金鸳鸯三宣牙牌令"里记有："凤姐手里拿西洋布手巾，裹着一把乌木镶银箸……那刘姥姥入了座，拿起来，沉甸甸的不伏手，原是凤姐和鸳鸯商议定了，单拿了一双老年四楞象牙镶金的筷子给刘姥姥……刘姥姥拿起箸来，只觉得不听使，又道：'这里的鸡儿俊，下的着蛋也小巧，怪俊的。'……刘姥姥便伸筷子要夹，那里夹得起来？满碗里闹了一阵，好容易撮起一个来，才伸着脖子要吃，偏又滑下来，滚在地上。忙放下筷子，要亲自去拣，早有地下的人拣出去了……贾母又说：'谁这会子又把那筷子拿出来了，又不请客摆大宴席，都是凤丫头指使的！还不换了呢。'……地下的人原不曾预备这牙箸，本是凤姐和鸳鸯拿了来的，听如此说，忙收过去了，也照换上一双乌木镶银的……鸳鸯坐下来了，婆子们添上碗箸来，三人吃毕。"在这同一段文字里，箸的不同名称并用，很有意思。

总而言之，前引我国历代著述可见，从"箸"、"梜"、"筴"、"樗"、"筋"，到"筷子"一名的统一称呼，箸的不同名称的并用，在我国经历了 3000 年上下的历史。

随着社会的发展和科学技术的进步，进食具也不断发展和完善，箸的制作原料也不断得到丰富，制作技术也渐有提高，起初用树枝、竹棍、兽骨，到商代时不仅已经有了骨箸、铜箸，而且也已经有了经过琢磨的象牙箸和玉箸。春秋战国时期的箸，有铜质、木质和象牙的，两端粗细几乎一般大小，分不出哪是手握的首部或夹菜的足部。

西汉时又有了铁箸，《汉书·王莽传》载世无霸"以铁箸食"，这是最为坚实的箸。汉代开始生产的漆箸，光可鉴人，十分精美。考古发现西汉时代的箸更多的是竹箸，东汉时期墓葬中出土的大都是铜箸。

魏晋南北朝时，又开始流行金丝镶嵌木箸。隋唐时期，上层社会盛行使用白银打制的食箸，还有名贵的金箸和犀箸。唐代开始在箸的首部有了一些装饰，如江苏丹徒丁卯桥发现的铜箸，首部鎏金，顶端呈葫芦形，中部刻有"力士"铭文。"力士"二字非产地质材名称，也不是工匠名号，而是规格较高的成套酒具的别称。它与"力士铛"、"力士瓷饮器"一样应是标榜名牌产品的意思。又如湖南长沙锋山出土的铜箸，首部镂刻成螺旋莲花形。五代的后蜀有了沉香木箸，也是一种比较珍贵的箸。

宋代箸的制作工艺渐趋精细，注重装饰，形状也有所变化，出现了首部呈六棱形的箸。元代的铜质或银质箸，大都呈圆柱形，且还有首部呈六棱形或八棱形的。

明清时代箸的质料讲究多样，做工细腻，工艺精湛，如银镶乌木箸、银镶紫檀箸、银镶珊瑚箸、金三镶玉石箸，翡翠箸、银箸、牙箸、银镶象牙箸、银镶竹箸等。制箸匠人有时在箸面绘图作画，题诗刻词，镌刻各种花鸟鱼虫，山水人物，既实用，又富于艺术美感。

在古代制作箸的原料很多，由于形小易腐蚀，埋藏在地下的箸很难保存下来。从考古学提供的证据以及近年在社会上和民间征集的箸实物来看，多数是铜质、银质、铁质、兽骨和象牙箸，还有以其他金属为质料的箸，也有木箸、竹箸、珊瑚箸等。竹木箸大多数是明清两代的遗物。

华夏民族历史上曾经拥有过世界上各地常用种类的进食具。在所有以往使用过的进食具中，箸具有比之刀、叉都有要轻巧、灵活、适用的优点。研究者指出，"中国古代餐叉与箸曾同时流行过一阵子，而叉子却几至由箸从桌上完全挤出去了"。用箸已成为中国人进食技能上的一大特色，在我们这个古老的多民族国度里广泛使用，经久不衰，这正说明了箸的优越性之所在。

二、筷子的文化内涵

筷子是人们每天用餐夹菜必备的餐具，是中国传统饮食文化的象征。据研究，用筷子进食，不但可使人心灵手巧，而且有训练大脑的刺激作用，所以西方学者相信，要想体验中国传统文化的丰富内涵，必须先学会使用筷子。

近年来，全世界流行"中国热"，中文成了欧美人士热衷学习的语言，在美国，有"孔子学院"的设立，在各大中学，中文也是选修的学科。到中国旅游、观光、研究、讲学、访问、参会、贸易、考察的外国人，不管是达官、贵人、富商、豪贾、专家、学者，乃至一般旅游观光者，事先不仅要学习中文，而且要学习使用筷子，以达到"入境随俗"，才能宾主尽欢。

当年尼克松、基辛格打开中国之门的首次访问，在北京与毛泽东、周恩来"煮酒论英雄"时，便表演用筷子夹菜的动作，虽然生硬不纯熟，但其用心与真诚，还是博得了毛泽东、周恩来的喝彩和掌声，获得了皆大欢喜的愉快场面，更谈出了"一筷（笑）泯恩仇"的言和与建交协议。

（一）筷子风俗

筷子是生命的拐杖、手的延长线、最短的搬运工具。筷子将盘碗中的食物送入嘴中，使生命继续存在。筷子虽是最简单的餐具，却有很多功能，如端、夹、切、抓、剥、捡、集、包、分、插、挤等，可谓非常灵活，又是多性能的饮食工具。

周恩来和张春桥与尼克松吃饭

使用筷子时，由于筷子与手的接触摩擦，可防止大脑老化、衰退。中国医学中有"十指连心"之说，实则十指连着大脑的神经，手的运动靠大脑支配，大脑的发达靠手的活动。为此，使用筷子会使人聪明。

筷子虽简单、短小，但由于它在使用者的饮食生活中占有重要的地位，多在公众场合出现，所以对它的使用在礼仪上有很多要求，禁忌也非常多。这就构成了筷子文化，甚至有些民俗学者得悉筷子的特性，把使用筷子的地区称为"筷子文化圈"。有不少学者为筷子文化著书立说，如中国作家、民俗学者兰翔已出版过《筷子古今谈》、《筷子三千年》。他收集中外筷子900多种、1500余双。中国箸文化博物馆馆长刘云先生主编的《中国箸文化大观》一书，尤是中国箸文化艺术研究的历史性著作，而该馆所藏历代箸品种之全、之精，都充分显示了中国箸文化的辉煌与博大。

用膳时，主人为表示盛情，一般可说"请用筷"等筵语。筵席中暂时停餐，可以把筷子直搁在碟子或者调羹上。将筷子横搁在碟子上，那是表示酒醉饭饱不再进膳了。横筷礼一般用于平辈或比较熟悉的朋友之间。小辈为了表示对长者的尊敬，必须等长者先横筷后才能跟着这么做。据史载，宋代有个官员陪皇帝进膳时，因先横筷而犯了大不敬的罪。现在用餐时，即使先吃完饭的，也不立即收拾碗筷，要等全桌膳毕后再一起收拾，可以说这是古代横筷礼仪的延续，表示"人不陪君筷陪君"。

筷子，反映了中国的传统文化和习俗。在封建社会，筷子是要分等级的。皇宫贵族用的筷子质地颇为讲究，有象牙的、玉石的、翡翠的、白银的、上等细木雕花的等。皇宫贵族、达官贵人的筷子是品位、身份的象征，平民百姓不在乎用什么质地的筷子，只要能够果腹，没有筷子，随便折两根树枝即可。餐桌上用筷子也有讲究。譬如筷子不能直插到饭碗里，不吉利。再如，大人、领导或有辈分的人或客人没有动筷子之前，其他人是不能动的，那叫有礼貌或者表示尊重。

相传西汉时成都寒士司马相如去监邛寻访朋友，结识了当地富商卓王孙之女卓文君。两人倾心爱慕，竟至私奔。司马相如赠卓文君一双竹筷，权充聘礼，并赋诗一首："少小青青老来黄，每结同心配成双。莫道此中滋味好，甘苦来时要共尝。"表达两人永结同心、甘苦共尝的心愿。其后，这段佳话家喻户晓，所以人们举办婚礼时，少不了要用成双结对的筷子祝福新人同甘共苦，永结百年之好。

中国国内很多僻远地区，还依古礼习俗，至今仍保有婚礼送筷子的传统文化，也就是说，婚嫁以筷子作为婚礼赠送，取其音意"快生子"，是男女双方家人最喜欢的礼物之一。一般是用"竹筷"，在嫁妆里放把竹筷，取"祝（竹）快（筷）生子"（早生贵子）之意；在花轿升起前撒筷子，取"早生（升）快（筷）养"的吉利。

古时男婚女嫁，都是承父母之命、媒妁之言，照例要先合男女双方的"八字"，通常是将男女的"八字"用纸写好，置放于"筷笼"内，如果"八字相合"，可以择日成亲。在成亲之日，把筷笼内的八字和一双筷子取出作为陪嫁，谓之"陪嫁筷子"，意在祝愿平安幸福（竹报平安），多福、多寿、多子孙。

婚礼完成后，好戏在后头，最有趣的是闹洞房后，亲友告别新郎新娘时，常会躲在洞房窗外，把自己事先备好的筷子拿出来，戳穿窗纸，将一双双筷子往喜床上掷去，此起彼落，吓得新郎新娘赶快闪躲，非常滑稽好笑，在窗外丢筷子的亲友，则哈哈大笑，还口中念念有词：一戳窗纸开，新娘躲起来，八仙送贵子，麒麟来投胎。二戳红罗帐，帐内尽春光，情意如胶漆，过年生儿郎。三戳红绫被，鸳鸯共枕睡，并蒂鲜花香，恩爱过百岁。

中国人使用方顶圆身的筷子，寓意天圆地方、天长地久。婚俗中，筷子祝福新人快生贵子；送情人的筷子，表达成双成对，永不分离的信念；送亲朋的筷子，表示贴心地关怀对方生活；送合作人的筷子，代表相互依存的协作关系。在中国传统节日中，八双筷子祝福大吉大发，十双寓意十全十美、团团圆圆。

（二）刀叉文化与筷子文化的比较

刀叉的出现比筷子要晚很多。据游修龄教授的研究，刀叉的最初起源和欧洲古代游牧民族的生活习惯有关。他们在马上生活，随身带刀，往往将肉烧熟，割下来就吃。后来走向定居生活后，欧洲以畜牧业为主，面包之类是副食，直接用手拿；

主食是牛羊肉，用刀切割肉，送进口里。到了城市定居以后，刀叉进入家庭厨房，才不必随身带。由此不难看出，今天作为西方主要餐具的刀与筷子身份很是不同，它功能多样，既可用来宰杀、解剖、切割牛羊的肉，到了烧熟可食时，又兼作餐具。

大约15世纪前后，为了改进进餐的姿势，欧洲人才使用了双尖的叉。用刀把食物送进口里不雅观，改用叉叉住肉块，送进口里显得优雅些。叉才是严格意义上的餐具，但叉的弱点是离不开用刀切割在前，所以二者缺一不可。直到17世纪末，英国上流社会开始使用三尖的叉，到18世纪才有了四个叉尖的叉子。所以西方人刀叉并用只不过四五百年的历史。

刀叉和筷子，不仅带来了进食习惯的差异，进而影响了东西方人生活观念。游修龄教授认为，刀叉必然带来分食制，而筷子肯定与家庭成员围坐桌边共同进餐相配。西方一开始就分吃，由此衍生出西方人讲究独立，子女长大后就独立闯世界的想法和习惯。而筷子带来的合餐制，突出了老老少少坐一起的家庭单元，从而让东方人拥有了比较牢固的家庭观念。

虽然不能将不同传统的形成和餐具差异简单对应，但是它们适应和促成了这种分化则是毫无疑问的。筷子是一种文化传统的象征。华人去了美国、欧洲，还是用筷子，文化根深蒂固；而外国人在中国学会了用筷子，回到自己的国家依然要重拾刀叉。

科学家们曾从生理学的观点对筷子提出一项研究成果，认定用筷子进食时，要牵动人体三十多个关节和五十多条肌肉，从而刺激大脑神经系统的活动，让人动作灵活、思维敏捷。而筷子中暗藏科学原理也是毋庸置疑的。著名的物理学家、诺贝尔物理奖获得者李政道博士，在接受一位日本记者采访时，也有一段很精辟的论述："中华民族是个优秀民族，中国人早在春秋战国时期就使用了筷子。如此简单的两根东西，却是高妙绝伦地运用了物理学上的杠杆原理。筷子是人类手指的延伸，手指能做的事它几乎都能做，而且不怕高温与寒冷。真是高明极了！"

（三）筷子的禁忌与仪礼

殷勤问竹箸，甘苦乐先尝。滋味他人好，乐空来去忙。"宋代文人程良规的这首诗，是对筷子那种奉献精神的生动描绘。筷子作为中国食文化之一，源远流长，已在世界文化中产生了深远的影响。

在长期的生活实践中，中国人对筷子的使用产生了许多禁忌。

（1）三长两短：这意思就是说在用餐前或用餐过程当中，将筷子长短不齐地放在桌子上。民间传统认为这种做法是大不吉利的，其意思是代表"死亡"。因为过去人死以后是要装进棺材的，在人装进去以后，还没有盖棺材盖的时候，棺材的组成部分是前后两块短木板，两旁加底部共三块长木板，五块木板合在一起做成的棺材正好是三长两短。

（2）仙人指路：这种做法也是极为不能被人接受的，这种拿筷子的方法是，用大拇指和中指、无名指、小指捏住筷子，而食指伸出。这在北京人眼里叫"骂大街"。因为在吃饭时食指伸出，总在不停地指别人，北京人一般伸出食指去指对方时，大都带有指责的意思。所以说，吃饭用筷子时用手指人，无异于指责别人，这同骂人是一样的，是不能够允许的。还有一种情况也是这种意思，那就是吃饭中同别人交谈时用筷子指人。

（3）品箸留声：这种做法也是不行的，其做法是把筷子的一端含在嘴里，用嘴来回去嘬，并不时的发出咝咝声响。在吃饭时用嘴嘬筷子的本身就是一种无礼的行为，再加上配以声音，更是令人生厌。所以一般出现这种做法都会被认为是缺少家教。

（4）击盏敲盅：这种行为被看作是乞丐要饭，其做法是在用餐时用筷子敲击盘碗。因为过去只有要饭的才用筷子击打要饭盆，其发出的声响配上嘴里的哀告，使行人注意并给与施舍。

（5）执箸巡城：这种做法是手里拿着筷子，做旁若无人状，用筷子来回在桌子上的菜盘里寻找，不知从哪里下筷为好。此种行为是典型的缺乏修养的表现，且目中无人，极其令人反感。

（6）迷箸刨坟：这是指手里拿着筷子在菜盘里不住的扒拉，以求寻找食物，就像盗墓刨坟的一般。这种做法同"迷箸巡城"相近，都属于缺乏教养的做法，令人生厌。

（7）泪箸遗珠：实际上这是用筷子往自己盘子里夹菜时，手里不利落，将菜汤流落到其他菜里或桌子上。这种做法被视为严重失礼，同样是不可取的。

（8）颠倒乾坤：这是指用餐时将筷子颠倒使用，这种做法是非常被人看不起的，正所谓饥不择食，以至于都不顾脸面了，将筷子使倒，这是绝对不可以的。

（9）定海神针：在用餐时用一只筷子去插盘子里的菜品，这也是不行的，这被认为是对同桌用餐人员的一种羞辱。在吃饭时作出这种举动，无异于在欧洲当众对人伸出中指的意思。

（10）当众上香：往往是出于好心帮别人盛饭时，为了方便省事把一副筷子插在饭中递给对方。会被人视为大不敬，因为北京的传统是为死人上香时才这样做，所以把筷子插在碗里是决不被接受的。

（11）交十字：这一点往往不被人们所注意，在用餐时将筷子随便交叉放在桌上。这是不对的，为北京人认为在饭桌上打叉子，是对同桌其他人的全部否定，就如同学生写错作业，被老师在本上打叉子的性质一样，不能被他人接受。除此以外，这种做法也是对自己的不尊敬，因为过去吃官司画供时才打叉子，这也就无疑是在否定自己。

（12）落地惊神：所谓"落地惊神"的意思是指失手将筷子掉落在地上，这是失礼的一种表现。因为北京人认为，祖先们全部长眠在地下，不应当受到打搅，筷子落地就等于惊动了地下的祖先，这是不孝。

（四）筷子与环保

很多人喜欢用一次性筷子，认为它既方便又卫生，使用后也不用清洗，一扔了之。然而，正是这种吃一餐就扔掉的东西加速着对森林的毁坏。森林是二氧化碳的转换器，是降雨的发生器，是洪涝的控制器，是生物多样性的保护区。这些功能决不是生产一次性筷子所得的效益能替代的。让我们少用一次性筷子，出外就餐时尽量自备筷子，或者重复使用自己用过的一次性筷子。

一次性筷子是日本人发明的。日本的森林覆盖率高达65%，但他们却不砍伐自己国土上的树木来做一次性筷子，而是全靠进口。我国的森林覆盖率不到14%，却是出口一次性筷子的大国。我国北方的一次性筷子产业每年要向日本和韩国出口150亿双木筷。全国每年生产一次性筷子耗材130立方米，减少森林蓄积200万立方米。

带一双筷子，可以省下很多资源。在外用餐的朋友，早中晚三餐不用一次性筷子，一年省下至少一千双筷子。全中国十三亿多人口，有一半的人自己带筷子，一年可以省下6500亿双筷子。每双一次性筷子都需要经过漂白、防腐的处理，不使用一次性筷子，可减少许多森林的损耗，减少许多漂白剂、防腐剂的使用；减少自己吃进去这许许多多的化学药剂，对身体健康或多或少都有帮助。

第四章　中国的食制食礼

中国是历史悠久的文明古国，礼仪之邦。自古以来，就有一套体系完备的食礼，自上而下一以贯通，谨严恪守，代代承传。

我们的先人通过食礼来规范人们的行为，整饬社会秩序，建设一个长幼有序、夫妻有敬、父子有亲、君臣有义的文明社会。

第一节　中国的食制

食制是指饮食制度。它最主要的内容是一日之中用餐的次数，以及日常生活中主要的饮食品种。食制形成的根源是饮食习俗，即约定俗成的饮食习惯，一般不带有强制性，而且随时代、地域、民族、宗教等不同而有所差异和变化。

一、用餐次数

据史书记载，正常的饮食制度大约形成于夏商周时期，当时普遍采用的是两餐制。第一顿饭叫朝食，又叫饔，大约相当于上午九点。《左传·成公二年》写齐晋鞌之战，齐侯说："余姑翦灭此而朝食。"意思是晋军不禁一打，天亮后交战，待消灭了晋军也误不了"朝食"，其傲视对方、轻敌浮躁的神态跃然纸上。

第二顿饭叫餔食，又叫飧，一般是下午四点左右。古代稼穑艰难产量不高，取火不易，做饭费时，因此晚餐一般只是把朝食剩下的或是有意多做的热一热吃。现在晋、冀、豫几省交界的山区还保留着每日两餐和晚餐吃剩饭的习惯。晋东南称之为酸饭，酸即飧的音变。

古人曰："日出而作，日入而息。"即没有睡午觉的习惯。《论语·公冶长》

载："宰予（孔子弟子）昼寝，子曰：'朽木不可雕也，粪土之墙不可圬也。'"学生白天睡个觉，为什么孔子会生这么大的气？因为一日两餐，如果再"昼寝"，必定一天一无所获。

到了春秋战国时期，随着农业生产的发展，社会上开始有了三餐制，在上述两餐之间加一餐，称为"昼食"。实行三餐制后，分别把它们叫朝食、中食（或日中食）、夕食。早餐约在7：00—8：00，中餐在12：00—13：30，晚餐在18：30~19：30。

二、古人的主食品种

古人的主食品种因时代、地域的不同，区别也比较大。如夏商周时，人们的主食多为黍、粟、菽。春秋战国时，麦、稻渐多，黍退居次要地位。汉代以后，粟的数量渐居麦、稻之后。另外，从地域上看，北方以黍、粟、麦、菽为主，南方则以稻为主。汉族地区肉食动物饲养较少，汉人基本上以植物性食物为主，动物性食物为辅，乳类食物则更少。一直到现在，这种因地理条件不同、物产相异而形成的日常饮食品种上的地域差别依旧明显。

"点心"一词来源于古代饮食习惯。由于早餐时间晚，往往会饥饿得心里发慌，人们便在早餐前吃一些糕饼之类的食品来稳定心神，故有"点心"之称。而两餐之外，人们有时也要吃一些食品。因为不是两餐的饭菜，不属于正餐，比较简单，故称小吃。

古代主要的粮食作物有5~9种，有"五谷""六谷"等称谓。"五谷"指的是麦、菽、稷、麻、黍5种；"六谷"指禾、黍、稻、麻、菽、麦6种。

1. 稷

稷是小米，是"五谷之长"，主要产于华北平原和黄土高原，是北方人的主要粮食。古时称为"粟"，其中比较精良的称为"粱"。它的名称是根据教民稼穑的"后稷"的名字命名的。

2. 黍

黍就是俗称的糜子，去皮后叫黄米。当时在北方的粮食作物中，其重要性仅次于稷，营养丰富，有温补的作用。

3. 稻

稻适宜生长在气候温暖、雨水多的长江流域，是南方人民的主要粮食。北方产稻少，较为珍贵，古人往往以"稻粱之家"称谓富贵人家。

4. 麦

麦分大麦和小麦，有麦饭和面食两种吃法。汉代麦饭在有些地区是一种常吃的食物。古代把各种面食通称为饼，按照当时的解释，麦粉叫作面，用水和面叫作饼。在粮食中间，麦的重要性次于谷子，而和大豆相上下。南方有"麦毒"一说，所以古时南方很少种麦，汉后逐渐向南推广。到了

水稻

南宋，全国小麦总产量已与谷子比肩而居。

5. 菽

菽就是豆，战国以前，豆称"菽"，战国时才始称"豆"。菽有大菽、小菽之分，大菽就是今天所谓的大豆。豆饭和豆叶汤是百姓常吃的营养健康食品。苏轼曾写《食豆粥》赞美这一美食。

大豆在中国传统饮食中地位独特，备受青睐。豆的产量高，既是粮食，也是蔬菜。但储存时，遇潮湿极易发芽、腐烂，古人便发明用盐腌制豆，称为"豉"。汉代后，人们又加入五味，豆豉的味道更加鲜美，成为人们日常饮食必不可少的菜肴和调料，并一直沿袭至今。到了宋代，人们在腌制大豆时，还配以水及麦粉，与煮熟的大豆搅拌在一起，待其生霉后盛入缸中继续发酵，这样便生产出豉油，即今天的酱油。西汉时期，人们又发明了物美价廉的豆腐。

6. 甘薯

甘薯原产美洲中部墨西哥、哥伦比亚一带，哥伦布发现新大陆后，才传播到世界各地。最初传入中国时称为"番薯"。最早是广东东莞人陈益设法从安南带着薯种回东莞，在家乡试种成功。甘薯性平甘，补脾益气，宽肠通便，被誉为长寿食品。

7. 高粱

高粱也叫蜀黍，最早见于明李时珍的《本草纲目》。高粱有很高的食疗价值。中医认为高粱味甘性温，能和胃健脾、涩肠止泻，催治难产等功效，可以用于治疗

消化不良、湿热、下沥、小便不利、妇女倒经、胎产不下等，相传当年杜康就是把高粱米饭久放树洞里发酵而成酒，寓意其后人要出人头地，红红火火。

8．绿豆

绿豆原产于我国，这一名词最先见于《齐民要术》。绿豆用途很广，可作豆粥、豆饭、豆酒，可以炒食，做粉丝、粉皮、豆芽菜，还可以磨粉做面食，绿豆糕就是深受人们喜爱的美食。绿豆味甘，性寒，无毒。中医认为可消肿通气，清热解毒，补益元气，解酒食等。但食用绿豆要注意不可与鲤鱼同吃，否则会使人肝黄形成渴病。

三、古代的蔬菜品种

我们现代人所吃的蔬菜与古人大致相同，有人统计，《诗经》上提到的蔬菜就有 20 多种。

从古时流传下来的蔬菜有：蒜、香菜、芹菜、金花菜、白菜、大白菜、茭白、黄瓜、蚕豆、豌豆、蕹菜、扁豆、茄子、菠菜、木耳菜、莴笋、胡萝卜、红薯、土豆、辣椒、洋白菜、南瓜、四季豆、番茄、西葫芦、生菜、菜花、洋葱。其中有些蔬菜是张骞出使西域带回来的，如蒜、香菜、蚕豆、黄瓜、芹菜；有些蔬菜是各个时期从国外引进的，如洋葱、豌豆、扁豆、茄子、菠菜、莴笋、胡萝卜、薯、土豆、辣椒、洋白菜（包心菜）、南瓜、四季豆、番茄、西葫芦、生菜等。

中国本土所产蔬菜的品种也很多，如葵（冬葵、冬寒菜）、藿（大豆的嫩叶）、蔓菁（芜菁）、苋、芥菜（榨菜的茎腌）、香椿、瓠瓜、藕、慈姑、菱角、荸荠、莼、萝卜、冬瓜、丝瓜、蘑菇、木耳、笋、葱、姜、韭等。

四、古代烹调肉食方法

古今饮食习俗差异很大，不仅体现在食用方式上，也表现在肉食的烹调方法上。

古代的肉食最初以牛、羊、猪、狗为主。后来，人们广泛使用牛来犁耕，用狗来看家护院，食用牛肉、狗肉就逐渐减少。此外，鸡、鸭、鹅等家禽和鱼、龟、鳖、蚌等水族动物，也是古人的肉食来源。

古人制作肉食的主要方法有脍、醢、羹、脯等。

人们常用的"脍炙人口"这个词语中就包含了两种古代烹饪方法，一个是"脍"，一个是"炙"。"脍"就是将用于生吃的肉切成极薄的片或极细的丝。这种饮食习俗起源于西周，流行于春秋。孔子曾说："食不厌精，脍不厌细。"（《论语·乡党》）脍，需要高超的刀工技艺。据说唐代有位叫南孝廉的擅脍高手，有一次正在切鱼片，突然狂风大作。一声惊雷响过，所切的生鱼片全部化作蝴蝶飞走了。

"炙"是将肉放在火上烤，即烤肉。脍和炙这两种肉食加工方法在先秦时期就已家喻户晓。今天日本料理中的三文鱼刺身、韩国料理中的烧烤，都是学习大唐饮食文化中的"脍""炙"烹饪方法。

醢，即肉酱。古人制作醢的原料除羊、猪、牛肉外，还有兔、鹿、鱼、蚌等。醢的制作比较复杂。先要将肉晒成干肉，弄碎后，再加入梁制成的酒曲和盐，以及一些调味品进行搅拌。之后盛入瓮或罐中，倒好酒浸泡。密闭百日后，即可食用，味道极鲜美。

羹，即用肉加五味熬煮成的肉汁。五味即甜、酸、苦、辣、咸五种味道，也泛指各种味道。古人很重视五味，加工羹时，特别注意各种口味的搭配，以使羹更加美味可口。

脯，即腌制的肉。这是古人常用的一种保存肉的方法。待食用时，还需再煮食。

第二节　中国的食礼

中国自古以来就是"礼仪之邦"，人们一向倡导尊崇礼仪的古风，作为"礼"的重要组成部分，"食礼"的历史可谓源远流长。

"礼"古字写作禮，从示，从豊。豊是古代祭祀用的礼器，用于事神。示是会意字，上面的"二"是古"上"字，下面的"小"字本是三竖，代表日月星。"禮"的内涵是对神灵的祭祀，表达敬意和尊重。引申到日常生活，就是对他人的尊重。"礼者，天地之序也。"古人通过种种礼仪来规范人的行为，保持良好的社会秩序，构建和谐美好的生活环境。

一、古代饮食礼仪

（一）食礼的萌芽

在数千年的中国历史中，礼一直是人们行为规范的核心，具有中国一切文化现象的特征。中国食礼萌芽于遥远的先秦时期，从古至今，由上到下，成规成矩，一以贯之。

食礼是人们社会等级身份与社会秩序的认定和体现，食礼的规范和实践最初发端与上层社会，并且由上层社会成员们所遵从和施行。随后统治者有利用手中的权力将其作为具有普遍约束力的规范秩序来推行，最后成为了具有教化民风作用并流行于全社会的主导意识形态。

1. 远古时期食礼的萌芽

人类文明最早的"礼"起源于远古时代的祭礼，同样也是中国历史上最重要的礼。在远古时代，当有人死去，先民们就会利用食品为其祭祀，食物在这里只是祭礼过程中的道具和信物。先民们的祭祀和祭祀之物，是为了鬼神和献给鬼神的，或者也可以说是为了死人的，因此这只能属于食礼的萌芽状态。

2. 食礼的出现与演进

食礼最初起源于祖先们的共食生活实践，也受到了祭祀礼仪的启示。在远古社会，家庭还没有出现，人们是群居共食，这一习性或习惯是延续了相当长时间。当时的人类只能通过一个群体进行觅食，当他们集体觅食之后就各自"狼吞虎咽"地吃起来。那时在他们脑海中也没有伦理道德的约束，所以彼此之间在进食时的礼貌或协作便也就都无从谈起了。

随着人们的生产力和思维能力逐渐提高，人类社会也随之发展起来了，先民们获得的食物逐渐增多，同时人类也开始懂得制造各种饮食器具。最初人们的饮食生活可能也随之出现了一些比较简单的约定俗成的规矩。例如：食料或食物在男女、壮弱、老少等不同成员之间的分配方式，以及在通常情况和特殊状态下的分配原则；有了重大收获或其他特别时刻的食事举措等等。诸如此类的一些可能存在的规矩，可以有效地维护群体成员之间关系的稳定性以及促进人类社会活动的有效性。但这些规定他们很可能还仅停留在这样一种原始或基本管理意义的"行政"手段的层面。这只是食礼的雏形。

等到人们脑海中出现了对鬼神的敬畏，以及先民们对许多神灵威力的等级差异有了认识，并且其已经成为影响饮食生活的重要因素时，食礼才出现。如，集体或社会成员之间因财产和地位有了区别，共食或聚餐场合的讲究才成为客观需要，到这时严格意义的食礼才出现。古人云："衣食既足，礼让以兴"。"礼"只能是社会生产和社会生活发展到一定历史阶段以后的产物，"礼"的作用主要是用来别尊卑，用于区别神人尊卑的祭礼原则和精神或有关思想进入人群社会中，并且开始在他们最易于也最需要作此区别的社会和交际性食活动场合发生作用时。人们为了实现人群社会关系在饮食活动中贯彻，为了社交饮食生活中的情感表达，食礼也就随之出现了。

实际上，食礼是人们对社会等级身份与社会秩序的认定和体现。其次才是以其为核心，或在此基础之上的诸般文化形态的演绎和展示。随着时间的不断推移和文化的逐渐下移，当民间百姓有越来越多的机会参与到各种社交性的食活动之后，食礼就以全社会普泛的文明教养和文化娱乐属性为大众所认知和传承，其等级秩序的最初性质和功能便越来越埋入时间历史的底层，其本来面目越来越难以被认识和理解了。

（二）待客饮食礼仪

随着社会的发展，最晚在周代，中国历史上就出现了一套较为完备的饮食礼仪制度。这些坎食礼仪制度后来也有了较高的层次，并且充分显示了中国作为一个礼仪之邦的"尚礼"特点。

《礼记·礼运》说："夫礼之初，始诸饮食。"礼仪是产生于饮食活动的，饮食之礼是一切礼仪的基础。最迟在周代，中国就已经有完整和规范的饮食礼仪了。周代的很多饮食礼俗经过儒家整理和收集，比较完整地保存在《周礼》、《仪礼》和《礼记》中。

1. 访客进食之礼

作为客人，到外面赴宴要遵守一定的饮食礼仪。赴宴时入坐的位置有一定的礼仪要求，要做到"虚坐尽后，食坐尽前"。古人席地而坐，客人为了表示谦卑和礼让要坐得比尊者、长者靠后一些；饮食过程中为了防止食物掉到坐席上，食客要尽量坐得靠近食案。

宴饮开始，馔品端上食案时，客人表示礼貌要站起。如果遇到贵客到来，其他客人也都要起立恭迎。如果来宾的地位低于主人，则必须端起食物向主人表示感谢，等到主人寒暄完毕之后，客人才可落座。

宴席上，客人享用主人准备的美味佳肴，却不能随便取用这些菜肴。须得"三饭"过后，主人指点菜肴让客人食用，并且还要告知客人所食菜肴的名称，客人才能食用。"三饭"即一般的客人吃三小碗饭后便说吃饱了，须主人再劝而食。宴饮快结束的时候，主人绝对不能先吃完饭而不管客人，必须要等到客人饮食完毕才能停止进食。

2. 仆从待客之礼

席间待客的仆人和随从也要遵循一些饮食礼仪。仆从负责安排筵席的菜品摆设，馔品的摆放有严格的食俗礼仪，如脍炙等肉食类要放在外边；酒浆也要放在人的身边，葱末之类可以放的远一点；醢酱等调味品则需要放在靠人近些的地方以便客人选用；带骨的肉要放在净肉的左面，饭类的食品要放在客人的左边，肉羹则需要放在其右边；如果有肉脯之类的食品，还要注意其摆放的具体方向。

摆放酒樽和酒壶等酒器时，仆从要将壶嘴面向贵客。仆从回答客人的问话时必须要将脸侧向一边，以避免呼气和唾沫溅到盘中或客人脸上让人感到不适。在端出来菜肴之时，禁止面对客人和菜盘子大口喘气。如果上的菜是整尾的烧鱼，一定要将鱼尾朝向客人，原因是鲜鱼肉从尾部易剥离出鱼刺。在冬季，鱼的腹部肥美，摆放时为了便于取食要鱼腹向右；在夏季，鱼鳍部较肥，要将鱼的背部朝右摆放。

3. 陪客侍食之礼

宴席之上陪客人也有一套饮食礼仪。仆人上菜之后，主人还要引导，陪伴客人吃饭，其中包含着很多的讲究。席间陪长者饮酒时，酌酒时必须要起立，离开坐席并且要面向长者叩拜之后才能接受。如果长者一杯酒没喝完，少者也不能先喝完。如果长者赐饮食给少者和仆从这些地位低的人，受赐的人也不必辞谢。

侍食年纪大并且地位高的人，少者还要先准备吃几口饭，古礼称之为"尝饭"。虽然是先尝食，但是不得先吃饱，必须要等尊长吃饱后才能放下碗筷。少者吃饭时还得斯文小口地吃，而且要尽量快的咽下去，这样做是为了准备随时能回复长者的问话，谨防把饭喷出来。

对熟食制品来说，侍食者都要先尝。如果是水果之类，则尊者必须先食，少者绝对不能抢先。如果尊者赏赐地位低的人水果食品，吃完果子剩下的果核也不能扔下，要郑重的放好，否则就是极不尊重。如果尊者赐给没吃完的食物，如果盛食物的器皿不容易清洗，还得先倒在自己用的餐具中才可食用。在当时，贵族们对自己的饮食卫生相当重视。

以上内容只是诸多礼仪当中的一部分。我们从这些饮食待客礼仪当中能体会到中国人自古以来对"礼"的重视。

（三）周代宴饮之礼

中国自周代以来就有了严格的礼仪规范，在宴饮活动中表现的最为充分。相关的饮食礼仪，也有着严格的规定。

在周代中国历史上出现了诸多的严谨礼仪，宴饮礼仪在其中扮演了非常重要的角色。在《仪礼》中的《乡饮酒礼》、《乡射礼》、《大射》、《燕礼》、《公食大夫礼》、《聘礼》、《觐礼》各篇章中，对相关的宴饮礼仪都有着严格的规定。

1. 周公与宴饮礼

史书上说"周公制礼作乐"。周公旦辅佐周成王管理国家，为了维护周朝的统治，为了加强对诸侯王的控制，就结合了等级制和宗法制制定了一套完整的制度和规范，这些规范几乎包含了君臣、父子、兄弟、亲疏、尊卑、贵贱等各种社会关系的礼仪。其中，周公也制定了一套宴饮礼仪。《周礼》记载："设筵之法，先设者皆言筵，后加者曰席。"《周礼·公食大夫礼》记载，周天子宴请是"六食六饮六膳，百馐百酱八珍之齐"；上大夫宴请是"八豆八簋六铏九俎"。可见，《周礼》中对等级、身份不同的宴饮菜品有了明确的规定。

2. 乡饮酒礼

在周代，民间著名的"乡饮酒"礼就是严格遵循食礼的典范。乡学三年后要进行比赛，之后会按照学生的德行选其中贤能的人，推荐给国家。在正月推荐学生之时，乡里大夫就会以主人身份与选中的人以礼饮酒而后推荐。整个乡饮酒的程序一共包含二十七个程序。

首先，乡大夫请学生按学生德能分为宾、介、众宾三等，宾为最优。大夫主持大礼，告诫宾、介互行拜答之礼。接着是陈设，为主人及宾、介铺垫座席，众宾之席铺的位置略远一些，以示德行有所区别。在房前摆上两大壶酒，还有肉羹等。摆设完毕，主人引宾、介入席，入席过程中，宾主不时揖拜。

饮酒开始时，主人要先举起酒杯，并且亲自在水里洗过。然后将杯子献给来访的宾，宾要拜谢。主人接着为宾斟酒，宾继续拜谢。宴饮之前，按照惯例要祭食。宴席之上要放置俎案，还要放上肉食，宾左手拿着爵杯，右手执着脯醢，祭酒肉，然后尝酒，拜谢主人。主人劝宾喝酒。接着主人又献介饮酒，礼仪与对待宾的相同。介回敬主人饮酒。主人又劝众宾饮，众宾也回敬主人。

宴饮中要有乐工四人组成的乐队侑酒，二人唱歌，二人鼓瑟奏乐，还要有一位乐师担任指挥。所唱的歌一般都是为《谱经·小雅》中的《鹿鸣》、《四牡》、《皇皇者华》。其中，《鹿鸣》是君臣同燕（宴）、讲道修政之歌；《四牡》是国君慰劳使君之酒。接着又是吹竹击磬，演奏《诗经》所谱的乐曲。整个饮酒过程中还会有音乐相伴，最后还有合乐，即合奏合唱，所唱的歌大多出自《诗经》中的篇章。

最后，主人请撤去俎案。宾主饮酒前都曾脱了鞋子上堂，现在重新穿上鞋子，这些人又是互相揖让，升坐如初。坐时，主人命进馐馔如狗肉之类，以示敬贤尽爱之意。最后，宾、介等起身告辞，乐工奏乐，主人送宾于门外，辞别。

到了此时，乡饮酒礼还没有真正结束。第二天，宾还要穿着礼服前往拜谢主人，这时还要举行一次宴饮礼仪，这次的宴会要求简单，而且礼仪要求也没第一次严格了。这时对饮酒就没有了之前的限制，可以将醉而止；奏乐也不限次数，表达欢乐而已。有时也不必特别杀牲，不必大操大办。举办这样的乡饮酒，对年轻人来说是一种鼓励和鞭策，具有一定的积极意义。

宴饮礼仪过于繁复，统治者们偶尔也会感到有一些不方便。例如食物，符合礼仪规定的食物并不一定都符合统治者的胃口，如大羹、玄酒和菖蒲葅之类；另外喜欢吃的东西却又因不符合礼仪的规定而不能吃。贾谊在《新书》中记载：周武王做太子的时候，很喜欢味道难闻但是食用美味的鲍鱼，但是姜太公不允许他吃，并对周武王说：鲍鱼不用于祭祀，所以太子不能吃这类不合礼仪的东西。

（四）孔子食事之礼

孔子的饮食观念和他的政治主张一样著名，他把礼制的思想渗透到了饮食生活之中，他主张的送迎礼、交接礼、布席礼、进食礼对中国饮食礼仪产生重要影响。

宴饮能满足人类的食欲，更能体现人际关系和个人修养。孔子主张的食礼既有贵族官场饮食的礼仪规范，也具体到一个人在宴饮场合的文明修养和应该遵循的规范。

1. 送迎之礼

孔子认为，送迎来访客人应该遵循一套规范：宾客和主人的身份等级相同，主人要到大门外迎接客人；客人身份低于主人，主人在大门内迎接。进每道门时，主人都要请客人先进。进到内门，主人请客人允许自己先进门为客人布席，然后出来迎接客人。客人二次推让，主人引导客人进屋。

主、客分别从东、西两边拾级而上，若客位卑则应循主人之阶随进；主人再次相让，然后客仍从西阶上；主人先登，客人跟随。登台阶的方法，拾东阶先迈右脚，由西阶行者先迈左脚，且在每一阶并足之后再向上迈，不可如行路一样越阶迈步，如此则主、客可以微侧身示礼，又显得格外郑重。

2. 交接之礼

孔子认为，宴饮交接应该遵循一套规范：在幄幔和帘之外，走路要轻缓，不可急快；如果客人手拿着玉一类贵重礼物走路，为了显示安全和郑重就更不可迈步急迫。在堂上走动时，每步的距离应当是后脚接着前脚；堂下行走移步的距离是两足间约略容下一履的长度。举止动作不能过于随意轻浮，并排坐时不要把臂膊撑以起防止影响到他人。献礼时，如果尊者站立，为了避免尊位的人弯腰才能接纳，卑位的人不要用跪姿；如果位尊的人是坐姿，为了避免失礼，卑位的人不能用站姿。

3. 布席之礼

孔子认为，宴席布置应遵循一套规范：如果客人的身份比主人尊贵，在扫除时应当将扫帚放在簸箕之上，双手拿着进入。清扫之时，为了避免扬起的灰尘落到客人身上，应用袖头在前遮掩着倒退着扫。收拾扫积的秽物时，箕口不应该对着客人而是朝向自己。设席应该左高右低；座次若一排散布，左为上座；如果围坐，则应向位尊的客人请问其习惯和愿意坐的位置，坐席、卧席都要遵从地位尊贵之人的选择。如果按照东、西方向设席，与宴者成面北、面南坐式，则西方为上（古人认为，坐在阳则贵左，坐在阴则贵右，南坐是阳，其左在西，北坐是阴，其右亦在西，俱以西方为上）；如果南、北方向设席，则以南方为上（东坐在阳，其左在南，西坐是阴，其右在男，具亦以南方为上）。

4. 进食之礼

孔子认为进食的礼节应该是：大块的带骨熟肉放在左边，小片的无骨的熟肉置于右边；燥热的饭位于左，羹居于右。饭、羹就近，胾在饭羹之外，醢酱放置略远一些，再远之处置胳炙。在醢酱的左方是生葱和熟葱两种佐料。若是客人的身份低于主人，进食之前要起身向主人表示谢意，主人也要起身致谦辞，于是客、主复坐。

之后主人率先、客随之以少许饭置于豆之间的地上，除了鱼腊醢酱之外的肴品也同样"祭食"。三饭之后，主人请客人进食带骨的肉。之后依次吃肴、肋脊、骼、腿，吃完腿肉即是饭"饱"之时了。待到主人也吃过腿肉之后，客人喝上一口酒荡荡口，谓之"虚口"，以浆荡口则为"漱"，目的是清洁口腔，以助消化，同时表示自己用膳完毕。如果客人身份比主人尊贵，则主人要主动给客人进馔，客人拜谢；如果主客身份地位相同，则主不进馔、客不拜谢。

（五）古代的坐次礼仪

中国古代的饮食礼仪非常重视座次礼仪，这些规范在繁杂之中不仅体现了中华民族崇尚"礼"的特点，更体现出了中国古代封建等级制度的森严。

在中国古代封建社会中，不同阶层的饮食活动，都普遍遵循着礼的规范。同时，这些规范都体现着尊卑等级的差别。《礼记·内则》中记载："子能食食，教以右手"，从中可以看出，中国人已经把食礼当成了家庭启蒙礼教的重要组成部分。在中国宴席上的坐次之礼，即"安席"，就是中国古代食礼的中心环节。

在宴席坐次的安排上，中国自先秦就有以东为尊的传统，在《仪礼·少牢馈食礼》和《特牲馈食礼》中，我们可以从中看到这样的一种现象。郑玄在《禘祫志》中记载：天子祭祖活动是在太祖庙的太室中举行的，神主的位次是太祖，东向，最尊；第二代神主位于太祖东北，即左前方，南向；第三代神主位于太祖东南，即右前方，北向；主人在东边面向西跪拜。由此可以这反映出室中尊卑位次的排序。

明末清初的著名大儒顾炎武说："古人之坐，以东向为尊。"这是指室内设宴的坐席安排。清代的凌廷堪在《礼经释例》中讲道："室中以东向为尊，堂上以南向为尊"。在堂中以南向为最尊，次为西向，再次为东向。堂是中国古代宫室的重要组成部分，其主要用于举行典礼、接见宾客和饮食宴会等，但不用于寝卧。堂位于宫室主要建筑物的前部或者中央，坐北朝南。堂前有两根楹柱一般没有门，东西两壁墙称为序，在堂内靠近序的地方分别被命名为东序和西序。堂的后面有墙，把堂与室、房隔开，室、房有门和堂相通。堂的东西两侧是东堂、东夹和西堂、西夹。《仪礼·乡饮酒礼》中记载，在堂上宴饮席位的设置次序是：主宾席在门窗之间，南向而坐；主人在东序前，西向而座；介则在西序前，东向而坐。

在一些普通的房子或者军帐里，都是以东向为尊的。家庭中最尊贵的首席位置一般都由家中的长者来坐，但有时也有例外，在《史记·武安侯列传》中记载：田蚡"尝召客饮，坐其史盖侯南向，自坐东向"。田蚡在家中坐首席，原因是他官居丞相，虽然在家哥哥比他年龄长，但哥哥官位却没有弟弟高，因此他也只能东向坐，用以符合他的丞相身份，这是符合礼制要求的。

隋唐以后，由于家具的发展，起居方式也由坐床向垂足高坐方向转变，矩形、方形等多种形制的餐桌都出现并且普遍风行了，坐次礼仪也有了一些新的变化。其中的饮食方桌，以八仙桌为代表，贵客专门使用一个桌子，等而下之可2人、3人、4人、6人或8人一桌共餐。除了专桌以外，其余桌子有两人以上者，一般都按1比1主陪客制安排。宴席中一席人数并非定数，自明代流行八仙桌后，一席一般坐八人。但不论人数多少，均按尊卑顺序设席位，席上最重要的是首席，必须待首席者入席后，其余的人方可入席落座。随着聚宴人数的增多和席面规模扩大，圆桌也就出现在合餐场合中了。袁枚在《圆几》诗所说："让处不知谁首席，坐时只觉可添宾。"从这首诗中不难看出，圆桌替代方桌，也给人们带来了些许不适应的感觉。

通过上述古代宴饮坐次的描述，我们会发现，封建社会的等级观念和宗法观念在其中起着重要的作用。这些宴饮的坐次礼仪，不仅是中国崇尚"礼"的外在表现，更体现出了中国古代封建社会等级制度的森严。

（六）分餐和合餐礼仪

据有关史料记载，在唐代以前，古代中国人就开始分餐进食了，而随着生产力的发展，分餐逐步转化成为了合餐，这两种用餐方式都有着悠久的历史和深刻的文化内涵。

饮食文化不是孤立存在的，与社会生产力自然也有着密切的关系。随着时代的发展和人类生产能力的进步，越来越多样的饮食器具被发展出来，同时也催化了新的饮食方式的转变和诞生。

1. 分餐礼仪

在很多文字记录和绘画上可以找到唐代以前分餐的形式。一些汉墓壁画、画像石和画像砖上，我们可以看到人们席地而坐、一人一案的宴饮场面。成都市郊出土的汉代画像砖上，也有一幅宴乐图，在其右上方，一男一女正席地而坐，两人一边饮酒，一边观赏舞蹈。中间有两案，案上有尊、盉、尊、盉中有酒勺。在《史记·项羽本纪》中描述的鸿门宴，也是实行的分食制，在宴会上，项王、项伯、范增、刘邦、张良一人一案，分餐而食。在河南密山县打虎亭一号汉墓内画像石的饮宴图上，主人席地坐在方形的大帐内，面前还摆设一个长方形的大案，案上还有一个大托盘，托盘内放满了杯盘，主人席位的两侧还各设置有一排宾客席。

2. 合餐礼仪

唐代以前，中国人一直都是以各自的食具分别进食的分餐制。随着生产力的逐步发展，越来越多的食器被制造出来，等到适用于合餐和聚餐的桌椅被制造并普及出来，大约在唐代的中期以后合餐的饮食形式逐渐发展起来。到了宋代，合餐的发展达到了顶峰，也逐渐普遍起来。

在民族大融合的西晋时代，北方少数民族的诸多习惯开始流入中原地区，这不可避免的给饮食发展带来了影响。胡床、椅子、凳子、床榻等家具也逐渐问世，人们铺在地上的席子也被取代。到了隋唐，这种风潮达到了高潮，传统床榻几案的高度逐渐增加，桌子、椅子也逐渐风靡起来。

在五代时，新出现的家具已经渐渐的定型，在南唐画家顾闳中的《韩熙载夜宴图》中，我们可以看到各种桌、椅、屏风和大床等陈设在室内，画中人物完全摆脱了席地而食的旧俗。这幅画取材于真实人物，也体现出了人们饮食方式的变化。

随着桌椅的普及和使用，人们有了围在一桌旁边合餐的物质条件。这在唐代的很多壁画中也有不少反映。在陕西长安县南里王村发掘的一座唐代韦氏家族墓中，在墓室东壁绘有一幅宴饮图，图正中放置了一长方形的大案桌，案桌上罗列着各种的饮食器具，食物丰盛，在案桌前放置了一个荷叶形的汤碗和勺子，供众人使用，周围还有三条长凳，每条凳上坐了三个人。这幅图表明分食饮食形式已经逐渐过渡到了合食饮食的形式。

分食制向合食制的转变，是一个渐进的过程。在相当长的历史时期，这两种饮食方式是并存的。如在《韩熙载夜宴图》中，南唐名士韩熙载盘膝坐在床上，几位士大夫分坐在旁边的靠背大椅上，他们的面前分别摆着几个长方形的几案，每个几案上都放有一份完全相同的食物。碗边还放着包括餐匙和筷子在内的一套进食具，互不混杂，这表明，当时虽然合食制已成潮流，但分食制仍然同时存在着。

合食制的普及是在宋朝时，那时随着餐桌上食品的不断丰富，传统的一人一份的分食方式已经不能适应时代的发展了，围桌合食也就成了人们主要的饮食方式。

（七）延请礼仪与请柬

俗话说："摆宴容易，请客难。"古代宴客前要送给尊贵客人三道帖。第一道帖一般在三天以前便送到拟请客人的"府上"，第二贴在宴会的当天递上，第三贴在开宴前一个时辰送上。民间有送头贴"三日（是）请客，当日（是）抓客"的说法。三天前以贴相请的客人是被郑重对待的贵客，前两天被邀请的是不甚重要的客人，至于当日临时接到通知会觉得自己是主人应急抓来赔垫帮衬的"陪客"角色。这种被派为陪垫帮衬作用的客人，对主人并不感激，因此又有"当日吃冤家"的说法，吃了主人家的肉和酒也不怀谢意。

被邀的客人在收到每道贴后，一般要有回帖，回帖由主家的下帖人带回，表明自己很荣幸被邀并一定准时赴宴。如果不能或不愿出席，也应以感谢之情陈述理由婉辞，方不为失礼。

这种宴事请帖，历史上出现得很早。它始于上层社会，是上层社会习用的交际工具。从请帖具主人署名和邀请之事两种内容的属性来看，相当于古代的"名片"和"书信"，是兼有两种功用的一种特殊社交工具。

二、现代宴席礼仪

（一）宴席座次与餐桌排列

中式宴席一般用方桌或圆桌，每席坐 8 人、10 人或 12 人不等。民间很重视席位的安排。尤其要突出"上座"。"上座"即首座，一般靠近正对大门的室壁。其他各席位的安排往往因地因人而异，依次入座。

若是圆桌，则正对大门的为主客，左手边依次为 2，4，6，右手边依次为 3，5，7，直至汇合。若为八仙桌，如果有正对大门的座位，则正对大门一侧的右位为主客。如果不正对大门，则面东的一侧右席为首席。然后首席的左手边坐开去为 2，4，6，8（8 在对面），右手边为 3，5，7（7 在正对面）。如果为大宴，桌与桌之间的排列讲究首席居前居中，左边依次 2，4，6 席，右边为 3，5，7 席。

这个"英雄排座次"，是食礼中最重要的一项。从古到今，因为桌具的演进，座位的排法也相应变化。总的来讲，座次"尚左尊东""面朝大门为尊"。家宴首席为辈分最高的长者，末席为辈分最低者。家庭宴请，首席为地位最尊的客人，主人则居末席。首席未落座，都不能落座；首席未动筷，都不能动筷。巡酒时自首席按顺序一路敬下，再饮。

民间举办宴席，宾主入座时，还有一些规矩，如所请者是平辈，则年长者在前，年幼者在后；所请者辈分有高低，则按高低依次入座；若是长辈请晚辈，晚辈虽是客人，也应礼让长辈；所请者有亲疏，疏者应逊让在后；宾主人数超过两桌时，主人应坐第一桌。有些地区对一些特定宴席有特别的讲究，比如外甥结婚，则舅舅坐首座；岳父母庆寿，则女婿入首座；其他客人无论辈分多高，年岁多大，在这两种宴席上也应该礼让。

餐桌排列要视桌数多少、宴会厅的大小与形状、主体墙面位置、门的朝向等情况合理安排。餐桌的排列要强调主桌的位置，一般而言，主桌应设在面对大门、背靠主体墙面的位置。两桌以上的宴会，桌子之间的距离要适当，各个座位之间的距离要相等。

（二）宴席上的礼仪

中国人十分讲究宴席礼仪，宴席中的规矩很多，各地情形也不尽一致，这里介绍宴席的一般礼仪。

接到请柬或友人的邀请，能否出席应尽早答复对方，以便主人安排。一般说来，接到邀请，除了有重要的事情，都应该热情赴宴。

参加宴会时应注意衣着得体。赴喜宴时，可穿着华丽鲜艳的衣服；而参加丧宴时，则以着黑色或素色衣服为宜。出席宴请不要迟到或早退，如逗留时间过短，一般被视为失礼或对主人有意冷落。如果确实有事需提前退席，在入席前应告知主人。告辞的时间，可选择在上了宴席中最名贵的菜之后。吃了席中最名贵的菜，就表示领受了主人的盛情，可以在约定的时间离去。

赴宴时应"客随主便"，并听从主人安排，应注意自己的座次，不可随便乱坐。邻座有年长者，应主动帮助他们先坐下。开席前若有仪式、演说或行礼等，赴宴者应认真倾一听。若是丧席，应该庄重，不应随意说笑。若是喜宴，则不必过于严肃，可以轻松一点。

在宴会上，主人应率先敬酒，并依次敬遍全席，不能计较对方的身份地位。敬酒碰杯时，主人和主宾先碰。人多时可同时举杯示意，不一定碰杯。在主人与主宾致词、祝酒时，应暂停进餐，停止碰杯，注意倾听。席中，客人之间常互相敬酒以示友好，并活跃气氛。别人向自己敬酒时，应积极响应回敬。饮酒不要过量，以免醉酒失态。

宴饮时应注意举止文明。取菜时，一次不要盛得过多，最好不要站起来夹菜。如果遇到自己不喜欢吃的菜肴，上菜或主人夹菜时，不要拒绝，可取少量放在碗内。吃食物时应闭嘴咀嚼，口里有食物，不要说话，更不能大声谈笑，以免喷出饭菜、唾沫。吃东西、喝汤时不要发出声响，如果汤太烫，可待其稍凉后再喝。嘴里的鱼刺、骨头应放在桌上或规定的地方，不要乱吐，并且不要当着别人的面剔牙齿、挖耳朵、掏鼻孔等。

宴席食礼是食礼中最集中、最典型，也是最为讲究的部分。不同地区、不同民族在不同场合均有一些食礼食仪，有尊老爱幼、礼貌谦恭、热情和睦、讲究卫生等内容，是中华民族的优良传统，也符合现代文明的要求，我们应该继承和发扬。一些不够合理、健康的成分，如一些地区敬酒必须喝干的礼俗，对那些不胜酒力的人实属勉为其难，我们应除弊革新，兴文明之风。

第五章　中国的筵席文化

中国筵席源远流长，早在三和吉多年前便已出现。中国筵席是我国饮食文化宝贵遗产的组织部分，也是烹饪技艺的集中反映和饮馔文明发展的标志！筵席是人们进餐的一种特定方式，从古至今已形成典雅、隆重、精美、热烈的传统规矩，融合了烹饪技艺之精华。随着时代的发展旅游事业及对外关系的日益开拓，中国筵席美馔将会发挥越来越大的作用，并更好地为社会主义两个文明建设服务。

第一节　中餐筵席史钩沉

一、筵席起源及历史演变

中华饮食源远流长，在这自古为礼仪之邦，讲究民以食为天的国度里，饮食礼仪自然成为饮食文化的一个重要部分。中国的饮宴礼仪号称始于周公，千百年的演进，终于形成今天大家普遍接受的一套饮食进餐礼仪，是古代饮食礼制的继承和发展。饮食礼仪因宴席的性质、目的而不同，不同的地区也是千差万别。古代的饮食礼仪是按阶层划分：宫廷、官府、行帮、民间等。宴席又称燕会、筵宴、酒会，是因习俗或社交礼仪需要而举行的宴饮聚会，是社交与饮食结合的一种形式。人们通过宴会，不仅获得饮食艺术的享受，而且可增进人际间的交往。宴会上的一整套菜肴席面称为筵席，由于筵席是宴会的核心，因而人们习惯上常将这两个词视为同义词语。

筵席是宴饮活动时食用的成套肴馔及其台面的统称，古称酒席。古人席地而坐，筵和席都是宴饮时铺在地上的坐具，筵长、席短。《礼记·乐记》、《史记·乐书》都曾记述古代"铺筵席，陈尊俎"的设筵情况。此后，筵席一词逐渐由宴饮的坐具演变为酒席的专称。

宴会，古代也称为燕会，是以酒肉款待宾客的一种聚集活动。相传尧时代一年举行七次敬老的曲礼，大家在低矮的屋子里席地而坐，你一鼎，我一鬲，分享狗肉的美味，叫做"燕礼"。这是我国原始社会的一种宴会。

宴会起源于社会及宗教发展的朦胧时代。早在农业出现之前，原始氏族部落就在季节变化的时候举行各种祭祀、典礼仪式。这些仪式往往有聚餐活动。农业出现以后，因季节的变换与耕种和收获的关系更加密切，人们也要在规定的日子里举行盛筵，以庆祝自然的更新和人的更新。中国宴会较早的文字记载见于《周易·需》中的"饮食宴乐"。

宴会

隋唐以前，古人不使用桌椅。屋内铺在地上的粗料编织物叫筵，加铺在筵上规格较小的叫席（细料编成）。宴饮时，座位设在席子上，食品放在席前的筵上，人们席地坐饮。后来使用桌椅，宴饮由地面升高到桌上进行，明清时有了"八仙桌"、"大圆桌"，宴会形式已经改变，宴席却仍被沿称为"筵席"，座位仍沿称"席位"。筵席与宴会的含义基本相同，它们都是为一定的社交目的、喜庆需要而采取的聚餐方式，都具备一定的规格等，干鲜果品、酒类、饮料都讲究一定的礼节礼仪。如果说有什么不同的话，就是在多数场合，人们常把政府、社会团体所举办的规模较大的酒席称之为宴会，把私人举办的规模较小的酒席称之筵席。宴会比筵席更讲究礼节、礼仪。

我国筵席的产生历史悠久，远在夏商时期就已开始，在祭祀基础上设置筵席。不过当时筵席没有什么格式，只是祭神、祭祖的贡品，用的是牛（大牢）、羊（少牢）。祭神后大家吃掉了祭神的东西。祭田神操一豕蹄，以得丰收；祭战神杀犬，以求胜利。

周以后，特别是春秋时代，产生了等级，筵席也发生了变化，并成为宫廷宴饮的一种仪式。天子、诸侯、大夫都不一样，一个诸侯宴请一个下大夫要馔肴四十五件，其中规定"正馔要有古十三件，并增添临加馔十二件"。西汉时期，筵席的肴品不仅制作精美，数量也开始大量增加。唐宋时期，宫廷、民间对饮食生活都非常讲究，当时的宴席发展也很快，形式有繁有简，格局不一。皇家朝臣时，酒有九种，除看盘、果子外，前后看品竟达二十多种。到了南宋，筵席格局更加豪华。到了清朝，我国筵席发展到最高阶段，就其御膳房"光禄寺"而言，它在历代御用膳馐的基础上吸收了汉、蒙、回、藏各族食品之精华，成了一个综合大厨房，它举办的燕筵宴会请客称满洲席，也称满洲筵桌。这种燕筵以满族点心为主，菜肴多用汉菜，每一等级都有一定的格式。筵席的产生除去祭祀，古代礼俗也是筵席的成因。在国事方面，先秦有敬鬼神的"吉礼"、丧葬凶荒的凶礼、征讨不服的"军礼"以及婚嫁喜庆的"喜礼"等。在通常情况下，行礼必奏乐，乐起来摆宴，欢宴须饮酒，饮酒需备菜，备菜则成席，如果没有丰盛的肴馔款待嘉宾，便是礼节上的不恭。

在家事方面，春秋以来男子成年要举行"冠礼"，女子成年要举行"笄礼"，嫁娶要举行"婚礼"，添丁要举行"洗礼"，寿诞要举行"寿礼"，辞世要举行"丧礼"。这些红白喜庆也少不了置酒备菜，接待亲朋至爱，这种聚会实质上就是筵席了。据考证，甲骨文中"飨"字就象两人相对，跪坐而食，古书对这个字解释，也是设置美味佳肴，盛礼应待贵宾，所有这些都可说明，从直接渊源上讲，筵席是在夏商周三代祭祀和礼俗影响下，发展演变而来。夏商周三代还秉承石器时期的穴居遗风，把芦苇和竹片编织的席子铺在地上，供人就坐，堂上的座位以南为尊，室内的座位以东为上，因而古书中常有"西南"、"东向"设座待客的提法。后世筵席安排主宾席，不是向东，便是朝南，根源即在于此。古人席地而坐，登堂必先脱鞋。那时的席大小不一，有的可坐数人，有的仅坐一人，一般人家短席为多，所以先民治宴，最早为一人一席，筵与席是同义词。两者区别是筵长席短，筵粗席细，筵铺筵面，席铺筵上，时间长了，两字便合二为一。

所以从筵席上的含义演变上看，它先由竹草编成的坐垫引申为饮宴场所，再由饮宴场所，转化成酒菜的代称，最后专指筵席，故而可以说，在间接渊源上，筵席又是由古人宫室和起居条件发展演化而来的。

筵席的特点是，制作精细，菜肴品种繁多，食法讲究，菜点上席需要按一定的顺序，气氛隆重，就餐时间长等。

随着时代的发展，筵席也在不断发展，它的含义已经有了很大的变化。既不是坐卧之物，也不是单纯的指酒了。现在的筵席，是在古代祭祀仪式的基础上发展演变而来的，这就是筵席的最初形式。后来，由于这种饮食形式出现的影响，筵席的规模与筵席的内容，有了很大的变化。经过历代承袭、发展、改革，形成了各种各式，并局部演变发展成现在的筵席形式。

二、中餐筵席的分类

由祭祀、礼仪、习俗等活动而兴起的宴饮聚会，大多都要设酒席。筵席从形式上讲，是多人聚餐的一种饮食方式；从内容上讲，是按一定的规格和程序组合起来，并且具有一定质量的一整套菜品；从意义上讲，它又是进行具有交际、庆祝、纪念等作用的社会活动的一种方式。宴会具有社交性、聚餐式、礼仪性、规格化等特点。

中国宴饮历史及历代经典、正史、野史、笔记、诗赋多有古代筵席以酒为中心的记载和描述。而以酒为中心安排的筵席菜肴、点心、饭粥、果品、饮料，其组合对质量和数量都有严格的要求，现代已有许多变化。宴饮的对象、筵席档次与种类的不同，其菜点质量、数量、烹调水平有明显差异。古今筵席种类十分繁多。著名的筵席有用一种或一类原料为主制成各种菜肴的全席；有用某种珍贵原料烹制的头道菜命名的筵席；也有以展示某一时代民族风味水平的筵席；还有以地方饮食习俗为名的筵席。在中国历史上，还出现过只供观赏、不供食用的看席。这种看席，是由宴饮聚会上出现的看碟、看盘演进而来的，因其华而不实，至清末民初时大部分已被淘汰。筵席的种类、规格及菜点的数量、质量都在不断发生变化。其发展趋势是全席将逐渐减少，菜点倾向少而精，制作将更加符合营养卫生要求，筵席菜单的设计将更突出民族特点、地方风味特色。随着菜肴品种不断丰富，宴饮形式向多样化发展，宴会名目也越来越多。历代有名的宴会有乡饮酒礼、百官宴、大婚宴、千叟宴、定鼎宴等。现今宴会已有多种形式，通常按规格分，有国宴、家宴、便宴、冷餐会、招待会等；按习俗分，有婚宴、寿宴、接风宴、饯别宴等；按时间分，有午宴、晚宴、夜宴等；另外还有船宴等。从宴会的发展，可以看到国家在一定时期里经济、政治、文化的发展及民族烹饪技术发展的水平。

一般分类法：我国传统筵席（宴会席和便餐席）；中西结合酒席。

按办宴目的分：包括婚席、寿席、喜庆席等。

按主宾身份分：包括国宴、专宴、外宾筵席、社会名流筵席，以及寿星筵、桃李筵、授衔筵、功臣筵等。

按时令季节分：包括春季筵席、夏季筵席、秋季筵席、冬季筵席、元旦宴、端午宴、花朝宴、中秋宴、重阳宴、腊八宴、祭灶宴等。

按地方菜系分：包括京菜席、苏菜席、川菜席、素菜席等。

按头菜名称分：包括燕窝席、海参席、烤鸭席等。

按菜品数目分：包括八八席、四六席、十大碗席等。

按烹制原料分：包括山珍席、海鲜席、野味席、豆腐席等。

按主要用料分：包括全龙席、全凤席、全鸭席等。

三、中国筵席的特征

中国的"筵席"名目繁多，形式多样，突出表现为以下三大特征：

（一）酒为席魂，菜为酒设

"酒为席魂，菜为酒设"是中国筵席的鲜明特征。人们以酒来助兴添欢，活跃气氛。厨师们遵循宾客的意愿，围绕着"酒"来巧妙设计安排上菜程序。先以冷菜劝酒，再上热菜佐酒，又以甜食和蔬菜解酒，以汤品和果茶醒酒，进而用主食压酒，用蜜脯化酒。席间推杯换盏，觥筹交错，皆以饮酒为主。所以，筵席酒菜量大，口味偏淡，与日常饮食的菜肴特点不同的是，利于佐酒的松脆香酥的菜肴和汤羹比重较大，而饭点常常是少而精。这样既使客人快乐喝酒，又避免了酒醉伤身，有失礼仪。而从现代营养学的角度来看，主食偏少不利于均衡膳食营养。筵席中"强劝酒，一醉方休"的陈规陋习，都是传统筵席应该改进的方面。

（二）讲究座位安排，处处以礼酬宾

中国是礼仪之邦，有着悠久的饮食礼仪，中国筵席以礼酬宾的风尚世代沿袭传承，礼仪贯穿了筵席的始终。如宴前要发请柬邀约，安排车马迎接客人。宾客到时，主人要在门前恭候迎接、寒暄致意。将客人引领入室后，要敬烟献茶，专人陪侍。宾主入席时，要互相谦让上坐，布菜敬酒"请"字当先。宴罢退席时，要反复酬谢，还要恭送至大门外，以示尊敬和挽留之意。

古语说"无礼不成席"，传统礼仪讲究长幼有序，体现在餐桌文化上就是座位安排有尊卑之别，主从之分。传统筵席的座位排次礼仪考究，筵席设于堂和设于室的尊卑位次有所不同。古代的堂一般是不住人的，通常是行吉凶大礼的地方。如果

筵席设于堂内，座位尊卑顺序依次为：南面（座在北而面朝南）、西面（座在东而面朝西）、东面（座在西而面朝东）、北面（座在南而面朝北）。古代的室一般是长方形，东西长而南北窄。因此，如果筵席设于室内，座位最尊的是东向（座在西而面朝东），其次是南向（座在北而面朝南），再次是北向（座在南而面朝北），最卑是西向（座在东而面朝西）。现代筵席一般是远离门口面对门的座位为上座，靠近门口背对门的座位为下座。上述礼仪是筵席的基本礼仪，关于筵席礼仪的细则和其中的故事传说可参考本书第千章"中国的食制食礼"，这里不多赘述。

敬酒之礼也是筵席上最为重要的礼节之一。客人入席后，主人率先起身敬酒，客人要起身回敬。主人还要殷勤让菜。且有"鸡不献头，鸭不献掌、鱼不献脊"的习俗，客人食毕，要请客人到客厅吃茶小坐，寒暄告别。总之，中国筵席礼仪周全，亲和温馨，展现了中华民族待客以礼的传统美德。

（三）品种繁多，搭配讲究，出菜有序

筵席的菜肴品种繁多，在搭配上注意冷热、荤素、咸甜、浓淡、酥软、干湿的调和搭配。上菜顺序别有讲究，一般先冷后热、先咸后甜、先酒菜后饭菜，最后是汤菜。味美质优的菜先上席，大菜间隔上席，鲜、辣、甜味菜肴后上席，这样使筵席气氛跌宕起伏，一波三折，显示出筵席的丰富多彩。其节奏和谐，色彩纷呈，味道淳厚，赏心悦目。

四、中餐筵席的发展及趋势

（一）中餐筵席的发展

筵席产生以后，发展迅速，景象万千，主要表现在席位、陈设、规模和食序方面。

（1）从席位上看，它是不断递增，先秦时期是一人一席，罗列几样菜品，蹲着或围坐就食。当时的餐具除个人专用的碗筷、勺、杯以外多为共用，其大小与组合，也是按一至三人进餐要求来设计，并且盘、盆的圈足与器座高度同席地而坐或蹲着就餐的位置相适应。餐具装饰还有对称手法，从任何角度都可以欣赏；花纹带的位置亦与视线平行。以后，坐席变成坐椅，低案改为高台，方桌扩成圆桌，碗碟替代鼎罐，为了便于攀谈叙话、祝酒布菜，也为了充实席面和减少浪费，每桌坐客相应增加到三至六人。可以从《清明上河图》、《水浒传》、《金瓶梅》、《儒林外史》等古书画中看出从汉唐到明清的席位变化。清末民国初宴客多用八仙桌，常坐四人至六人或七人。解放后圆桌用的较多，一般都坐十人。近年来又出现十二人的筵席。至于国宴的主宾席，则可坐十六人至二十人，但在这种情况下，需配特制的大转台或组合式长台，而且台面中央常有花卉果品装饰，填充部分空间。席位变化对筵席格局有直接影响。

（2）从陈设看，也是不断变化的，有些大筵席还附设专供观赏的酒席，或香盘，配置花蝶形屏拼和工艺大菜，流光溢彩，富丽堂皇，这是通过陈设展观筵席规格和礼仪。

（3）从规模上看，总趋势也是不断扩大，至清代发展到了顶峰，进入民国时期逐步缩减，现在稳定到一个较为合适的水平上，加之对筵席进行大胆改革，一方面减少数量，缩短时间；一方面改进工艺，提高质量，做到精致典雅，形质并茂，确实表现出中国筵席的精粹。筵席的规模常可反映出它的水平。

（4）从食序上看，从古到今基本相同，都是一酒、二菜、三汤、四饭、五水果。荤素菜式的组合、过菜程序的编排以及进餐节奏的掌握，可谓变化万千。既有官场上的十六碟、四点心，也有民间的七蒸、九扣、十大件；有依据主要菜品而称的"烧烤席"、"燕菜席"、"鱼翅席"、"鱼唇席"、"海参席"、"三丝席"、"广肚席"等；也有以盘碗数量多少而为名的如"十六碟、不大不小；十二碟、六大六小"，"八碟、四小四大"，"十大件、八大吃、十六菜、八大碗"等。还有令人眼花缭乱的各式全席、各地名席、各种酒宴和四时菜单。其类别之多、拼配之巧、突化之奇完全可与乐曲、绘画、建筑媲美。不论如何变，都要突出酒的地位，形成无酒不成席的传统，菜跟酒走被奉为筵席的法规。厨师应懂得酒在筵席中的妙用，安排菜点也总是围绕着酒作文章，先上冷碟是劝酒，次上热菜是佐酒，辅以甜食是解酒，酒备菜是醒酒，席间饮酒多，吃菜也多，调味一般偏淡，而且松脆香酥的菜肴与清淡的素食、汤品均占一定的比例。至于饭点、更是少而精，仅仅起压酒的作用而已。中国名酒甚多，酿造方法和风味特别，因此筵席的吃法多种多样，再加上各地烹饪风味的差异，所以一个地方菜系往往是一种筵席体系。即使是在第一菜系中，由于流派和帮口众多，筵席的款式也是色彩缤纷，凡此种种便构成中国筵席丰富多彩的鲜明特征。根据资料估计，我国现有菜肴有五万多种，其中名菜五千多种，历史名菜一千多种，点心一万多种，名点一千多种，历史名点两百多种。

（二）中餐筵席的趋势

随着现代社会经济的发展、科学技术的进步、人民生活水平的大幅度提高，传统中餐筵席之革故鼎新，势再必行。

一方面，中餐筵席发展须基于继承性与科学性的有机结合。中餐筵席是中国烹饪技术的主要表现形式。经漫长中国文明历史之熏陶，长久滋长积蕴，形成了由数不胜数、举不胜举的香、味、色、形、质俱佳的美肴精点而结合的不同风格，不同质量、不同格式的宴饮形式，体现着中华民族饮食文化的特征，是我国宝贵文化遗产的重要组成部分。毋庸置疑，对传统中餐筵席所蕴含的反映中华民族饮风食欲特色的众多合理性精华的继承，是现代中餐筵席发展的基础。但在筵席配膳上，中餐筵席往往是趋于盛情，显示气派，治山珍海味为一炉，集"三高"（即高蛋白、高脂肪、高糖类）为一席。尽管是美味可口，但由于各大营养素之间的搭配比例不平衡，达不到营养互补、平衡膳食的要求。应针对就餐者的具体情况，运用现代营养知识科学地安排菜点，使其在保持传统筵席特点和民族饮食文化风格的基础上，做到荤素搭配适宜，各类营养素比例配备合理，有目的地使整个筵席的膳食结构达到平衡互补的要求，使宾客在领略温馨的传统饮食文化熏染的同时，获得最佳营养需求量，从而达到增强体质、延年益寿的目的。所以，运用现代的科学知识与传统的中国烹饪精华相结合，既保证了筵席结构的科学性、合理性，又突出了中国烹饪的特点。这是中餐筵席发展的必由途径。

另一方面，解决中餐筵席席间卫生问题和适量减少中餐筵席繁琐格式。中餐筵席十分讲究围餐而食，相互间敬酒布菜，热情洋溢。殊不知在这种聊欢共乐的热烈气氛中，沾满各种津液的筷子已污染各个菜点，既不卫生，也碍文明。因此，要采取措施解决这一问题。"公筷制"、"分餐制"在我国已实行很长时间。实践证明，这是解决中餐席间卫生的好方法之一，应该不断地完善和发展。传统中餐筵席的格式存在有很大的弊端。无论从营养学、养生学、节约和时间观念等诸角度来看，均是不适宜现代发展的，应当根据中餐烹饪的特点和具体情况适量减之。

第二节　千载不散的筵席

古代筵席是汇集文人雅士或达官贵人共同品尝某些名食的一种大型聚会，气势宏大，人物众多，菜品丰富，并在席间设各种文娱性游戏（如划拳猜子或行令）以示赏罚。有的是在重大节日里进行，有的则是为庆祝生日或饯行等。这种庞大的饮食宴会从皇宫至民间，举办得有声有色，多姿多彩，表现了不同的民俗风情。

类型各异的饮宴活动反映的是一个地方和民族的民风民俗，也是中华民族饮食文化活动的代表性表演。这些别具风韵并具有历史意义的饮宴名目繁多，各具特色。比如有威仪天下显示民族气质的"国宴"；也有凛然刚劲、气冲霄汉，具有军人气概的"军宴"；还有众多官员同乐的豪华奢侈"公宴"；更有私人出资与民共享之"私宴"，比如婚丧宴、寿诞宴、饯行宴、接风宴、为婴儿办的"三朝宴"、与同学共聚的"同窗宴"等，数不胜数，妙趣横生。其他还有认宗宴、叙谱宴、清明宴、端阳宴、中秋宴、重阳宴、团圆宴等，不胜枚举。

一、周八珍

记载于《周礼·天官》的周代八珍宴，是我国现存最早的一张完整宴会菜单。"珍用八物"，是八种当时称得上珍贵的食品与高超的烹饪方法。此份菜单影响了后世各式宴会的命名方法，"八珍"成为珍贵食品的代名词，如食品原料中有动物八珍、山八珍、水八珍、海八珍、上八珍、中八珍、下八珍、禽八珍和草八珍等；宴会中有八珍宴、八珍菜，如八珍鱼翅、八宝辣酱等，很多宴会以八道菜肴为组合数量，如八热炒、八冷菜、八大菜等。

二、满汉全席

满汉全席是中国一种集合满族和汉族饮食特色的巨型筵席，起源于清朝。满汉全席的特点是筵宴规模大，进餐程序复杂，用料珍贵，菜点丰富，料理方法兼取满汉，又有满汉大席和烧烤席之称。满汉全席由于菜品数量很大，一餐往往不能胜食，而要分作几餐，甚至分作几天用，进食的程序也很讲究隆重。

满汉全席的起源

清入关之前，满清贵族的宴席非常简单。一般宴会只是在露天空地上铺上兽皮，大家围拢一起席地而餐。如《满文老档》记："贝勒们设宴时，尚不设桌案，都席地而坐。"菜肴一般是火锅配以炖肉，皇帝出席的国宴也不过设十几桌、几十桌，也是牛、羊、猪等兽肉。清入关之后，皇家的饮食有了很大的变化。在六部九卿中专门设置了光禄寺卿，专司大内筵席和国家大典时宴会事宜，并很快在继承满族传统饮食方式的基础上，吸取了中原南菜（主要是苏杭菜）和北菜（山东菜）的特色，建立了较为丰富的宫廷饮食。

以后清代的筵宴开始形成定制，廷宴分为满席、汉席、奠笼、诵经供品四大类。满席分为六等，头三等是用于帝、后、妃嫔死后的奠筵，后三等主要用于三大节朝贺宴、皇帝大婚宴、赐宴各国进贡来使及下嫁外藩的公主、郡主、衍圣公来朝等。汉席分三等，主要用于临雍宴、文武会试考官出闱宴以及实录、会典等书开馆编纂日和告成日赐宴等。一等汉席肉馔鹅、鱼、鸡、鸭、猪肉等23碗，果食8碗，蒸食2碗，蔬食4碗。以后江南的官场菜开始把满席和汉席之精华集于一席，创制了举世闻名的满汉全席。由此可见，满汉全席其实并非源于宫廷，而是源于扬州的官场菜。

满汉全席的发展历程

满汉全席自扬州出现以后，随着饮食市场的发展，很快由官场步入民间，开始有了"满汉大席"之称。顾禄《桐桥倚棹录》卷十载，苏州酒楼开办满汉大席，市场之中也卖有满汉大菜。据《清稗类钞》载，"烧烤席俗称满汉大席，筵席中之无上上品也。烤，以火干之也。于燕窝、鱼翅诸珍错外，必用烧猪、烧方，皆以全体烧之。酒三巡，则进烧猪，膳夫、仆人皆衣礼服而入。膳夫奉以侍，仆人解所佩之小刀脔割之，盛于器，屈膝，献首座之专客。专客起箸，筵座者始从而尝之，典至隆也。次者用烧方。方者，豚肉一方，非全体，然较之仅有烧鸭者，犹贵重也。"

满汉全席在发展过程中也深受其他宴席的影响，因此有人称其为"一百有八品的全羊席和全鳝席"，可见这种宴席的形式极大地影响了满汉大席，以至于后来的满汉全席也发展为108道菜的名目，甚至还有多达200余品的满汉席。此后，满汉全席还传播到许多城市。如《粤菜存真》中就记录了广州、四川两地的满汉全席谱，民国时期的《全席谱》中录有太原满汉全席，沈阳、大连、天津、开封、台湾、香港也都陆续有了各具特点的满汉全席。后来满汉全席就成为大型豪华宴席之总称。

三、孔府宴

孔府是孔子及其后人居住的地方，古代尊孔之风的盛行，使得孔府历经两千多年而不衰。孔府在古代的地位非同一般，兼具家庭和官府职能。当年孔府接待贵宾、袭爵上任、祭日、生辰、婚丧时特备的高级宴席，经过数百年不断发展形成了一套独具风味的家宴。孔府宴礼节周全，程式严谨，是中国古代宴席的典范。

（一）融汇百家的孔府菜

孔府菜的历史十分久远，是吸取了全国各地的烹调技艺而逐渐形成的。由于孔府主人的特殊地位，孔府菜可以广泛吸收宫廷、官府和民间烹饪技艺特点。如孔府的很多内眷都是来自各地的官宦的大家闺秀，她们常从娘家带着厨师到孔府来。因此，各菜系的名厨相聚孔府，将烹调技艺发挥到极致，从山珍海味到瓜、果、菜、蔬都能制出美味佳肴。此后，经过孔府历代名厨的精心创制，在继承传统的基础上，着意创新，自成一格，使得孔府菜成为中国烹饪文化宝库中的一颗瑰宝。

孔府菜的命名十分讲究，菜肴的名称寓意深远，体现了孔府书香门第的风雅之气。有的取名古朴典雅，富有诗意，如"一卵孵双凤"、"诗礼银杏"、"阳关三叠"、"白玉无瑕"、"黄鹂迎春"。有的是投其所好引人入胜，如"带子上朝"、"玉带虾仁"、"珍珠海参"、"雪丽琥珀"。有的名称用以赞颂其家世之荣耀或表达吉祥如意，如"一品锅"、"一品寿桃"、"一品豆腐"及"福、禄、寿、喜"、"万寿无疆"、"吉祥如意"、"全家平安"、"年年有余"等。

（二）孔府宴的等级

孔府接待的人员很多，上自皇帝、王公大臣，下至地方官员、亲朋贵戚，以及各种庆典，因此，待客宴席根据饮宴者的身份或亲疏而划分成不同规格、不同等级。据孔德懋（孔子七十七代嫡孙女）在《孔府内宅轶事》中介绍：最高级的酒席叫"孔府宴会燕菜全席"，又叫"高摆酒席"，每桌上菜130多道。这种酒席专门招待历代皇帝和钦差大臣，近代的蒋介石、顾祝同、刘峙、孔祥熙、冯玉祥等人受过此种招待。

"燕菜全席"最有特色的装饰品当属"高摆"，用糯米面做的，1尺多高，碗口粗呈圆柱形，摆在四个大银盘中，上面镶满各种细干果，形成绚丽多彩的图案，联起来就是这个酒宴的祝词。做高摆就像绣花一样，四个高摆就需要12名老厨师48小时才能完成。这种酒席还要用特制的高摆餐具，瓷的、银的、锡的各种质地都有，都是专套定做，如果损坏一件就无法买到配齐，因此每次使用都要安排可靠的人专门照管餐具。总之，"燕菜全席"规格极高，甚为讲究。

其次就是平时寿日、节日、婚丧、祭日和接待贵宾用的"鱼翅四大件"和

"海参三大件"宴席。菜肴随宴席种类确定，是什么席，首个大件就上什么。大件之后还要跟两个配伍的行件。如鱼翅四大件：开始先上八个盘（干果、鲜果各四），而后上第一个大件鱼翅，接着跟两个炒菜行件；第二个大件上鸭子大件跟两个海味行件；第三个大件上鲢

孔府宴

鱼大件，跟两个淡菜行件；第四个大件上甘甜大件，如苹果罐子，后跟两个行菜，如冰糖银耳、糖炸鱼排。

四、曲江宴

唐朝时的曲江园位于长安城东南方九公里处的曲江村，原为一片湿地池沼，景色十分秀丽。曲江园最早建于汉代，唐玄宗开元年间又对曲江园林进行了大规模地修建营造，拓宽池区，在池中广植莲花，在两岸栽满奇花异草，并制作彩舟以供人们游览，还修建了紫云楼和彩霞亭等台榭楼阁。从此，曲江园成为京城一带风光最美的园林。

每到三月，曲江园都会对普通民众开放，上自帝王，下至士庶，都可以在曲江池畔举行宴会活动。那时，曲江园里处处张设宴席，皇帝贵妃们在紫云楼摆宴，高级官员在近旁的亭台设宴，翰林学士们则被特允在彩舟上畅饮，一般士庶就只能在花间草丛中设宴。曲江园林里举行的各种宴会名目繁多，有宫廷盛宴、新科进士宴、春日游宴、探春宴、裙幄宴等多种形式，通称为曲江宴。

（一）宫廷盛宴

唐玄宗时期，每年农历三月初三都在曲江园设宴，这是唐代规模最大的游宴活动。当时，不仅皇亲国戚、大小官员都可以带着妻妾、丫环、歌伎参加，还允许京城中的僧道和普通老百姓来曲江游览。一时间，万众云集，盛况空前。唐代大诗人杜甫的《丽人行》中那句"三月三日天气新，长安水边多丽人"，描写的就是这种游宴活动的场景。三月的曲江池碧波荡漾，岸边万紫千红，再加上京兆府和长安、万年两地园户们的花卉展览和商贾们展示的珠宝珍玩、奇货异物，更为这场盛宴锦上添花。

（二）新科进士宴

在唐代，曲江边上的杏园是皇帝专门给新科进士赐宴的地方。唐中宗时，朝廷规定每年在三月，在曲江为新科进士们举行一次盛大的宴会以示祝贺。此宴因取义不同，异名甚多，有关宴、杏园宴、樱桃宴、闻喜宴等。前来参加宴会的人除了新科进士们，还有主考官、公卿贵族及其家眷，有时甚至皇帝也会来观看。新科进士宴上的食品必须有樱桃，有时还有御赐的食物。宴会上，新科进士们除了拜谢恩师和考官，还要到慈恩寺大雁塔上题名留念。宴会快结束时，便从所有的新科进士中挑选出两位最年轻的才俊，骑两匹快马进入长安城内遍摘名花，被称作"探花郎"，后来科举第三名叫做"探花"即出于此。诗人孟郊考取进士时已年过四十，不能做"探花郎"了，但他仍兴致勃勃地目送两名探花郎骑着高头大马，从曲江边绝尘而去，并写下了"春风得意马蹄疾，一日看尽长安花"的千古名句。

（三）春日游宴

唐朝时，春日游宴是贵族子弟们的主要活动之一，也是表示他们不负春光的一种生活方式。春日融融，和风习习，花红草青，空气清新，最适合郊游野宴，难怪唐人语出惊人："握月担风且留后日，吞花卧酒不可过时。"据《开元天宝遗事》记载，长安阔少每至阳春都要结朋联党，骑着一种特有的矮马，在花树下往来穿梭，令仆从执酒皿跟随，遇上好景致则驻马而饮。还有人带上油布帐篷，以便在天阴落雨时，仍可尽兴尽欢。唐时春宴非常盛行，朝廷也很支持的这种活动，官员们甚至能享受春假的优遇。

唐中期以后，军阀混战，京城长安日渐萧条，加上黄渠断流，曲江池失去了水源，渐渐干涸。从此，一度盛行于唐朝，经历了三百多个春秋的曲江宴逐渐成为历史。

五、女子宴

唐代盛行探春宴与裙幄宴，参加者均为女性，有别于中国古代的其它饮宴。饮宴地点设于野外，可以使平日身居闺房的女子们一消往日的郁闷心情。女性在一起聚集饮酒，也反映了当时社会伦理对妇女们的一种宽容态度。

（一）探春宴

探春宴一般在每年正月十五过后的立春与雨水二节气之间举行。据《开元天宝遗事》记载，探春宴的参加者多是官宦及富豪之家的年轻妇女。此时万物复苏，达官贵人家的女子们相约做伴，由家人用马车载帐幕、餐具、酒器及食品等，到郊外游宴。

女子们的游宴也分为两个部分。首先是踏青散步游玩，吮吸清新的空气，沐浴和煦的春风，观赏秀丽的山水。然后才选择合适的地点，搭起帐幕，摆设酒肴，一面行令品春（在唐代，"春"一是指一般意义的春季，二是指酒，故称饮酒为"饮春"，称品尝美酒为"品春"），一面围绕"春"字进行猜谜、讲故事，作诗联句等娱乐活动，至日暮方归。

此外，女子们到此游宴还有一项主要活动——斗花。所谓斗花，就是青年女子们在游园时，比赛谁佩戴的鲜花更名贵、更漂亮。为了在斗花中获胜，长安富家女子往往不惜重金去购得各种名贵花卉。当时，名花十分昂贵，非一般民众所能负担，正如白居易诗云："一丛深色花，十户中人赋。"探春宴上，年轻女子们"争攀柳丝千千手，间插红花万万头"，成群结队地穿梭于曲江园林间，争奇斗艳。

（二）裙幄宴

在每年三月初三上巳节前后，年轻女子们便趁着明媚的春光，骑着温良驯服的矮马，带着侍从和丰盛的酒来到曲江池边，选择一处景致优美的地方，以草地为席，四面插上竹竿，再解下亮丽的石榴裙连接起来挂于竹竿之上，这便成了女子们临时饮宴的幕帐。这种野宴被时人称之为裙幄宴。

唐代女子用裙子挂于竹竿之上围成一圈做帷幕，从现代的观点看似乎有些荒唐。其实则不然，唐代的女服必有裙、衫、披三大件，将裙脱下来之后身上还有衫和披肩。因此，唐代虽然风俗开化，但也不至于到连现代人都难以接受的地步。唐人以裙宽肥为美，一般一条裙都是用六幅帛布拼接而成，华贵的则要用到七八幅，用来做帷幕确实再合适不过了。

宴饮过程中，女子们为使游宴兴味更浓，非常考究菜肴的色、香、味、形，并追求在餐具、酒器及食盒上有所创新。这类野宴在一定程度上促进了中国古代烹调技艺、食具造型等的发展，也丰富了饮食品种。

六、船宴

船宴就是以船为设宴场所的一种宴席形式，注重美时、美景、美味、美趣等氛围的结合，品尝起来别有一番情趣。沈朝初的《忆江南》："苏州好，载酒卷艄船。几上博山香篆细，筵前冰碗五侯鲜，稳坐到山前。"就是古人船宴游乐的极好写照。

（一）船宴的历史

中国早在春秋时期就出现了船宴，传说吴王阖闾曾船上举办过宴席，并将吃剩下的残余鱼脍倾入江中。到了唐代，船宴已经开始流行。唐代诗人白居易就很喜好这种宴席形式。有一次，他在船上请客，但船舱中并没有酒肴和餐具。等到中午，白居易便传唤开宴，各种菜肴立刻端了上来，客人们大感惊奇，于是出舱细观。原来白居易事先在游船周围备有很多囊袋，"悬酒炙于水中，随船而行，一物尽，则左右又进之，藏盘筵于水底也"，这是一种奇特的餐船宴。

五代时期，也有船宴的踪迹。如后蜀末代皇帝孟昶的妃子花蕊夫人有一段宫词："厨船进食簇时新，列坐无非侍从臣。日午殿头宣索脍，隔花催唤打渔人。"这里的"厨船进食"就是餐船宴。

宋代的杭州、扬州等地，还出现了商家经营的餐船，也可供人们泛舟饮宴。如南宋时西湖的餐船就很大，"约长五十余丈，中可容百余客……皆奇巧打造，雕梁画栋，行运平稳，如坐平地，无论四时，常有游玩人赁假舟中，所需器物一一毕备。游人朝登舟而饮，暮则径归，不劳余力。"

中国餐船的盛行主要是在明清时期。那时，杭州西湖、无锡太湖、扬州瘦西湖、南京秦淮河、苏州野芳浜以及南北大运河等水上风景区，都种专门供应游客酒食的"沙飞船"（或称"镫船"）。这种船陈设雅丽，大小不一，大者可以载客，摆三两桌席面；小者不过丈余，艄舱中有灶火，尾随可以供应酒食。

（二）船宴的规矩

古代的船宴有一些相沿成俗的传统礼俗。游客初到船舱，坐定之后，船上的侍者先是端上茶和一些辅茶的点心，游客边品茗边品点，而后还会上几碟精巧的小炒冷盘。其间可以聊天、搓麻将、唱曲、打节拍等等消遣时光。等到夕阳西坠，掌灯时分，船宴的正宴才拉开帷幕。这时才会将船上的"招牌菜"悉数端来，让游客饮博极欢，一醉方休。

席间舟女负责侍客，如贡烟、递茶、斟酒等事宜，而端菜撤盆则由厨子代劳。端菜很有讲究，上菜要从右侧上手，按冷盘、热炒、大碗的次序流水作业。船娘随时与食客、厨子两头联络。菜要一只一只地上，看菜吃至过半，则马上关照厨子速做另一道菜，吃完见底后，才撤盘换菜，人手一份不断档。因此，每道船菜上桌，都新鲜而百热沸烫。撤盆则反之，必须从左侧下手，按序而下。如果有剩菜，则要问清楚游客是弃还是留。同时，为了娱悦食客，船上还邀请民间艺人献艺助兴，雅俗共赏。

七、烧尾宴

从魏晋时代开始，每逢官吏升迁之时，都要举办高水平的喜庆家宴，接待前来庆贺的客人。唐代同样继承了这个传统，不仅要设宴款待前来祝贺的同僚，还要向天子献食。唐代对这种宴席还有个奇妙的称谓，叫做"烧尾宴"，或直简单称为"烧尾"。这比起前代的同类宴席，更为华丽，也更为奢侈。

（一）烧尾宴的由来

有关烧尾宴的得名，有很多说法。有人说，这是出自"鲤鱼跃龙门"的典故。传说黄河鲤鱼跳龙门，跳过去的鱼即有云雨随之，天火自后烧其尾，从而转化为龙。官吏功成名就，就如同鲤鱼烧尾，所以摆出烧尾宴来庆贺。

不过，据唐人封演所著《封氏闻见录》里专论"烧尾"一节看来还有其他的意义。封演说道："士子初登、荣进及迁除，朋僚慰贺，必盛置酒馔音乐，以展欢宴，谓之'烧尾'。说者谓虎变为人，惟尾不化，须为焚除，乃得为成人。故以初蒙拜受，如虎得为人，本尾犹在，气体既合，方为焚之，故云'烧尾'。一云：新羊入群，乃为诸羊所触，不相亲附，火烧其尾则定。"可见，封演又记载了两种说法：一是说老虎变人，其尾犹在，烧点其尾，才能完成蜕变。二是说新羊入群，群羊欺生，只有将新羊的尾巴烧断，新羊才能安宁的生活。这样，烧尾就有了烧鱼尾、虎尾、羊尾三说。

（二）奢侈的烧尾宴

唐代的烧尾宴奢侈至极，除了一般的喜庆家宴，还有专给皇帝献的烧尾食。在众多烧尾宴中，最为著名的一次摆于唐中宗景龙年间。关于这次烧尾宴，宋代陶谷所撰《清异录》中有详细的记载。书中说，唐中宗时，韦巨源官拜尚书令，照例要上烧尾食，他上奉中宗的宴席清单完整地保存在传家的旧书中，这就是著名的《烧尾宴食单》。食单所列名目繁多，《清异录》仅摘录丁其中的一些"奇异者"，多达58款。

从这58款菜食的名称，可以窥见烧尾食宴的丰盛，也从侧面反映了唐代烹饪

所达到的水平。烧尾食单所列馔品主要有单笼金乳酥（酥油饼）、曼陀样夹饼（炉烤饼）、巨胜奴（芝麻点心）、贵妃红（红酥饼）、婆罗门轻高面（笼蒸饼）、御黄王母饭（盖浇黄米饭）、七返膏（蒸糕）、金铃炙（酥油烤饼）、火明虾炙（煎鲜虾）、通花软牛肠（牛肉香肠）、生进二十四气馄饨（二十四种馅料生馄饨）、生进鸭花汤饼（面片）、同心生结脯（风干肉）、见风消（油炸糕）、冷蟾儿羹（蛤蜊肉汤）、唐安镵（唐安盒子饼）、金银夹花平截（蟹黄点心）、水晶龙凤糕（枣糕）、天花铧锣（手抓饭?）、赐绯含香粽子（蜜淋）、白龙腥（鳜鱼片羹）、葱醋鸡、红羊枝杖（烤全羊）、八仙盘（剔骨鸡八只）、分装蒸腊熊（蒸熊肉干）、暖寒花酿驴蒸（烂蒸糟驴肉）、水炼犊（清炖小牛肉）、缠花云梦肉（云梦肘花）、遍地锦装鳖（清炖甲鱼）、汤浴绣丸（浇汁大肉丸）等等。这些名称奇特的馔品，如果当时记录时没有注解，现在将很难考证其究竟指的是什么馔品。当然，只是记载了韦巨源烧尾宴中的"奇食"，如果加上一些常规菜的，将不下百种。

唐代除了拜得高官者要给皇上烧尾，一些没有机会做官的皇室公主们，也仿效烧尾的模式，寻找机会给皇上献食，以求取恩宠。

八、洛阳水席

洛阳水席起源于洛阳。因为洛阳气候干燥寒冷，民间饮食偏重于汤类。这里的人们习惯使用当地出产的淀粉、莲菜、山药、萝卜、白菜等制作经济实惠、汤水丰盛的宴席，就连王公贵戚也习惯把主副食品放在一起烹制，久而久之便逐步创造出了极富地方特色的洛阳水席。洛阳水席风味特别，誉满全国，与龙门石窟、洛阳牡丹并称"洛阳三绝"。

（一）武则天与水席

武则天登基之后，国家逐渐趋于稳定和经济也有所发展。但是均田制的破坏，使得大批农民离开了土地，社会矛盾又日渐尖锐化，统治阶层内部争权夺利越来越厉害。身为一国之君的武则天，为了治理好这个国家多次离开长安到外地巡察了解民情。其中有一次，她到洛阳巡察时，还设下了水席大宴文武群臣，随后洛阳水席成了宫廷宴席。

洛阳水席的头道大菜"燕菜"还与武则天有一定的渊源。"燕菜"其实就是用大白萝卜为主料制作而成的。为何普通的萝卜能够登上如此的大宴呢？原来有一年秋天，洛阳东部的土地里长出一颗 3 尺多长的巨型萝卜，民间就把该萝卜以吉祥物进献女皇。武则天非常高兴，特命厨师做菜。厨子明知萝卜平常，却又不敢违旨，便着实动了一番脑筋：把萝卜进行精细加工处理，多配名贵的海味山珍后做成一道羹肴送到女皇面前。武则天入口果然感到鲜美无比，风味独特。她重赏了御厨，并赐名为"假燕菜"，可与"燕窝菜"同列首席。后来人们把"假燕菜"改为"洛阳燕菜"。时隔几百年，洛阳燕菜名气越来越大，成为水席之首。

（二）洛阳水席的上菜程序

洛阳水席有非常严格的规定，24 道菜不多不少，8 个凉菜、16 个热菜不能有丝毫偏差。16 个热菜中又分为大件、中件和压桌菜，名称讲究，上菜顺序也非常严格。水席中的 8 个冷盘分为 4 荤 4 素，冷盘拼成的花鸟图案色彩鲜艳，构思别致。水席首先以色取胜，客人一览席面，未曾动筷，就会食欲大振。冷菜过后，接着是16 个热菜，依次上桌。上热菜时，大件和中件搭配成组，也就是一个大菜，要和两个略小的中菜配成一组。一组一组上，味道齐全，丰富实惠。

在水席上，爱吃冷食的人可以找到适合自己的凉菜。爱吃酸辣菜的人，水席菜能让人辣得冒汗，酸得生津。有人喜食甜食，水席菜足以让人吃得可口，吃得惬意。如果有人爱吃荤菜，席面上山珍海味、飞禽走兽应有尽有，完全可以饱了口福。不愿吃荤，想吃素菜，以普通蔬菜为原料的素菜粗菜细作，清爽利口。水席独到之处是汤水多，赴宴人菜、汤交替食用，能使人感到肠胃舒适，菜多不腻。等到鸡蛋汤上桌，表示 24 道菜已全部上完。

可见，洛阳水席有荤有素，有汤有水，味道多样适应不同口味的食客，深受人们的欢迎，因而长盛不衰，古今驰名。

九、全鸭宴

全鸭宴是以填鸭为主料烹制而成的各类鸭菜所组成的宴席，由北京全聚德烤鸭店首创，一席之上，除烤鸭之外，还有用鸭的舌、脑、心、肝、胗、胰、肠、脯、翅、掌等为主料烹制的不同菜肴。

北京全聚德烤鸭店原来以经营挂炉烤鸭为主，后来围绕烤鸭创制推出了一些鸭菜。早年间全聚德的鸭菜摆席一般只有芥末鸭掌、盐水鸭肝、麻辣膀翅等五六道冷荤。如热菜第一道是汤菜烩鸭四宝，第二道是炸菜炸鸭胗肝，然后就是糟溜三白、芫爆鸭心等为数不多的鸭菜。此后，全聚德鸭菜的品种日益增多，经历代名厨的潜心研究，最终形成了以芥茉鸭掌、火燎鸭心、烩鸭四宝、芙蓉梅花鸭舌、鸭包鱼翅等为代表的"全聚德全鸭席"。

（一）全鸭宴的菜品

全聚德的全鸭席一共有百余种菜肴可以搭配选择，上菜程序比较讲究。一般是先上下酒的冷碟，如芥末拌鸭掌、酱鸭膀、卤鸭胗、盐水鸭肝、水晶鸭舌、五香鸭等。接着上四个大菜，如鸭包鱼翅、鸭蓉鲍鱼盒、珠聊鸭脯、北京鸭卷等。再来上四个炒菜，如清炒胗肝、糟熘鸭三白、火燎鸭心、芫爆鸭胰之类。随后上一个烩菜，如烩鸭四宝（即胰、舌、掌、腰）、烩鸭舌等。然后上一个素菜，如鸭汁双菜、翡翠丝瓜之类。上素菜的目的，在于清口，为品尝烤鸭作准备。待服务人员端上烤鸭给客人过目后，当场片鸭给顾客享用。食罢烤鸭，再上一个汤菜，通常是鸭骨奶汤；一个甜菜，如拔丝苹果之类；几碟精美细点，如鸭子酥、口蘑鸭丁包、鸭丝春卷、盘丝鸭油饼等；以及小米粥。最后上水果，全鸭席至此结束。如今，全聚德全鸭席早已驰名中外，为外国元首、政府官员、社会各界人士及国内外游客所喜爱，成为中华民族饮食文化的精品。

（二）火燎鸭心的创制

火燎鸭心是全鸭宴之中的亮点，其创制过程也很有趣。早年间，全聚德的热菜很简单，客人来全聚德多是为了吃烤鸭。每次从鸭子身上取下的鸭心、鸭肝等内脏零碎儿都被放在一个大盆子里。攒多了以后，厨房的帮手就把这些零碎儿用盐水煮一煮，到天桥上卖给穷苦人。有一天，当时一个厨师在煮鸭心时不小心让一块鸭心掉在了炉台火眼旁，鸭心被火熏烤了一下，立即冒出了香味儿来。于是厨师用火钩子把这块已经烤熟的鸭心钩出来，好奇地掰了一块放在嘴里尝，味道醇香，但是还有点偏白。于是厨师就再上面蘸了点盐，这下味道就完全不一样了，非常好吃。全聚德的厨艺师经过多次实践，做成了创制了这道火燎鸭心。

火燎鸭心原料十分讲究，鸭心必须是当天宰杀的鸭子的，而且越新鲜越好，事先把鸭心改刀从中刨开竖纹，顺切后用茅台酒、酱油等作料喂好。炸的时候特讲究，油锅里的油要到似着不着的火候，鸭心猛地放进去，一烹火光冲天，打四五下就赶紧起锅。成菜之后，一个个鸭心呈伞状，吃到嘴里，咸鲜可口，酒香醇厚。如今，火燎鸭心在已经成为全聚德的招牌菜，在全鸭宴的百余道菜品之中名列前茅。

十、鸿门宴

《史记·项羽本纪》记载了秦末鸿门宴这一改变中国历史的事件。公元前 206 年，秦末群雄并起，刘邦率军 10 万进咸阳自立为王，并封关拒绝其他义军入内，激怒了迟到一步的西楚霸王项羽，随即率军 40 万进驻鸿门（今陕西临潼）以示威胁。由于兵力对比悬殊，刘邦只好前往鸿门谢罪。项羽见其卑躬屈膝，消气后设宴相待。宴会上，范增不愿放虎归山，遂命项庄舞剑，伺机刺杀刘邦。情急之中，刘邦的妹夫樊哙带剑执盾闯宴，以大嚼生猪肉、大饮烈性酒的气势震慑项营将士，刘邦以上厕所为由趁机骑着快马逃脱。此后，"鸿门宴"就被视作杀机四伏的谈判宴，变成"宴无好宴，会无好会"的代称。司马迁是从政治斗争的角度来描述此宴的，对宴会的陈设、肴馔及礼仪几乎未作什么介绍，所以鸿门宴的菜单和程序至今仍是一个难解之谜。

十一、诈马宴

诈马宴是蒙古族特有的庆典宴飨整牛席或整羊席。诈马，蒙语是指退掉毛的整畜，意义是把牛、羊牲畜宰杀后，用热水退毛，去掉内脏，烤制或煮制上席。

诈马宴始于元代，这一古朴的分食整牛整羊的民俗，由圣主诺颜秉政开展为奢华的宫廷宴。现在，宫廷诈马宴已绝迹，烤全牛也已失传。1991 年 8 月，伊克昭盟在准备那达慕大会成吉思汗陵分会时，相关人员查阅了《蒙古食谱》、《蒙古习俗录》等大量材料，并进行了实验，复原了烤全牛诈马宴，依照古籍记录的元代蒙古族宫廷诈马宴的礼仪，在成吉思汗行宫举办，作为那达慕大会的参观项目，令游人大饱眼福。

烤全牛诈马宴，首先要备好烤炉。在地上挖一个一米多宽、二米长、一点五米深的长方形坑，挖出五个烟筒槽，用砖从内壁砌好，下面用砖倒立一层，以便通风和储灰，前方砌好炉膛，压上炉条，留好加煤口。备好烤炉，便以蒙族传统形式宰牛。选一头膘肥体壮的四岁牛，用刀从脑门上扎进去，牛即刻倒地而死。接着，切开胸膛，去掉内脏，清洗洁净，把盐和五香调料搁置腹腔内，将开膛处缝好。把牛拴在一个专用铁架的两根铁管子上，再抬起铁管将牛放进烤炉，铁管架在烤炉的砖壁上，牛背朝下，四肢冲上，悬吊在烤炉中，四面不能与炉壁接触。然后将炉顶用一块铁板盖住，除烟筒外，用泥将缝隙封严，将炉膛用煤点燃，进行烤制。熊熊火苗离牛背约一尺左右，视火势状况加煤。通过六个小时的闷烤，整牛即被烤熟。

十二、国宴

（一）国宴含义

国宴是国家元首或政府为招待国宾、其他贵宾或在重要节日为招待各界人士而举行的正式宴会。

国宴一般都设在人民大会堂和钓鱼台，但人民大会堂承担要多一些，这里的宴会厅能同时容纳 5000 人。国宴制定的菜谱，一般清淡、荤素搭配。基本上固定在四菜一汤，这还是当年周总理定的标准，一直延续至今。

国宴的菜，汇集了全国各地的地方菜系，经几代厨师的潜心整理、改良、提炼而成，主要考虑到首长、外宾都能吃。如国宴的川菜，少了麻、辣、油腻；苏州、无锡等地的菜，少放了糖，都在原的地方菜的基础上，做了改进。

如今，国宴的菜系已被称为"堂菜"，清淡软烂，嫩滑、酥脆、香醇；以咸为主，较温和的刺激味副之。据说这种烹调风格适应性很强，基本可以满足中外大多数宾客的口味要求。

除少数"引进"的地方菜保留原名（如佛跳墙、富贵蟹钳、孔雀开屏、喜鹊登梅等）外，大多数菜名或口味加原料、烹调方法，或原料、配料加主料。如麻辣鸡、葱烧海参、芦笋鲍鱼等。这种务实的命名，一是食用者一看菜单即可知是什么菜，二是可避免太花哨，同时在对外活动中，又可利于菜名翻译时准确无误。

现在的国宴，一般是根据中外宾客的不同口味，以及近几天宴会的记录，安排不同的菜谱。

（二）国宴烹制

国宴烹制须非常精细，炖、烧、煮、蒸、炸、溜、焖、爆、扒一应俱全，加上近几年来，还借鉴吸收了西餐的烹调技法，使烹调手段更加多化。

佛跳墙

订菜谱时，应尽可能全面了解中外宾客的生活习惯与忌讳，口味嗜好以及年龄、身体状况；再一个要了解宴会的规模，要兼顾季节、气候、食品原料、营养等诸因素，夏天以清淡、冬季以荤为主。

鱼、肉、海味等直接从库房提，菜是定点特供，用料也很讲究。如油菜，虽是普通的大路菜，选用时则要选三寸半高、叶绿肉厚的，去掉菜帮留三叶嫩心，再将根部削尖，插上胡萝卜条，这就是经过精细加工的宴席素菜：鹦鹉菜。不论做什么菜肴，还是制作何种点心，都要选用最佳部位和品种。如做"枸杞炖牛肉"，要用未成年仔菜牛，选其五花肉，剔净肋条以外的肉，只用肋骨肉，改成大小一致的方块，再配上大块成年牛的臀肉及牛骨，放入甘肃产的大枸杞子，用小火慢炖。炖烂后捡出成年牛肉及牛骨，这样制成的"枸杞炖牛肉"汤汁清澈香醇，牛肉酥烂，口感软滑。

菜点原料的选用，许多都是食中珍品。如燕窝、鱼翅、鲍鱼、鱼唇、明骨、哈士蟆、鹿筋、竹荪、猴头蘑，还有对虾、鱼肚、鲜贝、马哈鱼、鲫鱼、飞龙等。不仅要广泛选精，还要对原料的产地、季节、质地、大小进行严格筛选。从产地讲，燕窝要用泰国的官燕，鱼翅要用南海产的一级群翅，其他如大连的鲍鱼、山东的对虾、加吉鱼，张家口外的绵羊，福建的龙虾，镇江的鲥鱼，乐陵的金丝小枣等。从季节讲，鲥鱼须端午节前后捕捞的，桂鱼要桃花盛开时节捕捞的，就是萝卜也需要霜降以后的。因为，烹饪用的原料，只有在质量最佳期使用，才能保证烹调出高质量的菜肴。

（三）宴会程序

当宾客进入宴会厅时，乐队奏欢迎曲。服务员应站在主人座位右侧，面带微笑，引请入席。宾客入场就绪，宴会正式开始。全场起立，乐队奏两国国歌。这时已经在现场的服务员都要原地肃立，停止一切工作。

在主、宾起座时，主宾桌的服务员要随时照顾，现场的其他服务员要有秩序的回避两侧，保持场内安静。

主宾桌负责让酒的服务员，要提前斟好一杯酒，放在小型酒盘内，站立在讲台一侧，致辞完毕立即端上，以应宾、主举杯祝酒之用，并跟随照顾斟酒。

国宴一般是晚上举行，时间为一个半小时左右。入座前已摆好冷盘，每个人有四五种冷菜，一般是素菜、荤菜，有鸭掌、酱牛肉、素火腿等。

为了保证菜点的质量（火候、色泽、温度等），使宾客吃得可口满意，服务员要恰到好处地掌握上菜的时机和速度。这就需要服务人员要熟悉本次宴会各种菜点的风味、火候和烹调所需的时间，做到心中有数，适时上菜，期间要及时与厨房互通情况。

上热菜前，先上汤，然后是上荤菜、素菜。第一道菜，往往是最为名贵的。热菜一般是三荤一素，菜都是用小车从厨房推出来。

国宴不是四个菜同时上，而是等宾客吃完一道菜后，就有专门的服务员及时撤下，换上另一道菜。

主菜上完，再上甜点、水果，水果根据季节，有猕猴桃、葡萄、西瓜等，一般不固定某一种。

每次用完餐，服务员都对桌布、筷子、盘子、碗等炊具进行清洗、消毒。以前，主要靠蒸、烫等进行消毒。如今，用洗碗机，去污、消毒全部自动化。

（四）国宴餐具

建国初期，国宴就实行分餐制，不过，那时的菜端上桌后，由服务员给每一位来宾分，剩下来的，就搁在桌子的中间，谁吃谁去拿。而 1987 年后，都是由厨师按宴会人数把菜分盘，再端上去。盘子都是选用湖南醴陵、山东淄博生产的瓷器，尺寸分别为 6 寸、8 寸的。

国宴餐具，非一般宴会所比，它具有中华民族特有的风格。中国菜点讲究配备器皿。"美味还须美器盛。"从古到今，中国菜点讲究一条龙、一条凤，非常重视菜点形态。而国宴实行单吃，菜形受到一定影响，所以选择合适的容器十分重要。有特制的中国瓷器、陶器、金器、银器、不锈钢器、铜器等，瓷器、陶器有制做精美的象形餐具，如白菜形瓷盘、叶形瓷盘、鱼形瓷盘、龟形瓷盘、柿形瓷缸、橘形瓷盅、鸡形陶罐、鸭形陶缸、苹果形碗等。而刀叉使用银质，筷子选择象骨。

这些精美的餐具，不仅为菜点增色，同时又使国宴具有"色、香、形、器"俱佳的特色。

（五）国宴饮品

人民大会堂国宴用酒，过去主要以茅台为主，现在一般不上白酒。

新一代的北京啤酒、天津干白葡萄酒、可口可乐、燕京啤酒、橙宝、王朝葡萄酒、椰子汁、碧云洞矿泉水、浙江龙井茶等成为国宴指定产品。

不管饮料，还是酒类，凡是被指定为国宴专用饮料的厂家，对其产品都是专门组织生产，采用特供的形式，严格工艺。

（六）国宴厨师

国宴的厨师，选调于全国各地，政治业务、文化素质较高。他们从五湖四海走到了一起，带来了全国各地名菜名点的烹调方法，在继承地方菜系特点的基础上，又根据服务对象的层次不同，注意因人而异，随客而变。160 名厨师中，从特级、高级到中级都有，其中总厨师长 1 名，下设热菜、冷菜、面点、西餐 8 个正副厨师长。

十三、冷餐会

冷餐会菜肴以冷食为主，有时也备有一定数量的热菜。冷餐会要准备餐桌，餐桌上同时摆放着各种餐具，菜肴、饮料集中放在大餐桌上。宾、主根据个人需要，自己取餐具后选取食物。宾、主可多次取食，可以自由走动，任意选择座位，也可站着与别人边谈边用餐。可不设座椅，站立用餐；也可设少量小桌、椅子，让需要者就座。

冷餐会上供应的酒水一般单独集中一处，宾、主既可自己上前选用，也可由服务员托盘送上。冷餐会举行的地点可在室内，也可在室外花园里。举办的时间通常在中午 12 时至下午 2 时，下午 5 时至 7 时左右。这种宴请形式适宜招待人数众多的宾客。

冷餐会，作为集古今中外餐饮特色的宴请方式，随着我国改革开放的深化及中外餐饮的交流，获得日益广泛的运用和迅速的发展，并且出现了高档化和大型化的趋势，成为中华餐饮百花园中的又一奇葩，得到了中外宾馆的赞誉。

十四、全羊席

又名"全羊大菜"，是清代名贵大宴之一，与"满汉全席"齐名。此席分档取料，因料而烹，所制各菜色、香、味、形各异，菜品多达 70 余种，每菜均冠以吉祥的菜名，虽系羊席，却无羊名。此席历史悠久，曾长期在山东流传，主要用来宴请或祭祀。全羊席上菜次序和菜品内容与"满汉全席"相似，以四人"八仙桌"为格局，四四编组，凉热咸甜，诸色点心，十分丰盛。羊菜都应热上，凉则腥膻，盛菜器皿都带有温锅用来保温。菜品由两大部分组成，要摆换两次台面。第一部分以20个羊头菜及两道点心组成，食后撤下另换台面。第二部分是其余菜品，以点心、小碟结束。

全羊席菜品名称及分组上菜的顺序：每位四平碟、四整鲜、四蜜堆、四素碟、四荤盘。

第一台面：羊头菜20种。前10种：麒麟顶、龙门角、双凤翠、迎风扇、开秦仓、五珠灯、烩白云、明开夜合、望峰坡、采灵芝。一道点心：椒盐芝麻饼、松子黄凤糕、杏仁茶、素馅玉面饺、奶皮双凤卷、清汤冬笋、豆苗。后10种：千层梯、天花板、明鱼骨、迎草香、香糟猩唇、落水泉、饮涧台、炖驼峰、金道冠、蝴蝶肉。二道点心：冻馅酥盒、三鲜小馅饼、酸菜汤、果馅蒸糕、水晶三角、黑芝麻面茶。

第二台面：玉环销、彩凤眼、五花宝盖、五兰销、提炉鼎、爆炒玲珑、鼎炉盖、安南子、七孔灵台、凤头冠、炸铁雀、算盘子、梧桐子、炸鹿尾、红叶含露、红焖豹胎、爆荔枝、烩银丝、百子囊、八宝袋、鹿挞户、蜜蜂窝、拔草还原、千层翻草、穿丹袋、百子葫芦、花爆金钱、天鹅方腐、黄焖熊胆、烩鲍鱼丝、山鸡油卷、犀牛眼、爆炒凤尾、素心菊米、红烧龙肝、清烩凤髓、苍龙脱壳、糟蒸虎眼、黄焖熊掌、清烩鹿筋、清煨登山、五香兰肘、锅烧腐竹、松子肩扇、酥烧琵琶、蜜汁乌叉、蜜汁髓筋。

八大碗：樱桃红脯、百合鹿脯、吉祥如意、冰花松腐、玻璃方腐、清炖牌盒、满堂五福、竹叶梅花汤。炸羊尾（四碟）：炸银鱼、炸血角、炸东篱、炸鹿茸。四素碟：炸鹌鹑、炒鹦哥、烧凤腿、熘燕服。饭食及小菜：干、稀饭（每位），炒龙凤干饭、红莲米稀饭。四色烧饼：麻酥烧饼、麻酱烧饼、干菜烧饼、素馅烧饼。四面食：银丝卷、玉带卷、螺丝卷、蝴蝶卷。四小菜：甜干露、酱核桃仁、酱杏仁、酱黄瓜。四色泡菜：泡黄瓜、泡红心萝卜、泡芸豆、泡白菜。

十五、燕翅席

燕翅席是以燕窝大菜、鱼翅大菜领衔的高档筵席。曾繁盛于清代乾、嘉年间，突出了官府、新贵饮膳风情。燕翅席讲究服务礼仪、上菜程序、格式规范；烹调技法全面；款式变化多样，可单独成席，也可作为满汉全席中的重要组成部分；是以燕窝大菜、鱼翅大菜领衔的高档筵席。

服务礼仪：迎客进门，引入客厅小憩，奉上干果、鲜果、香茶、点心（或茶食）。待客齐后引宾入席。用餐毕，送上热（冬季）或冷（夏季）毛巾、牙签。请宾客再入客厅小坐，续上水果，香茶。

上菜程序、格式：桌面摆放四蜜饯、四小料押桌。开席后先上四荤四素八道冷菜（或一带六），随之走头菜："一品宫燕"带冰糖银耳。"红扒鱼翅"为第二道主菜，其余大菜可选用鲍、贝、参、虾、蟹、鸡、鸭、鱼、肉等原料烹制出诸道山珍海味佳肴。均按一大件带二小件格式上菜，中间穿插甜、咸点心及粥、羹、汤等稀食。

烹调技法全面：此席运用津菜多种烹调技法。扒、烧、爆、炒、氽、蒸、熏、卤、蜜、炝等均有体现。

第三节　中餐筵席的设计

一、宴会管理

（一）宴会的台面布置

摆台主要是指餐台、席位的安排和台面的设计。台面按饮食习惯可划分为中餐台面、西餐台面和中餐西吃台面三大类。中餐台面常见的有方桌台面和圆桌台面两种。中餐台面的餐具一般由筷子、汤勺、餐碟、汤碗和各种酒杯组成。摆台要尊重各民族的风俗习惯和饮食习惯。摆台要符合各民族的礼仪形式。如酒席宴会的摆台、餐台、席位安排要注意突出主台、主宾、主人席位。小件餐具的摆设要配套、齐全。酒席宴会所摆的小件餐具要根据菜单安排，吃什么菜配什么餐具，喝什么酒配什么酒杯。不同规格的酒席，要配不同品种、不同质量、不同件数的餐具。小件餐具和其他物件的摆设要相对集中，整齐一致，既要方便用餐，又要便于席间服务。花台面的造型要逼真、美观、得体、实用。所谓"得体"是指台面的造型要根据宴会的性质恰当安排，使台面图案所标示的主题和宴会的性质相称。如婚嫁酒席就摆"喜"字席、百鸟朝凤等台面；如接待外宾的酒席，就摆设迎宾席、友谊席、和平席等。

（二）宴席上菜的程序与方法

宴会的菜肴要求精致，菜肴的组合须有高度的科学性、艺术性和技术性。根据不同国家和地区的风俗习惯，制定不同风味的菜肴。宴会的菜肴包括：①冷菜。根据人数和标准的不同可用大拼盘或4～6个小冷盘或中冷盘。除冷菜外，还应备有萝卜花、面包、水果、冷饮等。②热菜。一般采用煎、炒、炸、烤、烩、焖等烹调方法烹制口味多样的菜肴。③汤。西餐汤与中餐不同。中餐宴会习惯饭后上汤，而西餐习惯吃完冷菜后上汤，然后再上热菜。

1. 上菜的程序

中餐上菜的程序自古就很讲究。清朝乾隆年间的才子袁枚，在其著名的《随园食单》上，就曾对上菜程序做过如下论述："上菜之法，咸者宜先，淡者宜后，浓者宜先，薄者宜后，无汤者宜先，有汤者宜后。度客食饱则脾困矣，需用辛辣以振动之；虑客酒多则胃疲矣，需用酸甘以提醒之。"袁枚的这段话，总结了中餐宴会上菜的一般程序。

目前中餐宴会上菜的顺序一般为：第一道凉菜，第二道主菜（较高贵的名菜），第三道热菜（菜数较多），第四道汤菜，第五道甜菜（随上点心），最后上水果。

由于中国的地方菜系很多，又有多种宴会种类，地方菜系不同，宴会席面不同，其菜肴设计安排也就不同。在上菜程序上，也不会完全相同。

例如，全鸭席的主菜北京烤鸭就不作为头菜上，而是作为最后一道大菜上的，人们称其为"千呼万唤始出来"。而谭家菜燕翅席，因为席上根本无炒菜，所以在主菜之后上的是烧、扒、蒸、烩一类的菜肴。又如上点心的时间，各地习惯亦有不同，有的是在宴会进行中上，有的是在宴会将结束时上；有的甜、咸点心一起上，有的则分别上。这都是根据宴席的类型、特点和需要，因人因事因时而定。

中餐宴会上菜掌握的原则是：先冷后热，先菜后点，先咸后甜，先炒后烧，先清淡后肥厚，先优质后一般。

2. 上菜的方法

中餐上菜的一般方法是：先冷盘、后热炒、大菜、汤，中间穿插面点，最后是水果。上点心的顺序，各饭店之间有所不同，有的在汤后面上，有的将第一道咸点提前到第一道大菜后面上；有的咸、甜点心一起上，有的咸、甜点交叉上。

第一道菜上冷盘。在开席前几分钟端上为宜。来宾入座开席后，走菜服务员即通知厨房准备出菜。当来宾吃去 2/3 左右的冷盘时，就上第一道菜，把菜放在主宾前面，将没吃完的冷盘移向副主人一边。以下几道炒菜用同样方法依次端上，但需注意前一道菜还未动筷时，要通知厨房不要炒下一道菜。如果来宾进餐速度快，就须通知厨房快出菜，防止出现空盘、空台的情况。炒菜上完后，上第一道大菜前（一般是鱼翅、海参、燕窝等），应换下用过的骨盘。第一道大菜上过后，视情况或上一道点心，或上第二道大菜。在上完最后一道大菜和即将上汤时，应低声告诉主人菜已上完，提醒客人适时结束宴会。

拔丝菜如拔丝鱼片、拔丝苹果、拔丝山芋等，要托凉开水上。即用汤碗盛装凉开水，将装有拔丝菜的盘子搁在汤碗上用托盘端送上席。托凉开水上拔丝菜，可防止糖汁凝固，保持拔丝菜的风味。

油炸菜如拖鱼条、高丽虾仁、炸虾球、炸鸡球等，可以端着油锅上。具体方法是：上菜前，在落菜台上摆好菜盘，由厨师端着油锅到落菜台边将菜装盘，随即由服务员端送上桌。此类菜只有上台快，才能保持菜肴的形状和风味，如时间长了菜就会瘪塌变形。要求服务员快速上桌，提醒客人马上食用。

原盅炖品菜如冬瓜盅等，上台后要当着客人的面撕去封盖纸，以便保持炖品的原味。这样做，还可以向客人表明炖品是原盅炖品。撕去纱纸后要快速揭盖，并将盖翻转拿开。拿盖时注意不要把盖上的蒸馏水滴在客人身上。

（三）宴会服务

服务：热情主动、亲切和蔼、细心细致、快速准确。

环境：幽雅美观、整洁卫生、气氛轻松、舒适宜人。

管理：制度严密、奖罚分明、身先士卒、勤作表率。

控制：现场督导、控制过程、精打细算、厉行节约。

菜品：美观可口、讲究营养、安全卫生、勇于创新。

卫生：生熟分开、杜绝假冒、严防变质、卫生达标。

（四）宴会的时间与节奏

宴会须在一定的时间内进行，有一定的节奏。宴会开始前，服务员要摆桌椅、碗筷、刀叉、酒杯、烟缸、牙签等一切餐具和用具，冷菜于客人入席前几分钟摆上台，餐桌服务员、迎候人员及清扫人员要入岗等候。客到之前守候门厅，客到时主动迎接，根据客人的不同身份与年龄给与不同的称呼，请到客厅休息，安放好客人携带的物品，主客人休息时按上宾、宾客、主人的顺序先后送上香巾、茶、烟，并帮助客人点烟。客人到齐后主动征询主人是否开席。经同意后即请客人入席。应主动引导，挪椅照顾入座，帮助熟悉菜单、斟酒，主宾发表讲话时，服务员要保持肃静，停止上菜、斟酒，侍立一旁，姿势端正，多人侍立要排列成行。

正式宴请宴会的时间一般以一个半小时为宜。要掌握好宴会的节奏。宴会开始，宾客喝酒品尝冷菜的节奏是缓慢的，待酒过三巡时开始上热菜，由此节奏加快，进入高潮，上主菜是最高潮。当上完最后一道菜时，服务员应低声通知主人。宴会快要结束时，应迅速撤去碗、碟、筷、杯等，换上干净台布、碟、刀，端上水果，同时上毛巾，供客人擦手拭汗，并做好送客准备。客人离席，要提醒不要忘记物品。客人出门要主动道别，送出门外以示热情。

合理美味的菜肴，热情周到的服务，恰当掌握宴会的时间，控制上菜节奏及热情的迎送工作是圆满完成一次佳宴必不可少的因素。

二、整套菜肴的组配

套菜的组配是根据就餐的目的、对象，选择多种类型的单个菜肴进行适当搭配组合，使其具有一定质量规格的整套菜肴的设计、加工过程，是决定套菜形式、规格、内容、质量的重要手段。

套菜通常由冷菜和热菜共同组成，根据其档次、规格的不同，可分为便餐套菜和宴席、宴会套菜两类。

（一）宴席菜点的构成

中式宴席食品的结构，有"龙头、象肚、凤尾"之说。它既像古代军中的前锋、中军和后卫，又像现代交响乐中的序曲、高潮及结尾。冷菜通常以造型美丽、小巧玲珑为开场菜，起到先声夺人的作用；热菜用丰富多彩的佳肴，显示宴席最精彩的部分；饭点菜果则锦上添花，绚丽多姿。

中式宴席菜点的结构必须把握三个突出原则和组配要求：即在宴席中突出热菜，在热菜中突出大菜，在大菜中突出头菜。

1. 冷菜

冷菜又称"冷盘"、"冷荤"、"凉菜"等，是相对于热菜而言，其形式有：单盘、双拼、三拼、什锦拼盘、花色拼盘带围碟。

单盘：一般使用 5~7 寸盘，每盘只装一种冷菜，每桌宴席根据宴席规格设六、

八、十单盘（西北方习惯用单数）。造型、口味较多，是宴席中最常用的冷菜形式。

拼盘：每盘由两种原料组成的叫"双拼"；由三种原料组成的叫"三拼"；由十种原料组成的叫"什锦拼盘"。乡村举办的宴席多用拼盘形式。现今饭店举办的中、高档宴席以单盘为主。

主盘加围碟：多见于中、高档宴席冷菜。主盘主要采用"花式冷拼"的方式，花式冷拼的设计要根据办宴的意图来设计。

花式冷拼不能单上，必须配围碟上桌，没有围碟陪衬花式冷拼显得虚而无实，失去实用性，配围碟可以丰富宴会冷菜的味型和弥补主盘的不足。围碟的分量一般在 100 克左右。

各客冷菜拼盘：是指为每个客人都制作一份拼盘，较好地适应了"分食制"的要求。

2. 热菜

热菜一般由热炒、大菜组成，它们属于食品的"躯干"，质量要求较高，将宴席逐步推向高潮。

热炒：一般排在冷菜后、大菜前，起承上启下的过度作用。菜肴特点为色艳味美、鲜热爽口，选料多用鱼、禽、畜、蛋、果蔬等质鲜脆嫩原料，烹调特点是旺火热油、兑汁调味、出品脆美爽口，原料加工后的形状多以小型原料为主，烹调方法以炸、熘、爆、炒等快速烹法为主，多数菜肴在 30 秒至 2 分钟内完成。在宴席中的上菜方式可连续上席，也可在大菜中穿插上席，一般质优者先上，质次者后上，味淡者先上，味浓者后上。一般是 4～6 道，300 克/道，8～9 寸盘。

大菜：又称"主菜"，是宴席中的主要菜品，通常由头菜、热荤大菜（山珍、海味、肉、蛋、水果等）组成。成本约占总成本的 50%～60%。大菜原料多为山珍海味和其他原料的精华部位，一般是用整件或大件拼装（10 只鸡翅、12 只鹌鹑），置于大型餐具之中，菜式丰满、大方、壮观，烹调方法主要用烧、扒、炖、焖、烤、烩等长时间加热的菜肴，成品特点香酥、爽脆、软烂，在质与量上都超出其他菜品。在宴席中上菜的形式：一般讲究造型，名贵菜肴多采用"各客"的形式上席，随带点心、味碟，具有一定的气势，每盘用料在 750 克以上。

其中，头菜是整桌宴席中原料最好、质量最精、名气最大、价格最贵的菜肴。通常排在所有大菜最前面，统帅全席。配头菜应注意：头菜成本过高或过低，都会影响其他菜肴的配置，故审视宴席的规格常以头菜为标准；鉴于头菜的地位，故原料多选山珍或常用原料中的优良品种；头菜应与宴席性质、规格、风味协调，照顾主宾的口味嗜好；头菜出场应当醒目，结合本店的技术长处，器皿要大，装盘丰满，注重造型，服务员要重点介绍。

热荤大菜是大菜中的主要支柱，宴席中常安排 2～5 道，多由鱼虾菜、禽畜菜、蛋奶菜及山珍海味组成。它们与甜食、汤品联为一体，共同烘托头菜，构成宴席的主干。配热荤大菜须注意：热荤大菜档次不可超过头菜；各热菜之间也要搭配合理，避免重复，选用较大的容器；每份用料在 750～1250 克；整形的热荤菜，由于是以大取胜，故用量一般不受限制，如烤鸭、烤鹅等。

3. 甜菜

甜菜包括甜汤、甜羹在内，凡指宴席中一切甜味的菜品。甜菜品种较多，有干稀、冷热、荤素等，根据季节、成本等因素考虑，用料广泛，多选用果蔬、菌耳、畜肉、蛋奶。其中，高档的有冰糖燕窝、冰糖甲鱼、冰糖哈士蟆；中档的有散烩八宝、拔丝香蕉；低档的有什锦果羹、蜜汁莲藕。烹调方法有拔丝、蜜汁、挂霜、糖水、蒸烩、煎炸、冰镇等。甜菜具有改善营养、调剂口味、增加滋味、解酒醒目的作用。

4. 素菜

素菜在宴席中不可缺少，品种较多，多用豆类、菌类、时令蔬菜等。通常配 2～4 道，上菜的顺序多偏后。素菜入席时应注意：一须应时当今，二须取其精华，三须精心烹制。烹调方法视原料而异，可用炒、焖、烧、扒、烩等。素菜具有改善宴席食物的营养结构、调节人体酸碱平衡、去腻解酒、变化口味、增进食欲、促进消化等作用。

5. 席点

宴席点心注重款式和档次，讲究造型和配器，玲珑精巧，观赏价值高。一般安排 2～4 道，随大菜、汤品一起编入菜单，品种多样，烹调方法多样。上点心顺序一般穿插于大菜之间上席，配置席点要求少而精，名品且应请行家制作。

6. 汤菜

汤菜的种类较多，传统宴席中有首汤、二汤、中汤、座汤和饭汤之分。

首汤又称"开席汤"，此菜在冷盘之前上席，用海米、虾仁、鱼丁等鲜嫩原料用清汤氽制而成，略呈羹状，其特点是口味清淡、鲜纯香美，用于宴席前清口爽喉，开胃提神，刺激食欲。首汤多在南方使用，如两广、海南、香港、澳门；现内地宾馆也在照办，不过多将此汤以羹的形式安排在冷菜之后，作为第一道菜上席。

二汤源于清代，由于满人宴席的头菜多为烧烤，为了爽口润喉，头菜之后往往要配一道汤菜，在热菜中排列第二而得名。如果头菜是烩菜，二汤可省去；若二菜上烧烤，则二汤就移到第三位。

中汤又名"跟汤"。酒过三巡，菜吃一半，穿插在大荤热菜后的汤即为中汤，具有消除前面的酒菜之腻、开启后面的佳肴之美等作用。

座汤又称"主汤"、"尾汤"，是大菜中最后上的一道菜，也是最好的一道汤。座汤规格较高，可用整形的鸡鱼，加名贵的辅料，制成清汤或奶汤均可。为了区别口味，若二汤是清汤，座汤就用奶汤。要求用品锅盛装，冬季多用火锅代替。座汤的规格应当仅次于头菜，给热菜一个完美的收尾。

饭汤，宴席即将结束时与饭菜配套的汤品，此汤规格较低，用普通的原料制作即可。现代宴席中饭汤已不多见，仅在部分地区受欢迎。

7. 主食

主食多由粮豆制作，能补充以糖类为主的营养素，协助冷菜和热菜，使宴席食品营养结构平衡，全部食品配套成龙，主食通常包括米饭和面食，一般宴席不用粥品。

8. 饭菜

又称"小菜"，专指饮酒后用以下饭的菜肴，具有清口、解腻、醒酒、佐饭等功用。小菜在座汤后入席。不过有些丰盛的宴席，由于菜肴多，宾客很少用饭，也常常取消饭菜；有些简单的宴席因菜少，可配饭菜作为佐餐小食。

9. 辅佐食品

手碟：在宴席开始之前接待宾客的配套小食，如水果、蜜饯、瓜子等。

蛋糕：主要是突出办宴的宗旨，增添喜庆气氛。

果品：用鲜果雕摆造型如"一帆风顺"等。

茶品：一是注意档次；二是尊重宾客的风俗习惯，如华北多用花茶，东北多用甜茶，西北多用盖碗茶，长江流域多用青茶或绿茶，少数民族多用混合茶，接待东亚、西亚和中非外宾宜用绿茶，东欧、西欧、中东和东南亚宜用红茶，日本宜用乌龙茶，并以茶道之礼。

（二）影响宴席菜点组配的因素

宴席菜点组配是指组成一次宴席的菜点的整体组配和具体每道菜的组配，而不是将一些单个菜肴、点心随意拼凑在一起。现代宴席菜点涉及到宴席售价成本、规格类型、宾客嗜好、风味特色、办宴目的、时令季节等因素。这就要求设计者懂得多方面的知识。

1. 办宴者及赴宴者对菜点组配的影响

包括宾客饮食习惯的影响；宾客的心理需求影响，分析举办者和参加者的心理，从而满足他们明显的和潜在的心理需求；宴会主题影响；宴席价格的影响等。宴席菜肴组配的核心就是以顾客的需求为中心，尽最大努力满足顾客需求。准确把握客人的特征、了解客人的心理需求，是宴席菜点组配工作的基础，也是首先考虑的因素。因此，菜点的组配要以宴席主题和参加者具体情况而定，使整个宴席气氛达到理想境界，使客人得到最佳的物质和精神享受。

2. 宴席菜点的特点和要求对组配的影响

不管宴席售价的高低，其菜点都讲究组合，配套成龙，数量充足，体现时令，注重原料、造型、口味、质感的变化。宴席菜点达到这些特点和要求，是满足顾客需求的前提。应考虑宴席菜点数量的影响；根据菜点变化的影响，原料选择应多样，烹调方法应多样，色彩搭配应协调，品类衔接需配套。此外，还要考虑时令季节因素的影响、食品原料供应情况的影响。

3. 厨房生产因素对菜点组配的影响

组配好的宴席菜点要通过厨房部门的员工利用厨房设备进行生产加工，因此，厨师的技术水平和厨房的设备条件直接影响宴席菜点的组配。应了解生产人员的技术状况，配出切合实际的菜点。在组配中要亮出名店、名师、名菜、名点和特色菜的旗帜，施展本地、本店的技术专长，避开劣势，充分选用名特物料，运用独创技法，力求新颖别致。

4. 宴会厅接待能力对菜点组配的影响

宴会厅接待能力的影响主要包括两方面：宴席服务人员和服务设施。厨房生产出菜品后，必须通过服务员的正规服务，才能满足宾客的需要，这就需要服务员具备相应的上菜、分菜技巧，否则就不要组配复杂的菜肴。组菜要考虑服务的种类和形式，是中式服务，还是西式服务；是高档服务，还是一般服务，明确上菜的程序。组配菜肴应考虑餐具器皿，是用金器，还是银器，要充分体现本店的特色。

（三）宴席菜肴的组配方法

在合理分配菜点成本的基础上，应注意把握以下原则。

1. 核心菜点的确立

核心菜点是每桌宴席的主角。一般来说，主盘、头菜、座汤、首点，是宴席食品的"四大支柱"；甜菜、素菜、酒、茶是宴席的基本构成，都应重视。因为，头菜是"主帅"，主盘是"门面"，甜菜和素菜具有缓解、调节营养及醒酒的特殊作用；座汤是最好的汤，首点是最好的点心；酒与茶能显示宴席的规格，应作为核心优先考虑。

2. 辅佐菜品的配备

核心菜品一旦确立，辅佐菜品就要"兵随将走"，使宴席形成一个完美的美食体系。辅佐菜品在数量上要注意"度"，与核心菜保持1：2或1：3的比例；在质量上注意"相称"，档次可稍低于核心菜，但不能相差悬殊；此外，辅佐菜品还须注意弥补核心菜肴的不足。

3. 宴席菜目的编排顺序

一般宴席的编排顺序是先冷后热，先炒后烧，先咸后甜，先清淡后味浓。传统的宴席上菜顺序的头道热菜是最名贵的菜，主菜上后依次是炒菜、大菜、饭菜、甜菜、汤、点心、水果。现代中餐的编排略有不同，一般是冷盘、热炒、大菜、汤菜、炒饭、面点、水果，上汤表示菜齐，有的地方有上一道点心再上一道菜的做法。

总之，宴席的设计应根据宴席类型、特点、需要，因人、因事、因时而定。

第六章　中国饮食审美

中国饮食文化源远流长，在"火食之道"（即陶烹）产生后、人们有意调味时，最初的饮食审美就产生了。在漫长的历史进程中，人们注意到了饮食审美的共性和个性之别，如"口之于味，有同嗜焉"（人对美味有共同的嗜好），"物无定味，适口者珍"（食物味道没有绝对好坏之分，只要合乎一个人的口味，就是美味）。在具体感受上，从食品内在的视觉美、嗅觉美、味觉美、触觉美、形状美，到食品之外与食品配合的名称美、器物美，以及饮食活动中的时间美、环境美、言行美、（人际）关系美、（进食）节奏美等，既有各自相对独立的审美标准，又有综合的审美要求。在此基础上，人们总结出了中国饮食审美的祥、和、乐、敬等原则，这也是中国饮食审美所达到的境界。中国饮食审美有着不同于其他饮食文化审美的方式、情趣、标准和原则，有自己的审美境界，在世界饮食文化的花园里是一朵风采迥异的奇葩。

第一节　中国饮食审美的原则

中国几千年形成的传统饮食审美，有自己独特的审美原则。人们在饮食品的生产、饮食消费活动中，无论是对物质化的产品，还是对饮食活动的过程，在审美情趣、审美方法、审美标准以及对饮食审美境界的追求上，都遵循着同一原则，自觉或不自觉地在这一原则的指导下进行审美，有的甚至变为根深蒂固的传统审美观念。总结起来，这个原则可用祥、和、乐、敬四字概括，即吉祥、和谐、欢乐、敬诚。

一、吉祥

中国人认为，吉祥既是一种愿望、结果，也是一种美。平安顺利是吉祥的最低标准。在饮食审美中，无处不渗透着这一观念，而且在这一观念的驱动下又以具体形式处处明确显示出来。最直观的莫过于一些直接造型和命名的食品了。

在食品造型上，如祝寿送寿盒，直接写上"寿"字或"寿比南山、福如东海"字样；商店开张，点一道名叫"金钱发菜"的菜，菜的造型就是一个个黄金似的大钱，直接表达财源滚滚之意。命名上如"一帆风顺"（将瓜雕为船形，中置各色水果）、"四喜丸子"（四枚丸子）等，直接点明祝福的内容。

还有很多是不太直观的，要通过一定的手法，如采用象征、比喻、谐音等手法表现出来。如祝寿送大寿桃，通过"麻姑献寿"（用蟠桃）的神话传说来祝人长寿。结婚宴奉上并蒂莲花、鸳鸯戏水花样的造型菜，比喻夫妻百年好合，白头偕老。而春节家宴上的全鸡全鱼菜，则取其谐音，祈望来年"吉庆有余"。取名"步步高升"的菜，实则是竹笋烧排骨，由原料形状似梯形联系到梯可登高，祝人在事业或职位上更上一层楼。取名"发财多福"的菜，实际上是"发菜豆腐"在某种方言中的谐音。即使是大杂烩菜，中国人也要想办法给它取个吉利的名字，叫"全家福"。即使在某种情况下出现了不尽如人意的情况，中国人也要想方设法向吉利祥和的方面引导和解释。如春节煮饺子。煮烂了不能说烂了，要说"挣了"（"挣"即表示挣裂开了，但与"挣钱"之"挣"同音）；小孩子不小心摔碎了盘子，马上解释为"碎碎（岁岁）平安"。

饮食中的忌讳，更是为了求得吉祥。南方行船的人吃鱼忌讳翻转鱼身，是为了避免翻船；筷子原名叫箸，与"住"同音，船家特别忌讳船停住不能前进，反其意换了个名字叫"快儿"，即后来的"筷"。

总之，避凶趋吉虽然是所有人的共同心理，但中国人的这种心理特别强烈，所以反映到饮食文化中，显得格外明显和执着。

二、和谐

合和之美是中国古代哲学中的一个命题，也是人们追求美的最高境界和最高原则。"合"是不同因素的混合、结合、相合，是条件、方法、手段。"和"是通过"合"要达到的目的，即和谐、和睦、和畅、和平。音乐通过不同音阶之音的"合"得到优美的乐曲，就是"和乐"；政治统治通过君主与臣下的"合"达到相互理解支持、政令通畅、政治清明、统治稳定，就是"和政"；单单是一样水，不能制成美味，要靠不同原料、调料按一定比例、时间，在一定火力下相互混合、融合，才能制作出佳肴美食，所以在饮食中古人特别强调"和"。如周代人强调一年四季之中什么时候吃什么、配什么油脂、配什么调料，就是"和"的具体体现。"调和"的"和"就是这样来的。怎么样才算达到"和"？只有取其"中"才算达到"和"，这叫"中和"。"中"即"中庸"的"中"，是恰到好处，既不过分，又没有不及。所以在饮食养生中，古人也特别强调"守中"之"和"。

在饮食活动中，审美的最高原则也是"和"。这里指主宾之间人际关系的和谐。人与人不和，再美的食物也食之无味。

在古代饮食审美中，最高境界是达到物我两忘、天人相通的"和"。这种和谐只有在精通"合和"的哲理，并通过饮食的实践之后才能达到。说起来有些玄乎，但古人就是通过它享受饮食的极致之美的。

三、欢乐

欢乐是精神的愉悦，既是一种审美感受和体验，又是人们在审美中要求遵循的原则。在饮食审美中，没有愉悦之情的进食不但不会让人体会到美食之美，从而得到初级的口腹享受，反而可能使人因此而生病厌食。试想鸿门宴上，刘邦会感到美食之美吗？所以中国古代人懂得，在进食时，一定要创造一个令人身心愉悦的环境气氛，不但是食物令人观其色、嗅其气、视其形、尝其味、听其名、看其器后感到高兴，而且还要选择优美的环境，挑选良好的时机，邀请志趣相投的宾客，安排富有情致的活动，让人时时处处感到心情舒畅，兴趣盎然。世人常道菜不在多少，不在是否山珍海味，只要吃得舒心高兴就行，正道出了饮食审美中要求遵循的欢乐愉悦原则。

中国人不单在宴会上、社会上要求遵循这一原则，而且在日常生活进食中、家庭里也力求不违背这一原则。行一个酒令，划一通拳，讲一个笑话，说一段趣闻，唱一支曲子，都是为了营造欢乐的氛围。如果有人不配合，就会被大家认为扫了兴，很可能成为席间不受欢迎的人。当然，这种欢乐要求发自内心，勉强的应付也会使人败兴。

中国数千年的农业社会、宗法制的礼教和传统伦理道德观念造就了家族式的生活模式。中国人的家庭观念特别牢固，讲求阖家团圆的聚合心理也特别强。人们千方百计赶在除夕之夜回家与家人团聚，阖家相围而坐，敬酒让菜，祝福贺年，充满天伦之乐和节日之乐，说透了是在追求一种美的享受。其他节日、家庭聚会也是如此。和朋友相聚，无论是大餐小酌，甚至是"寒夜客来茶当酒"，也享受了欢乐，得到了愉悦之美。所以在中国饮食审美中，特别注重这种亲情、友情、共同进食带来的美感享受。抛开应酬而言，这就是中国人事无巨细特别喜欢请人吃饭和阖家聚餐的主要原因之一。

四、敬诚

日本茶道讲求"和、敬、清、寂"，是对审美境界的追求。反过来指导审美，就成为要求遵循的审美原则了。然而日本茶道的根源在中国。中国饮食审美中，一直有敬诚的原则存在。

敬，源于饮食之礼。前面已经讲过中国古代的饮食礼仪，所谓的"敬"，就是"正心修身，克己复礼"，使自己的思想、言行符合礼的要求，按照礼去行动，不做越礼、失礼之事。在饮食活动中做到了这些，就是做到了"敬"。由于礼仪具有社会性，古人们在"敬"中得到美的体验，就可以说享受了社会美。

历史发展到今天，虽然古代的礼已不复存在，但敬作为一种现代人应具备的思想品质和道德要求还是应该肯定的。在饮食活动中，有形式上的"敬"，属于外在的"敬"，而实质上，内在的"敬"必须建立在"诚"的基础上。如果仅仅是形式上的"敬"，主宾都得不到真正的审美享受，反而会觉得虚伪和难受。这种"敬"如果发自内心，形式和实质就会完美统一，主宾都会感到由衷的美。

"敬"在饮食活动中的体现是多方面的。如语言中的"请"，敬酒时的起立，饮酒中的先干为敬，敬茶中的"三道茶"，等等。"让"是敬的另一种表现，让食、布菜也是敬。和西餐分食制不同，中国宴会中居于首席的人必须先动每一道菜，然后其他人才能动，对其敬的程度显得更高。即使在家庭日常生活中，也提倡吃饭时长者为先。总之，中国饮食活动中的敬具有中国的民族特色，在饮食活动中是体现行为美、语言美的重要内容，也是指导饮食审美的重要原则。

第二节　中国饮食情趣审美

　　中国饮食文化是最具中国特色的文化门类之一，也是长期居于世界领先地位的一种文化。有少数人由于对中国文化不甚了解，便把中国文化概括为饮食文化，甚至武断地说，中国人活着的目的就是为了"吃"。这实在是一种以偏概全的误解。鉴于此，有必要透过吃喝的外在形式，来透视分析中国饮食文化的深层品位。这种品位在美学上也有突出表现。中国人在饮食方面讲究"色香味俱佳"，"色"就是要好看，"香与味"是强调好吃，合起来就是又要好看又要好吃，眼福、口福都要享受。在"好看"的追求中，就有审美意识在起作用。审美意识是人在审美、创造美活动中的思想、情感、意志。它包含着审美感受、审美趣味、审美判断、审美态度、审美情感、审美能力、审美观念、审美理想等，以审美感受为基础和核心。

　　俄罗斯作家车尔尼雪夫斯基提出"美就是生活"的命题，中国人把"吃喝"看作是生活的头等大事，因而在饮食文化中讲究美感是非常自然和合乎情理的事。中国有许多文化名人对中国饮食文化都有相当的研究，他们对饮食的看法绝不同于一般百姓仅仅是为了果腹求生而已。他们把饮食当作人生的乐趣和人生的艺术。享誉中外的大画家张大千先生曾说过："吃是人生最高艺术"。这虽很夸张，但不无道理。

　　中国人的饮食审美情趣，主要表现住食物形象、饮食环境、饮食器具、食物的香味名音等方面，现分论于后。

一、食物的形象美

　　食物形象美包括有色彩和造型。在中国较特殊而丰富的是食雕、花馍、油香、点心等的造型及色彩。

　　中国菜肴，是用食品天然色彩调色的，即利用蔬菜、肉食、水产品等食物本身具有的天然色彩进行调色。蔬菜的色彩很多，如红的有番茄、胡萝卜、红辣椒；黄的有冬笋、黄花菜、老姜；绿的有菠菜、韭菜、蒜苗；青的有青葱、青椒、青笋

（即莴笋）；白的有白菜、白萝卜；黑的有黑芝麻、黑木耳等。色的配合非常重要，配色虽然不会直接影响菜的口味和香气，但会影响人的食欲。一个菜，应有主色与副色。一般副料色只起点缀、衬托作用，以突出主料。如"芙蓉鸡片"是以白色鸡片为主料，配料用绿色的菜心、红色的火腿之类加以点缀、衬托，就显得鲜艳而和谐。

色有暖色与冷色之分。红黄色称为暖色，蓝青色称为冷色，绿色与紫色称为中性色。在烹调中可通过调味品的作用增加菜肴的色彩。如金黄色和红色的菜肴，多用酱油、面酱、豆瓣酱等酱色调味品，在烹制上多用烤、烧、炸的方法。暖色可使人兴奋，刺激食欲，还可以增加宴席的热烈气氛。蔬菜以青绿色为多，这种冷色菜肴只要点缀其他色彩，还是好看的。特别在宴席配菜上，必须红、黄、青、白的菜都有，才能显示出丰富多彩。一个菜如果色彩单一，那就显得单调、乏味，如果是"万绿丛中一点红"那就别有情趣了。贵州苗族在过"吃姊妹饭"节时，主食是染成彩色的米饭，和过节人的心情一样热烈喜庆。

蔬菜和肉类在加热过程中色彩都会发生变化。如炸鱼、炸肉，初炸是黄色，再炸是焦黄色，久炸就变成黑棕色。又如"炒猪肝"，初下锅是暗红色，后是灰色，久炒就变为焦黄色。所以蔬菜的色彩如何，在很大程度上取决于厨师的烹制技巧。

菜肴"形"的优美，不仅使人精神愉快，赏心悦目，增加食欲，而且起着潜移默化的审美教育作用，使人产生美的联想，激励人们热爱生活。早在2500多年前，孔子就有"割不正不食"、"食不厌精、脍不厌细"之说。形美的菜肴，往往刀工精细，要求粗细一致，厚薄均匀，长短相等，互不拖连，干净利落。根据烹饪的要求可以切成段、块、片、丝、丁、茸、丸等。现在随着人们生活水平的提高和烹饪技术的发展，对菜肴"形"的要求也不断提高。在形态上并不局限于一般的段、块、片、丝、丁、茸、丸、条、粒、泥等，搭配上也不仅仅是块配块、片配片、丁配丁、丝配丝的一般搭配方法；而是在块、片、条、丝、丁、粒、茸、泥、整只、整条的基础上，用巧妙的艺术构思和细致的操作手法，使这些常用的形态变成丰富多彩、形象悦目的花色形态，这就是"配型"。行业中又称"配花色菜"。

菜肴的点缀、拼摆对一席菜肴的食用价值起着不容低估的作用。点缀是把蔬菜（花叶生菜、萝卜、紫菜头等）雕刻成各种花卉和形态逼真、生动活泼的动物形象，镶围在菜肴周围，加以陪衬，增添美感。如香酥鸡、黄酒煨鸡、果汁煽鸡，配以色泽艳鲜、形象逼真的月季花、菊花等上席，会使菜肴显得清新素雅，美观大方，从而令食者满心喜悦、爱不释口；软炸类菜肴和其他炸的菜肴，如软炸大虾、软炸腰花、油炸仔鸡等所配用的是花叶生菜，清鲜碧绿和主料的金黄色相配，便显得黄的自然，绿的招人喜爱，更有清新素雅之感。蒙古族和维吾尔族的烤全羊也口衔翠绿的香菜或芹菜叶。以上的点缀方法，一般适用于没有汤汁的菜肴，因为这些配料如此入馔，不会沾污菜肴的洁净和有异味浸入。带有汤汁的菜肴，应以能直接入口食用为宜，取胡萝卜、白萝卜、黄瓜等块根原料制成各种形状的片，如寿字、棱形、花瓣、梅花、蝴蝶等，放入开水中焯一下，放入凉水浸凉，用少许精盐稍腌，围在盘边即可，观赏价值与食用价值并存。

配花色菜，除掌握上述配料的方法外，还应注意：选料要精，要有利于造型；色、香、味、形、器和谐统一；构成图案和形态要美观大方，引人喜爱；注意营养成分搭配。

食物的造型美（形态）一般分为食雕、冷花热菜造型、面塑、烘烤食品造型等类。

食雕是以食品为原材料雕刻出花、鸟、山水、人物等形象，如用心里美萝卜（萝卜心是玫瑰红色）刻削成花朵，用白萝卜刻出白花，用南瓜刻木器、船，用西瓜和冬瓜刻瓜盅，甚至可用火腿、面包、蛋糕来刻切造型。有不少造型是用食物拼摆出来的，有点类似儿童玩积木。

中国北方民间在过节和祭祀活动中有做花馍的习俗，花馍是一种面塑，它的特点是又好看又好吃。

山东烟台民间面（食）塑艺术已有几千年的历史，至今不衰。它与当地的生活习俗紧密相关，纯属自做自用的乡民生活艺术用品。

在胶东一带，制做面塑的时节很多，如烟台东县乡民俗称："清明燕，端午蛋，正月十五捏豆面。"而烟台西县又称："做春燕，捏龙凤，描花画叶欢吉庆。"这些面塑主要用于人生礼仪、岁时节令、婚丧嫁娶及信仰民俗，以此来象征丰收吉庆、幸福长寿。

烟台民间面塑用的面可以是发酵的，也可以是死面的；其色彩有单色点红的，也有彩色描绘的。陕西合阳、澄城结婚礼馍艳丽多彩，很是壮观，有非牛非虎、兼牛兼虎之造象，表现的似乎是一种远古的图腾形象。而山东民间婚嫁之时，亲朋好友多用精白面粉制作出龙、凤、百足虫等祥瑞动物造象，用油炸之，作为贺禧之礼品，其烹技之高，艺术造诣之深，非一日之功。

春节期间，礼馍的运用更是到处可见，千姿百态。常见的有鱼，寓意连年有余财，其造象有鲤鱼、金鱼等，形象逼真；有蛇，民间称为小龙、盘龙；有刺猬、公鸡、玉兔、龙、虎、元宝等，其制作之精美生动，令人叹为观止。很显然，没有一定的烹饪技艺和艺术生活体验是创造不出如此完美的礼馍造象的。

地处汾河流域的晋南地区，每当孩子过生日的时候，做母亲的（或奶奶、姥姥）都要做一种生日礼馍，这种礼馍俗称"圆食"，当地又叫"箍拦"。

圆食大小各异，多为素面的，蒸熟后，在它的上端用桃红色点一个点儿，表示喜庆吉利。有的还在上面塑各种花朵、动物，如芍药、牡丹、十二生肖、麒麟送子、二龙戏珠、凤凰戏牡丹等。也有的在素面上塑项圈锁，在锁面上塑有"长命富贵"、"长命百岁"的字样。这种圆食叫插花儿箍拦。这些面塑精致逼真，大都是请本村老奶奶中间的高手做的。在这些圆食中包有糖、核桃仁或枣泥，也有包油盐、花椒粉、芝麻面的。

小孩过生日蒸的礼馍做成圆形的，其意是希望小孩儿能够圆圆满满地成长，使其长命富贵，成人后顶门立户，成龙成凤。圆食上吉祥如意的塑形，蕴含着长辈对儿孙们的厚望。

少数民族的食物造型美，较独特的是广西毛南族在春节期间做的"百鸟"。他们先用菖蒲叶编织出山鸡、鹧鸪、春燕、鹭鸶等各种鸟形外壳，除夕早晨，各家将泡好的香糯米灌进"鸟"的腹中，有的还在香糯中拌上泡好的杂豆及芝麻，然后扎捆好，入锅蒸煮。待熟了之后，先给家中孩童每人一个，其余用麻线绳系在一根长的甘蔗上，将甘蔗横悬于香火堂前，谓之"槽鸟"，那时天寒地冻，百鸟归巢。待到正月十五，将"百鸟"形的香糯粽重新入锅蒸熟，全家分享，名曰"放鸟飞"。人与自然相依共存的情趣表现得很明显，而且有很丰富的艺术想象力。

月饼是最有中华民族特点的烘焙食品，炎黄子孙称它为"国饼"或"龙饼"。只要身为炎黄子孙，无论在家乡还是在天涯海角，到了中秋之夜都要吃饼赏月。月饼不仅表现了色、香、味、形综合的特点，更是一种能表现节令、民俗和大自然景观的文化美食。它充分显示了中华民族把艺术、文化与美食巧妙结合的创新思想。

蛋糕是由西方传入中国的一种食品，其进入中国后也融入了中国文化的特点，成为表现大自然美的烘焙食品，自然界中的各种动物、植物、花草、树木、山水等自然景观，经过制作者的巧妙布局和精心组合，在蛋糕表面上构成了一幅惟妙惟肖、栩栩如生的大自然景观图案。如形象完美、精神饱满、色彩鲜艳的月季花、莲花、荷花、菊花、梅花等花卉；水中漫游的鱼，正在戏水的鸳鸯以及"二龙"戏珠，天空中飞翔的白鹤，腾飞的"巨龙"，高耸入云的山峰，林鸟和潺潺流水，开屏的孔雀，飞奔的骏马，挺拔苍劲的松树，闹梅的喜鹊以及丹凤朝阳，园林风格的亭、台、楼、阁等。这些优美的造型图案，结构合理，层次分明，简洁明快，生动活泼，形象鲜明，让人陶醉在自然和生活的美景中。

生日蛋糕中的松鹤图，将傲然挺拔的青松与超凡脱俗、高雅秀丽的白鹤合为一体，将自然界中植物的静态美与动物的生动美结合起来，形成了动中有静、静中有动、情趣盎然的美好意境。

糕点造型中的仿动植物图案，是人们"移情于物"、表达美好的愿望、寄托或传达情感的重要方式。如各种动物造型的饼干、面包和糕点，象征着儿童的天真烂漫；松鹤延年象征着吉祥长寿；鸳鸯龙凤象征着夫妻恩爱等。这种象征、寓意和谐音都是中国文化的典型特点。它不仅能满足人们生活的需要，而且还可以培养人们高尚的审美情趣，陶冶人们的道德情操。

生日蛋糕

二、饮食环境美

讲究优雅和谐、陶情怡性的宴饮环境，是中国人的饮食审美的重要指标。饮食环境包括三种：一是自然环境，二是人造环境，三是二者的结合。

在幽美的山水间饮食，或于田园风光中饮宴，中国自古有之。魏末"陈留阮籍，谯国嵇康，河内山涛，河南向季，籍兄子咸，琅玡王戎，沛人刘伶，相与友善，常宴集于竹林之下，时人号为'竹林七贤'"（《三国志》）。东晋大诗人陶渊明也是诗中有酒、酒中有诗的名家，他"采菊东篱下，悠然见南山"，"盥濯息檐下，斗酒散襟颜"。他在《饮酒二十首》之中写道："故人赏我趣，挈壶相与至。班荆坐松下，数斟已复醉。父老杂乱言，觞酌失行次。不觉知有我，安知物为贵？悠悠迷所留，酒中有深味。"唐代诗人多，诗人中饮酒者亦多。其中名气最大的当数李白，他的《月下独酌》和《九日龙山饮》都写的是在野外饮酒。后一首中写道："九日龙山饮，黄花笑逐臣。醉看风落帽，舞爱月留人。"《荆楚岁时记》中云："九月九日。士人并藉草宴饮。"可见许多文人都有此举，并非李白一人之爱好。孟浩然在《和贾主簿弁九日登岘山》诗中有句"共乘休沐暇，同醉菊花杯"可证。宋代著名文学家欧阳修也是位名气很大的醉翁，他的名篇《醉翁亭记》，句句有酒气，满篇溢醇香。"醉翁之意不在酒，在乎山水之间也。山水之乐，得之心而寓之酒也。"若没有对青山秀水的深爱，若没有酒酣神驰的体会，是无法写出这样精妙的文章的。他在《丰乐亭游春三首》中写道："绿树交加山鸟啼，晴风荡漾落花飞。鸟歌花舞太守醉，明日酒醒春已归。"又《啼鸟》中道："花开鸟语辄自醉，醉与花鸟好交朋。花能嫣然顾我笑，鸟劝我饮非无情。身闲酒美惜光景，唯恐鸟散花飘零。"他在《别情》中写道："花光浓烂柳轻明，酌酒花前送我行。我亦且如常日醉，莫教弦管作离声。"苏东坡在游杭州西湖时，登望湖楼上饮酒，醉书五首绝句。其中一首是"黑云翻墨未遮山，白雨跳珠乱入船。卷地风来忽吹散，望湖楼下水如天"。又如大家熟知的《饮湖上初晴后雨二首》之一："水光潋滟晴方好，山色空蒙雨亦奇。欲把西湖比西子，淡妆浓抹总相宜。"与苏东坡同时代的诗人黄庭坚说："苏东坡饮酒不多，即烂醉如泥。醒来落笔如风雨，虽谑弄皆有意味，真神仙中人。"笔者以为能写出如此好诗，是好风景和好酒在有才情者身上共同作用的结果。

目前注重在郊外和山水间聚饮欢宴的主要是我国的少数民族。比如西北地区的"花儿会"，藏族的林卡节、沐浴节，蒙古族的那达慕大会，布依族的查白歌节，羌族的祭山大典，黎族的三月三，苗族的斗牛节、龙船节，彝族的火把节，侗族的花炮节等传统节日，几乎都要在露天或山野间歌舞饮宴。智者乐山，仁者乐水，各得其乐，都可尽欢尽兴。长期生活在闹市里的人，若能到民族地区的农村生活一段时间，或去参加他们的节日活动，与之同歌同舞同吃同喝，肯定会留下终生难忘的美好印象。那清澈的蓝天，纯洁的白云、令人陶醉的空气，以及郁郁葱葱的山川和烂漫的山花，比美酒佳肴更让人心旷神怡。农民之所以喜欢这种饮食方式，是因为他们的生活与自然息息相关，要靠山吃山，靠水吃水，住在草原要靠畜牧。

人造的饮食环境主要指餐厅饭店的环境布置。比如北京展览馆的莫斯科餐厅，它的建筑和布置就是俄罗斯风格；颐和园万寿山山腰面向昆明湖的"听鹂馆"，使许多外宾陶醉于中国美食与皇家苑林之中；友谊宾馆的中餐包间摆设华丽的中式桌椅;"腾格里塔拉"自助餐馆装修得像宏大的蒙古包,演出的节目是内蒙古鄂尔多斯草原的艺术风格;一些傣味餐馆挂的照片是泼水节场面、竹楼;新疆风味餐馆放的是维吾尔族乐曲;苗族餐馆的墙上挂有芦笙,屏风是用苗族制绣和蜡染绷的屏布;藏族餐厅装有转经筒;蒙古族餐厅里悬挂着成吉思汗织锦像;东坡餐厅中有书法家写的苏东坡诗词等。这都是为了营造一个与饮食和谐一致的文化氛围,让那些远离家乡的游子有种宾至如归的回家的感觉;让那些没到过某地的人有种真实的身临其境的体会;让那些曾经到过某地的人,在异地进了他们的风味餐馆有旧地重游的美好回忆。

特别值得一提的有北京西藏大厦藏餐席间的民歌演唱,阿凡提餐厅的新疆歌舞,蒙古族餐厅里的敬酒歌,苗族餐厅中的芦笙舞,都给人一种永生难忘的美好享受。

中国历史上这种人工宴饮环境的美学追求,主要是上层社会的私家宫室、市井饮食楼店以及名胜风景点的楼、榭、亭、阁等。而后者则一般属于兼用性的。白居易《湖上招客送春泛舟》:"欲送残春招酒伴,客中谁最有风情。两瓶箸下新开得,一曲霓裳初教成。排比管弦行翠袖,指麾船舫点红旌。慢牵好向湖心去,恰似菱花镜上行。"是诗情画意的天工自然之境。良辰、美景、赏心、乐事"四美具"的王勃会饮之滕王阁,欧阳修笔下的环山、临泉翼然而立的醉翁亭,则是集自然和人工于一体的绝妙之境。袁宏道《觞政》中"醉花"、"醉雪"、"醉楼"、"醉水"、"醉月"、"醉山"之说,可谓对宴饮之境作了最传神的描写。

其实坐在农村的敞廊屋檐下,或坐在庭院的葡萄架下,甚或坐在竹楼和木楼的楼上,满目青山,把酒临风,其餐饮环境更是人工与自然的巧妙结合。中国人自古热爱田园风光,如今又兴起"农家乐"旅游项目,究其根源,是对人们小农生活的依恋和欣赏,是追求"宁静致远"、"安享太平"的心理反映。久处闹市之忙碌,偶得农舍之闲适,当然是一种调解和享受。

三、饮食器具美

饮食器具可分为食器、饮器两类。饮具又可分为酒具与茶具两种。中国菜肴在餐具的选择使用上,是十分考究的。古语云。"美食不如美器"。人们从来就把使用和欣赏制作讲究、美观淡雅、朴素大方、配备合理的餐饮具,视为一种享受。金器、银器、铜器、玉器、玻璃、不锈钢餐饮具，均为贵。瓷器虽平常，但艺术品位高低悬殊，又因用途广、影响大、历史久而广受欢迎，如景德镇、佛山石湾、唐山等烧瓷胜地所制餐饮具被视作瓷具中的名牌上品。精制的美器可以把菜肴衬托得更加美观生动，给人悦目爽心之感，使食欲大大增加。中国菜肴在餐具和菜肴的配合使用上，有以下几个原则。

（1）餐具的大小应与菜肴的量相适应。菜肴量小，餐具过大，使人见之便有不"庄重"之感。反之，菜肴量大，餐具过小，使人见后，顿生食欲不振、不食即饱之念。一般的原则是装盘时菜肴不应装到盘边盛装线外，更不能使汤汁溢出，以占盘中的2/3面积为宜；盛碗时，不能装得过满，七成满为宜。

（2）餐具的品种应与菜肴的形状相适应。汤菜宜碗，如奶汤素烩、酸辣鱼羹、仔鸡豆花汤菜，这些菜的性质以汤为主，上席时，用碗较为适宜。有的菜肴宜用平盘，这主要是以炒菜、爆菜和汤汁较少菜肴，如酱爆鸡丁加桃仁、宫保鸡丁、熘三白、网油虾卷等。还有些菜肴要求保持原有的形状，那么最好是使用长盘和圆形平盘，如香酥鸡、油淋子鸡、黄酒煨鸡等。

（3）餐具的色泽应与菜肴色泽相协调。餐具色彩有深浅之别，菜肴的色泽又多种多样，两者搭配得当，就能把菜肴衬托得更加逗人喜爱，引人食欲。一般情况下，白底浅蓝花边的盘子，对大多数菜肴都是适用的。也有些菜肴要选用适当的带有色泽的餐具，才能衬托出菜肴的特色，如浅色的菜肴宜配深色餐具，如鸡油冬瓜、美蓉鸭片、翡翠虾仁等，深浅相配，菜肴色彩就不致浅得那样淡薄，深色起着以深补浅的作用。深色的菜肴宜用色调浅的餐具，以浅衬深，显得活泼而不呆板，清新而不混杂。

美器不仅早已成为中国古人重要的饮食文化审美对象之一，而且很早便已发展成为独立的工艺品种类，有独特的鉴赏标准。举凡金属的铜、青铜、铁、锡、金、银、钢、铝，非金属的陶、瓷、玉、琥珀、玛瑙、琉璃、水晶、翡翠、骨、角、螺、竹、木、漆等皆可成器材，且均具特色。瓷、陶要名窑名款，其他质地亦须优质精工。明朝中叶以后，中国传统家具的品类式样和制作工艺都进入了黄金时代，作为饮食活动的基础器具餐（宴、茶、酒）桌椅的质地、式样、工艺也都伴随着中国饮食文化的鼎盛发展而形成了崭新的时代风格，乌柏、檀水、楠水、相思水等珍贵木质及镂雕镶嵌的精工，不仅极大地突出了这些器具的专用性，且使它们以自己的工艺特点和观赏性充分地显示出美学价值。

从古至今，中国餐饮具从质地上来分，有陶器、青铜器、漆器、竹木器、瓷器等。不同时代以不同的器皿为主。原始社会以陶器为主，奴隶社会统治阶级以青铜器为主，封建时代逐渐以瓷器为主，直到现代中国，仍然是瓷器居主要地位。

（一）陶器

陶制饮食器具之美，不仅表现在造型上，而且表现在器物的装饰图案上。新石器时代陶器上的主要纹饰有线细绳纹、网状交叉绳纹、纺织纹、席纹、压印点状纹、划纹、指甲纹、篦点纹、剔刺纹、乳钉纹、锯齿纹、圆圈纹等。

目前在云南、西藏藏族地区仍生产的黑陶，在新疆维吾尔族地区和贵州少数民族地区仍流行的泥陶大都是深受群众喜爱的餐具。江苏宜兴、安徽界首、四川荣昌、山东博山等地的陶器都久享盛名，有的已有一千多年历史。

（二）青铜器

青铜艺术是中国优秀的古代文化遗产，素以品类繁多及制作、装饰精美而著称。它们造型美观，装饰典雅，雄浑凝重。在1500余年的发展历史中，形成了自己特有的风格和传统，在世界美术史上占有重要地位。

龙纹在商周时代青铜餐饮具上也很多见。龙是中国古代的神话题材，是动物神灵和自然神灵的混合物，龙又是威严、吉祥的化身，是黄河文化的象征之一。

地纹装饰图案以云雷纹为主。云雷纹是由连续的回旋形线条构成的螺旋纹样，其构图圆转的，称为云纹；而构图方折的，称为雷纹。云雷纹呈S形、T形及三角形等多种变化形式，是商周时代黄河青铜餐饮器具装饰纹样中最为典型最为常见的一种几何形纹样，其沿用时间基本贯穿于整个青铜器时代的始终。

这一时期，还出现了在图案上重叠加花的三层花装饰。所谓三层花，又称三叠法，即除主纹、地纹外，在主纹上再加饰花纹。三层花装饰更增加了装饰图案的层次感、立体感，颇有近似于浮雕的装饰效果；许多餐饮器具的器身还有凸起的扉棱和牺首等装饰，精致而复杂，从而在青铜餐饮器具上形成了繁缛富丽、雍容华贵的新风尚。

春秋中期开始，中国青铜艺术进入第二个发展高峰，著名学者郭沫若称之为"中兴期"。餐饮器具的装饰逐渐复兴了繁复缛丽的风格，精细工巧的蟠螭纹成为这一新的装饰风格形成的标志。蟠螭纹，是东周一代青铜餐饮器具上最为流行的装饰纹样。

这一时期，作为青铜餐饮器具上辅助性的装饰纹样，主要有陶索纹、贝纹、垂叶纹等。陶索纹是由两条、四条或更多条波形线交错组结而成的一种装饰纹样，有绳索形、麻花形、辫形等多种形式。贝纹，是将贝壳状图形一个个串连一起组成的图案。

红铜制作的茶炊具和火锅，至今在云南纳西族与藏族地区仍于民间普遍流行。

（三）漆器

流行于春秋战国至秦汉时期的漆制餐饮器具和隋唐至两宋时代的金银餐饮器具，曾在黄河先民的饮食生活中发挥过重要的作用，是黄河古代餐饮器中重要的组成部分，其装饰艺术也有着自己独特的风格。

春秋战国至秦汉时期，漆器手工业空前繁荣，漆制餐饮器具成为统治阶级餐桌上的必备之物。其装饰艺术与当时处于发展高峰阶段的青铜餐饮器具有着互相影响的关系，装饰纹样、装饰手法也常常彼此借鉴。

（四）金银器

隋唐至两宋时期，是中国封建社会经济空前繁荣的时期，为适应贵族官僚追求豪华生活享受的需求，黄河金银餐饮器具的制作更为发达，其装饰工艺技巧也达到了更高的境界。

隋代及唐代前期的中国金银餐饮器具，从器型到纹饰多带有波斯萨珊朝风格，从唐代后期开始，这些外来因素逐渐同传统风格融为一体，使中国金银餐饮具从此走上了独立发展的遭路。

隋唐时代金银餐饮器具大都有精致的装饰花纹，纹饰以鸟兽、花草、人物故事为主。这些纹饰或毛雕，或浅浮雕，均纤巧、工整，衬之以精细的鱼子纹地，更显出华美富丽的风格。而宋代金银餐饮具，无论造型还是纹饰，都与唐代有较大的不同。宋人崇尚造型美，金银餐饮器具一般造型或新颖奇巧，别致美观；或素雅大方，朴实无华。少数有纹饰的，也一反唐代的富丽之风，而以清新典雅、富有生活气息而见长。

（五）瓷器

瓷器是中国人民的伟大发明，瓷质的餐饮器具更为中国人民乃至世界人民所共同喜爱。它们不但改善了人们饮食生活的条件，而且以其丰富的造型、精美的纹饰及绚丽的釉色，给人们带来了美的享受，成为人们日常生活不可缺少的用品。

以各类餐饮器具为主的中国瓷器，发端于商周而盛于唐宋，源远流长，历久不衰，赏心悦目，誉满中外。其装饰艺术也以造型、款式之丰富，釉色、彩绘之精美，而独步于世界艺术之林。

值得一提的是藏族和蒙古族特别讲究的瓷制茶碗，图案尤其华贵多彩。另外，过去只有贵族和上层才使用的里外都包镶嵌有金质银质花的木碗，现在已普遍进入广大牧民和农民家庭，其工艺十分精湛，被许多旅游者当作工艺品买来作纪念。

四、食物的香、味、名、音等美

饮食艺术是一门特殊的艺术形式，具有独特的艺术特征。

菜肴、点心是烹调师运用娴熟的烹饪艺术技法创造的艺术品，然而菜馔不是仅供人们欣赏的纯粹艺术品，更重要的是为了食用。因而，烹饪艺术首先必须具有实用（食用）价值，即可供人们进食。没有食用价值的烹调艺术品无疑算不得是烹饪艺术。

在中国，连普通百姓都知道菜肴要讲究色、香、味俱佳皆美。动口吃之前，一般人的习惯总是先观色，再闻香，继而品味，眼睛、鼻子、嘴巴都得到了美的享受之后，心理精神上还要鉴赏菜名。耳朵也不能闲着，还得听菜的声音和丝竹管弦之妙音。五官都得到了享受，才有全都美的愉悦和舒服，那才叫十全十美。千万不要认为中国的美食家只是靠舌头来览赏美食的。中国的美食家讲究全方位的综合分析，中国的老百姓也把全面享受美食作为一种追求的境界。

（一）闻香美

这里的"香"，指肴馔散发出来的刺激食欲的气味。所谓不见其形，先闻其香，很早以来，"闻"就成了中国古代肴馔美的一个重要的审鉴标准了。闻香同时也是古代鉴别美质、预测美味的重要审美环节和判断烹调技艺的感观检测手段。袁枚的一首《品味》诗很能说明这个道理："平生品味似评诗，别有酸咸世不知。第一要看香色好，明珠仙露上盘时。"

（二）味觉美

欣爱和追求美味是人之共性，但真正能达到"知味"的人是不多见的。中国人很早就对肴馔味美有了很高的审鉴和独到的领悟。2000多年前的著名政治家晏婴就曾讲过："和如羹焉。水火醯醢盐梅，以烹鱼肉，燀之以薪。宰夫和之，齐之以味，济其不及，以泄其过。君子食之，以平其心。"烹饪艺术首先是一种味觉艺术。味，是烹饪艺术的核心。菜肴是供人食用的，是通过舌的味觉而使人得到美的享受。味不美，即使形态、色调再美也算不得是佳肴，算不得精妙的艺术品。

任何一品肴馔都会给人一定的口感，即它的理化属性给进食者的口腔触觉。从饮食审美的角度来认识这种口腔触觉——食物口感，称之为"适口性"，简称之"适"。今天，人们可以细微和具体地区分出酥、脆、松、硬、软、嫩、韧、烂、糯、柔、滑、爽、润、绵、沙、疲以及冷、凉、温、热、烫等不同的口感。这些不同的适口性，给人以不同的美感，因而有"美味"之说。美味的产生，取决于原料先天之质和烹调处理两个因素，从烹调角度说，就是取决于"火候"的利用和掌握。

（三）菜名美

中餐味美，名更美。菜名要经过人们反复推敲，不能牵强附会，力求雅致切题，名副其实，以菜名可以窥出菜的特色和反映菜的全貌。菜的命名有以下几种方法。

（1）以色彩命名。特别是以菜肴用料本身的色泽和菜肴成熟后的颜色而命名。如翡翠虾仁的"翡翠"，主要是对豌豆之绿色而言，碧绿清新，和洁白虾仁色泽搭配，使人看来有爽心悦日之感。

（2）以花卉定名。花卉深受人们喜爱，和菜肴巧妙结合，有的是以真实花卉入馔，取其美名，如兰花入馔与肚丝烹制，便为"兰花肚丝"；有的虽然在菜肴中没有花卉出现，但成菜后的色彩形状如某一种花卉，亦可以花命名，如"桂花干贝"。

（3）以形命名。菜肴制成后，依所形成的形状而定名，既形态逼真，又富有诗情画意；既有实用价值，又有美的享受。如蝴蝶海参，见其菜名，便马上意识到菜的形态犹如蝴蝶一般。

（4）以盛器命名。如小笼蒸牛肉，就是以盛装牛肉的"小笼"而得名的。

（5）以味命名。以菜肴的主要口味来命名。菜未入口，而味先知，如著名的鱼香肉丝，其主要味型属鱼香味。

（6）以调味品命名。如麻辣鸭掌，人们一听到菜名，马上会想到鸭掌的麻辣香鲜味。

（7）以原料和烹调方法命名。如芹菜炒牛肉丝、海参炖鸡、豌豆烩生鸡丝等。

（8）以入馔中药命名。如枸杞牛鞭汤，枸杞为中药。

（9）象形性命名。主要是通过菜名来引起食者对菜肴产生丰富的联想，使菜肴更富有趣味性，如神仙鸭子，能食到神仙才能吃到的鸭子当然很得意！再有著名川菜"灯影牛肉"，成菜后，片如纸薄，通红映亮，灯影都可映出（隔肉看灯光），给食者以新鲜奇巧的美感。

（四）音响美

中国古代所说的王公贵族之"钟鸣鼎食"，"钟鸣"指的是编钟演奏的音乐。宴饮中的歌舞当然属于音响美，但这里要着重说的是菜肴茶酒在宴席上发出的声音。如白族的"三道茶"，先把茶叶放在小砂罐中焙炒，当茶微黄时注入少量开水，便可听到嚓嚓的响声。中国南方有道菜叫浇汁锅巴，当把调料汤汁浇到盘中的米饭锅巴上时，便可听到噼噼叭叭的响声。铁板牛肉也能发出吱吱丝丝的声音。酒席上猜拳碰杯的声音让人感到热烈融洽的气氛，但是最好不要太嘈杂。凡事不能极端而论。若餐桌上鸦雀无声，只有咀嚼和吮吸的声音，给人尤其是给客人的感觉肯定是沉闷而压抑的。古人说的"食不语"，主要指的是不要在口中有食时说话。

此外，饮食的美学还表现在质地美、节奏美、情趣美等方面。质地美指的是原料和成品的质地精粹、营养丰富，是美食的前提、基础和目的。"凡物各有先天……物性不良，虽易牙烹之，亦无味也。"原料的质美是其他诸美的基础，俗话说："巧妇难为无米之炊"即是这个道理。

节奏美指的是顺序和起伏。体现在台席面或整个筵宴肴馔在原料、温度、色泽、味型、适口性、浓淡的合理组合，肴馔进行的科学顺序，宴饮设计及进食过程的和谐与节奏化程序等。序的注重，是在饮食过程中寻求美的享受的必然结果。它的最早源头，可以追溯到史前人类劳动丰收的欢娱活动和原始崇拜的祭祀典礼中。袁枚认为"上菜之法：咸者宜先，淡者宜后；浓者宜先，薄者宜后；无汤者宜先，有汤者宜后"。

情趣美可理解为感情与志趣两方面。感情中有亲情、友情。亲情是亲人间在长期共同生活中形成的血浓于水的深情，它会自然地流露于言谈举止和饮食冷暖之中。友情包括的内容很多，有乡里情、同学情、战友情、师生情、病友情、酒友情、文友情等；建立友情往往以共同志趣为基础。在饮食文化中最讲究感情氛围的是少数民族，他们在节日里或婚丧大事及新房落成时，几乎都要举村寨歌舞宴饮。仅以饮酒来说，就有同心酒、连心酒、团圆酒，还有丰富多彩的酒歌和宴席曲等，真是："酒不醉人情醉人，如此陶醉暖人心。"不论什么情，都得讲真诚，讲体谅和理解，在小事上要谦让宽容，在大事中要风雨同舟，休戚与共。在这样的感情氛围中餐饮才淋漓痛快，尽情尽兴，终生难忘，回味无穷。这种美的感受，来源于人际关系之和谐，又增进了社会的和谐。

第七章　中国饮食风俗

　　饮食风俗是人类饮食文化中的社会性规定和约定俗成的社会行为。正如所有与生理及身体有关的必需品和行为一样，食物和进食也有其社会性规则，规定在某种特殊的社会条件下，什么可吃和什么不可吃。这些规定和禁忌，有些是宗教性的，有些是世俗性的。总之，饮食风俗为惯常行为，且与社会关系上的种种结构是分不开的。不同的社会制度有不同的风俗，其中饮食风俗是一种主要风俗，可使人的群体保持其特色，并使其成员产生认同感。

　　中国的饮食风俗源远流长、绚丽多彩。归纳起来，主要有以下几个特点。

　　一是鲜明的地域性、民族性。中华民族有几千年的文明史，其独特的地理环境、历史传统、文化氛围和心理素质，造就了中国饮食风俗鲜明的民族特色。有人将中西方饮食风俗进行比较认为有以下几点不同之处。

　　（1）食物原料不同。中国是以植物性食物为主，西方则以动物性食物为主。

　　（2）味觉不同。《清稗类钞》中记载："我国食品宜于口，以味可辨也。日本食品宜于目，以陈设时有色可观也。欧洲食品宜于鼻，以烹饪时有香可闻也"。

　　（3）进食的方式和餐具不同。中国人习惯用筷子，西方人习惯用刀叉。中国人合餐制，西方人分餐制。

　　（4）调味技法不同。西餐简单，中餐繁多；中餐料味合一，西餐料味分离。

　　（5）饮食习惯不同。中国人主副食分明，西方人肉食比重大于粮食，无主副之分；中国人喜食蔬菜水果，西方喜食动物食品；中国人喜食粗粮，西方人喜食细粮；中国人喜食大米，西方人喜食麦面；中国人喜食植物油，西方人喜食动物油、特别是黄油；中国人喜食豆制品，西方人喜食奶制品；中国人喜喝茶，西方人喜喝咖啡；中国人喜食熟菜，西方人喜食生菜；西方人讲究营养成分合理搭配，中国人则以味为核心，以养为目的；西方人吃饭不浪费，吃多少买多少，中国人宴客讲排场，浪费严重。

　　美国兰多·H·科兹切瓦《孰胜一筹》一文，把法国菜与中国菜进行了对比研究，其结果是：文化成就方面，法国菜可得 6 分，中国菜将超过 9 分；在食品原料的来源方面，中国菜可得 8.5 分，而法国菜只能得 8 分；在制作方式方面，法国菜可得 8.5 分，中国菜可得 7.5 分；厨房组织管理，法国菜可得 8.5 分，中国菜可得 7 分；吃的方法方面，法国菜可得 8.5 分，中国礼节过多，只得 6.5 分；吃的哲学含义方面，中国菜在哲学内容上可拿到 9 分，而法国菜只能得 6.5 分。

二是具有一定的阶层性。几千年的封建社会，给传统饮食风俗打上了鲜明的烙印。就多数饮食风俗来说，都是劳动人民创造的，含有勤劳勇敢、淳厚朴素等因素，同时也有一些饮食风俗事项为上层社会所特有，如贵族、官僚的宴饮、游猎等场合所流行的或闲逸、或癫狂、或颓废的习俗等。

三是浓厚的封建性。由于我国长期处于封建社会，封建的思想意识、礼乐制度无孔不入地影响到各类饮食风俗，使之带有浓厚的封建色彩。例如我国几千年来禁忌男女同席吃饭，否则就是犯了"男女授受不亲"之忌。此风俗至今在民间许多地方仍存在。

四是广泛的实用性。总的来说风俗都是在争取生存、兴旺发达、吉利平安的目的下进行的，所以其实用性尤其突出。如婚丧礼仪的饮食风俗有联系和团结家庭、亲族乃至社会的作用。

第一节　时令节日食俗

岁时节日是由年月日与气候变化相结合排定的节气时令，是人类社会发展到一定阶段的产物。我国的岁时节日与我国的农业社会紧密关连，故而由来已久。从殷墟甲骨文中已可看到，我国早在商代就有了完备的历法纪年，古代农历把一年分为十二个月，在十二个月中，按一年的气候变化，分为"二十四节气"（三候为一气）、"七十二候"（五天为一候）、"三百六十天（约）"，构成了岁时节令的计算基础。后来由于生产、生活、信仰活动的安排，逐渐形成了中华民族的传统节日。我国的节日从内容上考察，可大致分为农事节日、祭祀节日、纪念节日、庆贺节日、社交游乐节日五类。

节日的形成，有着深刻的历史文化背景，而中国独特的节日体系，是其文化长期积淀的结果。高承《事物纪原》即记载：伏羲初置元日；神农初置腊节；轩辕初置二社；巫咸初置除夕；周公初置上巳；秦德公初置伏日；晋平公初置中秋；齐景公初置重阳、端午；楚怀王初置七夕；秦始皇初置寒食；汉武帝初置三元；东方朔初置人日。这些有关节日起源的记载，有些是很牵强的，不必完全相信，自然也并不是很容易完全弄得明白的。但每个节日都有很充实的活动内容，而且往往是以多彩的饮食活动来体现节日气氛的。节日的饮食活动自然就变成了一种高雅的文化活动，是一种更高层次的享受。宋代人张鑑的《赏心乐事》就记载了当时一年中的节日与饮食活动。正月，岁节家宴，立春日春盘，人日煎饼会；二月，社日社饭；三月，生朝家宴，曲水流觞，寒食郊游，尝煮新酒；四月，初八早斋，食糕糜；五月，观鱼摘瓜，端午解粽，夏至鹅脔；六月，赏荷食桃；七月，乞巧；八月，社日糕会；九月，重九登城，尝时果金橘，畅饮新酒；十月，暖炉，尝蜜橘；十一月，冬至馄饨；十二月，赏雪，除夜守岁。

一、竹报平安，梅唱新春——春节

（一）春节历史史话

我们现在叫做春节的这个喜庆节日，实际上就是中国传统节日中的元旦。在汉语里，"元"字表示"开始"、"领头"的意思；"旦"是个象形字，上面的"日"字无疑就是太阳，下面的"一横"象征大地，意思是"太阳刚刚从地平线上升起来"，代表"早晨"，又因为每一天都是从早晨开始的，"旦"就引申出表示"一天"的含义。新的一年第一个月的第一天，就是理所当然的"元旦"了。

那么，为什么这个一年当中为首的节日不叫"元旦"而称"春节"呢？这里面有一个曲折的故事。

早在4000年前，中华民族的祖先用来推算年、月、日和节气，并用它们来计算时间的方法叫做"夏历"，按照夏历，每年的正月初一，即一月一日为元旦，也叫元日、正日，但是到了夏代以后的商、周，以及秦始皇统一中国后建立的秦王朝，都对历法进行了改动，到底哪一天是元旦，出现了混乱的情况，直到汉武帝恢复夏历，按照夏历计算的正月初一为新年第一天，才固定下来并一直流传到今天。我们现在所说的"农历"、"阴历"，其实就是"夏历"，我国周边的朝鲜、韩国、越南，以及早年的日本，都使用夏历，特别是要用夏历推算重要的传统节日。

我国民主革命的伟大先驱孙中山先生领导的辛亥革命，推翻了清朝封建王朝，建立了中华民国。1912年，孙中山在南京就任中华民国临时大总统，宣布国际通行的公历为法定历法，同时，使用民国纪年。也就是说，正式表达年、月、日时间使用公历，即公元纪年法，而年号的称谓则按照民国建立的时间排序，公元1912年是民国元年，那么，抗日战争胜利的1945年，就是民国三十三年；国民党政权在中国大陆被推翻的1949年，就是民国三十七年。1912年中华民国建立时，当年的1月1日称"新年"而没有使用"元旦"的称谓，夏历继续在民间广泛沿用，这一年的2月18日是夏历的正月初一，全国上下依旧过年。针对一年之中过两次"年"的情况，1913年7月，当时的北京政府内务总长向已经窃取了大总统职位的袁世凯报告说："我国旧俗，每年四时节令，即应明文规定，拟请定阴历元旦为春节，端午为夏节，中秋为秋节，冬至为冬节，凡我国民都得休息，在公人员，亦准假一日。"但袁世凯接到报告后，只批准了"正月初一为春节"这一项内容，并决定自1914年起每逢春节例行休假。从此以后，夏历的元旦改称春节。

1949年9月27日，中国人民政治协商会议第一届全体会议做出了建立中华人民共和国的庄严决定。同时，决定采用国际通行的公元纪年法，公元纪年的1月1日为元旦，夏历（也就是通常所说的农历、阴历）正月初一称春节。春节放假一天的制度由此又延续了50年，到1999年，国务院在广泛征集民意的基础上，将春节休假调整为3天。

春节是全世界华人最为重视的盛大节日，数千年的悠久历史像一条奔腾不息的长河，时间的河水带走了这个古老节日的许多内容，又不断地为这个古老节日增添着新的内容，使春节成为文化积淀深厚的中华民族的标识和品牌。

今天的春节是我们生活的一部分，怎么过节，似乎是我们自家的事情，怎么高兴就怎么过，但是，当我们回顾历史、追溯传统的时候，我们就会发现，我们祖先的习俗深深烙印在今天的节庆活动之中。

公元前104年是汉武帝太初元年，在这一年，汉武帝刘彻令全国以夏历正月初一为"岁首"，年节日期由此固定下来。即便不计算在这之前华夏先民将近2000年以夏历元旦为"年"的过节传统，中国人的"过年"习俗也有2100多年的历史了。在这样漫长的时间里，随着国家版图的变化、民族之间的交流与融合，"正月初一过大年"的民俗蔚然成风，汉族、满族、朝鲜族过节风尚相差无几；这一天也是苗族、壮（僮）族、瑶族人民的盛大节目；在古代蒙古族语言里，正月初一称

"白节"，正月为"白月"，而"白"的含义则是"吉祥如意"。

其实，庆祝新年的习俗全世界各民族都有，只是"过年"的时间有所不同罢了。为什么全人类都重视新年呢？许多专家认为，这个现象与人类有一种共同愿望有关，这种愿望就是"从头再来"、"重新来过"，或者说"再来一次"的企盼。时间是一往直前、永不回头的，"子在川上曰：逝者如斯夫，不舍昼夜"，时光流逝给人们留下许多遗憾，也给人们留下许多希望：不如意的事情下次要做得好一些，满意的事情下次一定要坚持住。而老天，也就是大自然恰好给了人们这个"下次再来"的机会：冬去春再来，一年过后有新年。于是，古人便在新年到来的时候，一方面，祭拜天地神灵，祈求它们使春夏秋冬、风霜雨雪重新再来时，给人类机会多一点、"难题"少一点，人们会对象征神灵的自然现象或人工物品顶礼膜拜；另一方面，庆幸自己和家人，好也罢、差也罢，总算度过了旧的一年，迎来了新的生机和希望，人们会摆酒设宴、更新衣履来款待自己和家人；同时，我们的祖先决不会忘记将美好的希望与亲朋好友、邻里街坊共享，人们会走亲访友，送上祝福。

我们不妨以北宋著名的大文学家王安石的《元旦》诗为线索，讲一讲古人过年的趣事。

王安石在这首脍炙人口、家喻户晓的七言绝句中写到：

爆竹声中一岁除，

春风送暖入屠苏。

千门万户曈曈日，

总把新桃换旧符。

据说在古时候，春节早上家门一开，就要先放爆竹，我们也叫"放鞭炮"，旧称"开门炮仗"，爆竹声响，热烈非常，喧腾的气氛顿时弥漫在村头街尾；爆竹声后，碎红遍地，喜庆的气氛即刻感染了老少妇孺。中国是火药的发祥地，爆竹的制作历史悠久，品类繁多、花样翻新，总是为节日增添着无穷的乐趣；烟花的出现，更成为节日里一道壮美的景观。

（二）春节节日诗语

元正启令节，

嘉庆肇自兹。

咸奏万年觞，

小大同悦熙。

这是魏晋时辛萧所作《元正诗》。元正即正月初一，是为春节。《元正诗》即是写春节的诗。新春伊始，充满了希望。举国上下，人们举杯祷祝吉祥如意、幸福万年。男女老幼笑逐颜开，喜气洋洋。

正月初一，是一年开始的第一天。崔寔《四民月令》说："正月一日，是谓正日，洁祀祖祢，进酒降神。"正，指阴历一年的第一个月。正月又称正岁，正月初一，又称正月旦，又称正月正，《北京风物志》有云："正月里，正月正，大街小巷挂红灯，""正月里，正月正，七个老西儿去逛灯。"正月初一，为正朔，正是一年之始，朔是一月之始。故正月初一，又称新正、正旦、正朝、开正等。丁仙芝《京中守岁》诗云："开正献岁酒。"

《玉烛宝典》说："正月为端月，其一日为元日，亦云上日，亦云正朝，亦云三元，亦云三朔。"端为开始之义，正月为端月，初一又为端日。《初学记》注释说："元者，原也，始也，一也，首也。"故正月初一又称元旦、元辰等。三元，指"岁之元，时之元，月之元。"三朔，由"正朔"而来，是指《尚书·大传》所说的夏以孟春（正月）为正，平旦（天明）为朔；殷以季冬（十二月）为正，鸡鸣为朔；周以仲冬（十一月）为正，半夜为朔。

《汉书·孙光传》又称正月初一为"岁之朝，月之朝，日之朝"，故云"三朝"。与"岁朝"相近，又有岁旦、岁日之称。与"三元""三朝"相对，又有"四始"之称，《汉书》说："正月朔岁首立春，四时之始。"

正月初一，为新的春天的开始，故又称新春、春旦、春元、元春。《乐府诗集》中有《隋元会大飨歌》云："展礼肆乐，协此元春"。

春节为中华民族神圣而美好的盛大节日，故春节又有许多美称。南朝梁元帝《纂要》中说："春节曰华节、芳节、良节、嘉节、诏节、淑节。"由此可见，春节寄托着中华民族许多美好的祝愿与希望。

春节盛典，礼俗仪程繁多。主要有驱邪避鬼，敬神祭祖，迎春接福，祈愿吉祥，朝堂嘉会，亲族饮宴，迎春探春，拜年祝寿，乃至一连数日，张灯结彩，燃烟花放爆竹，男女老幼，游玩嬉戏，其乐融融，其乐陶陶。

三百六旬初一日，

四时嘉序太平年。

霓衣绛节候真箓，

步武祥云奉九天。

这是晏殊《内廷》诗之句，写的是太平之年，正月初一，驱鬼敬神，奉祀九天的情景。

民国时期的《平谷县志》载："正月元旦，初起，灶前先具香烛，谓之接灶。明燎陈盘案，拜天地，礼百神，祀先祖。堂中烧避瘟丹，放起火，响炮为乐。"《天咫偶闻》又载："正月初一，正刻后祀神，谓之'接神'。"元旦日出，迎神接福，要按照历书所示喜神方位，举灯笼火把，奉香鸣炮，开门出行，摆放贡品，焚香叩拜，祈求一年四季风调雨顺，人寿年丰，吉祥如意。

曹植《元会诗》为我们展示了汉魏时期宫廷里庆贺新春的朝堂盛典：

初岁元祚，吉日惟良。

乃为嘉会，宴此高堂。

尊卑列叙，典而有章。

衣裳鲜洁，黼黻玄黄。

清酤盈爵，中坐腾光。

珍膳杂遝，充溢圆方。

笙磐既设，筝瑟俱张。

悲歌厉响，咀嚼清商。

俯视文轩，仰瞻华梁。

愿保兹善，千载为常。

欢笑尽娱，乐哉未央。

皇室荣贵，寿考无疆。

至于远离庙堂都市的农家村舍，虽无奢华铺张，却也有另一番怡乐。孟浩然有《田家元日》诗云：

昨夜斗回北，

今朝岁起东；

我年已强仕，

无禄尚忧农。

桑野就耕父，

荷锄随牧童；

田家占气候，

共说此年丰。

春节的重要活动之一为会亲访友，拜年祝福，又曰"走春""探春"。《东京梦华录》说："正月一日年节，开封府放关扑三日。士庶自早互相庆贺。"陆容《菽园记》载："京师元旦后，上自朝官，下至庶人，往来交错，道路者连日，谓之'拜年'。"清人筱廷有《拜年》诗云：

自家翻历拣良辰，

遍约诸亲与彼邻。

今日娘家明日舅，

预先分派配均匀。

自宋以来，在士官同僚、文人墨客之间，盛行投送名帖"飞帖"拜年。宋人周辉在《清波杂志》中说："宋元祐年间，新年贺节，往往使用佣仆持名刺代往。"投谒拜年，其名刺或名谒，应该说即是最早的"贺年卡"了。明清之际，"飞帖"成风，被人讥为"泛爱不专"。

文征明亦有《拜年》诗云：

不求见面惟通谒，

名纸朝来满敝庐。

我亦随人投数纸，

世情嫌简不嫌虚。

清人艺兰主在《侧帽余谭》中说："京师于岁首，例行团拜，以联年谊，以敦乡情"，"每岁由值年书红订客，饮食宴会，作竟日欢"。团拜这种新的形式由京师的上层社会逐步流传影响到了民间。

春节活动中的一个重要节目是燃放爆竹。爆竹起源于避邪驱鬼。东方朔《神异经》说，人们"以竹著火中，爆烞而出"，是为震慑"山魈"。《荆楚岁时记》说："正月一日，是三元之日也，史记谓之端月。鸡鸣而起，先于庭前爆竹、燃草，以避山魈恶鬼。"《清嘉录》说："岁朝，开门放爆仗三声，云辟疫疠，谓之'开门爆竹'。"清人《壶天录》又载："京师人烟稠密，甲于天下。富家竞购千竿爆竹，付之一炬，贫乏家谋食维艰，索逋孔亟，亦必爆赛数声，香焚一炷，除旧年之琐琐，卜来岁之蒸蒸，此习尚类然也。"随着历史演进，燃放爆竹的意义也由驱邪避鬼演化为除旧迎新、营造节日气氛。

谢文翘《教门新年词》云：

通宵爆竹一声声，

烟火由来盛帝京。

宝炬银花喧夜半,

六街歌管乐升平。

范成大有《爆竹行》诗云:

岁朝爆竹传自昔,

吴侬政用前五日。

食残豆粥扫罢尘,

截筒五尺煨以薪。

节间汗流火力透,

健仆取将仍疾走。

儿童却立避其锋,

当阶击地雷霆吼。

一声两声百鬼惊,

三声四声鬼巢倾。

十声连百神道宁,

八方上下皆和平。

却拾焦头叠床底,

犹有余威可驱疠。

屏除药裹添酒杯,

昼日嬉游夜浓睡。

春节的民间礼俗内容繁多,逛庙会等各种游戏娱乐活动,可连续旬日。旧时的春节活动,每天都有一定的仪程。然而,"十里不同风,百里不同俗",各地的民情风俗亦各有异同。严敬群主编《中国传统节日趣闻与传说》有《新年十日歌》今据其大意,摘编于下:

年初一,太阳照东窗,忙换新衣裳,祖宗像挂中堂。九子果盘装。

年初二,去拜年,东家留吃饭,西家排酒筵,临到走,还有二百压岁钱。

年初三,姑爷带着姑娘来,拜见丈人道恭喜,拜见丈母说发财。茶又好,酒又好,隔壁阿婆问姑娘,啥时养个小宝宝。

年初四,夜不眠,家家接财神,处处放吉鞭。五路正神当中坐,招财利市分两边。

年初五，伙友要吃开张酒。

年初六，预演元宵习练熟。

年初七，人生日，弟兄取秤来，称出轻和重。

年初八，麦生日，农户家家祈丰年。

年初九，天生日，做事先求弗欺天。

年初十，地生日，米麦百谷都生地，人生忠孝与节义，地维赖以立。

有的说初一是鸡日，要在门窗上贴鸡画鸡，所谓"户户贴鸡，人人添官"。又以鸡为五德之禽。《韩诗外传》说：头上有冠，是文德；足后有距能斗，是武德；敌在前敢拼，是勇德；有食物招呼同类，是仁德；守夜不失时，天明报晓，是信德。

还有的说，初三是"小年朝"，要祭井开井，甚至说这天晚上老鼠娶亲。

又说初五为"破五"，要"送穷土"，"送穷媳妇出门"……有的地方在正月初六"送穷"。

唐姚合有《晦日送穷三首》云：

年年到此日，

沥酒拜街中。

万户千门看，

无人不送穷。

送穷穷不去，

相泥欲何为。

今日官家宅，

淹留又几时。

古人皆恨别，

此别恨销魂。

只是空相送，

年年不出门。

还有的说，初八群星聚合，要点灯拜祭星君；初九为玉皇诞辰，必祭天公。

卢照邻《元日述怀》云：

筮仕无中秩，

归耕有外臣。

人歌小岁酒，

花舞大唐春。

草色迷三径，

风光动四邻。

愿得长如此，

年年物候新。

春节的庆典内容丰富多彩，形式生动活泼。京师、市镇、村落，处处笙歌，家家喜庆。逛庙会、舞狮子、耍龙灯、踩高跷、赶花市、赏冰灯、宴亲友、会情人，正是举国同庆，万民同欢。

林伯渠先生《春节看花市》诗云：

迈街相约看花市，

却倚骑楼似画廊。

束立盆栽成队列，

草株木本斗芬芳。

通宵灯火人如织，

一派歌声喜欲狂。

正是今年风景美，

千红万紫报春光：

（三）流传世代的春节食俗

在春节各种约定俗成的文化中，最为人们津津乐道的当属"食"文化。过春节所食用的各种美味食品中都包含着一定的文化含义。

传说春节起源于原始社会末期的"腊祭"，当时每逢腊尽春来，先民便杀猪宰羊，祭祀神鬼与祖灵，祈求新的一年风调雨顺，免去灾祸。因此，春节的饮食多取吉利的用语。如春节必吃炒青菜，寓意"亲亲热热"；必吃豆芽菜，因黄豆芽形似"如意"；必食鱼头，但不能吃光，叫做"吃剩有鱼（余）"等等。春节食俗，一般以吃年糕、饺子、糍粑等美食为主，还伴有众多活动，极尽天伦之乐。

1. 春节吃年糕

年糕是中国人欢度春节的传统食品，主要用蒸熟的米粉经舂、捣等工艺再加工而成。中国制作年糕的历史源远流长，经历代而不衰，各地年糕的原料和做法各具特色，风味各异。在塞北，农家习惯将黍子磨成粉，蒸出金灿灿的黄米年糕。在江南，人们喜欢把糯米加水磨成米浆，蒸成条形或砖块的水磨年糕。

关于年糕的来历，民间还有一段佳话。相传春秋战国时，吴王夫差建都苏州，终日沉湎酒色，大将伍子胥预感必有后患。所以，伍子胥在兴建苏州城墙时，以糯米制砖，埋于地下。当吴王赐剑逼其自刎前，他嘱咐亲人："吾死后，如遇饥荒，可在城下掘地三尺觅食。"伍子胥死后，吴越战火四起，城内断粮，此时又值新年来临，乡亲们想起伍子胥生前嘱咐，争而掘地三尺，果得糯米砖充饥。苏州百姓为纪念伍子胥，每逢过年，都以米粉做成形似砖头的年糕。之后，春节做年糕，吃年糕逐渐成为一种民俗，风行全国各地。

2. 春节吃饺子

北方地区春节喜吃饺子，有"好吃不过饺子"之说。据考证，饺子是由南北朝至唐朝时期的"偃月形馄饨"和南宋时的"燥肉双下角子"发展而来的，距今已有1400多年的历史。清朝史料记载："元旦子时，盛馔同离，如食扁食，名角子，取其更岁交子之义。"又说："每届初一，无论贫富贵贱，皆以白面做饺食之，谓之煮饽饽，举国皆然，无不同也。富贵之家，暗以金银小锞藏之饽饽中，以卜顺利，家人食得者，则终岁大吉。"这说明新春佳节人们吃饺子，寓意吉利，以示辞旧迎新。千百年来，饺子做为贺岁食品，受到人们喜爱，相沿成习，流传至今。

饺子

饺子在其漫长的发展过程中，名目繁多，古时有"牢丸"、"扁食"、"饺饵"、"粉角"等等名称。唐代称饺子为"汤中牢丸"；元代称为"时罗角儿"；明末称为"粉角"；清朝称为"扁食"。清代徐珂的《清稗类钞》中说："中有馅，或谓之粉角……而蒸食煎食皆可，以水煮之而有汤叫做水饺。"春节饺子讲究在除夕夜十二点钟包完，此刻正届子时，以取"更岁交子"之意。吃饺子其寓意团结，表示吉利和辞旧迎新。为了增加节日的气氛和乐趣，人们在饺子里包上钱，谁吃到意味着来年会发大财；在饺子里包上蜜糖，谁吃到意味着来年生活甜蜜等。

（四）春节传说典故

1. 春节由来的传说

传说，玉皇大帝为了治理人间，就派天宫的弥勒佛下凡。这事被如来佛知道了，心想，我是佛祖，凭什么不让我去？于是，就找玉皇大帝论理，玉帝听了，无言可对，只好说："商量商量再说吧。"借商量的时间，玉帝便想了个解围的方法。

他请来弥勒佛和如来佛，将两盆花放在二佛面前，说："这两盆花你二位各分一盆，谁的花先开，谁就下凡去管理人间。"如来佛心眼多，点子稠，知道玉帝一定偏向弥勒佛，因为他猜到玉帝怕出口之言难收，才以花开为借口来行此事。面前这两盆花，恐怕玉帝已暗地作了安排，于是也想出个小计来。他借弥勒佛合目谢恩的机会，悄悄地把两盆花换了个位置。第二天，如来佛的花就开了，因此弥勒佛只管了一天人间，这天就是正月初一。传说弥勒佛心善，这天他让人们吃好穿好睡好，因而正月初一人们就欢欢喜喜，兴高采烈地过了一天。后来，人们为了纪念弥勒佛，就把这初春之时，二佛交接的时刻称作"春节"。

2. 年糕——让人躲过"年"关

关于春节年糕的来历，有一个很古老的传说。在远古时期有一种怪兽称为"年"，一年四季都生活在深山老林里，饿了就捕捉其他兽类充饥。可到了严冬季节，兽类大多都躲藏起来休眠了。"年"饿得不得已时，就下山伤害百姓，拿人当食物，百姓全都不堪其苦。

后来有个聪明的部落高氏族，每到严冬，预计怪兽快要下山觅食时，就事先用粮食做了大量食物，搓成一条条，切成一块块地放在门外，人们躲在家里。"年"下山后找不到人吃，饥不择食，便用人们制作的粮食条块充腹，吃饱后再回到山上去。人们看怪兽走了，都纷纷走出家门相互祝贺，庆幸平平安安地躲过了"年"的一关，又能为春耕作准备了。这样年复一年，这种躲避兽害的方法传了下来。

因为粮食条块是高氏所制，目的为了喂"年"度关，于是人们就把"年"与"高"联在一起，称为年糕（谐音）了。

3. 伍子胥留惠后人

据说年糕是从苏州传开的。它的由来有这样一个传说：相传在春秋战国时期，伍子胥帮助阖闾夺了吴国王位，并帮助他整军备武、强盛国势，使吴国成为当时的强国。后来阖闾志得意满，任命伍子胥为相，并让他筑造"阖闾大城"以显示吴王的功德。城垣建成后，吴王摆下盛宴庆贺。

席间群臣纵情酒乐，认为有了坚固的城池便可以高枕无忧了。见此情景，国相伍子胥深感忧虑。他叫来贴身随从，嘱咐道："满朝文武如今都以为高墙可保吴国太平。城墙固然可以抵挡敌兵，但里边的人要想出去也会同样受制。如果敌人围而不打，吴国岂不是作茧自缚？忘乎所以，必至祸乱。倘若我有不测，吴国受困，粮草不济，你可去相门城下掘地三尺取粮。"

随从以为伍子胥酒喝多了，并未当真。没过多久，吴王阖闾驾崩，夫差继承王位，听信谗言，将伍子胥赐死。伍子胥死后，越王勾践举兵伐吴，将吴国都城姑苏城团团围住，吴军困守城中，炊断粮绝，街巷内死人遍地，惨不忍睹。这时那位随从想起伍子胥从前的嘱咐，便急忙召集邻里一起来到相门外掘地取粮，当挖到城墙下三尺深时，才发现城砖是用糯米粉做的。顿时人们激动万分，朝着城墙下跪，拜谢伍子胥。

在伍子胥家人的主持下，"城砖"被分给了城内饥民，大家暂时度过了饥荒。后来，苏州人敬仰伍子胥爱国忧民的精神，便在每年的寒冬腊月准备年糕，一来表示对伍子胥的怀念，二来可以在送旧迎新的春节与亲朋好友分享。

4. 春联的由来

五代十国时期，蜀国孟昶特别喜欢桃符，每当除夕，他总是将桃符悬挂于宫门。公元964年除夕，他命学士辛寅逊在桃符上写联语，可辛寅逊写得不好，他便自己动手，挥毫写下"新年纳余庆，嘉节号长春"十个大字。据考，这便是我国最早的春联。因这春联仍写在桃本之上，因而被称为"桃符对句"。

用红纸书写春联始于明朝。据说明太祖朱元璋也很喜欢春联，他不但除夕传旨，门上须贴春联，还经常向大臣们赐赠春联，并微服出巡，到民间观赏春联。由于皇帝的提倡，春节贴春联成为全国的风俗，流传至今。

5. 贴春联和门神的传说

据说贴春联的习俗，大约始于一千多年前的后蜀时期，这是有史为证的。此外根据《玉烛宝典》《燕京岁时记》等著作记载，春联的原始形式就是人们所说的"桃符"。

到了宋代，人们便开始在桃木板上写对联，一则不失桃木镇邪的意义，二则表达自己的美好心愿，三则装饰门户，以求美观。又在象征喜气吉祥的红纸上写对联，新春之际贴在门窗两边，用以表达人们祈求来年福运的美好心愿。

为了祈求一家的福寿康宁，一些地方的人们还保留着贴门神的习惯。据说，大门上贴上两位门神，一切妖魔鬼怪都会望而生畏。在民间，门神是正气和武力的象征，古人认为，相貌出奇的人往往具有神奇的禀性和不凡的本领。他们心地正直善良，捉鬼擒魔是他们的天性和责任，人们所仰慕的捉鬼天师钟馗，即是此种奇形怪相。所以民间的门神永远都怒目圆睁，相貌狰狞，手里拿着各种传统的武器，随时准备同敢于上门来的鬼魅战斗。由于我国民居的大门通常都是两扇对开，所以门神总是成双成对。

唐朝以后，除了以往的神荼、郁垒二将以外，人们又把秦叔宝和尉迟恭两位唐代武将当做门神。相传，唐太宗生病，听见门外鬼魅呼号，彻夜不得安宁。于是他让这两位将军手持武器立于门旁镇守，第二天夜里就再也没有鬼魅骚扰了。其后，唐太宗让人把这两位将军的形象画下来贴在门上，这一习俗开始在民间广为流传。

6. 马皇后巧言消祸的传说

传说明太祖朱元璋有一年正月初一微服出行，来到淮西一个小镇上，见一大群人聚在一起不知在看着什么，便也好奇地挤了进去。发现原来是在观看一幅漫画，画面上绘的是一个赤脚女人抱着一个大西瓜。画的本意是取笑淮西妇女大脚（因古代妇女以缠足为美）。因马皇后便是淮西女人，并且是个大脚，朱元璋由此认为，这是有人在故意取笑他的马皇后。

回到宫里，朱元璋立即召集手下人彻查此事，查清此画为何人所绘，哪些人曾去围观。对于没有围观的住户，朱元璋命其在门上贴一个"福"字作暗记，对于没有贴"福"字人家，即派御林军前去捉人。

善良的马皇后得知这一消息，觉得此事非同小可，为了化解这场灾难，即刻连夜派人到小镇上，通知全镇人家，务必天明前在大门上贴上"福"字。

第二天天明，当御林军来到小镇时，见家家户户大门上都贴有"福"字。朱元璋感到奇怪，细一打听，原来是马皇后从中所为的结果。朱元璋虽然心中仍有怒气，但毕竟消除了许多。然而，有一户人家却因不识字，竟将"福"字倒贴了过来。余怒未消的朱元璋见了大怒，立即命令御林军要将那家满门抄斩。马皇后一看事情不好，脑子一转立时便有了主意，笑着对朱元璋道："皇上息怒。其实那家人是将您当做福星，知道皇上今日要来造访，故意将'福'字倒贴的。您看，这不是福到了吗？"马皇后的一番话，说得朱元璋龙颜大悦，立即下令放人。一场大祸就这样被马皇后巧言消除了。

从此以后，每逢农历除夕，民间便有将"福"字倒贴的习俗，以示自己"安分守己"。久而久之，人们将倒贴"福"字由"避嫌"变成了"祝福"，并一直流传至今。

7. 倒贴"福"的传说

清代恭亲王府的大管家多云为讨主子欢心，照例写了许多"福"字让家人贴于王府的大门和库房等处，然而有个家人因不识字，竟将"福"字贴倒了。为此恭亲王非常恼火，正要处置倒贴"福"字的家人。多云大管家能言善辩，立即跪在地板上说："奴才常听人说，恭亲王福高寿大造化大，如今大福真的到（倒）了，乃吉庆之兆。"恭亲王福晋听了，联想到过往行人都看着大门上的"福"字说，恭亲王福到（倒）了，不由心里一喜，便重赏了管家和家人。恭亲王也高兴地笑了，并嘱咐，今后每年过年都将"福"字倒过来贴。

此后，倒贴"福"字便由达官贵人府第传入寻常百姓之家，并都希望过往行人或顽童念叨几句："福倒了，福倒了。"

8. 桃符的传说

宋代王安石在《元日》这首诗中写道："千门万户曈曈日，总把新桃换旧符。"诗中的"桃"和"符"是互文，意即总把新桃符换下旧桃符——除旧布新。关于桃符有个美丽的传说。很久以前，东海度朔山风景秀丽，山上有一片桃林，其中有一棵桃树巨大无比，枝繁叶茂，结的桃子又大又甜，人吃了这树上的桃子能变成神仙。一个漆黑的夜晚，有青面獠牙、红发绿眼的鬼怪想偷吃仙桃。桃林主人神荼、郁垒二兄弟用桃枝打败鬼怪，并用草绳捆着喂了看山的老虎。从此，两兄弟的大名令鬼怪为之惧怕，他们死后变为专门惩治恶鬼的神仙。后世人们用一寸宽、七八寸长的桃木板画上神荼、郁垒两神仙像挂在自家门两侧，以驱鬼祛邪，这种桃木板被称作"桃符"。随着时代的变化，桃符本身也在变化，以后人们又将两个神仙的名字写在桃符上，代替画像，再后来，又发展到"题桃符"，即将字数相等、结构对称、意思相应的短诗题写在桃符上，这就是春联的前身。从村外来了个乞讨的老人，只见他手拄拐杖，臂搭袋囊，银须飘逸，目若朗星。当时全村的乡亲们正在收拾行装，谁也没心关照这位乞讨的老人。只有村东头的一位老婆婆给了老人一些食物，并劝他抓紧上山以躲避"年"兽。这时，只见那老人高声笑道："婆婆若让我在你家待一夜，我一定能把'年'兽赶走。"老婆婆惊目细看，只见他鹤发童颜，精神矍铄，气宇不凡。老婆婆继续劝说他，乞讨老人笑而不语。婆婆无奈，只有撇下他，上山避难去了。

半夜时分，"年"兽闯进村。它发现村里气氛与往年不同：只见村东头老婆婆家里，门贴大红纸，屋内烛火通明。"年"兽浑身一抖，怪叫了一声，便向老婆婆家扑了过去。快到门口时，院内突然传来"砰砰啪啪"的炸响声，"年"浑身战栗，就再也不敢往前走了。这时，婆婆的家门大开，只见院内一位身披红袍的老人在哈哈大笑。"年"大惊失色，狼狈逃窜了。原来"年"最怕红色、火光和炸响。

第二天是正月初一，避难回来的人们见村里安然无恙，十分惊奇。这时老婆婆才恍然大悟，赶忙向乡亲们述说了乞讨老人的许诺。于是，乡亲们一起拥向老婆婆家，只见婆婆家门上贴着红纸，院里一堆未燃尽的竹子仍在"啪啪"作响，屋内几根红蜡烛还发着余光……欣喜若狂的乡亲们为庆祝吉祥的来临，纷纷换新衣戴新帽，到亲友家道喜问好。这件事很快在周围村子传开了，人们都知道了驱赶"年"兽的办法。

从此每年除夕，家家贴红对联，燃放爆竹，户户烛光通明，守更待岁。初一一大早，还要走亲串友道喜问好。后来这风俗越传越广，逐渐成了中华民族最隆重的传统节日。

9. 老鼠嫁女的传说

"老鼠嫁女"的民间传说，在我国很流行。但是，各地"老鼠嫁女"的时日有所不同。

10. "破五"的传说

传说玉皇大帝让弥勒佛管理人间衣食住行。弥勒佛以心地善良、宽宏大度而著称，来到人间第一件事就是让人们过一个痛快年，尽情地吃喝玩乐。有这样的好事，人们自然欣喜无比。于是，人们便遵照弥勒佛的意愿，逢集上会备办年货，实打实地忙过年。弥勒佛还具体规定：二十四，扫房子；二十五，磨豆腐；二十六，蒸馒头；二十七，来杀鸡；二十八，把猪杀；二十九，打黄酒；三十晚上饺子宴酒；到了初一，也就是新年的第一天，家家都要起五更，放鞭炮，穿戴整齐，互相道贺……不过，他还有一个要求：大年三十祭祖的时候，一定要把各路神仙好好供奉祭祀一番。

这样一直到了正月初五，正当弥勒佛腆着个大肚子满心欢喜地欣赏人间过年的喜庆气氛时，一个衣衫褴褛满身粪土味的胖女人闯了进来。弥勒佛定睛一看，原来是姜太公的老婆——专管茅房、粪土的脏神。脏神一进大殿便大哭大嚷了起来："你弥勒佛当然开心了，民间过年给你烧香，给你磕头，还好吃好喝地供着你，你肚量当然大了，我一个管茅房粪土的，谁还瞧在眼里……"大骂弥勒佛处事不公，没将她放在眼里。

原来，大年三十这天，人间供神时，因她是脏神，躲还来不及呢，谁还会供奉她呢。开始脏神还以为人们只是一时的疏忽而将她忘记，事后一定会想起的，可是她一直等到初五，仍然无人来问津，这才恼了来找弥勒佛闹事。脏神闹了一阵，见弥勒佛只是满脸堆笑，就是不答腔，气得在地上打滚撒泼，大嚷着要找玉帝告状去。这下弥勒佛便坐不住了，因为脏神这一告，民间过年的计划便要泡汤，如此，民间便要骂他言而无信，从此以后便再也不会有人跪他、拜他、供他、敬他了。别看弥勒佛身躯肥胖，行动笨拙，脑瓜却特别灵，立刻一个计策冒了出来。于是一笑说道："这样吧，你也不要闹了，今天是年初五，我让民间专为你破费一次，给你包一次饺子，好好地放几个炮吧。"脏神听了，这才心满意足地走了。

11. 舞狮子的传说

据传，宋文帝元嘉二十三年（公元 466 年）五月，宋朝交州刺史檀和之奉命伐林邑，林邑王范阳使用象军参战。这支象军由于士兵持着长矛骑在又高又大的象背上，所以，使仅仅拥有短兵器的宋军很难接近，交战后，宋军一触即溃大败而逃。后来，先锋官振武将军宗悫想了个办法。他说，百兽都害怕狮子，大象大概也不会例外。于是，连夜用面、麻等做成了许多假狮子，涂上五颜六色，又特别张大了嘴巴。每一个"狮子"由两个兵士披架着，隐伏草丛中。他还在预定的战场周围，挖了不少又深又大的陷阱。敌方驱象军来攻，宗悫放出了假狮子，这种"雄师"一个个翻动着斗大的血口，张牙舞爪直奔大象。大象吓得掉头乱窜，宗悫又乘机指挥士兵万弩齐放，受惊的大象顿时没命地向四处奔跑，不少跌到陷阱里，人和象俱被活捉。从此，舞狮便在军队中流行开来，久而久之传到了民间。唐代诗人白居易的《西凉使》中就有："假面胡人假面狮，刻木为头丝作尾。金镀眼睛银贴齿，奋起毛衣摆双耳……"可见，在唐代已有类似现代的狮子舞了。

为什么春节期间人们喜欢舞狮子呢？据说明朝初年，广东佛山一带出现一种怪兽，十分凶猛，每逢春节便出来伤人。狮乃百兽之王，人们自然想起檀和之用假狮击溃敌军的故事。于是人们便找来竹篾，扎成狮子模型，并涂上各种色彩。当怪兽来临时，便群狮齐舞，并辅之以鸣锣击鼓，终于吓跑了怪兽。以后每逢春节，人们就打锣敲鼓舞狮拜年，以示消灾和吉祥。后来这便成了我国传统的春节习俗。

12. 金角老龙播雨的传说

相传在战国时，金角老龙播错了雨，大雨成灾，淹死不少老百姓，玉帝大怒，欲要问罪贬斥，金角老龙痛哭流涕地向玉帝求情，表示一定痛改前非，请求玉帝网开一面。玉帝见老龙态度诚恳，训斥了一顿老龙后，仍旧给了金角老龙一个改过自新的机会——让金角老龙继续掌管播雨。金角老龙为了立功赎罪，便在每年新春之际，登门拜访百姓，许诺来年风调雨顺。人们据此创造了龙灯舞，并在春节期间舞演，以示制服龙王，表达欢快心情。

13．财神菩萨休妻的传说

从前，财神庙财神身边总有一位端庄美丽的财神娘娘陪伴。后来这位善良的女菩萨突然不知去向，原来她被财神爷给休掉了。财神爷为什么要休妻呢？这要从一个乞丐说起。有个讨饭的叫花子穷得无路可走，讨饭路过一座古庙。进庙后，他什么菩萨都不拜，单摸到财神爷像前，倒头便拜，口里祈求财神爷赐财。财神爷见是一个叫花子，心想连香烛都舍不得点，还来求财？天下那么多穷叫花子，我能接济得过来吗？可乞丐心中想的正相反，他认为财神总会救济穷人的，富人不愁吃穿，求财何用？便不住地拜。这时，财神娘娘动了恻隐之心，想推醒打瞌睡的财神夫君，劝他发善心给这叫花子一点施舍。可财神爷不理睬，打了两个哈欠又闭上了眼睛。虽然是财神娘娘，可财权在夫君手上，夫君不点头，怎么好将钱赐给叫花子呢？娘娘无奈只得取下自己的耳环，扔给了叫花子。乞丐突然感到神龛上掷下一物，一见是一副金耳环，知道是财神所赐，急忙磕头，连呼"叩谢财神菩萨"。财神爷睁眼一看，发觉娘娘竟将自己当年送给她的定情物送给了穷叫花子，气得大发雷霆，将财神娘娘赶下了佛龛。自此以后，数百年来就再也没有一个穷人是拜了财神而发财的。

二、春到人间第一枝——立春

（一）立春历史史话

立春，是二十四节气中的第一个节气。如果说春节是新年开始的标志，那么立春就是春天开始的标志；如果说春节是中国古老历法中的元旦，那么立春才是真正意义上"春节——春天的节日"。

作为一个古老的农耕国度，农业种植是中华民族安身的根本，也是封建王朝统治的根基，从皇室到朝廷再到黎民百姓，无不重视农业生产，因而也特别重视与农耕种植活动息息相关的季节、气候变化。根据这个道理，我们就可以理解为什么立春这个农时节气，同时又是一个颇为隆重的节日了。

古人说："阳气动物，于时为春"，"春者出生万物"，乃"养生之首"。这说明，我们的祖先早就明确认识到春季对于农耕种埴活动的意义了。农业生产与工业制造之间最大的区别，就在于农业的种植活动只能在这个特定季节开始，而不像工业的加工活动那样可以在任何时候随时进行。贻误了工时只是耽误一时，而贻误了农时则会耽误整整一年的收成。民谚所说的"一年之计存于春"，就是这个意思。

所以，在这个大地回暖、万物萌动的最佳耕种时节，把人们从"冬眠"的"昏睡"状态中推醒，振奋精神，鼓舞干劲，尽快投身到春耕劳动中去，就是"立春"作为一个节日的主要目的所在。当然，在这样重要的日子里，祈求神明的护佑也一定是必不可少的。

据说，把"立春"这个节气同时当做节日来过的历史，起码也有 3000 多年了。在历史上，庆祝立春首先是由官方举办的活动，尔后逐渐成为民间的风俗，就是古人所说的"上以风化下"：君王皇帝以坚持不懈礼仪活动形成一种风尚，并用来教化天下子民。据史书记载，早在周朝的时候，每逢立春，周天子都要提前戒酒、不吃荤腥，穿戴整洁的服饰，虔诚地做好迎接春天之神来临的准备。在古代神话中，金木水火土各路神仙中，木神是执掌春天的神仙，名叫"句芒"，居东方。因此，在立春这一天，周天子亲率三公九卿诸侯大夫，来到距离国都以东八里外的郊区举行迎春仪式，仪式中安排了许多象征耕种的表演，以及祈求丰收的祭拜，显示君王身体力行的表率意义，号召普天之下的臣民们赶快行动起来，抓紧春耕、春种。这种顺应天时，组织和推动全国春耕生产的活动，后来变成了皇家、朝廷的一项制度，一直延续到中国的最后一个封建王朝——清朝。

立春演变为民间节日以后，仍然以"劝农春耕"为主题，但内容则丰富了许多。节日活动中最为普遍的，要数"鞭春牛"了。各地的能工巧匠们，用泥土塑造或用彩纸扎制耕牛的形状，百姓在举行了"迎春牛"、"拜春牛"等一系列仪式后，便争相上前鞭打"春牛"，直到打烂，庆祝活动在一片喧闹的热烈气氛中达到高潮。以至于人们干脆就把立春这一天称为"打春"。再到后来，人们在彩纸扎制的"春牛"肚子里装上干果食品，彩纸被人们用鞭子打破以后，这些干果食品便抛洒出来，围观的小孩子们一哄而上，争而食之，更增加了节目的热闹气氛，同时也更直接地预示了耕种与收获的内在联系。春牛也成了立春节日中标志性的吉祥物，民间艺人多制作玩偶一样的小泥牛，以供人们相互之间"送春"；张贴用黄纸绘画耕牛的"春牛图"也广为流行。除了"春牛"之外，在立春节日期间，妇女们把叫做

"春鸡"的剪纸贴在窗上，姑娘们把用羽毛粘制的"春蛾"戴在头上，长辈们把绢制的"春娃"拴在小孩的身上。也有一些地方，讲究把盛着五谷杂粮的小布袋挂在耕牛的犄角上，取春耕顺利、五谷丰登的吉祥寓意。

（二）立春节日诗话

立春，俗称打春，又名正月节，是二十四节气之一，华夏民族将之作为重要的岁时节日。立春，是春天到来的标志。依据传统历法，一般在冬至后四十六天或大寒后十五天为立春，当日斗指东北维，此时日行黄经三百一十五度，地气初腾，天地和同，草木萌动，象征冬天结束，春天开始。

张九龄有《立春日晨起对积雪》诗云：

忽对林亭雪，

瑶华处处开。

今年迎气始，

昨夜伴春回。

玉润窗前竹，

花繁院里梅。

东郊斋祭所，

应见五神来。

孟浩然亦有《立春日对雪》诗云：

迎气当春至，

承恩喜雪来。

润从河汉下，

花逼艳阳开。

不睹丰年瑞，

焉知燮理才。

撒盐如可拟，

愿糁和羹梅。

春之神为草木神和生命神，名曰"句芒"。《山海经·海外东经》说："东方句芒，鸟身人面，乘两龙。"郭璞曰："木神也，方面素服。"《尚书大传·鸿范》说："东方之极，自碣石东至日出榑木之野，帝太皞神句芒司之。"《淮南子·时则训》说："东方之极，自碣石山，过朝鲜，贯大人之国，东至日出之次，榑木之地，青土树木之野，太皞句芒之所司者，万二千里。"郑玄说："此苍精之君，木官之臣，自古以来，著德立功者。太皞，宓羲也。句芒，少昊氏之子，曰重，为木官。"晋谢万《春游赋》云："青阳司候，句芒御辰，陈涤灌以摧枯，初茎蔚其曜新……"

晏殊《立春祀太乙》诗云：

紫毛双节引青童，

一片空歌韵晓风。

太昊兹辰授春令，

鸾旗应在蔺云中。

华灯明灭羽衣攒，

翠柳萧森矮桧寒。

千步回廊绕金殿，

水苍瑶佩响珊珊。

立春前要迎春。唐皇甫冉《东郊迎春》诗云：

晓见苍龙驾，

东郊春已迎。

彩云天仗合，

玄象太阶平。

佳气山川秀，

和风政令行。

句陈霜骑肃，

御道雨师清。

律向韶阳变，

人随草木荣。

遥观上林树，

今日遇迁莺。

迎春是古代立春的重要节日活动。《礼记·月令》说："先立春三日，大史谒之天子，曰某日立春，盛德在木"。于是便做好迎春活动的准备，并进行预演，俗称"演春"。"立春之日，天子亲率三公、九卿、诸侯、大夫，以迎春于东郊"。据史籍载，早在周朝，就有东堂迎春、祭祀句芒之事，可知迎春之俗由来已久。《燕京岁时记·立春》说："打春即立春，在正月者居多。立春先一日，顺天府官员在东直门外一里春场迎春。立春日，礼部呈进春山宝座，顺天府呈进春牛图，礼毕回署，引春牛而击之，曰打春。"又载："礼部则例云'立春前一日，顺天府尹率僚属朝服迎春于东直门外，隶役舁芒神土牛，导以鼓乐，至府署前，陈于彩棚。立春日，大兴、宛平县令设案于午门外正中，奉恭进皇帝、皇太后、皇后芒神土牛，配以春山。府县生员舁进，礼部官前导，尚书、侍郎、府尹及丞后随，由午门中门入，至乾清门、慈宁门恭进，内监各接奏，礼毕皆退。府尹乃出土牛环击，以示劝农之意'。"康熙时《大兴县志·岁时》说："立春前一日，迎春于东郊。次晨鞭土牛，遵古送寒气之意也。"清嘉庆时《滦州志·岁时》说："立春先一日，官戒于东门外，农商百艺各持器以往，选集优人习剧。谓之'演春'。届期，合城官员往迎，鼓乐交作，前列武戏，殿以春牛，老稚趋观，谓之'迎春'。回次于衙庭，至时鞭春牛而碎之。乃分献别朔小芒神、土牛于各绅士家，谓之'送春'。"

《全唐诗》载有唐中宗《立春游苑迎春》诗云：

神皋福地三秦邑，

玉台金阙九仙家。

寒光犹恋甘泉树，

淑景偏临建始花。

彩蝶黄莺未歌舞，

梅香柳色已矜夸。

迎春正启流霞席，

暂嘱曦轮勿遽斜。

又有皇帝近臣奉和应制诗多首。其中韦元旦《奉和立春游苑迎春应制》诗云：

灞涘长安恒近日，

殷正腊月早迎新。

池鱼戏叶仍含冻，

宫女裁花已作春。

向苑云疑承翠幄，

入林风若起青苹。

年年斗柄东无限，

愿把琼觞寿北辰。

沈佺期《奉和立春游苑迎春应制》诗云：

东郊暂转迎春仗，

上苑初飞行庆杯。

风射蛟冰千片断，

气冲鱼钥九关开。

林中觅草才生蕙，

殿里争花并是梅。

歌吹衔恩归路晓，

栖乌半下凤城来。

立春为国家盛典，迎春之俗遍及朝野。民国时《铁岭县志》说："立春为国家盛典。前一日，守土官率僚属，盛陈卤薄仪仗，杂以秧歌、龙灯、高脚、旱船等剧，并具芒神、春牛往东关高台庙拈香行礼，俗曰'演春'，即迎春于东郊也。"《浙江民俗简志》说："立春前一日句芒神起身上城隍山太岁庙，故曰'太岁上山'。迎时有大班鼓吹、台阁、地戏、秧歌等，进城后，人们夹道聚观，争掷五谷，谓之看迎春。"《山东民俗》说：迎春祭句芒神时，可据句芒神的服饰，预知当年气候：'看它戴帽则示春暖，光头则示春寒，穿鞋则示春雨多，赤脚则示春雨少'。"

明袁宏道有《迎春歌》诗云：

东风吹暖娄江树，

三衢九陌凝烟雾。

白马如龙破雪飞，

犊车辗水穿香度。

绕吹拍拍走烟尘，

炫服靓装十万人。

额罗鲜明扮彩胜，

社歌缭绕簇芒神。

绯衣金带衣如斗，

前列长宫后太守。

乌纱新缕汉宫花，

青奴跪进屠苏酒。

采莲盘上玉作幢，

歌童毛女白双双。

梨园旧乐三千部，

苏州新谱十三腔。

假面胡头跳如虎，

窄衫绣裤槌大鼓。

金蟒纩身神鬼妆，

白衣合掌观音舞。

观者如山锦相属，

杂沓谁分丝与肉。

一路香风吹笑声，

千里红纱遮醉玉。

青莲衫子藕荷裳，

透额裳髻淡淡妆。

拾得青条夸姊妹，

袖来瓜子掷儿郎。

急管繁弦又一时，

千门杨柳破青枝。

迎春多在立春前一日，其意在于迎接春天之神归来。迎春必设春官，该职由乞丐或娼妓充任，可知这种风俗带有一定原始性。娼妓任春官报春，预告立春之时，大约也有以女性迎春神之意。山东民间迎春，又曰"接春"，以红色为春的象征，人们穿红衣，戴红帽，系红丝巾，携红提包，洋溢着吉祥喜气。

唐人冷朝阳有《立春》诗云：

玉律传佳节，

青阳应此辰。

土牛呈岁稔，

彩燕表年春。

腊尽星回次，

寒馀月建寅。

风光行处好，

云物望中新。

流水初销冻，

潜鱼欲振鳞。

梅花将柳色，

偏思越乡人。

在迎春仪式上除敬香、祭拜春神之外的一个重头戏，是鞭春牛。春牛系用黄泥塑成，身肥体大，身上披红挂绿，头上插金花。在礼乐声中，数人抬着春牛行进，其后跟着春官。春官（乞丐或娼妓）头戴乌纱帽，脚蹬朝靴，手持一把牛鞭赶牛。到城郊某一吉位，将春牛供奉于地上，人们依次向土牛叩首礼拜。拜毕，百姓一拥而上，将春牛打碎，抢牛土回家，或涂灶，或修蚕室，或撒于牛栏之内。人们认为涂撒牛土，可以避凶求吉，祈六畜平安兴旺，有促进繁育之意。

鞭土牛，鞭春牛，也叫鞭春。《周礼·月令》说："出土牛以送寒气"。此俗起源甚早，盛于唐宋，宋仁宗曾颁布《土牛经》，鞭土牛为立春民俗文化的重要内容。康熙时《济南府志·岁时》载："立春前一日，官府率士民，具春牛、芒神，迎春于东郊。作五辛盘，俗名春盘，饮春酒，簪春花。里人、行户扮为渔樵耕诸戏剧，结彩为春楼，而市衢小儿，着彩衣，戴鬼面，往来跳舞，亦古人乡傩之遗也。立春日，官吏各具彩仗，击土牛者三，谓之鞭春，以示劝农之意焉。为小春牛，遍送缙绅家，及门鸣鼓乐以献，谓之送春。"东北农民鞭春牛时唱道：

一打风调雨顺，

二打地肥土暄，

三打三阳开泰，

四打四季平安，

五打五谷丰登，

六打六合同春。

有的地方，如鲁西南的一些地区，以树枝绑扎彩纸贴画春牛，并在春牛的腹中装进红枣、栗子、核桃、花生等果品，或以五谷置牛腹中，鞭春之后，老幼抢食果品，或把抢到的五谷带回家中，置于谷仓，以求五谷丰登。

立春日，皇帝率百官拜祭春神之后，还要大宴群臣。赵彦昭有《立春日侍宴别殿内出彩花应制》诗云：

剪彩迎初候，

攀条故写真。

花随红意发，

叶就绿情新。

嫩色惊衔燕，

轻香误采人。

应为熏风拂，

能令芳树春。

宋之问有同题诗云：

金阁装新杏，

琼筵弄绮梅。

人间都未识，

天上忽先开。

蝶绕香丝住，

蜂怜艳粉回。

今年春色早，

应为剪刀催。

剪彩是立春节日活动的又一内容。立春之日，皇宫内与民间大多要用彩绸、彩线，剪缀成燕子，佩于身以求健康吉祥。有的地方，则用彩布缝制"春公鸡"或"春咕咕""春娃娃"等吉祥物，作为儿童的节日饰物。春公鸡钉在小孩的左衣袖上，以求吉祥如意。春娃娃寓儿童健康成长。还有的地方在春公鸡的嘴上叼一串黄豆粒，专为没有种牛痘的小孩佩戴，意为春公鸡吃黄豆，可以把小孩的天花病带走。剪彩和鞭春都有寓人丁兴旺、五谷丰登、牛马平安诸意义。

李峤《立春日侍宴别殿内出彩花应制》诗云：

早闻年欲至，

剪彩学芳辰。

缀绿奇能似，

裁红巧逼真。

花从篚里发，

叶向手中春。

不与时光竞，

何名天上人。

又，刘宪有同题诗：

上林宫馆好，

春心独早知。

剪花疑始发，

刻燕似新窥。

色浓轻雪点，

香浅嫩风吹。

此日叨陪侍，

恩荣得数枝。

立春之日，民间多剪纸张贴，内容有"男十忙""女十忙"与"五谷丰登"
"牛马平安"等。"男十忙"上有字曰：

人生天地间，

庄农最为先。

开春先耕地，

种耧把种翻。

芒种割麦子，

老少往家担。

四季收成好，

五谷丰登年。

"女十忙"上也有歌谣，说是婆婆媳妇也都不得闲，她们"纺棉织布挣银钱，
盖起楼台置庄田"，她们的美好理想则是"富贵荣华万万年"。

光绪时《遵化通志》说："立春日，啖薄饼，曰春饼，食生菜，饮春酒。"立
春日要生吃萝卜，叫做"咬春"。啖春饼，饮春酒，还要食春盘。有一种"五辛
盘"或曰"春盘"，据说由五种辛辣食物——葱、蒜、椒、姜、芥组合而成。高士
奇《灯市竹枝词》中有句云：

百物争鲜上市夸，

灯筵已放牡丹花。

咬春萝卜同梨脆，

处处辛盘食韭芽。

杜甫有《立春》诗云：

春日春盘细生菜，

忽忆两京梅发时。

盘出高门行白玉，

菜传纤手送青丝。

巫峡寒江那对眼，

杜陵远客不胜悲。

此身未知归定处，

呼儿觅纸一题诗。

星移斗转，冬去春来。立春有的年份在春节前，有的年份又在春节后，也有的年份恰在除日或人日。

宋沈遘《腊月十九立春》诗云：

残腊尚余旬，

芳时报早春。

岁华虽辛莫，

气候巳更新。

视景怜青糵，

寻欢趁令辰。

何须正月旦，

始是赏春人。

（三）别有风味的立春食俗

中国以立春为春季的开始，立春也是一年中的第一个节气，立春的食物多以春字来命名，代表了人们对春天的向往，饮食习俗也反映了人们在这一年里的希望和美好的祝愿。

据汉代文献记载，中国很早就有"立春日食生菜……取迎新之意"的饮食习俗，而到了明清以后，又出现了所谓的"咬春"，主要是指在立春日吃萝卜。如明代刘若愚《酌中志·饮食好尚纪略》载："至次日立春之时，无贵贱皆嚼萝卜"。又如清代潘荣陛《燕京岁时记》载："打春即立春，是日富家多食春饼，妇女等多买萝卜而食之，曰'咬春'，谓可以却春困也。"除此之外，民间在立春之日还有其他食俗。

1. 立春吃春盘

自唐朝起，民间普遍流传着吃春盘的立春食俗。如南宋后期陈元靓所撰的《岁时广记》一书引唐代《四时宝镜》记载："立春日，都人做春饼、生菜，号'春盘'。"春盘一词也屡见于唐代的诗词作品中，如诗人岑参在《送杨千趁岁赴汝南郡觐省便成婚》一诗中写道："汝南遥倚望，早去及春盘。"到了宋代这一习俗更加普遍，北宋词人苏轼在其诗词作品中多次提及这一习俗，如"沫乳花浮午盏，蓼茸蒿笋试春盘"、"愁闻塞曲吹芦管，喜见春盘得蓼芽"；南宋诗人陆游在其《伯礼立春日生日》和《立春日作》两词中分别有"正好春盘细生菜"、"春盘春酒年年好"这样的诗句。到了清代，潘荣陛在《帝京岁时纪胜·正月·春盘》中也有立春吃春盘的记载。

　　2．立春吃春饼

　　立春这天，民间有吃春饼的习俗。传说吃了春饼和其中所包的各种蔬菜，将使农苗兴旺、六畜茁壮。有的地区认为吃了包卷芹菜、韭菜的春饼，会使人们更加勤（芹）劳，生命更加长久（韭）。晋代潘岳所撰的《关中记》记载："（唐人）于立春日做春饼，以春蒿、黄韭、蓼芽包之。"清代诗人袁枚的《随园食单》中也有春饼的记述："薄若蝉翼，大若茶盘，柔腻绝伦。"

　　旧时，立春日吃春饼习俗不仅普遍流行于民间，在皇宫中春饼也经常作为节庆食品颁赐给近臣。如陈元靓的《岁时广记》载："立春前一日，大内出春饼，并酒以赐近臣。盘中生菜染萝卜为之装饰，置筵中。"

　　3．立春吃春卷

　　春卷也是立春之日人们经常食用的一种节庆美食。"春卷"的名称最早见于南宋吴自牧的《梦粱录》一书，该书中曾提到过"薄皮春卷"和"子母春卷"这两种春卷。到了明清时期，春卷已成为深受人们喜爱的风味食品。时至今日，春卷还是许多大酒店宴席上一道风味独特、备受欢迎的名点。

　　春盘、春饼、春卷作为一种传统的饮食文化，原本是立春节庆习俗的组成部分，现在这种节庆习俗已经淡化了很多，甚至于许多年轻人都已经不知道这一习俗了。现在，人们更多地用吃面条和饺子代替了吃春盘、春饼、春卷，来迎接春天的到来，所以民间广泛流传有"迎春饺子打春面"的说法。

　　（四）立春传说典故

　　"春饼"、"春卷"的故事

　　关于春饼，民间流传着这样一个有趣的故事：相传宋朝年间，书生陈皓有一位贤慧的妻子叫阿玉，两人感情深厚，情投意合。陈专心致志读书。但常忘记了吃饭。这可急坏了阿玉，她左思右想，终于想出了做春饼这个办法，春饼既能当饭，又能当菜。陈皓边读书边吃春饼，餐餐吃得香，读书的劲头更足了。不久，陈皓赴京赶考，阿玉又制

春卷

作春饼并用油炸，给丈夫当干粮。结果，陈皓得中状元，高兴得把妻子做的春饼干粮送给考官品尝。考官一吃，赞不绝口，顿时写诗作文，称之为"春卷"。从此，春卷名声大振，传到民间各家各户，形成家家户户都吃春卷的风俗。后来，春卷还成了地方官吏向皇帝进贡的上等礼品，被雅称为"玉饼"。

三、三五星桥灯戏月——元宵节

（一）元宵节历史史话

在中国古代传说中，当混沌一体的世界清气上升、浊气下降之后，就出现了天、地、水三种事物，这三种事物是世界万物的开端，被称为"三元"，就像古人说的"夫混沌分后，有天地水三元之气，生成人伦，长养万物"。而"天"为"三元"之首，位尊"上元"，我们的祖先必定要挑选一个最合适的日子，来祭拜天神，也就是天上的皇帝，古人把这位神仙称为"太一"神。

那么应该选择哪一天来祭祀"太一"神呢？我们的祖先认为选择正月的"望"日是最合适的。每个月的月中，地球恰好运行到太阳与月亮之间的位置，这时，夕阳西下，明月东升，地球上能够看到一轮圆圆的月亮，这一天就叫做"望"，一般都是在每月的十五。在古人看来，十五的夜晚圆月高照，是各路神仙鬼怪最活跃的时候，应该在这个时候用各种祭奠活动来加以安抚，所以，中国的许多传统节日都是设定在十五这一天的。而正月十五是一年当中的第一个月圆"望"日，在这个首"望"之日祭奠首要之神，自然最能表现人们的虔诚和敬重，所以，祭拜天神"太一"的日子就被确定在正月十五，称"上元节"。

"上元"从一个祭拜天神的日子，演变为一个全民参与的盛大而隆重的节日，

与中国的道教以及从印度传来的佛教有着密切的关系。据说，早在秦朝就有过上元节的记载，但开始的时候节庆活动规模很小。由于道教倡导"三元"的说教，认为祭拜主管"上元"的"天官"可以得到好运，又因为道教在中国有着长久而深厚的群众基础，不仅是道教信徒，就连普通百姓也十分信奉"天官赐福"的说法，这就从精神上动员了越来越多的人参与上元节的喜庆活动。东汉明帝时，蔡愔从印度学佛求法回到祖国，将佛教连同僧侣的习俗传入中原。在佛教习俗里，每逢于正月十五，佛寺众僧都要集体瞻仰佛舍利，舍利的光芒会洗涤僧徒的心灵、启迪僧徒的智慧。笃信佛法的汉明帝遂命宫中和寺院逢正月十五"燃灯敬佛"。随着佛教在华夏大地的广泛传播，这项佛事活动也大大推动和丰富了正月十五的节庆活动。

在上元节诸多节庆活动中，"夜游观灯"是最具特色和感染力的，置身于千家万户悬挂的千姿百态的灯饰之中，人们情不自禁地融入了尽情欢娱的气氛里。正因为"放灯"、"观灯"是上元节的主要内容，所以上元节又称"灯节"；而观赏灯饰只有在晚上效果才好，过节实质上过的就是这个夜晚，所以上元节也叫"元夕"节、"元宵"节。

上元节的"放灯"仪式自汉代起就开始流传，从灯饰的制作材料上说，有绢、纱、彩纸，也有羊皮、麦秸和通草，到了后来还有用冰做成"冰灯"：先用特殊的容器灌满水放在户外冷冻，待外面已经结冰而里面还有水的时候，取出来把水倒掉，在中空的"冰壳"里面点上蜡烛，就做成了小型的"冰灯"，而大型的"冰灯"则是要用冰块堆砌和雕刻才能造就的。从灯饰的外观形式上说，有单独悬挂的灯盏，也有组合悬挂的"灯簇"；有灯轮、灯树、灯楼、灯山，有记载称在唐代还出现过高二十丈的巨型灯轮；也有把花灯直接扎制成人物或动物形状的，更有由表演者舞动起来的龙灯。从灯饰表面所绘制的图案上说，有表现花、鸟、鱼虫的，有表现历史人物、戏剧人物的，也有表现神话传说、历史故事的。到了后来，还有人把《三国演义》、《水浒传》、《西游记》、《红楼梦》等文学作品中的人物故事画在花灯上面的。

上元节的夜游观灯活动中，也少不了燃放爆竹烟花，但与春节不同的是，春节的燃放以"听响"为主，上元节的燃放却以"看花"为主，焰火起处，流光四溢，更增添了节目的喜庆气氛。烟花种类堪与花灯媲美：黄烟、绿烟、紧吐莲、慢吐莲、一丈菊、十段锦，彩舫莲、赛明月、紫葡萄、霸王鞭，以及琼盏玉台、金蛾银蝉、七圣降妖、八仙捧寿……琳琅满目，令人目不暇接。

可以想象，在这五彩斑斓、绚丽缤纷的世界里，一定是人头攒动，热闹非凡的。这样震撼的场景，引得无数文人墨客留下了传诵千古的锦绣文章，"东风夜放花千树，更吹落，星如雨。宝马雕车香满路，凤箫声动，一夜鱼龙舞"，从辛弃疾这首《青玉案·元夕》词中可见一斑。如此欢乐的节日，实在让人流连不已，于是上元节的节期不断被延长：汉代时为一天，唐代为三天，到了宋代则长达五天，明代更达到了史无前例的十天：自正月初八点灯，至正月十七夜尽落灯。

节日期间，除了观灯赏灯以外，还有歌舞、戏剧、杂耍等多种庆祝活动。史书曾记录过唐代在都城长安燃灯五万盏，高灯之下，集千余少女少妇彻夜踏歌的情景。以后，舞龙、舞狮、跑旱船、扭秧歌、踩高跷等民间"百戏"，更成为各地上元节庆的"保留节目"。

上元节的户外活动惯例中，有一项叫做"走桥"的习俗很能反映中国的传统文化，直到今天还在一些地方保留着。很久以前民间就流传着一种说法，认为在上元节晚上，如果能够连续从几座桥上走过去，就可以驱灾辟邪，特别是能够祛除各种疾病，所以，"走桥"又称"走百病"（取"赶走百病"的意思）、"丢百病"、"散百病"。以前，走桥是只有妇女参加的活动，走桥时，众多妇女要结伴而行。这样的活动在宋代就有记载了，当时有诗人在描写上元夜景的诗句中曾经写道："今夜可怜春，河桥多丽人"，其中，"可怜"是可爱的意思，而"丽人"就是指衣着漂亮或体态娇好的妇女。站在现代科学的角度，"过桥"与"防病"之间看不出什么必然的联系，因此有人分析认为，在封建时代，妇女，特别是大户人家的女眷不准随意出门，遇到上元节这么难得的热闹场面也不能出去看看，实在太遗憾了，于是，有聪明的人就想出了"走桥"这样高明的办法，让广大妇女同胞理直气壮地走出家门一饱眼福。

走桥的风俗遍及大江南北，但在不同地区，又有所差别；发展到后来，"走"的也不一定就是桥，墙边、郊外也可以"走"，走桥的人也不限于女人，男女老少都有可以出来"走"。

在京城，走桥的妇女还讲究穿白绫衫，由一名举香的妇女在队伍前面带领，过桥的时候叫"度厄"，大概是"跨过厄运"的意思。在浙江的著名水乡乌镇，走桥不能少于三座，且越多越好；同时，忌讳走"回头桥"，也就是已经走过的桥不能再次走过，所以，走桥时从哪座桥开始、到哪座桥结束，要费一番心思。在岭南武术宗师黄飞鸿和著名武打明星李小龙的家乡佛山，走桥的风俗更是深入人心，并引来了四邻八乡的老少乡亲。这里的走桥与他乡不同，这里的走桥风俗是只走一座名为"通济"的桥，称"行通济"，"行通济，无闭翳"是当地尽人皆知的谚语，意思是走走通济桥，就没有了闭塞和障碍，事事顺利。所以，每当上元节的夜晚，成千上万的人聚集在通济桥，有举风车的、有摇风铃的，也有提生菜的，浩浩荡荡地由北向南走过通济桥，自明末清初直到今天，延续了400余年。

古老的上元节留给我们的东西太多了，不仅留在了餐桌上，更留在了我们的精神世界里，留在了我们的文化生活中。

比如，看到一个工作岗位上频繁地来回调换人员，有人就会不满地议论说："怎么跟'走马灯'似的?!"这个"走马灯"原来就是古人上元"灯节"推出的一款别致的花灯。古人在花灯里面安装一个可以转动的轮子，然后把用彩纸剪成的各色人物骑马的形象贴在轮子上，当轮子因烛火形成的空气对流而转动起来的时候，观灯的人们从透明灯罩外可以看到各种人物骑着马一圈一圈地不停地"跑"。这种有点像"卡通"片似的奇妙创意，深受百姓喜爱，流传广泛而久远。

再比如，人们批评那些有权势的人自己恣意妄为，却不许别人有正当权利的时候，会用"只许州官放火，不许百姓点灯"这个成语来形容。这个成语的由来，也和上元节有关。在北宋的时候，有一个专横的州官名叫田登，为了表示自己不可冒犯的尊严，这个州官就命令全州官民一律回避与"登"字发音相同的所有的字，谁触犯了这个戒条，就要惩罚谁。由于官府经常要发布一些公文告示，免不了使用"登"字或与"登"同音的字，为此，许多州府里的小官都被他打过板子，大家被逼无奈，就想尽各种办法，哪怕生拉硬拽也要找一个意思相近的字来代替，以便避开这个倒霉的"登"字以及所有与"登"同音的字。过几天就是上元节了，州府又要贴告示通知全城百姓按照老祖宗留下的惯例"放灯"庆祝，并且允许外地游客来游览观灯，因为在平时每到夜晚是要"宵禁"，关闭城门禁止通行的。可是，"灯"与"登"同音，这个告示怎么发呢? 实在是难坏了州府上下大小官员。情急之下，有人想到"灯"、"火"常常在一起使用，不是有"万家灯火"这样的说法吗? 于是告示贴出来了："本州依例放火三日"。看到这样的布告，全城一片哗然，特别是不了解情况的外地人，更是惊恐不已。等到大家明白了实情，就纷纷用"只许州官放火，不许百姓点灯"这样的议论和指责，来发泄对于州官专制的强烈不满。

还有我们在搞联欢活动时常用的"灯谜"，也是上元节流传下来的。"谜语"

是一种语言文字游戏，它用隐语来暗指事物或文字，供人猜测，这种隐语叫"谜面"，被暗指的事物或文字叫"谜底"。一条好的谜语，谜面的设计往往包含着奇妙的想象，启发猜谜者开动脑筋；而一旦谜底被猜中，又往往令人拍案叫绝。比如，"牙在口外"，暗指"呀"字。还有的谜面，先给人以小小的"错觉"和"误导"，当最后猜出正确的谜底之后，又给人以"恍然大悟"的乐趣，比如，"四面不透风，'十'字在当中…"，猜谜的人刚刚联想到"田"字，后面的两句却是"如若做'田'猜，不是好先生"，结果，谜底是繁体的"亚"（亞）字，"亞"字中间用实线围起来的部分恰好是一个空心的"十"字。谜语并不是汉语所独有的，就我们接触得比较多的英语来说，也有这样的文字游戏，比如，谜面是"12 o'clock"，谜底告诉你说："It's the letter 'A'"，道理在于一天的正中间是 12 点，而"A"恰好在单词"DAY"的正中间。这种时间上"恰好"的谜语在汉字里也有，并且也很巧妙，比如，用"72 小时"来猜一个字，谜底是"晶"，因为 72 小时为 3 天，而"晶"恰好由"三日"组成。虽然谜语不独汉语所有，但把谜语写在灯饰的表面，在上元节赏灯期间供游人娱乐，却是中华民族的独创。"猜灯谜"，又叫"打灯谜"，自宋代开始出现，最初时是把谜语写在纸条上，再贴到花灯上面，后来索性就专门制作书写谜语的花灯，到南宋时，每逢元宵临近，首都临安（即现在的杭州）都会有人专门从事"制迷"也就是创作谜语的工作，来满足节日期间制作灯谜的需要。由于灯谜的内容雅俗共赏、饶有兴味，而猜灯谜的活动又使游人在动中取静，所以，元宵赏灯猜谜成为一时的风尚而广为流行，使元宵佳节不仅成为欢乐的节日，同时也成为一个充满文化内涵的节日。

（二）元宵节节日诗语

人日初过作上元，

携朋灯市小流连。

冷官欲买花灯看，

二月才当领俸钱。

五层盒子架青霄，

宝塔珠簾一霎焦。

肘足相挨都不觉，

布衣尘污贵人貂。

……

这是李孚青《都门竹枝词》中的句子。写的是京师上元节之情景。灯楼高耸，宝塔珠簾，女伴走桥，前门摸钉，乃至白云观观内致祭，白云观观外赶场，看"戴竿跳索般般有"，赏"芍药丁香夹道排"。

火树银花合，

星桥铁锁开。

暗随尘马去，

明月逐人来。

游妓皆秾李，

行歌尽落梅。

金吾不禁夜，

玉漏莫相催。

这是唐代诗人苏味道的《正月十五夜》诗。苏味道为宫廷诗人。这首诗是初唐京都元宵节日活动的风俗画。火树银花，星月灯河，交相辉映出元宵佳节的繁华盛景。

元宵节，又名正月十五、元夕、灯节等。元宵节之盛并不亚于春节。在中华民族的传统节日文化中，春节之隆重在于家庭团圆，亲族聚会。而元宵节之盛大则在于城市乡镇集会，万民狂欢，普天同庆。正是"十里长街，百户春灯"，"五光十色，万紫千红"。清人施闰章有《元夕诗》云：

燕台夜永鼓逢逢，

蜡炬金樽烂漫红，

列第侯王灯市里，

九衢士女月明中。

玉箫唱遍江南曲，

火树能焚塞北风。

惟有清光无远近，

他乡故国此宵同。

关于元宵节的起源，有多种说法。

传说，古代一神鸟降落人间，被猎人射伤。天帝震怒，欲惩罚人类无知，要在正月十五纵火人间。天帝的女儿心地善良，不忍心让百姓受难，便冒着生命危险，驾祥云来到人间，告诉百姓正月十五前后，家家挂红灯，燃爆竹，户户放焰火，长街舞鱼龙。终于骗过天帝，人间避免了一场灾难。为感谢天女的盛德，便形成了元宵节。

又传说，元宵节是汉文帝为纪念"平吕"而设。汉高祖刘邦驾崩，吕后之子刘盈登基为汉惠帝。惠帝生性懦弱，优柔寡断，大权渐渐落在吕后手中。惠帝病故，吕后独揽朝纲，吕氏门人封侯拜相，权倾朝野，刘氏天下遂变为吕氏天下。朝中老臣与刘氏宗室怒不敢言。吕后病死之后，诸吕在将军吕禄家中密谋造反。刘氏宗室齐王刘囊与开国老臣周勃、陈平合谋，于正月十五平定了"诸吕之乱"，拥立刘邦次子刘恒为汉文帝。文帝遂把正月十五定为一个与民同乐的盛大节日。

还有传说，汉武帝时，有宫女叫元宵者，最擅长做汤圆。因久困宫中，思念亲人几欲自尽。东方朔为救元宵，在长安的大街上摆了一个卦摊，传布"正月十五火烧长安"的谣言。汉武帝问策于东方朔。东方朔说：为敬火神，传令长安家家挂灯。火神君爱吃汤圆，令元宵姑娘十五夜上街挂宫灯演示做汤圆，让全城人都来学做汤圆供奉火神君。于是，元宵姑娘才有机会出宫与家人相见。以后，人们便把正月十五叫做元宵节，而把汤圆也叫做元宵了。

唐寅有《元宵》诗云：

有灯无月不娱人，

有月无灯不算春。

春到人间人似玉，

灯烧月下月如银。

满街珠翠游村女，

沸地笙歌赛社神。

不展芳尊开口笑，

如何消得此良辰。

正月十五是元宵节，正月十五又是"上元节"。元宵节与上元节本应该是在同一天的两个不同的节日，民间一般通称，以元宵节著名。"上元"，源于道教。据《岁时杂记》载，道教有上、中、下三元之说。三元又称之为三官，即天官、地官、水官。道教认为，天官赐福，地官赦罪，水官解厄。天官的生日是正月十五，故为上元节；地官的生日是七月十五，故为中元节；水官的生日是十月十五，故为下元节。设三元节，是为祭天、地、水三官，目的在于祈福、赦罪、解厄，以保四方平安。所以，每逢三元节，各道观都要诵"三元经"，吃"三元斋"，举行各种宗教的活动。汉代崇尚道教文化，盛行黄老之术，遂正式确定正月十五为元宵节，又云上元节、燃灯节。

也有人说，元宵节起源于佛教。《涅槃经》云："如来阇维讫，收舍利罂置金床上。天上散花奏乐，绕城步步燃灯十二里"。又《西域记》云："摩喝陁国，正月十五日，僧徒俗众云集，观佛舍利放光雨花"。古诗曰："是时鹑火中，日月正相望"。"鹑火中"即正月望也。元宵节张灯之俗是从东汉明帝开始的。据说，佛教之国印度有正月十五僧人观佛舍利、点灯敬佛的做法。汉明帝为了弘扬佛法，下令正月十五夜在宫廷和寺庙里张灯敬佛，并令士族庶民挂灯礼佛。

唐崔液有《上元夜》六首，其一云：

玉漏银壶且莫催，

铁关金锁彻明开。

谁家见月能闲坐，

何处闻灯不看来。

其二云：

神灯佛火百轮张，

刻像图形七宝装。

影里如闻金口说，

空中似散玉毫光。范成大《元夕四首》其一云：

药炉汤鼎煮孤灯，

禅版蒲团老病僧。

儿女强修元夕供，

玉蛾先避雪髯鬖。

元宵佳节，上元灯会，皇帝要宴群臣赏灯制诗。侍臣们也要应制作诗为贺。隋炀帝杨广有《元夕于通衢建灯夜升南楼》诗云：

法轮天上转，

梵声天上来。

灯树千光照，

花焰七枝开。

月影疑流水，

春风含夜梅。

燔动黄金地，

钟发琉璃台。

唐文宗《上元日》诗云：

上元高会集群仙，

心斋何事欲祈年。

丹诚傥彻玉帝座，

且共吾人庆大田。

菉生三五叶初齐，

上元羽客出桃蹊。

不爱仙家登真诀，

愿蒙四海福黔黎。

王维有《奉和圣制十五夜燃灯继以酺宴应制》诗云：

上路笙歌满，

春城刻漏长。

游人多昼日，

明月让灯光。

鱼钥通翔凤，

龙舆出建章。

九衢陈广乐，

百福透名香。

仙妓来金殿，

都人绕玉堂。

定应偷妙舞，

从此学新妆。

奉引迎三事，

司仪列万方。

愿将天地寿，

同以献君王。

张说有《十五日夜御前口号踏歌词》云：

花萼楼前雨露新，

长安城里太平人。

龙衔火树千重焰，

鸡踏莲花万岁春。

据《朝野佥载》说：唐先天二年（公元七一三年），唐玄宗曾在上阳宫大陈灯影，建造宽二十间房，高达四十五米的灯楼。十数里之内，灯火辉煌，火树银花，星光灿烂。又在长安安福门外制作了高二十丈的灯轮，以华丽的绢纱丝绸和名贵的金银珠宝装饰，周围燃灯五万，形成一棵巨大的开满灯花的灯树。人们在其下踏歌狂欢三夜。其时诗人崔液《上元夜》诗其一云：

今年春色胜常年，

此夜风光最可怜。

鸤鹊楼前新月满，

凤凰台上宝灯燃。

张祜有《正月十五夜灯》诗云：

千门开锁万灯明，

正月中旬动帝京。

三百内人连袖舞，

一时天上著词声。

元宵节闹花灯，宋代比唐更盛。宋之灯节由正月十五延至十八，灯的花色品种也更丰富。架鳌山灯景，规模盛大，奢华惊人。周密《乾淳岁时记》载："山灯凡数千百种，极其新巧，中以五色玉栅簇成皇帝万岁四大字，其上伶官奏乐，其下为大露台。百艺群工，竞呈技巧。"

宋毛滂有《临江仙》词，记"都城元夕"：

闻道长安灯夜好，雕轮宝马如云。蓬莱清浅对孤棱。玉皇开碧落，银界失黄昏。

谁见江南憔悴客，端忧懒步芳尘。小屏风畔冷香凝。酒浓春入梦，窗破月寻入。范成大又有《灯市行》诗云：

吴台今古繁华地，

偏爱元宵灯影戏。

春前腊后天好晴，

已向街头作灯市。

叠玉千丝类鬼工，
剪罗万眼人力穷。
两品争新最先出，
不待三五迎东风。
儿郎种麦荷锄倦，
偷闲也向城中看。
酒垆博塞杂歌呼，
夜夜长如正月半。
灾伤不及什之三，
岁寒民气如春酣。
侬家亦幸荒田少，
始觉城中灯市好。

北宋神宗元丰年间，有污吏刘瑾任福州太守，竟利用元宵节来搜刮民脂民膏。某年正月十五，令每户必须捐灯十盏，贫穷孤寒之家亦不能免。其时，有诗人陈烈在鼓楼门的大灯笼上写下了一首《题灯》诗云：

富家一碗灯，
太仓一粒粟；
贫家一碗灯，
父子相聚哭。
风流太守知不知？
惟恨笙歌无妙曲。

向子諲，宋临江人。他坚持抗金，反对议和，与秦桧不合。绍兴十四年（公元一一四四年），元宵佳节，他有感于京师失陷，回想当年，写下了一首追怀北宋汴京的词《水龙吟·绍兴甲子上元有怀京师》云：

华灯明月光中，绮罗弦管春风路。龙如骏马，车如流水，软红成雾。太液池边，葆真宫里，玉楼珠树。见飞琼伴侣，霓裳缥缈，星回眼、莲承步。

笑入彩云深处。更冥冥、一帘花雨。金钿半落，宝钗斜坠，乘鸾归去。醉失桃源，梦回蓬岛，满身风露。到而今江上，愁山万叠，鬓丝千缕。

明代王磐有《古调蟾宫》曲词云：

听元宵，往岁喧哗，歌也千家，舞也千家。听元宵，今岁嗟呀，愁也千家，怨也千家。那里有闹红尘香车宝马？祇不过送黄昏古木寒鸦。诗也消乏，酒也消乏，冷落了春风，憔悴了梅花。

元宵节在古代还有迎紫姑之俗。相传紫姑名叫何媚，字丽卿，山东莱阳人，她是唐代民间一位善良而苦命的人。武则天当政时，寿阳刺史李景害死了何媚的丈夫，把她纳为侍妾，引起李景正妻曹夫人的嫉恨。在一年正月十五的夜里，李景的正妻曹夫人在厕所里秘密地杀害了何媚。何媚的冤魂常在厕中啼哭。何媚的故事广为流传，天帝敕封她为"厕神"，民间呼为"紫姑神"。唐宋以来，元宵节有迎紫姑之俗。妇人做偶人，在厕中念曰："子胥不在，曹夫人已行，小姑可出嬉"。紫姑神降临，即可向偶人问卜。苏东坡有《子姑神记》，李商隐《昨日》诗中有句云："昨日紫姑神去也，今朝青鸟使来赊"。又有《正月十五夜闻京有灯恨不得观》诗云：

> 月色灯光满帝都，
>
> 香车宝辇隘通衢。
>
> 身闲不睹中兴盛，
>
> 羞逐乡人赛紫姑。

走桥散百病，又叫游百病、走百病、走三桥、走百索等，是元宵节的一种消灾祈健康的民俗活动。明清时，此风尤盛。《帝京岁时记胜》载："元夕妇女群游，祈免灾咎。前一人持香辟人，曰走百病。凡有桥处，三五相率以过，谓之度厄，俗传曰走桥。又竞往正阳门中洞摸门钉，谶宜男也"。康熙时的《大兴县志》载："元宵前后，赏灯夜饮，金吾梦池。民间击太平鼓，走百索，妇女结伴游行过津桥，曰走百病。"

在"走百病"时，还要"摸钉"，即到寺庙烧香，触摸门钉，以祈生子，家庭人丁兴旺。

正月十五，观灯、送灯、游灯，还可以偷灯。据说，新婚夫妇或久婚不孕夫妇在元宵节可以偷灯，置于床下，当月即可怀孕。民间家家门外都摆放一些小灯，百家姓中本义或谐音有吉祥意义的姓氏之家的灯常被人偷，被偷与偷都有喜庆之寓意。

与偷灯相似，贵州黄平一带的苗族把正月十五叫做"偷菜节"。这天，姑娘们可以成群结队去偷人家的白菜，偷菜时不怕被人发现，白菜的主人也乐意被偷。大家把偷来的白菜做成白菜宴，比赛看谁吃得多、吃得快，意味着早早找到意中人，或预示桑蚕丰收。

　　我国古代还有所谓"放偷节"之说。平时官府严禁偷盗，偷盗即为犯法，一经查实，即论罪处罚。而元宵节这一天"放偷节"，以偷为戏，偷盗而可以不被处罚。这种风俗不利于社会安定与道德风尚、法纪观念的养成，所以又被禁。《魏书·孝静帝纪》载："四年春正，禁十五日相偷戏。"

　　刘廷玑《帝京踏灯词》中有句云：

春场三市接松坛，

有女如云不避官。

都说闲行消百病，

先拼今夜试轻寒。

又云：

高髻轻钿贴翠翎，

今宵偏不坐云軿。

桥边小步归来喜，

摸得城门铁叶钉。

　　李孚青《都门竹枝词》中有句云：

女伴金箍燕尾肥，

手提长袖走桥迟。

前门钉子争来摸，

今年宜男定是谁。

　　闹元宵，闹花灯，在民间，在当代，更是盛况空前，异彩纷呈。灯的形态如百花齐放，灯画的内容丰富多彩。有神话，有历史，有现实；有人物，有动物，有植物……如嫦娥奔月、八仙过海，如桃园三结义、金陵十二钗，如孔雀开屏、二龙戏珠，如公鸡灯、鲤鱼灯、西瓜灯、莲花灯、走马灯、绣球灯，甚至天灯、地灯、水灯、冰灯……

　　唐顺之有《元夕咏冰灯》诗云：

正怜火树千春妍，

忽见清辉映夜阑。

出海鲛珠犹带水，

满堂罗袖欲生寒。

烛花不碍空中影，

晕气疑从月里看。

为语东风暂相借，

来宵还得尽余欢。

元宵节，要耍龙灯、舞狮子、踩高跷、划旱船、扭秧歌、猜灯谜、煮元宵、会情人……

姜白石有诗云：

元宵争看采莲船，

宝马香车拾坠钿。

风雨夜深人散尽，

孤灯犹唤卖汤圆。

清代恩竹樵《咏秧歌》诗写的是踩高跷：

捷足居然逐队高，

步差应许快联曹。

笑他立脚无根据，

也在人间走一遭。

震涛《打灯谜》诗云：

一灯如豆挂门旁，

草野能随艺苑忙。

欲问还疑终缱绻，

有何名利费思量。

辛弃疾《青玉案·元夕》词云：

东风夜放花千树，更吹落，星如雨。宝马雕车香满路。凤箫声动，玉壶光转，一夜鱼龙舞。

蛾儿雪柳黄金缕，笑语盈盈暗香去。众里寻他千百度，蓦然回首，那人却在，灯火阑珊处。

欧阳修有《生查子·元夕》词云：

去年元夜时，花市灯如昼。月上柳梢头，人约黄昏后。

今年元夜时，月与灯依旧。不见去年人，泪湿春衫袖。

台湾诗人丘逢甲，字仙根，号仓海，光绪十五年（公元一八八九年）进士，著名的爱国人士。一八九八年，丘逢甲作《元夕无月》诗，云：

> 三年此夕月无光，
>
> 明月多应在故乡。
>
> 欲向海天寻月去，
>
> 五更飞梦度鲲洋。

（三）欢乐喜庆的元宵节食俗

元宵节作为春节后的第一个节日，其食、饮大都以"团圆"为旨，象征全家团团圆圆，和睦幸福，人们也以此怀念离别的亲人，寄托了对未来生活的美好愿望，同时祝愿当年风调雨顺，五谷丰登。

相传汉文帝时期就已经将正月十五定为元宵节，及至汉武帝创建了"太初历"，进一步肯定了元宵节的重要性。元宵节的食品最初是浇上肉汁的米粥或豆粥，这些食品主要是用与祭祀，真正意义上的节日食品则是元宵。

关于元宵的来历还有一段民间传说。在春秋末期，楚昭王复国归途中经过长江，见有物浮在江面，色白而微黄，内中有红如胭脂的瓤，味道甜美。众人不知此为何物，昭王便派人去问孔子。孔子说："此浮萍果也，得之者主复兴之兆。"因为这一天正是正月十五日，以后每逢此日，昭王就命手下人用面仿制此果，并用山楂做成红色的馅煮而食之，这便是流传后世的元宵。

1. 元宵节吃元宵

元宵是正月十五的标志性食品，由糯米粉制成，或实心，或带馅。馅有豆沙、白糖、山楂、各类果料等，食用时煮、煎、蒸、炸皆可。元宵的历史很为久远，南宋时就有所谓"乳糖圆子"，这应该是元宵的前身。到了明朝，人们以"元宵"来称呼这种糯米团子。刘若愚的《酌中志》记载了元宵的做法："其制法，用糯米细面，内用核桃仁、白糖、玫瑰为馅，洒水滚成，如核桃大，即江南所称汤圆也。"清朝康熙年间，御膳房特制的"八宝元宵"是闻名朝野的美味。马思远则是当时北京城内制元宵的高手，他制作的滴粉元宵远近驰名。符曾的《上元竹枝词》云："桂花香馅裹胡桃，江米如珠井水淘。见说马家滴粉好，试灯风里卖元宵。"诗中所咏的就是鼎鼎大名的"马家元宵"。

2. 元宵节吃油锤

唐宋时，元宵节的食品有油锤。宋代《岁时杂记》中说："上元节食焦锤最盛且久。"说明油锤为宋代的汴梁（今河南开封）元宵节的节日食品。油锤的做法和形态在《太平广记》有详细的记载：油热后从银盒中取出锤子馅，用物在和好的软面中团之，将团得锤子放到锅中煮熟，用银筷捞出放到新打的井水中浸透，再将油锤子投入油锅之中，炸至沸取出。油锤吃起来"其味脆美，不可言状"。实际上，当时的油锤就类似于现在的炸元宵。

元宵

3. 元宵节吃面灯

元宵节的另一种传统食品是面灯，也叫面盏，是用面粉做的灯盏，在正月十六落灯之日煮或蒸而食之，多流行于北方地区。面灯的形式多种多样，有的做灯盏十二只（闰年十三只），盏内放食油点燃，或将面灯放锅中蒸，视灯盏灭后盏内余油的多寡或蒸熟后盏中留水的多少，以卜来年12个月份的水、旱情况。清乾隆年间陕西《雒南县志》载："正月十五，以荞麦面蒸盏燃灯，按十二月，以卜雨降。"表达了人们祈求风调雨顺的愿望。

由此可见，中国的元宵食俗多种多样，在不同地区饮食风俗也不尽相同。清代李行南《申江竹枝词》记载了上海过元宵节的情景："元宵锣鼓镇喧腾，荠菜香中粉饵蒸。祭得灶神同踏月，爆花正接竹枝红。"可见，在上海、江苏的一些农村，元宵节还吃"荠菜圆"的习俗。陕西人元宵节有吃"元宵菜"的习俗，即在面汤里放各种蔬菜和水果；而在河南洛阳、灵宝一带，元宵节还有吃枣糕的食俗等等。

（四）元宵节传说典故

1. 为纪念"平吕"而设元宵节

传说元宵节是汉文帝时为纪念"平吕"而设。汉高祖刘邦死后，大权落在吕后手中，她独揽朝政，几乎把刘氏天下变成了吕氏天下，朝中老臣、刘氏宗室都深感愤慨，可又畏惧吕后的残暴而敢怒不敢言。吕后病死后，诸吕惶惶不安，害怕报复，于是共谋作乱，以便彻底夺取刘氏江山。

此事传至刘氏宗室齐王刘囊耳中，刘囊为保刘氏江山，决定起兵讨伐诸吕，随后与开国老臣周勃、陈平取得联系，设计平定了"诸吕之乱"。平乱之后，众臣拥立刘邦的第二个儿子刘恒登基，称汉文帝。文帝深感太平盛世来之不易，便把平息"诸吕之乱"的正月十五，定为与民同乐日，京城里家家张灯结彩，以示庆祝。从此，正月十五便成了一个普天同庆的民间节日——"闹元宵"。

2. 东方朔与元宵姑娘

相传汉武帝有个宠臣名叫东方朔，有一天，他碰到一个宫女泪流满面准备投井，慌忙上前搭救，并问她为何要自杀。原来，宫女叫元宵，自进宫以后，就再也没能与家人见面。久而久之，觉得自己再也不能在双亲跟前尽孝，还不如一死了之。东方朔听了她的遭遇，深感同情，决定帮帮她。

一天，东方朔化装出宫在长安街上摆了一个占卜摊。不少人都争着向他占卜求卦。不料，每个人所占所求，都是"正月十六火焚身"的签语。一时之间，长安城里起了很大的恐慌。人们纷纷求问解灾的办法。东方朔就说："正月十五日傍晚，火神君会派一位赤衣神女下凡查访，她就是奉旨烧长安的使者，我把抄录的偈语给你们，可让当今天子想想办法。"说完，便扔下一张红帖，扬长而去。

老百姓拿起红帖，赶紧送到皇宫去禀报皇上。汉武帝接过来一看心中大惊，只见上面写着："长安在劫，火焚帝阙，十五天火，焰红宵夜。"他连忙请来足智多谋的东方朔。东方朔假意想了一想，说："听说火神君最爱吃汤圆，宫中的元宵不是经常给您做汤圆吗？十五晚上可让元宵做好汤圆，万岁焚香上供，传令京都家家都做汤圆，一齐敬奉火神君。再传谕臣民一起在十五晚上挂灯，满城点鞭炮、放烟火，好像满城大火，这样就可以瞒过玉帝了。此外，通知城外百姓，十五晚上进城观灯，您也可以混在人群中消灾解难。"武帝听后，十分高兴，就传旨照东方朔的办法去做。

到了正月十五日长安城里张灯结彩，游人熙来攘往，热闹非常。宫女元宵的父母也带着妹妹进城观灯，元宵便趁机和家人团聚了。

如此热闹了一夜，长安城果然平安无事。汉武帝大喜，便下令以后每到正月十五都做汤圆供奉火神君，正月十五照样全城挂灯放烟火。又因为元宵做的汤圆最好，人们就把汤圆叫元宵，把正月十五这天叫做元宵节。

3. 舞龙的传说

相传很久以前，苕溪岸边有个荷花村，村前有一个荷花池，池塘里长满了荷花。每到夏季，碧绿的荷叶铺满水面，无数朵出水荷花，袅袅婷婷，鲜艳无比。

荷花池边住着一对勤劳善良的青年夫妇，男的叫百叶，女的叫荷花，夫妻俩男耕女织，相敬相爱。这一年，荷花怀了孕，过了十个月，孩子却没有生下来。又过了一年，还是没有生下来，直到九百九十九天，才生下了一个男孩。

百叶见孩子生得端正健壮，心里好生喜欢。再仔细一瞧，倒是错愕不已：这孩子的胸口脊背上长着细细的龙鳞，金光闪闪，耀人眼目。数一数，有九百九十九片。旁边的接生婆一见，大吃一惊，嚷道："哎呀，了不得，你们家里生了个龙神！"

消息传遍村子，人人都来道贺。消息惊动了村里的老族长，他儿子在朝廷做官，他的身边留着个横行霸道的丑孙子。

这祖孙俩一听到百叶家里生下龙种，立刻手持钢刀要来砍杀。乡亲得到消息，马上给百叶报讯，大家细细商量，想出了个办法：将孩子放在脚盆里，悄悄把他藏到门前的荷花池中。

老族长和他的孙子带人冲进门来，孩子已经不见了。族长见找不到龙种，抓住百叶逼他交出来。孙子见荷花长得美丽，心生一计，举起钢刀杀死了百叶，把荷花抢到家里。老族长心想：龙种没有了爹娘，即使活着，也必定饿死。再说荷花会生龙种，将来龙种会生在自己家里，这天下就是我家的了。

荷花被抢到老族长家里，想念丈夫和孩子，十分悲痛。族长逼着她去淘米，荷花拖着淘箩走到池边，轻轻漾动池水，忽然一阵凉风吹来，荷塘深处，花叶纷纷倒向两边，让出一条水路来，只见自己的儿子就坐在脚盆里，向她漂来。荷花又惊又喜，连忙将儿子抱到怀里，喂饱了奶水，仍然放回脚盆里。一阵凉风，脚盆又漂回到荷花丛中去。荷花晓得儿子没有饿死，心里十分高兴。

自此，她一日三次到池中淘米，就给儿子喂上三次奶水。这样喂了九百九十九天，儿子渐渐长大，满身龙鳞闪亮金光。

到了夜里，荷花池中光芒四射。村子里的老百姓知道龙种没有灭掉，暗暗高兴。老族长得知龙种竟在荷花池中，又生毒计。

一天傍晚，荷花到池边淘米，祖孙两个躲在杨树丛里察看动静，只见碧波荡漾，花叶浮动，一阵凉风吹来，

荷塘深处徐徐漂来一只脚盆，盆中坐着个满身金色的孩子，欢乐地举着双手向淘米的荷花扑过去。荷花满心欢喜，正要伸手去抱，杨树丛中闪出个人，举起明晃晃的钢刀直向孩子砍去。刹那间，只见孩子从脚盆里倏地跳起来，化成一条金色小龙，向池中跃去。可是迟了，那一刀砍着了小龙的尾巴。荷花丛中停着的一只美丽的大蝴蝶，忽然飞过去，用身子衔接在小龙的尾部上，用一对美丽的翅膀就变成了小龙的尾巴。

小龙长吟一声，霎时间，狂风大作，乌云翻滚，满池荷花的花瓣也纷纷扬扬飞旋起来。霹雳闪电之中，小龙的身体渐渐变大，化成了数十丈长的巨龙，在荷花池上空翻腾飞跃。这时，一阵龙卷风卷了过来，小龙腾空而起，乘风直上，飞入云端。这阵龙卷风好不厉害，那个砍龙尾巴的人被卷到半空，抛得无影无踪。

族长见孙子被风卷走，"扑通"一声，吓得跌进荷花池淹死了。

荷花看见儿子化成一条蛟龙飞上天空，大声呼喊，但蛟龙已经飞得无影无踪。

自此以后，苕溪两岸每逢干旱，小龙就来散云播雨。当地百姓为感谢它，就从这个池中采摘了七七四十九朵荷花，用了九百九十九叶花瓣，制作成一条花龙。因为不到一千叶，所以取名百叶龙。

每年春节，老百姓就要敲锣打鼓来舞龙。

4. 袁世凯与元宵的传说

传说，窃国大盗袁世凯篡夺了辛亥革命成果后，一心想复辟登基当皇帝，又怕人民反对，终日提心吊胆。一天，他听到街上卖元宵的人拉长了嗓子在喊："元～宵。"觉得"元宵"两字有袁世凯被消灭之嫌，联想到自己的命运，于是在1913年元宵节前，下令禁止称"元宵"，只能称"汤圆"或"粉果"。然而，"元宵"两字并没有因他的意志而取消，老百姓不买他的账，照样在民间流传。

5. 元宵赏灯的由来

元宵赏灯始于东汉明帝时期，明帝提倡佛教，听说佛教有正月十五日僧人观佛舍利、点灯敬佛的做法，就命令这一天夜晚在皇宫和寺庙里点灯敬佛，令士族庶民都挂灯。以后这种佛教礼仪节日逐渐形成民间盛大的节日。该节经历了由宫廷到民间，由中原到全国的发展过程。

6. 迎紫姑的传说

紫姑是民间传说中一个善良、贫穷的姑娘。正月十五，紫姑因穷困而死。百姓们同情她、怀念她、有些地方便出现了"正月十五迎紫姑"的风俗。每到这一天夜晚，人们用稻草、布头等扎成真人大小的紫姑肖像。妇女们纷纷站到紫姑常做活的厕所、猪圈和厨房旁边迎接她，像对待亲姐妹一样，拉着她的手，跟她说着贴心话，流着眼泪安慰她，情景十分生动，真实地反映了劳苦民众善良、忠厚、同情弱者的思想感情。

7. 乾隆皇帝猜灯谜的传说

传说，有一年元宵节，乾隆皇帝带着一群文武大臣，兴致勃勃前去观看灯会。

左看各种灯笼五颜六色，美不胜收；右瞧各种灯笼别致风趣，耐人寻味。看到高兴时，乾隆皇帝让陪他的大臣们也出一个谜联，让大家猜一猜。随同的学士纪晓岚稍思片刻，就挥笔在宫灯上写了一副对联："黑不是，白不是，红黄更不是。和狐狼猫狗仿佛，既非家畜，又非野兽。诗不是，词不是，论语也不是。对东西南北模糊，虽为短品，也是妙文。"乾隆皇帝看了冥思苦想，文武大臣一个个抓耳挠腮，怎么也猜不出来，最后还是纪晓岚自己揭了谜底：猜谜。

8. 灯谜的传说

相传很久以前，有个财主，人称笑面虎。他见了衣着体面的人，就拼命巴结；见了粗衣烂衫的穷人，就吹胡子瞪眼。有个叫王少的青年，曾因衣服穿得破烂，一次去借粮时，被他赶出大门。王少回去后越想越气，于元宵之夜，扎了一顶大花灯，来到笑面虎家门前。这大花灯上题着一首诗。笑面虎上前观看，只见上面写着：

头尖身细白如银，称称没有半毫分；

眼睛长到屁股上，光认衣裳不认人。

笑面虎看罢，气得面红耳赤，暴跳如雷，嚷道："好小子，胆敢来骂老爷。"便命家丁去抢花灯，王少忙挑起花灯，笑嘻嘻地说："哎，老爷莫犯猜疑，我这四句诗是个谜，谜底就是'针'，你想想是不是。这'针'怎么是对你的呢？莫非是'针'对你说的，不然你又怎么知道说的是你呢？"笑面虎一想，可不是，只好气得干瞪眼，灰溜溜地走了，周围的人都乐得哈哈大笑。这事传开后，越传越远。第二年元宵，人们纷纷仿效，将谜语写在花灯上，供人猜测取乐，所以就叫"灯谜"。以后相沿成习，猜灯谜、打灯虎成了元宵佳节的重要活动内容，《红楼梦》里有好几个章回都描绘了清人猜灯谜的情景。灯谜活动，一直传至今天。春灯谜语，虽属艺文小道，然上自天文，下至地理，经史辞赋，现代知识，包罗无遗，非有一定文化素养，不易猜对；而其奥妙诙奇，足以抒怀遣兴，锻炼思维，启发性灵，是一种益智的娱乐活动。

只许州官放火，不准百姓点灯的传说

相传，宋朝有一个叫田登的人，做了州官，为了避"官讳"，他骄横跋扈，不许百姓言"登"，因"登"和"灯"同音，也就不许百姓说"灯"，"点灯"只能叫"点火"。这个州官在元宵节时，贴出告示写道："本州岛依例，放火三日。"由于他平日胡作非为，人们便针对他的布告，讥讽他是"只许州官放火，不准百姓点

9. 王安石妙联为媒的故事

王安石20岁时赴京赶考，元宵节路过某地，边走边赏灯，见一大户人家高悬走马灯，灯下悬一上联，征对招亲。联曰："走马灯，灯走马，灯熄马停步。"王安石见了，一时对答不出，便默记心中。到了京城，主考官以随风飘动的飞虎旗出对："飞虎旗，旗飞虎，旗卷虎藏身。"王安石即以招亲联应对，被取为进士。归乡路过那户人家，闻知招亲联仍无人对出，便以主考官的出联回对，被招为快婿。一副巧合对联，竟成就了王安石两大喜事。

10. 点彩灯的传说

传说在很久以前，凶禽猛兽很多，四处伤害人和牲畜，人们就组织起来去打它们，有一只神鸟因为迷路而降落人间，却意外地被不知情的猎人给射死了。天帝知道后十分震怒，立即传旨，下令让天兵于正月十五日到人间放火，把人间的人畜财产通通烧死。天帝的女儿心地善良，不忍心看百姓无辜受难，就冒着生命的危险，偷偷驾着祥云来到人间，把这个消息告诉了人们。众人听说了这个消息，犹如头上响了一个炸雷，吓得不知如何是好。过了好久，才有个老人想出个法子，他说：在正月十四、十五、十六日这三天，每户人家都在家里张灯结彩、点响爆竹、燃放烟火。这样一来，天帝就会以为人们都被烧死了。

大家听了都点头称是，便分头准备去了。到了正月十五这天晚上，天帝往下一看，看见人间一片红光，响声震天，连续三个夜晚都是如此，以为是大火燃烧的火焰，心中大快。人们就这样保住了自己的生命及财产。为了纪念这次成功，从此每到正月十五，家家户户都悬挂灯笼，放烟火来纪念这个日子。

11. 正月十五挂红灯的传说

唐朝末期，黄巢带领起义军北上，攻打郓城。围城三天攻不下来，黄巢气坏了，指着城楼大骂，扬言攻破城池，定杀个鸡犬不留。

这时，已经快过年了，下了一场大雪，天气很冷，士兵大多还没有换上冬服，黄巢知道硬攻要受损失，只好先把队伍拉到山里，等过了年再打。

新年很快过去了，家家都在推米磨面，做汤圆，欢庆上元佳节。黄巢想，兵书上说："知己知彼，百战不殆。"我何不乘人们过节的时候，进城摸摸敌军的虚实，再定攻城之策。想到这里，他马上召集众家兄弟商量了一下，把义军交给师弟，自己挑上汤圆挑子出了大营，直向郓城走去。

黄巢进了城门，一直奔西街。走不多远，见十字街前有一伙人正指指画画地看什么。刚好，这时对面来了个卖醋的老人，穿一身破棉袄棉裤，手里不住地敲着梆子。黄巢上前施礼说："请问老人家，前面出了什么事？"老人打量一下黄巢，左右望望，把他拉到路边，低声说："前两天黄巢带兵攻城不下，到山里去了，过几天还要来的。官家贴出告示，要百姓出人出粮，唉！要打大仗了。"

两个人正说话，忽听一阵马蹄响，黄巢抬头一看，一队人马飞驰而来，当兵的边跑边嚷道："众家百姓听着，黄巢进城了，现已四门紧闭，跑不了啦，有发现卖汤圆的马上报告。知情不报者诛灭九族！"

黄巢知道军中出了叛徒，走漏了消息，便扔下挑子往东跑，急急忙忙地钻进一个巷子里。进了一家院子，隐在门后。等马队过去，这才出来往北跑。没跑多远，又听见马蹄响，知道马队又回来了，他一转身钻进一个小院。

黄巢插上门正要进屋，见一个老人从屋里走出来，正是在十字街头跟自己说话的那个老人，急忙走过去说："老人家行行好，把我藏起来吧。"老人见了黄巢先是一愣，接着点点头答应了。

这时，街上传来一阵急促的马蹄声，接着有人打门。老头着急了，话都顾不得说，急忙把黄巢领到后院，来到醋缸跟前，掀开缸盖让他钻进去，说："客官，先委屈一下吧！"老人拿把扫帚刚要扫地，大门撞开了，十几个官兵闯进来，把老头围住。官兵头目说："大白天，为啥插门？"老人说："我怕小偷进来偷东西。"头目追问："有个大汉，你把他藏在哪里？"老人说："我家大门插着，没人进来！"一头目骂道："胡说！他明明钻到这儿来了。你不想活了！"老人说："官爷，你不信，就请搜吧。"头目下令去搜查，十几个官兵马上进屋，翻箱倒柜，乒乒一阵乱响，东西砸破了不少，醋缸也打破了两口，醋流满了院子，幸亏他们没接着翻。

官兵走了，黄巢从缸里爬出来，见满院子都是碎缸片，老人惋惜地在缸前落泪。他忙走过去安慰说："老人家不要哭了，过两天我赔你几口就是了。"

老人站起来说："客官，你快走吧，他们前边去了，找不到人还会回来的。"

黄巢问："老人家，现在天还不黑，到处都是官兵，我从哪里出城呢？"

老人说："你出了这条巷子，钻进对面院子，从后面出去便是天齐庙，你先在庙里藏着。天黑后，顺着城墙往南走，走出两丈多地有个豁口，你就从那儿出去吧。"黄巢见老人厚道诚实，便进一步打听说："老人家，这座城有何妙处，黄巢十万大军攻了三天竟攻不破？"老人说："客官有所不知，这城建在始皇时期，城墙又高又厚，上有滚木，两厢藏有弓箭手。"黄巢问："那就没法了吗？"

老人说："要打城，不能从城门进，得从天齐庙的豁口进。"黄巢听了很高兴，转身要走，又回过身来问："老人家，你知道我是谁吗？"老人犹豫了一下，说："你是黄大将军。"黄巢说："唐兵骂我杀人如麻，吃人不吐骨头，你不怕我吗？"老人说："那是官家说的，官家能有好话吗？我们穷百姓正盼着你来呢。"黄巢听了很感动，想不到老百姓对自己这么敬重，就说："老人家，你家有红纸吗？"老人说："现成的没有，店铺里能买到的。"黄巢说："你买几张红纸，扎个灯笼，正月十五挂在房檐上。"

黄巢走后，老人把消息传给邻居，一传十，十传百，不久全城穷百姓都知道了，家家买红纸扎灯笼。

黄巢回到大营，马上召集将士商量，到了夏历正月十五晚上，带着五千精兵，摸过护城河，按老人所指的路悄悄入城，一声号炮，内外夹攻，很快攻破城门，起义军进城了！

这时，穷人家门口都挂起了红灯，全城灯火通明。凡是挂红灯笼的大门，起义军一律不入；不挂红灯的，起义军冲进去抓赃官老财，只一宿就把贪官污吏、土豪劣绅杀光了。第二天，黄巢开仓分粮，还派人给那位老人送去二百两银子。

自那以后，每到正月十五，家家户户都挂起红灯。这个习俗便流传下来了。

12. 嫦娥后羿团聚的传说

传说，嫦娥奔月后，后羿非常思念她，茶饭不思，最后病倒了。正月十四那天夜里，忽然有童子来见后羿，自称是嫦娥派来的，他说："嫦娥夫人知道你思念她，但是她不能从月亮上返回人间，明日是月圆的时候，你只要用米粉做成丸子的形状，'团圆如月'，置放在屋子的西北方，口中念着夫人之名，夫人就会回来。"后羿按照童子说的做了，嫦娥果然回来了，于是元宵便有了"团圆如月"的吉祥之意。

四、二月二，龙抬头——中和节

（一）中和节历史话

"二月二，龙抬头"是我们熟悉的一种民间说法。所以，二月二作为一个节日，首先与"龙"有关，古人把二月二称为"青龙节"、"春龙节"、"龙头节"，也称为"扶龙节"。在这个节日里，人们吃的烙饼称为"龙鳞"，吃的面条称为"龙须"，吃一种带肉馅的面卷称为"懒龙"；有妇女不做针线活的习俗，为的是避免龙抬头时不小心刺伤了龙的眼睛；还有在水井、水缸周围撒灰引龙的习俗。祖先们在这个时候用各种各样想象中的办法，来唤龙抬头、扶龙抬头、催龙抬头、护龙抬头，原因在于这时的大地万物已经从"冬眠"中苏醒过来，虫蛇现身、春雷乍响，田间作物正需要春雨的滋润，"龙"是"鳞虫之精、百虫之长"，又是掌管雨水的"神"，人们迫切希望它赶快从沉睡中醒来，振作精神"上岗"工作。那么，是不是真的有"龙抬头"这回事呢？从古人留下的史料看，"龙抬头"的说法确实和古代天文学所描绘的天象有关。

在古人所处的历史条件下，当时的天文学家把他们观测到的星星分成 28 组，称为"二十八宿"，分别位于东、南、西、北四个方向，每个方向上有"七宿"，在东方的"七宿"叫做"青龙"，古人为这东方"七宿"起名为角、亢、氐、房、心、尾、箕，"角"好像龙的头部，"亢"好像龙的颈部，"氐"好像龙的胸部，"房"好像龙的腹部，"心"像是龙的心脏，而"尾"和"箕"则像龙的尾巴。在隆冬时节，从地球表面看，"青龙七宿"隐藏在地平线以下，即便是在夜晚，人们也见不到它们；随着天体运行到农历二月初的时候，"角"就露出地平线，但其他星宿还仍然隐没在地平线的下面，这时，古人夜观星象，就有了"龙抬头"的生动情景。

二月二这个时节与雨水、惊蛰、春分接近，既是农作物需要水分的时候，同时也是春风化雨的季节。但是，农作物渴望天公降雨是不变的，而老天降不降雨却是多变的。我们这个"靠天吃饭"的农耕民族，就把自己热诚的愿望转化为虔诚的祈祷，通过这些祈祷活动呼唤苍天让雨露如期而至，先民们更把这个能够决定雨来还是不来、什么时候来的"苍天"具体化为"龙"。因此，每逢二月初二，人们或"焚香水畔，以祭龙神"，或舞龙、戏龙，以召唤和迎接龙的降临。据史书记载，早在西汉年间，就有舞龙求雨的盛大活动；而自唐代起，二月二就已经成为举国上下共同欢度的重要节日了。有人考证说，上元节的"龙灯"就是从二月二舞"火龙"发展而来的。

数字在中华传统文化中有着独特的意义。与奇数重叠的日子适合祭拜天神相对应，一些偶数重叠的日子，被我们的祖先认定为适宜祭拜地神的日子。二月初二是一年当中第一个月与日相重叠的偶数节日，在这一天祭拜土地神当然就是最合适的日子了。在中国的本土宗教——道教当中，就把二月二认定为土地神的"神诞"日，也就是土地神的生日。

土地神应当是我们最熟悉的神了，他的俗名就是"土地爷"、"土地公公"，或者干脆就叫"土地"，在《西游记》里，只要孙悟空随便跺跺脚，这位热心的神仙就会从地底下里面钻出来帮忙。这种随叫随到、有求必应的神仙，"官职"肯定是不高的，在道教的诸神系列中，土地神的地位几乎是最低的，也就相当于人世间的村长、乡长，在"土地"之上，有相当于县长、市长的"城隍"。别看土地爷的官不大，但是泱泱华夏，村庄何止成千上万？所以，最迟不会晚于东晋时期，祭祀土地爷的风俗就已经形成，使土地爷成为"家族"最大、庙堂数量最多的一路神仙，只是在千千万万的"土地庙"当中，有些可以称其为"庙"，而更多的，则是砖砌土垒的"阁子间"，甚至是石头盖起来的"洞穴"或木板搭起来的"棚子"，也正是因为如此，土地爷和普通百姓的距离最近，接受的供奉香火也最多。既然老百姓总是有许多难于实现的愿望要求助于神仙，总是要有个精神上的寄托，那么为什么不找个近便一点的、花费少一点的神仙来拜呢？在善良的中国百姓心目中，土地爷不像其他神仙那样威严肃穆，而是一付衣着朴素、和蔼可亲、平易近人的样子，就像人们身边慈祥的老人；大约到了南宋的时候，更有善解人意者，还为土地爷"介绍"了一位"老伴儿"，尊称为"土地奶奶"或"土地婆婆"，把老两口并列供奉在神龛里，以至我们今天还可以在南方的一些土地庙堂前的门柱上看到"公公做事公平"、"婆婆苦口婆心"的楹联。

俗话说"别拿土地爷不当神仙"，其实，土地爷原本是一位身份显赫的大神，称为"社神"。既然世间万物皆来自天、地、水"三元"，主掌这"三元"的神就必然是至尊至上的大神，古人既要拜天，也要拜地，他们认为，人类是"取法于天"，"取财于地"的，所以必须"尊天而亲地"。但是，"土地广博不可遍敬"，如此辽阔的大地怎么来祭拜呢？于是，人们便"封土为社而祀之"，把土地按照一定的标准分成叫做"社"的区域，"社神"就是"管理"这片区域的神仙，人们就可以分别在不同的地方，以"社"为单位来祭祀了。这种祭祀社神的礼仪，早在殷商时期就已经确立了，随着普通百姓祭祀社神的需求越来越普遍，祭祀活动越来越世俗化，高高在上的社神就屈尊为百姓生活中的土地爷了，到了清代就有人总结说："今凡社神，俱呼土地"。

和其他的神仙一样，土地爷最初的时候是抽象的，并没有具体化为某一个人物，所以，早期的土地爷是没名没姓的。据说到了东晋以后，民间开始把生前清正廉洁的官吏、救助或保护他人的楷模，特别是为保一方平安而舍生忘死的英雄人物，奉为本地的土地神，以借助他们的声威和气概，保佑百姓安居乐业，这样，土地爷就真正人格化了，他们有名有姓，甚至有具体的相貌。例如。传说中最早被后人尊为土地爷的，是汉代广陵人蒋子文。据记载，在东汉末期蒋子文在秣陵这个地方做"秣陵尉"，就是地方保安部队的指挥官，在追击贼寇的战斗中身先士卒，不幸负伤，英勇牺牲，是当时著名的英雄人物。据说到了后来的三国时期，官府有人看见蒋子文像生前一样骑马站在道路中间，惊恐之下正要跑掉，蒋子文却开口说道："我当为此土地神，以福尔下民。尔可宣告百姓，为我立祠"，意思就是我来当你们这里的土地爷，保佑你们的人民，赶快告诉百姓们为我建造土地庙吧！听了这样的传言，当地人民就真的建造了庙宇，把蒋子文当做土地爷来供奉，并一直流传下来。

再比如，有些地方称土地庙为"福德庙"，是因为这些地方把一个叫做张福德的人尊为土地爷来供奉，而关于张福德有两种不同的传说，在这两个不同的传说中，张福德都是周朝人物，一说张福德是一位高官，生于周武王二年二月初二日，从小聪明好学，又孝敬长辈，30多岁就当上了朝廷总税官，且为官廉洁、勤政爱民，还是一位活了102岁的老寿星。张福德死后人们怀念他，据说有个穷人用四块大石头围了个"神堂"祭祀他，居然"脱贫致富"了，于是百姓纷纷建造庙堂把这个张福德当作本地的护佑神供奉起来，张福德就变成了一方"土地"，他塑像的上方悬挂"福德正神"匾，这些庙就被称为"福德庙"了。按照另外一种说法，张福德是周武王时期一个权贵人家的仆人，在某个隆冬时节，张福德带着主人年幼的女儿去探望远在他乡做官的父亲，途中遇到狂风暴雪，张福德毅然脱下自己的衣物为孩子御寒，自己却被冻死在路上。据说在张福德临终之际，天空中赫然出现"南天门大仙福德正神"九个大字，张福德的主人根据"天意"为他建庙奉祀，百姓们也跟着把他当做保护神来祭拜，周武王得知张福德的事迹后，也感慨地说，这样的忠心一点也不比当朝的官员差呀！于是，后来的土地爷形象也有穿官衣、戴官帽的。

在不同的地区、不同的时期，像关羽、岳飞这样的武将，甚至韩愈这样的文人等，许多历史人物都曾经在景仰他们的人的拥戴下做过"土地爷"。

土地庙香火最旺盛的时期，要算是明朝了，因为出身贫寒的开国皇帝朱元璋，

就出生在土地庙里，所以在明朝，举国上下对土地庙和祭拜土地爷的活动，都特别重视。

历史上，商人也很重视二月二这个节日，这是中华传统文化中"取法于天，取财于地"思想影响的结果，在"土地生财"观念的影响下，商人把土地爷作为财神对待，要在二月二土地爷生日这一天，举行宴请活动，营造欢快的气氛来迎接财神的降临。商人们在二月二举行的这种喜庆宴请活动，被称为"做头迓"，与"头迓"相对应，到年末的时候，还要举行以款待本商号或本作坊内部员工为主的"尾迓"。看来，我们中国古代的老板们就已经懂得，生意的成功"一要天赐良机，二要伙计努力"的经营之道了。

在我国民间，还有二月二男子剃头，特别是给小男孩剃头的风俗，这种风俗所体现的，是附会在"龙抬头"意义上的一种美好愿望。在传统文化中，人们大都抱有"望子成龙"的心理，"龙抬头"日不能让头发压在头上，所以，人们认为在二月二剪发剃头是合乎时宜的、是十分吉祥的。到了清代，朝廷按照满族人的习惯命令全国男子一律把头剃成前额光亮、脑后留辫子的统一发型，许多汉族男子心中不满，但又反抗不得，于是，有人利用二月二剃头的风俗，在汉人当中主张正月蓄发不剃，称为"思旧"，借以提醒人们不忘民族传统，至于后来有人把"思旧"误读成"死舅"，甚至传说"正月剃头死舅舅"，则是毫无依据的。

（二）中和节节日诗语

二月初二，简曰二月二，又称青龙节、龙头节，俗呼为"龙抬头"。宋代洛阳又称二月二为"桃荣节"。

龙的形象源于中国古代图腾。中国早在六千年前，就产生了龙的信仰与崇拜。在古代传说中，龙是一种能兴云作雨、消灾降福的神异动物。龙为鳞虫之长，能幽能明，能细能巨，能长能短，能隐能显，春分时登天，秋分时潜渊。龙的形象很多，《广雅》说："有鳞曰蛟龙，有翼曰应龙，有角曰虬龙，无角曰螭龙。"又有传说：龙生九子，各不相同。在中国古代，龙是中华民族的象征，又是封建皇权的象征。在道教中，龙是被神化了的自然力量。

魏刘劭《龙瑞赋》云：

岁在析木，时惟仲春。灵威统方，勾芒司辰。阳升九四，或跃于渊。有蜿之龙，来游郊甸。应节合义，象德效仁。纤体擎萦，摛藻布文。青耀章采，雕琢磷玢。燦若罗星，蔚若翠云。光乌弈以外照，水清景而内分。圣上观之无射，左右察之既精。聊假物以拟身，忽神化而无形。泉含物而不澹，固保险而常宁。

"二月二，龙抬头"之说，与我国古代天文学有关。古时，我们的祖先用日月星辰二十八宿在天空中的位置来判断季节的变化。二十八宿中，角、亢、氐、房、心、尾、箕，这七宿组成一个完整的龙形星座，曰"苍龙"，其中"角"宿恰似龙的角。农历进入二月，黄昏时，"龙角星"（即角宿一星和角宿二星）就从东方地平线上升起，故称"龙抬头"。天上龙抬头之时，即大地回春之日，天气渐暖，雨日渐多，春耕遂从南到北陆续展开。

白居易有《二月二日》诗云：

二月二日新雨晴，

草芽菜甲一时生。

轻衫细马春年少，

十字津头一字行。

相传伏羲氏每年二月初二都亲理农耕，以后，黄帝、尧、舜、禹，直至周武王等均效仿。古代帝王往往在二月二举行"祈年""亲耕"大典，以示一年耕种开始。明清时期，每年二月二，皇帝都要到先农坛举行典礼和耕地松土仪式。《岁时纪时辞典》说，皇帝被视为真龙天子，是日便称为"龙头节"。有些地区称"龙抬头"。旧时有年画《皇帝耕田图》，皇帝手扶犁把耕田，皇后和宫女挑篮送饭。

还有一首题画诗云：

二月二，龙抬头，

天子耕地臣赶牛。

正宫娘娘来送饭，

当朝大臣把种丢。

春耕夏耘率天下，

五谷丰登太平秋。

古人杳然不见面。

今日纸上又相逢。

"二月二，龙抬头"，还有许多关于龙的传说。有的说，二月二是东海龙王的生日；有的又说，龙生九子后，二月二是小龙女的生日，也是龙女出龙宫后每年与龙母见面的日子；还有的说，二月二是青龙出潭的日子；又有的说，二月二是纪念勾龙化白蛾的日子……总之，二月二是祭祀龙的日子。

相传在古代，人间有人做了大恶，有违天道。玉皇大帝为惩罚人类，令太白金星传谕四海龙王，三年之内，不许降雨。大地草木枯死，人间饿殍遍野。司天河的玉龙怜悯百姓，违犯禁令，擅自兴云作雨，拯救了苍生庶民。玉帝震怒，变太白金星的拂尘为一座大山，把玉龙降到凡界，压在山下，并且立了一座石碑。碑上有诗云：

　　玉龙降雨犯天规，

　　当受人间千秋罪。

　　若想重登凌霄阁，

　　金豆开花方可归。

百姓盼望救出玉龙，再降甘霖，想方设法，寻找金豆。又一年二月初二，人类受智者启迪，家家户户把金色的玉米与黄豆爆炒开花，供于阳光之下，庭院之中。玉龙抬头高呼："金豆开花，放我回去。"玉帝传令千里眼前往察看，只见人间金光闪烁，恰似金豆开花。玉帝只好传谕太白金星收了拂尘。玉龙腾空而起，遨游于天庭与大海之间，又为人间兴云布雨。人们为感激玉龙，一边吃着爆玉米花，一边唱道：

　　金豆开花，

　　玉龙升天，

　　兴云布雨，

　　五谷丰登。

清潘荣陛《帝京岁时纪胜》云："二月二日为龙抬头日，乡民们用灰自门外蜿蜒布入宅厨，旋绕水缸，呼为引龙回。"各地的做法也有不同：将柴灰（或石灰或米糠）撒在门前，谓"拦门辟灾"；撒在墙角，谓"辟除百虫"；撒在庭院中作圆圈状，谓"围仓囤"；而从水井逶迤撒来，步入宅厨，环绕水缸，呼曰"引龙回"。引龙回的意义，大约在于求龙神保佑避灾降福、风调雨顺、家宅平安、人寿年丰。

民间又有歌谣云：

　　二月二，龙抬头，

　　大家小户使犁牛……

　　二月二，龙抬头，

　　大仓满，小仓流……

二月二吃饼，曰"龙鳞饼"；二月二吃面，曰"龙须面"；还有"龙耳饺子"

"龙眼馄饨""龙子饭"等。许多普通的食品，都借龙来命名，大概都是为了感谢龙的恩德，感谢龙为人间带来甘雨，带来食物，带来生命。

二月二，又是祭土地神的日子。土地神即社神。《左传·昭公二十九年》说："共工氏之子勾龙，能平水土，祀之为社神。"清顾禄《清嘉录》说："二月二日，为土地神诞，俗称土地公公。"又称"土地正神生日""土地爷生日""土地菩萨生日"等。土地神或社神的生日各地也有不同，或曰六月六，或曰七月七，但以二月二居多。

《燕京岁时记》有"土地庙"一目，载："土地庙在宣武门外土地庙下斜街路西。自正月起，凡初三、十三、二十三日有庙市。市无长物，惟花厂鸽市差为可观。"又引《日下旧闻考》说："土地庙，其基最古，有前明万历四十三年碑，称曰古迹老君堂都土地庙。"《清嘉录》又说："大小官府，皆有其祠，官府谒祭，吏胥奉香火者，各牲乐以酬。村农亦家户壶聚，以祝神属，俗称田公田婆。"台湾民间祀土地神活动极为普遍，乡里村社，陌路阡头，皆有庙曰"土地公庙"，或曰"土公土母"，其庙宇规格样式亦不等。《中华全国风俗志》说："'相传二月二日，为土地神之生辰'，'阜宁农人以为土地之供奉，颇为郑重，大村庄均筹集公款，造土地祠宇。小村庄无钱力起造祠宇者，则用粗瓦缸一只，将缸之近口处，敲成长方洞门，覆之于地，将土地牌位供之于内。"民间又有谣曰："土地爷本姓张，有钱住大屋，没钱顶破缸。"台湾民间为土地神上供，有"土地公金"，即穿红线，把纸钱系在竹枝上，插于田间，供土地神使用。古代在社日（立春后第五个戊日）举行社会，社祭毕，喝社酒，吃社饭，村社居民古风淳朴。王驾有《社日》诗云：

鹅湖山下稻粱肥，

豚栅鸡栖对掩扉。

桑柘影斜春社散，

家家扶得醉人归。

二月二，龙抬头。乡间又有"剃龙头"之俗。老百姓在过大年前，都要剃头，所谓"有钱没钱，剃头过年"。正月里，一般不剃头。到二月二龙抬头之日，人们都要理发剃头，大约也是为了讨个吉利，沾一些龙的吉祥喜气。至于为什么"正月里不剃头"，民间又有些传说。

一说"正月里剃头死舅舅"。说是有一个孤儿叫李亮，自幼跟着舅舅长大，学了一手理发的好手艺。每到过年，李亮就为舅舅理发。后来，舅舅死了。李亮每到正月闲时，便对着理发工具流泪，思念舅舅。人们说"正月里剃头思舅舅"，讹传为"正月里剃头死舅舅"，于是正月不剃头成为一种禁忌。

又一说，清军入关，许多明代遗民留发以表达"思旧"之情，传为"正月剃头思旧"，讹曰"死舅舅"。

二月二剃龙头，可能还有"期望成龙"，希望状元及第，有一个美好前程的寓意。

二月二，民间还有吃煎饼、吃芥菜、吃猪头等习俗。据宋代的《仇池笔记》载，王中令平定巴蜀之后，甚感腹饥，闯入一乡村小庙，却遇上了一个醉酒的和尚。王中令乞食于僧，那和尚献上一盘"蒸猪头"，并赋诗一首。王中令吃着新鲜美味的猪头肉，听着风趣别致的猪头诗，赏和尚一个雅号，曰"紫衣法师"。其僧诗云：

嘴长毛短浅含膘，

久向山中食药苗。

蒸时已将蕉叶裹，

熟时兼用杏浆浇。

红鲜雅称金盘汀，

熟软真堪玉箸挑。

若无毛根来比并，

毡根自合吃藤条。

二月二，祭祀龙神，祭祀土地神，古代大约要用"三牲"，《礼记·祭统》说："三牲之俎。"三牲者，原为牛、羊、猪。后也以鸡、鱼、猪为三牲。猪头为三牲之一之首，既是献给神灵的祭品，也是人间之美味。故吃猪头大概也是古之遗风。

唐李商隐有《二月二日》诗云：

二月二日江上行，

东风日暖闻吹笙。

花须柳眼各无赖，

紫蝶黄蜂俱有情。

万里忆归元亮井，

三年从事亚夫营。

新滩莫悟游人意，

更作风檐夜雨声。

宋王庭珪《二月二日出郊》诗云:

日头欲出未出时,

雾失江城雨脚微。

天忽作晴山卷幔,

云犹含态石披衣。

烟村南北黄鹂语,

麦陇高低紫燕飞。

谁似田家知此乐,

呼儿吹笛跨牛归。

（三）祈祷万福的中和节食俗

中和节是传说中黄帝诞辰的日子,也是炎黄子孙共同的节日。中和节的食俗反映了广大民众对春雨的企盼,同时也反映劳动人民祈求身体健康的美好愿望。

中国民间有"二月二,龙抬头"的谚语。在北方,二月二又叫龙抬头日,也称中和节。中和节的历史也很久远,元朝时有很多关于"二月二龙抬头"的各种民俗活动的记载。关于中和节的食俗,清末的《燕京岁时记》载:"二月二日……今人呼为龙抬头。是日食饼者谓之龙鳞饼,食面者谓之龙须面。闺中停止针线,恐伤龙目也。"

1. 中和节吃烙饼

中国民间在中和节之日有吃烙饼的食俗,这种食俗又被形象的称做"吃龙鳞"。烙饼一般比手掌还要大,其形态很像是一片龙鳞,很有韧性。烙饼里面还能卷很多菜,如酱肉、肘子、熏鸡、酱鸭等用刀切成细丝,再配几种家常炒菜如肉丝炒韭芽、肉丝炒菠菜、醋烹绿豆芽、素炒粉丝、摊鸡蛋等,一起卷进烙饼里,蘸着细葱丝和淋上香油、面酱等调料,滋味鲜香爽口。

2. 中和节吃撑腰糕

江南水乡在农忙伊始的早春二月,历来有"二月二,吃撑腰糕"的传统习俗,且流传甚广。这种嫩黄香糯的油炸年糕片,吃下肚里,可以健身强筋、不伤腰部,撑腰糕的名字因此而来。撑腰糕一般有两种吃法:一是用隔年年糕切成薄片,放在油锅内煎得嫩黄,吃油煎年糕;一是用糯米粉将红糖拌和后蒸成糕,上面再撒些桂花,入口松软、香甜,美味可口。俗传:"吃了撑腰糕,一年到头,筋骨强健,腰背硬朗。"

此外，撑腰糕还有一定的象征意义。如"糕"与"高"谐音，其中就有长寿的意思，反映出劳动人民祈求身体健康的美好愿望。明代蔡云曾对此俗作过生动描绘："二月二日春正晓，撑腰相劝啖花糕。支持柴米凭身健，莫惜终年筋骨牢。"还有一首《吴中竹枝词》写道："片切年糕作短条，碧油煎出嫩黄娇。年年撑得风难摆，怪道吴娘少细腰。"

3. 中和节吃猪头肉

中和节的另一道传统食品就是猪头肉。自古以来，人们供奉祭神总要用猪、牛、羊三牲，后来简化为三牲之头，猪头即其中之一。另据宋代的《仇池笔记》记录的一个故事：北宋节度使王金斌奉宋太祖之命平定巴蜀之后，甚感饥饿，于是闯入一乡村小庙，却遇上了一个喝得醉醺醺的和尚，王金斌大怒，欲斩他，哪知和尚全无惧色。王金斌很奇怪，转而向他讨食，不多时和尚献上了一盘"蒸猪头"，并为此赋诗曰："嘴长毛短浅含膘，久向山中食药苗。蒸时已将蕉叶裹，熟时兼用杏浆浇。红鲜雅称金盘汀，熟软真堪玉箸挑。若无毛根来比并，毡根自合吃藤条。"王金斌吃着蒸猪头，听着风趣别致的"猪头诗"甚是高兴，于是，封那和尚为"紫衣法师"。后来，猪头肉成为转危为安、平步青云的吉祥标志。

（四）中和节传说典故

1. 二月二吃爆米花的传说

相传武则天做了皇帝，玉帝便下令三年内不许向人间降雨。司掌天河的玉龙不忍百姓受灾挨饿，偷偷降了一场大雨。玉帝得知后，将司掌天河的玉龙打下天宫，压在一座大山下面。山下还立了一块碑，上写道："龙王降雨犯天规，当受人间千秋罪。要想重登灵霄阁，除非金豆开花时。"人们为了拯救龙王，到处寻找开花的金豆。到了第二年二月初二这一天，人们正在翻晒金黄的玉米种子时，猛然想起，这玉米就像金豆，炒开了花，不就是金豆开花吗？于是家家户户爆玉米花，并在院里设案焚香，供上"开花的金豆"，专让龙王和玉帝看见。龙王知道这是百姓在救它，就大声向玉帝喊道："金豆开花了，放我出去！"玉帝一看人间家家户户院里金豆花开放，只好传谕，召龙王回到天庭，继续给人间兴云布雨。从此以后，民间形成了习俗，每到二月初二这一天，人们就爆玉米花，也有炒黄豆的。

2. 望娘滩的传说

很久以前，有一个女人，在河边喝水怀了胎，十月之后生了一个男孩，男孩身上却长了个尾巴。女人把孩子藏在家里偷偷地养着。男孩一天天长大，也一日一日地更加顽皮。他一顿能喝一缸水。有一天，趁着母亲不在家，他自个儿跑到河边去喝水，被人发现了。从此，男孩和母亲常遭人白眼。终于有一天，男孩受不了人们的白眼，趁人不注意从窗户跑出去，向天上飞去了。他娘边哭边追边喊，他娘每喊他一声，他都哭着回

爆米花

头看一眼，每看一眼，地面上就现出一汪水滩。那些滩，后来被人称作"望娘滩"。男孩说，娘啊娘，你莫哭，以后每年二月二，我都会回来看你。人们这才知道男孩是条龙。

果然，每年二月二，那条龙都回来看亲娘。而他的娘，也会炒上一些豆，让他吃饱回天庭。他们住的那个村，从此风调雨顺，年年五谷丰登。因为龙来时，总会挟来一阵小雨，"细雨下得满地流，一年吃穿不发愁"，也成了人们相互传颂的民谚。

3. 勾龙化白蛾的传说

传说龙牌上的龙神是勾龙，是范庄人的祖先。远古时期，勾龙带领部落来到范庄，这里遍地都是洪水，无法打猎，勾龙用排山倒海的本领，带领部落治水造田，培栽谷物，使当地老百姓过上了安居乐业的生活。颛顼闻讯，害怕勾龙的势力强大起来对自己不利，追杀勾龙，勾龙不敌颛顼，又怕连累百姓，于是变成一只白蛾飘然而去……如今每年正月一过，范庄人便常看到有白蛾翩翩飞舞，认为是勾龙显圣。为了表达对勾龙的崇敬，范庄人在每年农历二月初二"龙抬头"这天，都要搭供龙牌，祭祀勾龙。

4. 皇帝耕田年画的传说

传说二月二这一天，有个皇帝曾下地耕田，民间为此作了一幅木板年画，画上题写了下面这首诗。这首诗描写的就是皇帝耕田的情景，反映了老百姓希望出现一个圣明天子的愿望。

皇帝耕田图题诗：

二月二，龙抬头，天子耕地臣赶牛，

正宫娘娘来送饭，当朝大臣把种丢。

春耕夏耘率天下，五谷丰登太平秋。

古人杳然不见面，今日纸上又相逢。

5. 东海小龙的传说

农谚"二月二，龙抬头"，传说古时候关中地区久旱不雨，玉皇大帝命令东海小龙前去播雨。小龙贪玩，一头钻进河里不再出来。有个小伙子，到悬崖上采来了"降龙水"，搅浑河水。小龙从河中露出头来与小伙子较量，小龙被击败，只好播雨。

6. 龙抬头日子的来历

从前，黄河边上有一座龙斧山，山上有座龙王庙。山下住着一个勤劳勇敢的小伙子，名字叫强娃。

强娃的父母去世以后，他和采药姑娘莹花结了婚，两个人过得很幸福。

不久，连着三年大旱。井干枯了，地裂了缝，庄稼晒得能点着火。穷人为了活命，拜神求雨，逃荒要饭。

强娃是个犟脾气的小伙子，他去黑龙潭，想掏出水来，解救大家的危难。

黑龙潭在不远处的山口，过去水挺满，现在也干得见底了，强娃和莹花在这里淘了一个月，也没见一滴水。

二月初一这天，强娃像往常一样挖着潭底的干泥。一镢头下去，却砸在一块硬盖盖上，崩起一片火花。

正在这个时候，从天上飞下来个石头蛋蛋，在强娃和莹花的脚边滚来滚去。

不一会儿，石头蛋蛋变成了一只白鸽，莹花刚要捉它，它就飞起来了。

强娃用手一挡，白鸽跌在地上又变成了笑嘻嘻的老公公。他说："好孩子，感动天，希望就在龙斧山。龙斧山，劈山斧，一砍顶你一万五……"说完，老公公不见了。

强娃和莹花按照老公公的指点，翻过五道岭，来到龙王庙。

强娃和莹花拜过龙王，发现殿前的铁架上放着一把很大的斧头，看起来，足有千斤重。

强娃想：这就是老公公说的劈山斧吧，他从架子上取下斧头扛在肩上。奇怪，这柄大斧竟像木棍一样轻。

强娃和莹花连夜赶回黑龙潭，等天一亮，强娃就抡起劈山斧，对准潭底的硬盖盖，猛劈下去。

"轰轰轰"，大地颤起来了，高山摇晃起来了，一股清泉从黑龙潭里咕嘟嘟地冒出来了。

泉水哗哗地流着，一片轻纱似的薄雾罩住了黑龙潭，接着，只听见一声雷响，一条青龙从潭水里抬起头来。

青龙长长地出了一口气，腾空飞起来，这时候，天上乌云翻滚，雷声隆隆，大雨倾盆，干旱的土地和枯萎的树木全喝足了雨水。

雨停了，大家都跑来感谢强娃和莹花，这一天正好是二月初二，人们就说二月二是龙抬头的日子。

因为怕伤着龙头，每年二月二，太阳不出来人们不打水，没水怎么做饭？只好炒豆子吃。你听，孩子们正唱着："二月二，吃豆豆，人不害病地丰收。"

7. 龙母思女的传说

很久以前，东海龙王生了三个龙子，就缺一个龙女。龙王想，要是再有个公主，儿女双全，那该有多好啊！王母知道这件事后，就给龙母吃了一颗仙丹，不久，龙母就怀孕了。第二年二月二，龙母果然生了一个白白胖胖的女儿。

小公主一天天长大了，对龙宫的生活厌倦了，渴望到人间去寻找真正的幸福。龙母知道女儿的心思，她劝公主说："孩子，龙宫里无忧无虑，要什么有什么，为什么要到人间去呢？"龙女说："龙子龙孙们只知道吃喝玩乐，我一定要到人间去寻找有真正乐趣的生活。"龙母见女儿决心已定，就悄悄地把她送出龙宫，还送给她一个锦囊。

龙女依依不舍地告别母亲，飞过九十九条河，越过九十九座山，来到了一座大山下。公主四下里望了望，只见远近土地都干裂着嘴巴，庄稼都低垂着头，太阳正火辣辣地烤着大地，不远处，一个青年在田里吃力地劳动，公主走过去，问道："这么旱的天，你种地会有收获吗？"农夫苦笑着说："有什么办法呢？家里的老母亲还靠我养活呢！"龙女很同情他，从锦囊中取出几粒红豆，向地里一撒，一会儿，田里就升起厚厚的浓雾，干枯的禾苗泛出了绿色。农夫一看赶忙向她行了个礼，说："仙姑，这儿方圆几百里都遭了大旱，还请仙姑救一救穷困的百姓。"龙女非常感动，她想，他真是个好人，一心想着别人，真是我的知音啊！于是，她从锦囊里抓了一把红豆抛上天，顿时电闪雷鸣，下起了一场大雨。雨过天晴，山青了，庄稼绿了，人们脸上露出了舒心的微笑。小伙子感激地向姑娘道谢，公主脸上泛起了红云，说："不用谢我，只求我俩百年好合。"小伙子听了，甜滋滋地把姑娘领回家。

再说公主离开龙宫出走的事被龙王知道后，龙王非常恼怒，还不让龙母去看女儿。龙母天天想念女儿，每年阴历二月初二就浮出海面，抬起头来向女儿离开的方向痛哭一场。她的哭声变成了雷声，她的眼泪化作了春雨。

8. 金豆开花的传说

一次，天帝化身为一个乞丐，降临到人间，想看看世人的善恶之心，不料他去讨饭的第一家是一个吝啬之极、毫无怜悯之心的财主，财主不但不给他饭吃，还唆使看家狗来咬他。天帝大怒，以为世人个个如此，不可救药，马上回到天庭，传谕苍龙星座，三年内不得向人间降雨。三年不下雨，靠天吃饭的农民们，处境非常艰难！民间到处啼饥号寒，不断有人饿死。苍龙星座觉得天帝的做法太过分了，他听着人间的哭声，看着饿死人的惨景，担心凡间人类会因此而灭绝，便违抗天帝的旨意，自作主张向人间降了一场大雨。顿时大地禾苗生长，百姓纷纷供起苍龙，称之为"龙王爷"，连天帝的神位都受冷落了。天帝终于知道了这件事，又勃然大怒，派人把苍龙抓起来，打下凡间，又用一座"青龙山"压住，山口立一座巨大的石碑，上面写道："苍龙降雨犯天规，当受人间千种罪。要想重登灵霄阁，除非金豆开花时。"凡间的人们纷纷为苍龙鸣不平，可有什么办法呢？向天帝祷告，也不管用。为了拯救苍龙，人们到处寻找开花了的金豆。一直到了第二年的二月初二，又该春播了，人们正在翻晒玉米种子时，忽然想：这玉米就是金豆吧！把玉米炒一炒，它们就会爆成花，那不就是金豆开花吗？这种说法很快传了开来，于是家家户户爆起了玉米花，并在院子里设案焚香，向玉皇大帝供上开了花的"金豆"。苍龙见百姓们用这个办法救他，也机灵地抬起头来，向天庭大喊："金豆开花了，快放我回去！"天帝派千里眼向人间一望，果然家家户户院里金豆花开放。没办法，只好传谕诏苍龙回到天庭，继续给人间兴云布雨。从此，为感激苍龙降甘霖救万民的献身精神，民间形成了"春龙节"，每到二月初二这一天，就是苍龙抬头了，人们就爆玉米花吃，一边吃一边念："金豆开花，龙王升天，兴云布雨，五谷丰登。"从此民间留下二月二龙登天的传说和爆玉米花的习俗。

五、画堂三月初三日——上巳节

（一）上巳节历史史话

我们在前面说到什么是"节"的时候，顺便介绍了我们祖先用记录序数的

"十二地支"来表示一天中的12个时辰。实际上，在中国古代，"十二地支"不仅用来记录时辰，而且还用来记录日期和年份，只是日期、年份与时辰不同，时辰只有12个，但每个月都有30天上下，"年"就更多了，它似乎是无限延续下去的，谁知道以后还有多少个"年"呢？所以，单靠"十二地支"显然是不行了。于是，祖先们就用被称为"十大天干"的10个汉字，与"十二地支"配合起来，以轮回的方式来记录每个月里面的日期，也记录无限轮回的年份，这"十大天干"就是：甲、乙、丙、丁、戊、己、庚、辛、壬、癸，记录的时候，把"十大天干"放在前面，"十二地支"跟在后面，按顺序一对一并列使用，从"甲子"开始，等再到"甲子"的时候，已经60个序数过去了。用这个办法记录日期，一次可记录两个月，然后再重复使用；用这个办法记录年份，一次可以记录60年，然后再重复使用，俗话说的"六十甲子"，就是从这里来的。我们现在听起来，这个办法很麻烦，但是我们中华民族就是这样过来的，从春秋时代位于现在山东地区的鲁国鲁隐公三年二月己巳日开始使用，直到清朝末年，2600多年当中从未间断和错乱过，哪怕到了今天，我们仍然可以使用它，比如，公历2010年2月14日为夏历庚寅年正月初一乙未日。

说过了这个小知识，我们对于"上巳"就容易理解了。在每个月的上旬和下旬都会有一个排序为"巳"的日子，上旬的"巳"日就是"上巳"。在中华传统文化中，处在暮春时节的三月上巳，是一个特别被看重的特殊日子：古代传说认为这一天是"人文始祖"轩辕黄帝的生日；道教认定这一天是"真武大帝"的生日，而这位赫赫有名的"真武大帝"又是炎、黄二帝的父亲；在民间神话中这一天则是王母娘娘开蟠桃大会的日子，传说中的蟠桃是能够使人延年益寿的"神果"。这些传说、教义和神话可能是虚无缥缈、离奇古怪的，但却给了我们一个明确的信息，那就是在古人的心目中，三月上巳是一个与生命的起源和延续有关的日子。正因为有了这样的一种认识，古人把三月上巳定为一个节日，并举行各种以生命和健康为主题的祭祀和庆祝活动。

早期人们在三月上巳日举行祭祀活动，追思和怀念人类先祖伏羲、女娲抟土造人的功德；到了汉代，朝廷已经将三月上巳明确规定为节日。由于用"天干地支"计算的日期在每一年并不确定，而最初祭祀的三月上巳日恰在三月初三，三月三这个"奇数重合"的日子又非常符合祭神传统，因此在魏晋以后，上巳节就被固定在夏历每年的三月三日，并一直延续下来。与"二月二"相对应，民间也把上巳节称

为"三月三"、"重三"。

那么，古人又是怎样过上巳节的呢？唐代大诗人杜甫有一首叫做《丽人行》的著名诗篇，其中有"三月三日天气新，长安水边多丽人"的生动描写，让我们知道了这个节日一定和"水"有关系。上巳节最初的主要活动，就是去水边"衅浴"，帝王后妃、平民百姓都要去，因为古人认为"衅浴"是防病祛疫、保持生机活力的有效办法。人们把用芬芳植物、草药、颜料等混合制成的类似我们今天"沐浴液"一样的东西涂抹在身上，然后再用河水清洗，就是"衅浴"。当然，古人的"衅浴"和我们今天的洗澡是不同的，除了保洁健身以外，还包含着一些今天看来有点古怪的祭祀礼仪，比如要做一些像舞蹈一样的动作，仿佛是要用肢体语言与神对话。上巳节在水边进行这种祭祀活动，叫"修禊"，由此，人们也把上巳节称做"春禊"。

古人在"修禊"时有一项重要的活动内容，就是把煮熟的鸡蛋放在水里任其随波漂流，称为"浮卵"，漂到谁的前面，能把它捞起来的，谁就把它吃掉，这样会有助于生儿育女，使家族人丁兴旺。这个风俗来源于远古蒙昧时期人们对于生育的认识，那时的人们认为，地上某种神奇的物质进入了人体，或者天上某位神灵的意愿被人体感受到了，人才会生育后代，所以，古人选择了鸡蛋等象征着孕育生命的食品。后来，人们还在水里漂枣，图"'早'得贵子"的吉利；在水里漂盛着酒的木杯，称为"流杯"，希望以酒壮男子的阳刚之气。

日久天长，那些令人费解的、莫名其妙的仪式和礼节慢慢地被人遗忘了，上巳节渐渐地演变成为一个暮春时节的欢乐节日：鼓励生育的意义，演变成了成年男女在河畔溪旁的郊游活动中相互结识；祭祀天地的动作，演变成了人们在踏青游览活动中的歌舞娱乐；吃"浮卵"、"浮枣"以及饮"流杯"酒，则演变成了亲朋好友之间的临水欢宴。现代的历史研究人员认为，夏历，也就是我们常说的农历、阴历的三月初三，应当被认定为我们中国的情人节，也是世界上最早、历史最悠久的情人节。被誉为"天下第一行书"的《兰亭集序》，也是东晋永和九年（公元353年）上巳节时，王羲之在与他的40多位好友于兰亭这个地方"修禊"之后乘兴而书的，所以，《兰亭集序》也被称为"禊帖"。由于王羲之和他的书法，特别是《兰亭集序》在中国历代知识阶层中的崇高地位，王羲之和朋友们当年饮酒赋诗时玩的"曲水流觞"，也成了文人墨客中儒雅、时尚的游戏。

"曲水流觞"起源于上巳节活动中的"流杯"。王羲之住在兰亭，也就是现在浙江省绍兴市西南的兰渚山附近，永和九年的上巳节，王羲之与亲朋好友共42人在兰亭"修禊"之后，来到一条弯曲的溪水边席地而坐，把盛了酒的杯子放在溪水里随其漂流，杯子漂行到谁的前面停下或原地打转，谁就要即兴吟诗饮酒；不能即兴成诗的，就要另外罚酒。这次活动，11个人作诗2首，15个人作诗1首，另外16人因做不出诗被罚了酒。王羲之把大家的诗作集成一册，并当场挥毫作序，写成了28行、324字的《兰亭集序》，后世不仅争相仿效王羲之的书法，也同样争相仿效"曲水流觞"的游戏，以至于在帝王花园、豪门深院都有专门修建"曲水流觞"亭以供游戏的。所谓"曲水流觞"亭，就是在亭子地面的中间用石头雕凿出弯曲的水道，然后人工引入水流，让那些王公富绅和他们的朋友们饮酒娱乐。

"曲水流觞"一直流传到清代，但"中国的情人节"毕竟没能成"节"，有人分析认为，原因在于自宋代开始，中国传统礼教对于男女交往的束缚越来越严厉，上巳节期间青年男女在公众场合公开交往便销声匿迹了，但在边远的少数民族地区，却依然保留着这样的传统民俗，比如，壮族的"三月三歌圩"、黎族的"孚念孚"，以及瑶族、土家族的"三月三歌会"等，都是在节日期间通过对歌、集体舞蹈等形式，在公开场合营造青年男女交往、结识的氛围。

在汉族人民聚集居住的广大地区，由于上巳节已经逐渐成为踏青游览和宴请宾朋的节日，又临近清明节，而清明节的活动中包含了踏青和宴请的内容，且—活动规模和持续时间都超过了上巳节，所以，三月三的上巳节也就逐渐并入到清明节当中，人们也不再单独过上巳节了。

（二）上巳节节日诗话

上巳节是一个十分古老的节日。张紫晨《中国民俗与民俗学》说：上巳节"始于周礼女巫掌岁时祓除之事也"。上巳，即三月上旬之巳日。《韩诗章句》说："郑俗，上巳，溱洧两水之上，秉兰祓除。"《诗经·郑风》有《溱洧》篇云：

溱与洧，方涣涣兮。

士与女，方秉蕳兮。

女曰："观乎？"

士曰："既且。"

"且往观乎？洧之外，洵訏且乐？"

维士与女，

伊其相谑，

赠之以芍药。

溱与洧，浏其清矣。

士与女，殷其盈兮。

女曰："观乎？"

士曰："既且。"

"且往观乎？洧之外，洵訏且乐。"

维士与女，

伊其将谑，

赠之以芍药。

上巳节，人们在溱洧两河边上，举行盛大集会。祭神，求福，祓除。这首诗写了一对男女，途中相遇，互赠芍药而定情。

晋人张华《三月三日后园会》诗云：

暮春元日，

阳光清明，

祁祁甘雨，

膏泽流盈。

习习祥风，

启滞导生，

禽鸟翔豫，

桑麻滋荣。

纤条披绿，

翠华含英。

又有《上巳篇》云：

仁风导和气，

勾芒御昊清。

姑洗应时月，

元巳启良辰。

密云荫朝日，

零雨洒微尘。

飞轩游九野，

置酒会众宾。

汉以前，以农历三月上旬之巳日为"上巳"。司马彪《续汉书·礼仪志》说："三月上巳，官民并禊饮于东流水上。"魏晋以后，不再用巳日，定为三月初三。《荆楚岁时记》说："三月三日，士人并出临清渚，为流杯曲水之饮。"

颜延之《诏宴曲水诗》云：

惟王创物，

永锡洪算。

仁固开周，

义高登汉。

开荣洒泽，

舒虹烁电。

伊思镐饮，

每怀洛宴。

郊饯有坛，

君举有礼。

暮帐兰甸，

尽流高陛。

究三月三节之本原，应劭《风俗通》说："按周礼，女巫掌岁时以被除疾病。"《韩诗》曰："三月上巳，于溱洧两水上，执兰招魂续魄，被除不祥也。"唐孙思邈《千金月令》说："三月三日踏青。"此外，还有其他说法。

《续齐谐记》又载：

晋帝问尚书挚虞曰："三日曲水，其义何指？"答曰："汉帝时平原徐肇以三月初生三女，而三日俱亡。一村以为怪，乃相携之水滨盥洗。遂因流水以泛觞。曲水起于此。"帝曰："若此谈，便非嘉事。"尚书郎束晳曰："挚虞小生，不足以知此。臣请说其始。昔周公卜成洛邑，因流水以泛酒。故逸诗云：羽觞随波流。又秦昭王三月上巳置酒河曲。有金人自东而出，奉水心剑曰：令君制有西夏。及秦霸诸侯，乃因其处立为曲水祠。二汉相沿，皆为盛集。"帝曰："善。"赐金十五斤，左迁挚虞为阳城令。

晋成公《绥洛禊赋》云：

考吉日，简良辰。被除解禊，同会洛滨。妖童媛女，嬉游河曲。或振纤手，或濯素足。临清流，坐沙场，列罍樽，飞羽觞。

隋卢思道《上巳禊饮诗》云：

山泉好风日，

城市厌嚣尘。

聊持一尊酒，

共寻千里春。

余光下幽桂，

夕欢舞青蘋。

何时出关后，

重有入林人。

一九三〇年，民国政府曾下令废"上巳"之称。而三月三节，仍广泛传于民间。总的说来，三月三原为一个被禊、祭祀、迎祥、雅集、"会男女"、求偶、求子等带有些许宗教色彩的节日，后来则逐渐演变为宴饮、娱乐、踏青、春游等活动的节日。十里无同风，各时期、各地区、各民族的"三月三"活动又有许多不同。

三月三，又名踏青节。谚曰："寻春直须三月三。"今陕西尚有"踏青展"之说。

常建《三日寻李九庄》诗云：

雨歇杨林东渡头，

永和三日荡轻舟。

故人家在桃花岸，

直到门前溪水流。

郭麟孙《三月三日重游虎丘》诗曰：

细雨霏霏不湿衣，

山前山后乱莺飞。

过桥春色绯桃树，

临水人家白板扉。

此地酒帘邀我醉，

隔船箫鼓送人归。

清游恐尽今朝乐，

回首阊门又夕晖。

杨万里有《三月三日雨中遣闷十绝句》诗，其中一首云：

村落寻花特地无，

有花亦自只愁予。

不如卧听春山雨，

一阵繁声一阵疏。

三月三，广西壮族有"歌圩节""歌仙节"，相传为纪念歌仙刘三姐而举行，家家蒸五色糯米饭、做红鸡蛋，祭祀祖先，接待亲友。人们赶歌圩、搭歌棚、办歌会，青年男女对歌、碰蛋、抛绣球、谈情说爱，嬉戏娱乐，终日歌声不断，成为今之"歌节"。

三月三，云南，瑶族有"干巴节"。各村寨男女老幼结对进山打猎或下河捕鱼，集体宴饮，共祝丰收，唱歌跳舞，欢度节日。

三月三，海南岛黎族又叫做"孚念孚"，既是预祝"山兰"（山地旱谷）和渔猎丰收的节日，又是青年男女的"谈爱日"。是日，村寨集会预祝丰收，青年男女对歌欢舞，以"三月三"为定情之日。老人们则拎着酒坛，走亲串友，曰喝"团结酒"。

三月三，云南布依族家家户户做花糯米饭招待亲友，以此日为合家欢聚、亲友聚会之节日。有布依族三姐妹请外公吃饭之传说。

三月三，广西仡佬族有"花婆节"或"婆王诞"。俗传"花婆"是掌管生育的女神，人们都是她花园中的花。每逢花婆诞日三月三，各村寨都要到花婆庙（又曰花王庙）祭拜花婆，感谢她送花赐丁的恩德，祈求她保佑小孩平安成长。新婚夫妇要向花婆许愿，保佑他们早日生儿育女。已生育的要还愿，携酒肉、花蛋供祭花婆，并向各家亲友赠送花蛋。祭后要集体欢宴。

三月三，广西三江侗族有"花炮节"。花炮三响，象征团结、幸福、吉祥。花炮鸣放升空后，各村寨芦笙队、狮子队争抢花炮圈，夺得者获优胜。还要举行文体活动，唱侗戏、赛芦笙、射箭斗鸟。附近的苗、瑶、壮、汉等民族民众亦前往参加。三月三，既是文化集会，又是男女青年对歌谈情的吉日良辰。

三月三，侗族有"楼戏节"与"播种节"。有侗家姑娘良英与桥生三月三殉情的传说，又有侗家看桐树开花而播种的传说。

三月三，福建畲族为祭祖日。是日，家家染乌饭祭祀祖先。

三月三，浙江丽水庙会日。《浙江风俗简志·丽水篇》曰："每年三月初三，有龙子庙会、龙子菩萨出巡。"

三月三，四川忠县有三月会。相传战国时，川东巴国将领巴蔓子，曾刎颈退楚使，用生命保住了忠州等三座城池。后世为纪念这一历史传说中的人物，遂有集会游行，舞狮子，耍龙灯，是谓"三月会"。

东晋穆帝永和九年（公元353年）上巳日，王羲之与谢安等四十一人会集在山阴（今浙江绍兴）兰亭行修禊礼仪。会集诸士均作诗以志，并由王羲之作《兰亭集序》。《兰亭集序》其文其书均清新典雅，传为千古绝笔。昭明太子萧统召集文士多人，辑录秦汉以来诗文，编撰《文选》，而未选录《兰亭集序》。明末清初文学批评家金人瑞（圣叹）认为，《文选》所以不选《兰亭集序》是因为萧统年轻位高，对王羲之那种对世道盛衰、生命无常的感慨缺乏同感。金人瑞作《上巳日》诗，诗前有小序曰："上巳日，天畅晴甚，觉《兰亭》天朗气清句为右军入化之笔。昭明忽然出手，岂谓年年有印板上巳耶? 诗以纪之。"其诗云：

> 三春却是暮秋天，
> 逸少临文写眼前。
> 上巳若还如印板，
> 至今何不永和年?
> 逸少临文总是愁，
> 暮春写得如清秋。
> 少年太子无伤感，
> 却把奇文一笔勾。

三月三，上巳节，"阳气清明，祁祁甘雨，膏泽流盈，习习祥风"，如此良辰美景，正是文人雅士集会水滨，流觞取饮，吟诗作文的盛日。晋庾阐的《三月三日》诗，亦是文人雅集的兴会之作。诗人寄意无极，游以太玄，流露出了心与物游、澄怀观道的玄学意味。其诗云：

> 心结湘川渚，
> 目散冲霄外。
> 清泉吐翠流，
> 渌醽漂素濑。
> 悠想盼长川，
> 轻澜渺如带。

白居易《上巳日恩赐曲江宴会即事》诗云：

赐欢仍许醉，

此会兴如何。

翰苑主恩重。

曲江春意多。

花低羞艳妓，

莺散让清歌。

共道升平乐，

元和胜永和。

又有《三月三日》二首，其一云：

画堂三月初三日，

絮扑纱窗燕拂檐。

莲子数杯尝冷酒。

柘枝一曲试春衫。

阶临池面胜看镜，

户映花丛当下帘。

指点南楼玩新月，

玉钩素手两纤纤。

又有《三月三日庾楼寄庾三十二》诗云：

春日欢游辞曲水，

二年愁臣在长沙。

每登高处长相忆，

何况兹楼属庾家。

还有《三月三日怀微之》诗云：

良时光景长虚掷，

壮岁风情已暗销。

忽忆同为校书日，

每年同醉是今朝。

元稹《酬乐天三月三日》诗云：

旧年此日花前醉，

今日花时病里销。

独倚破帘闲怅望，

可怜虚度好春朝。

盛唐之世，三月三日盛况超前，正是"元和胜永和"。崔颢《上巳》诗，写景写人，兴味悠然。诗云：

巳日帝城春，

倾都禊襖辰。

停车须傍水，

奏乐要惊尘。

弱柳障行骑，

浮桥拥看人。

犹言日尚早，

更向九龙津。

从周代到魏晋，乃至盛唐、明清，从洛邑到溱洧乃至长安，三月三上巳之风俗，历久不衰，可见它在中华民族文化记忆中的影响之深。笔者小的时候，在北国鄂尔多斯准格尔的山坡上，也曾念过"三月三"的儿歌。歌云：

三月三，柳毛儿干，

苦菜芽芽爬上山……

三月三，柳毛儿干，

牛牛圪虫爬上山……

（三）踏青游赏的上巳节食俗

农历每年三月初三，民间俗称上巳节。汉代以前，上巳节这天主要是举行一些祈祷的节庆仪式。汉以后，代之以踏青游赏。由于农历三月已是暮春，天气较暖，人们在水边取乐，惠风和畅，涤濯清水，实为美事。

每年三月三，江南各地都有"荠菜煮鸡蛋"的习俗。

荠菜是十字花科野生植物，也叫地菜、雀雀菜、鸡翼菜、菱角菜，也有叫枕头菜。我国人民喜食荠菜的习俗由来已久，《诗经》中就有"谁谓荼苦，其甘如荠"之句，说明早在公元前6世纪人们对荠菜就有了相当的了解。诗人苏东坡很喜欢吃荠菜，他在给友人的信中对荠菜大加赞扬："今日食荠极美……有味外之美。"陆游也有"春来荠美勿忘归"的佳句，足见其鲜美程度不一般。清代，扬州八怪之一的郑板桥说："三春荠菜饶有味，九熟樱桃最有名。"说明荠菜是时令佳蔬。

那么荠菜为什么要煮鸡蛋吃呢？原来，这是出自中华民族的一个古老传说。《竹书纪年》载：神话中的简狄在仲春之月，同她的妹妹一起在河中行浴，忽然，天空中飞来一只美丽的玄鸟，并将衔在嘴中的鸟蛋坠入河中。简狄与其妹争着从水中捞出此蛋，见此蛋"五色甚好"，简狄遂吞下玄鸟蛋，不久即有孕而生下商部族的始祖"契"。从此，契的子孙繁衍，逐渐发展为东方强大的部落——商。后来，世代相沿，人们把简狄吞玄鸟蛋这一天视为生育求子的吉祥时日，汉魏以来农历三月三水边吃鸡蛋之俗，便是渊源于此。

每年农历的这一天，也是不少兄弟民族的欢乐节日。畲族三月三这一天，家家户户都要煮乌糯米饭祭祖，然后全家共餐，并以乌糯米饭馈赠亲友。民间又传，吃了乌米饭，上山不怕山蚂蚁咬。又认为三月三是谷子的生日，吃染黑的米饭可使谷魂不认识，才乐意生长。乌米饭是将乌稔树叶捣碎、泡水后滤去渣子，然后用其水汁浸米，再把米蒸熟即成。

每年农历三月三，壮族人家户户要吃"五色饭"和"五色蛋"。五色饭是染上五种颜色蒸出来的糯米饭。五色蛋有鸡蛋、鸭蛋、鹅蛋等，也分别染成五色，每人吃一个有色蛋，小孩每人还要在胸前挂一串五色蛋，作碰蛋游戏之用。

在我国广大农村，三月三还有不少应时当令的食品，如：香椿芽拌面筋、嫩柳叶拌豆腐、小葱炒面条鱼、芦笋烩鲜鱼等，都是民间上巳节餐桌上必备的佳肴。

（四）上巳节传说典故

1. 上巳节来历

上巳节可推到追念伏羲氏。伏羲和其妹女娲抟土造人，繁衍后代，豫东一带尊称伏羲为"人祖爷"，在淮阳（伏羲建都地）建起太昊陵古庙，由农历二月二到三月三为太昊陵庙会，善男信女，南船北马，都云集陵区，朝拜人祖。农历三月三，还是传说中王母娘娘开蟠桃会的日子。有一首北京竹枝词是这样描述蟠桃宫庙会盛况的："三月初三春正长，蟠桃宫里看烧香；沿河一带风微起，十丈红尘匝地。"传说西王母原是我国西部一个原始部落的保护神。她有两个法宝：一是吃了可以长生不老的仙丹，二是吃了能延年益寿的仙桃——蟠桃。神话传说中的嫦娥，就是偷吃了丈夫后羿弄来的西王母仙丹后飞上月宫的。此后，在一些志怪小说中，又把西王母说成是福寿之神。

另外三月三除了上巳节外还是西王母生日。此说源于道教传说，每年此日，各路神仙都会赴瑶池献礼祝寿，著名的"麻姑献寿"由此产生。

2. 三女并亡的传说

传说，后汉的时候，有个叫郭虞的人，三月上辰的时候，他的妻子生下了两个女儿，上巳节这天又生了一个女儿，不知为什么这三个女儿在这两天之内全死了。人们认为这是大忌之日，以后每年的三月三不敢待在家里，都要到野外踏青，或者到河边洗澡沐浴。

3. 地米菜煮鸡蛋的传说

三国时期，名医华佗来沔城采药，一天，偶遇大雨，在一老者家中避雨时，见老者患头痛头晕症，痛苦难堪。华佗随即替老者诊断，并在老者园内采来一把地米菜，嘱咐老者取汁煮鸡蛋吃。老者照办，服蛋三枚，病即痊愈。此事传开，人们都纷纷用地米菜煮鸡蛋吃，热潮遍及城乡。华佗给老者治病的日期是三月初三，因此，三月三，地米菜煮鸡蛋，就在沔阳形成了风俗。以后逐渐传开，在江汉平原一带也盛行起来了。

4. 善良的达桂

相传，很久以前，壮乡有个叫韦达桂的人，在一个土皇帝手下当臣相。达桂年纪不大，但学识渊博，才能过人，而且，十分关心壮族人民的疾苦，皇帝给他的俸禄，他都拿回乡分给百姓，自己两袖清风，一无所有。有一年，壮乡大旱，乡亲们求达桂向土皇帝奏明免皇粮，达桂跪奏道："壮乡百姓颗粒无收，

地米菜煮鸡蛋

吾伴千岁前往视察。"达桂伴驾来到壮乡，只见田土龟裂，禾穗枯焦，一群群面黄肌瘦的百姓跪在山道上告苦。达桂跪下说："千岁亲见，万望免粮。"土皇帝无奈只可免去壮乡皇粮。打那以后，他对达桂恨之入骨，可是鉴于达桂的声望，又找不出什么岔子把他除了，因此施出毒计，陷害达桂。

一天，他把达桂唤到跟前："达桂，你向来很能干，现在想叫你给我办件事。"达桂听了，就知道土皇帝不怀好意，但他还是从容地说："请千岁道来。"土皇帝半眯着眼说："我正在建一座楼阁，缺少瓦片，听说壮乡皮能防寒防暑，防水防火，经久耐用，我要你在两个月以内给我弄900张壮乡皮当瓦片用，到时重重有赏，如

果完不成，定要从严惩罚。"达桂轻松地答道："到时就请千岁亲自到城门下点货验收吧。"

一个月过去了，达桂没有动静；五十九天过去了，达桂依然没有动静。限期到了，达桂才召集900个壮家大汉，每人带上一斤糯米，一斤米酒，一斤胡椒面，来到皇城脚下，架锅煮糯米饭，煮辣椒菜汤，一个个脱掉上衣，光着膀子，坐在城门下饮酒，喝辣椒汤，吃糯米饭。正当个个酒足饭饱、满头大汗淋漓的时候，土皇帝坐着八抬大轿赶到了。达桂连忙上前施礼道："货物已经给千岁送来了，可是这帮贱骨头张张皮都是漏水的，能用吗？"土皇帝下轿一看，一个个黑里透红的皮肤上都是湿漉漉的，像是从水里捞出来的一样，臭气扑鼻。土皇帝用手捂着鼻子，皱着眉头，后退几步道："又漏水又臭，不能用，不能用。"说完，调转轿子回宫殿去了。

一计未成，又生一计。快到清明节了，土皇帝又把达桂唤到跟前，装着十分诚恳的样子："达桂，你向来很聪明，现在我有一件事非要你去办才行。"达桂一听，就知道土皇帝又怀恶意，但达桂毫不畏惧地说："请皇上明说。"土皇帝眯着眼睛说："清明节我需要一个像宫殿后面那座大山一样重的猪头来祭祖，你给我在一个月内弄来，到时重重有赏，过期误了大事要从严惩罚。"达桂十分轻松地笑道："好办，好办。"

二十天过去了，达桂没有动静；三十天过去了，达桂依然没有一点动静。限期过了，土皇帝派兵来抓达桂，达桂扛着一杆大秤和兵差一道去见土皇帝："皇上大人，壮家比山头还要大的猪头多得很，就是不知道宫殿后面的大山有多重，请皇上用这杆秤去称一称，我好回去把猪头抬来。""这……"土皇帝哑口无言了。

土皇帝见达桂聪明过人，留在宫殿里是祸根，非得除掉他，又想出一条毒计。一天，他把达桂叫到跟前："达桂，你向来聪明能干，再过一个月就是皇后坐月子了，听说壮家的公鸡蛋很有营养，你给我在二十天内弄490个公鸡蛋来，到时重重有赏。"达桂满口答应。

限期到了之后，土皇帝派兵去抓达桂，达桂连忙施礼道："非常对不起，我正在坐月子，按照壮家的规矩，我得被照料七七四十九天以后才能出门，到时我会给皇上送去公鸡蛋的。"兵差大喝一声："天下男子怎么会生孩子？"男人不生小孩，公鸡怎么生蛋？"兵差无言以对。只好回去禀告皇上，皇上大怒，下令捉拿达桂。

壮家百姓闻讯立刻送达桂到山上的枫树林里藏了起来。皇兵上山搜索，重重包围，只见山林里有剩下的糯米饭，就是不见人，皇上下令放火烧山，这天正好是三月初三。皇兵走后，乡亲们上山在一棵合抱不过来的枫树洞里找到了达桂的尸体，大家含着眼泪把他埋葬了。男女老少在坟前放声痛哭。哭呀！哭呀！泪水洒在坟上，坟上顿时长出了一棵棵嫩绿的小枫树，一丛丛翠兰的红兰草。为了纪念达桂，乡亲们又在墓旁边建造了庙宇，名曰"达桂堂"。因为达桂生前喜欢喝酒、吃糯米饭，用喝酒、吃糯米饭的方法战胜了皇帝，后来又因为拿不出公鸡蛋而被害，所以，到了三月初三这一天，壮乡家家户户都拿着米酒、糯米饭和熟鸡蛋到达桂墓前祭奠。正当人们陷入哀思时，天空突然雷声大作，从庙堂里冲出一条五色大蛇，这条大蛇向乡亲们点了点头，就直奔宫殿把皇帝给咬死了。

从那时起，桂西一带壮族人家为了纪念达桂，每到三月初三这一天，村村寨寨都搭起大棚，因为传说在外丧生的亡灵不能进家，因此人们只好在布棚下摆上五色糯米饭等祭品供祭达桂的亡灵，在布棚周围唱起赞美和感谢达桂的歌曲。一代传一代，就形成了现在三月三赶歌节的习俗。

5. 黎族"孚念孚"的传说

传说很久以前，七指岭地区遇到罕见的大旱，人们度日如年。一天清晨，一个名叫亚银的年轻人告诉大家，说他梦见一只百灵鸟，要想摆脱这场灾难，必须爬上五指山的顶峰，吹起鼻箫诱捕它。亚银自告奋勇地登上五指山顶峰，他在山顶上吹起他心爱的鼻箫。一直吹了三天三夜，一只百灵鸟才从幽谷中飞来，亚银赶忙追捕，他追过一座山岗，最后亚银定神一看，百灵鸟变成了一位非常漂亮的黎族姑娘。姑娘答应跟亚银到人间解救灾难。旱灾解除后，没想到却触怒了峒主。他派家丁把百灵姑娘捉去，这时亚银赶来，他俩躲进一个山洞里，峒主命令家丁用火烧山洞。这时忽然乌云滚滚、雷声大作、石裂山崩，把万恶的峒主和他的家丁全压死了。亚银和百灵姑娘变成一对鸟儿，飞上天空，乡亲们闻讯赶来，目送他们，激动地跳起舞唱起歌，祝他们美满幸福。这一天正是农历三月初三，从此这一天便成了黎家的一个传统节日。

6. 赛歌择婿

传说在以前，有位壮族老歌手的闺女长得十分美丽，又很会唱山歌，老人希望挑选一位歌才出众的青年为婿。各地青年歌手纷纷赶来，赛歌求婚，从此就形成了定期的赛歌集会。

7. 情侣殉情

从前有对相爱的青年男女，女方妈妈将她许给一富商，定于三月初四出嫁。初三这天，这对相爱的情侣在莫嘎树下，悲愤欲绝，跳潭殉情。为纪念他俩，每年三月三，当地青年便来到这里吹笙对歌。

8. 刘三姐的故事

相传唐代，在罗城与宜山交界的天洞之滨，有个美丽的小山村。村中有一位叫刘三姐的壮族姑娘，她自幼父母双亡，靠哥哥刘二抚养，兄妹二人以打柴、捕鱼为生，相依为命。三姐不但勤劳聪明，纺纱织布是众人夸赞的巧手，而且长得宛如出水芙蓉一般，容貌绝伦。尤其擅长唱山歌，她的山歌遐迩闻名，故远近歌手经常聚集其村，争相与她对歌、学歌。

刘三姐常用山歌唱出穷人的心声和不平，故而触犯了土豪劣绅的利益。当地财主莫怀仁贪其美貌，欲占为妾，遭到她的拒绝和奚落，便怀恨在心。莫企图禁歌，又被刘三姐用山歌驳得理屈词穷，后请来三个秀才与刘三姐对歌，又被刘三姐等弄得丑态百出，大败而归。莫怀仁恼羞成怒，不惜耗费家财去勾结官府，欲把刘三姐置于死地而后快。为免遭毒手，三姐偕同哥哥在众乡亲的帮助下，趁天黑乘竹筏，顺流沿天河直下龙江后入柳江，辗转来到柳州，在小龙潭村边的立鱼峰东麓小岩洞居住下来。

据说来到柳州以后，三姐那忠厚老实的哥哥刘二心有余悸，怕三姐又唱歌再招惹是非，便想方设法来阻止。一天，他终于想出了个办法，从河边捡回一块又圆又厚的鹅卵石丢给三姐，说："三妹，用你的手帕角在石头中间钻个洞，把手帕穿过去！若穿不过去就不准你出去唱歌！"接着铁青着脸一字一顿地补充道："为兄说一不二，绝无戏言。"

先还是甜甜微笑的三姐，看着哥哥的满脸愠色，哪里还敢像往常那样据理争辩，拾起丢在面前的石头，暗忖道："我又不是神仙，手帕角怎能穿得过去？"她下意识地试穿，并唱道："哥发癫，拿块石头给妹穿；软布穿石怎得过？除非凡妹变神仙！"

"管你是凡人也好，神仙也好，为兄一言既出，绝不更改！"哥哥像是吃了秤砣——铁了心。心想：这一招够绝了吧，还难不倒你？

谁料三姐凄切婉转的歌声直上霄汉，传到了天宫七仙女的耳里。七仙女非常感动，恐三姐从此歌断失传，于是施展法术，从发上取下一根头发簪甩袖向凡间刘三姐手中的石块射去，不偏不倚，正好把石头穿了一个圆圆的洞。三姐无意中见手帕穿过石头，心中暗喜，张开甜润的嗓子："哎……穿呀穿，柔能克刚好心欢，歌似滔滔柳江水，源远流长永不断！"

从此，刘三姐的歌声又萦回在立鱼峰山顶、树梢，慕名来学歌、对歌的连续不断。后来，三姐在柳州的踪迹被莫怀仁知道，他又用重金买通官府，派出众多官兵将立鱼峰团团围住，来势汹汹，要捉杀三姐。小龙潭村及附近的乡亲闻讯，手执锄头棍棒纷纷赶来，为救三姐而与官兵搏斗。三姐不忍心使乡亲流血和受牵连，毅然从山上跳入小龙潭中……

正当刘三姐纵身一跳的时候，顿时狂风大作，天昏地暗。随着一道红光，一条金色的大鲤鱼从小龙潭中冲出，把三姐驮住，飞上云霄。刘三姐就这样骑着鱼上天，到天宫成了歌仙。而她的山歌，人们仍世代传唱着。为纪念她在柳州传唱的功绩，人们在立鱼峰的三姐岩里，塑了一尊她的石像，一直供奉着。

9. 洗独山的传说

很久以前的伏牛山中，有一片鸟语花香的竹林，竹林里住着一个美丽的姑娘，人们都叫她贞妹。贞妹的父母已相继去世，父母在世时，把她许给了山上的石哥。那年三月三，贞妹想念石哥，就吹着笛子出了竹林，往山上走去。

石哥正在给贞妹打磨石镯，听到动听的笛声，急忙拿上石镯走下山，递给了羞答答的贞妹。两个人按捺不住心中的喜悦，商定在来年的三月三这一天，石哥下山去娶贞妹。

天有不测风云，那年国王要选天下美女，贞妹不幸被抓进了王宫。深深的宫墙隔不断贞妹对石哥的日夜思念，她想寻找机会逃出宫去。一天，贞妹随国王一块出去打猎，在深山密林之中，她瞅准机会，逃出了猎场。在三月三那天，她逃到了伏牛山，终于见到了日思夜盼的石哥。谁知石哥对突然出现的贞妹异常冷淡，他对贞妹说道："你知道一马不配双鞍子，一女不配二夫男吗?"

贞妹说："我虽身在深宫，可我对你的一颗纯洁的心没有变。"

任凭贞妹心酸地哭诉，石哥始终不理睬。贞妹流着泪离开了石哥，她的两行泪，像清泉一样，流在地上，变成了一条小溪。石哥望着出现在面前的泪溪，方知贞妹的心是贞洁的，他后悔伤了贞妹的心，就顺着泪溪去追贞妹。贞妹听见后边有人追，知道是石哥，可她太伤心了，就头也不回，一口气跑出了伏牛山，她再也走不动了，一头栽倒在地，变成了一块晶莹的玉石。那玉石听到石哥的追喊声，越长越大，眨眼间变成了一座玉石山。石哥追到山下，望着眼前的玉石山，知道这就是贞妹，伤心痛哭，扑到玉石山上，诉说自己愧对贞妹一片纯洁的恋情。

不知道过了多少年，人们看泪溪的水永远都是清清白白的，就叫泪溪为白河。玉石山孤孤单单地在那里卧着，不与伏牛山相连，就叫玉石山为独山。年年三月三，总有一团云彩飘到独山山顶，朝着独山轻播细雨，人们都说那是石哥泪洗独山。还流传下来一首歌谣："三月三，洗独山。贞妹忠贞心一片，石哥悔泪流万年。"久而久之，人们就传唱成了"三月三，上独山……"直到今天，南阳人民都喜欢在三月初三这一天像欢度节日一样成群结伴、扶老携幼去独山踏青，寻找春天的足迹，享受春雨的沐浴，欢度三月三。

10. 布任传情的传说

相传，有一年三月初三，几个小伙子追逐几位美丽的姑娘，想看到姑娘们的容貌，以便挑选自己意中人。姑娘们害羞便跑回娘母洞中。小伙子赶到洞口，一声巨响，一块大石落下，隔开了姑娘和小伙子。小伙子在洞外高声呼喊，苦苦等待，直到红日西沉，才灰心丧气地离开。小伙子走后，姑娘们都不安起来，她们走出娘母洞，寻找不着小伙子，正着急，忽然小伙子一个个从草丛中跳出来，姑娘们个个羞怯地低下了头。小伙子们为了表示真挚的情谊，采来"布任"枝送给自己的心上人。姑娘们又激动、又害羞，用"布任"枝悄悄遮住半边脸，幸福地依偎在情人怀里。从此，人们把三月三这一天定为青年男女谈情说爱、订婚的日子。

11. 黎族"三月三"节和文面来历的传说

"三月三"是黎族人民的传统节日，人们称它为谈爱日，与海南苗族节日相同。传说，上古洪水时期，兄妹两人躲在南瓜中幸存下来。为了成家立业，他们决定分头寻找其他人，并约好来年农历三月三会合。结果几年过去两人无功而返。妹妹见找不到别人，就忍痛用竹签将自己的脸刺上花纹，又用植物染上了颜色，不让哥哥认出自己，以结夫妻，从而使种族得以延续。这也是黎族"三月三"节和文面来历的传说。至今在东方市东方镇中方，每年农历三月三，各地的黎族青年男女汇集一起，参加"三月三"盛会，载歌载舞、谈情说爱。

12. 布依族"地蚕会"的传说

贵阳市乌当区新堡乡一带布依族将"三月三"又叫"祭地蚕"，俗称"地蚕会"。传说古时有一庄稼汉，发现年年春播之后都有许多地蚕将幼苗咬死。经过反复观察，他认为地蚕是天神放到大地的"天马"。为避免幼苗遭受虫害，他用了许多方法祭拜都不灵验。后来，他在春播时炒包谷花去喂地蚕，结果保住了幼苗。这个消息很快传到远近的布依人家。

此后，这一带的布依族为了保护农作物，争取获得丰收，于每年三月初三这天，带上供品，三五成群地到附近山坡祭祀"天神、地蚕"，祈求天神保佑，不叫地蚕咬死田地里的禾苗，让五谷丰登。祭毕，人们沿田边土坎边走边唱山歌，并把包谷花撒向田土中。人们认为，祭了地蚕，既可使它们迷糊，又能封住它们的嘴巴，田里的禾苗即可免遭虫害。后来将三月三定为"歌会节"。贵阳南部郊区布依族把"三月三"称为"仙歌节"。节日内容与乌当区新堡乡大体相同，但他们是用唱歌的方法来祈求天神免灾，这天男女青年上山对歌。传说谁唱的歌最动听，天上的歌仙听了，便会赐你一副金嗓子。你劳动到哪里，哪里就会听到金嗓子唱歌，害虫听到这声音就不敢伤害庄稼了。

13. 侗族"三月三"的来历

很久很久以前，报京寨上住着农户周老顺一家。老两口四十开外时，喜得一女，取名良英。良英姑娘自幼跟妈妈学会了纺织刺绣。她织的胡椒眼提花侗布，绣的五彩侗锦，总被选作侗乡贡品，进贡京城。良英成了报京寨里鼎鼎有名的巧姑娘。

寨脚大塘边住着一个从小就没了爹娘的孤儿，名叫刘桥生。这后生靠自己种地、砍柴、捕雀过日子。善良的周大妈见到桥生总是问寒问暖的，逢年过节，还常常匀点吃的、穿的接济这个穷孩子。桥生也常来周家帮着砍柴、犁田、打谷、挑粮。日子长了，桥生便认周大妈为干妈，叫周老顺干爹，和良英也成了形影不离的好朋友。长到十七八岁的时候，他和良英悄悄爱上了。

桥生和良英的心事哪能瞒得过周大妈？老两口真是又高兴又发愁。对桥生这个干儿子，他们打心眼里喜欢，可寨子里有"还娘头"的族规：姑妈的长女必须嫁给舅爹的儿子。

良英舅爹的儿子二十出头了，正等着接亲哪！再说，良英的舅爹又是报京一带九个侗寨的寨头，这族规岂是随便改得了的？想到这一点，老两口饭不香，觉不甜，只怕是眼前这对鸳鸯要散啊！过年到了正月，冰凉山野，寒风刺骨，舅爹派媒婆带了聘礼上周家给良英提亲来了。周老顺推说良英不在家。媒婆叫嚷说："聘礼已下，你少啰唆。三月三接亲，一言为定。"说罢，转身出了门。当晚，周大妈和良英归来，见到那聘礼，母女俩抱头痛哭。良英哭着直喊："舅爹家，我不去，我不去，我不去！"老两口望着女儿，除了流泪，实在想不出一点办法。

　　转眼就到了三月初二。黄昏时分，媒婆领着六名挑酒、挑肉、挑糯米饭的后生，到周家过礼来了。周老顺夫妇强装笑脸，出面应酬。良英在房里，还是那句老话："舅爹家，我不去，我不去，我不去！"周大妈懂得女儿的心意，对良英说："去接桥生来团聚最后一晚吧！"良英点了点头。不一会，桥生来了。良英出房相陪，心里却像打翻了的五味瓶，辨不清酸甜苦辣。桥生想到良英明天一早就要被迫嫁到舅爹家去，便忍着悲痛，和良英对歌告别。

　　五更天新嫁娘要梳妆出嫁，桥生三更时分就告别离开了。回家路上，他不由自主地来到了金塘洞边那棵年高寿长的莫嘎树下。当初，他和良英相好时，常在这棵大树下相会。眼看古树常绿，良英却要永远分离，桥生不禁深深地叹了口气。突然间，桥生听见脚步响，回头一看，只见良英身背一个笆篓，手提一只竹篮，急匆匆地走了过来。"干哥！""良英，你……"桥生又惊又喜。良莫拉着桥生说："舅爹家我死也不去，干哥，我俩永远在一起。我们趁早离开这里，苗岭这么宽，总有我俩的栖身处；侗家这么多，总有人欢迎我们的。"

　　桥生见良英对自己这么忠贞，感动得不知说什么才好。良英又说："干哥，你把左脚鞋脱下，我把右脚鞋脱下，在莫嘎树上印下我俩的一对脚印，请年高寿长的莫嘎树给我们做媒证婚。"桥生点点头。于是，两人各脱下一只鞋，在莫嘎树上印下了一对并排的脚印。良英取下笆篓给桥生，说："笆篓里装的是我早晨捞来的鲜鲤鱼，我们带着它，愿一路上百事如意，年年有余。"桥生接过笆篓拀在腰间，伸手向良英要竹篮，说："良英，那篮葱蒜让我提。愿我们到了远方福地，栽的秧苗像葱一样茂盛，长的稻秆像蒜苗那样粗壮，岁岁丰收，生活美好。"说着，桥生接过竹篮，和良英双双奔出寨外。

　　再说寨里，鸡叫三遍，已到五更。媒婆催促新娘梳妆出嫁，进绣房张望，没见良英，喊人到寨上四处找寻，也没见新娘的身影。天明以后，报京寨男女老少拥到金塘洞边——桥生、良英常约会的莫嘎树下，只见树干上留着他俩的一对脚印……桥生和良英远走高飞了。他俩那种反对封建族规的勇气，就像莫嘎树上那对脚印一样，深深地留在报京侗家后生和姑娘们的心坎上。

　　以后，每到三月三这天，男女青年都要跳着芦笙舞来到莫嘎树下，瞻仰桥生、良英留下的脚印，侗家后生都要到金塘洞边，向自己心爱的情妹讨笆篓，讨葱篮，互相定情，共表衷心。

　　14．海南黎族三月三与观音菩萨的故事

关于节日的来历，有两种传说。一说远古时代，聚居于昌化江畔的黎族百姓遭受了一次大洪灾。只有一对恋人坐在大葫芦瓢里幸免于难，被飘流到燕窝岭边。三月初三，洪水退去，俩人结为夫妻。男耕女织，生儿育女，相濡以沫，辛勤劳作，又渐渐使黎族繁衍发展起来。后人奉他们为祖先，每逢三月三便隆重纪念。另一说，很久以前，在昌江和东方两县交界处的燕窝岭上，有一间很大的石头船形屋（黎族的典型民居造型），有位很漂亮的黎族美孚姑娘在屋中仙化为一尊石观音坐像。第二年3月3日，一群恋人登山游玩时遇雨。他们在石屋中避雨时，霹雳声中石屋的门闭了，观音娘娘收留了他们。后人为了自己的子女都能长得漂亮，都能在观音保佑下过上好日子，便把"三月三"作为节日来欢庆。

六、只今禁火悲寒食——寒食节

（一）寒食节历史史话

寒食节是中国最古老的节日之一，距今已经有2600多年的历史了，比我国另外一个公认的古老节日——端午节还要早300多年。寒食节，又称"禁烟节"、"冷节"，这个节日并不固定在某月某日，而是冬至以后的第105天，所以也叫"百五节"。古时候的"禁烟节"和我们今天为劝导人们不吸烟、少吸烟而设立的"禁烟日"完全不同，寒食节所禁的"烟"指的是"炊烟"，意思是禁止人们在这个节日期间生火做饭。不能生火做饭，自然只能吃事先做好、已经放冷的"寒食"了。

在特定的时节暂时停止用火，是一种非常古老的习俗。在远古的时候，生活中经常用到的火不像现在这样随手可得，人们必须用"钻木取火"的办法先得到"火种"，然后让它一直燃烧着，才能在需要的时候方便使用。根据我们祖先的用火习惯，不同的季节是要用不同的树木来"取火"的，所以在季节改变的时候要跟着"改火"，"改火"就要熄灭"旧火"，启用"新火"，就像宋代大诗人苏轼说的"且将新火试新茶"。这样，我们的祖先就设定了一个时间上"节点"，造成一段在熄灭"旧火"、启用"新火"之间的"停顿"，作为一种礼节或仪式，来提醒人们尊重祖先的发明创造，尊重"火"并且善用"火"。以后，虽然人们早已脱离了原始的"钻木取火"的时代，但是这种礼节和仪式，却长久地保留了下来。

"禁烟"、"寒食"演变成为中华民族的一个普遍的节日，又与一段古老的历史传说有关。相传在2600多年以前的春秋时期，晋国有一位名臣义士姓介，名推，后人尊称他为介子推。介子推原来是晋国公子重耳的随从，重耳为了躲避国内争夺王位的追杀，流落他乡，穷困潦倒，介子推不离不弃地始终跟随在重耳的左右，尽心竭力、鞍前马后地悉心照料，甚至不惜割下自己腿上的肉为重耳"煲汤"。以后，重耳当上了晋国的君主，忠实于重耳的人都被封了官、做了大臣，唯独介子推没有得到任何封赏。介子推既不夸功也不争宠，背着自己的老母亲默默地到绵山隐居起来。这件事在朝廷中引起了很大反响，已经做了国君的重耳也后悔不已，就去接昔日的忠臣出山，但介子推躲进深山坚持不出来做官，重耳竟然用放火焚山的办法逼介子推出山，结果反把介子推母子二人烧死了。重耳为介子推修庙建祠，并下令在介子推死难日禁止生火做饭，全国官民一律寒食，沿袭下来，就有了"寒食节"。到了三国时期，魏武帝曹操曾下令禁止当地百姓的寒食风俗，并制定了严厉的刑罚，但三国归晋以后，这一民俗又迅速恢复起来，并且从一个原本是山西地方百姓的节日，变成了一个全民族共同的节日。中华民族的后世子孙，并不在意这个传说到底是真是假，他们崇尚的是"忠诚"和"信义"，敬佩的是忠臣义士，于是就有越来越多的人相信了这个传说、接受了这个节日。

从寒食节的来历当中，我们可以了解到，以悼念先烈、缅怀逝去的亲朋为主要内容的祭奠活动，是节日的重要活动内容之一。在以后的历史演变过程中，对于先人的祭奠活动逐渐变成了清明节的主要活动内容。但在深受中华传统文化影响的一些周边国家，则依然保留在着在寒食节祭奠亡人的习俗，比如在韩国，寒食节进行的"春祭"仍是一项重要的民族传统。

除了祭奠活动以外，人们则利用节日的闲暇，充分享受暮春时节的大好时光，开展丰富多彩的户外活动，例如郊游、荡秋千、"牵钩"和蹴鞠等。寒食踏青郊游，开始是人们在亲人坟茔祭扫之后，一路观光、漫步而回的附带活动，以后就逐渐变成了以观赏花草树木、感受暖春气息为目的的游览活动了。荡秋千的活动就有点来历了。秋千，在过去写作"鞦韆"，是一个"外来语"的译音。据说是远古时代北方一个被叫做"山戎"的民族，在获取高处植物或猎物的攀登活动中创造的，两个字都有"革"字旁，是因为以前的秋千是用皮革制成的绳子来牵动的，最初传入中原时，本来的发音应为"千秋"，是寒食节宫廷女子的游乐项目，到了汉武帝的时候，朝廷有大臣提意见，说"千秋"是在给皇帝祝寿时称颂用的言辞，不能用在这种玩耍游戏上面，于是，就把这个词倒过来，成了"秋千"。"牵钩"就是现在人们称为"拔河"的体育活动，它的出现据说与被尊为木匠祖师爷的鲁班有关。传说在战国时期，楚国与越国在长江开战，鲁班为楚国设计了一种巧妙的"钩子"，当位于上游的楚国在战斗中处于优势时，就用这种"钩子"把越国的战船"牵制"住，防止敌人顺流而逃，而敌船为了摆脱攻击，就会竭力向下游方向"反牵制"。为了增强战士们作战时"牵制"与"反牵制"的能力，平时就将战士们分做两组，用这种"钩子"模拟"牵制"与"反牵制"相互对拉，形成了一种习武强身的练兵活动，以后又进一步演变成为用绳子相互对拉的体育游戏，流传十分广泛，至今仍然是我国军队，以及其他成员数量多、以集体生活为主的单位，比如学校体育锻炼的重要活动项目。

蹴鞠被人们看做是现代足球运动的原始雏形，在中国已经有2300多年的历史了，起源于战国时期的齐国。蹴，是踩、踏的意思，所以，蹴鞠也叫"踏鞠"；鞠，是古代的一种用来娱乐的皮球，里面用毛充塞、外面用皮革缝制而成，所以，蹴鞠也叫"蹴球"。把两个字联系起来理解，蹴鞠，就是现在我们说的"踢球"的意思。根据宋代文献的描述，寒食蹴球盛行于自唐代，在进行活动时，两根高高的竹竿系上网子就是"球门"，相互角逐的两个球队被称为"左朋"和"右朋"，球员则被叫做"球工"。唐代的好几位皇帝都喜欢蹴鞠。到了宋代，还有《太祖蹴鞠图》，生动刻画了皇帝亲自参加蹴鞠活动的情景。

说到蹴鞠的具体运动形式，在不同的朝代却是各不相同的，归结起来大致有三种主要形式：第一种是技术全面的"攻防"赛；第二种是技术专一的"临门一脚"赛；第三种是技巧型的"花样"赛。

"攻防"赛流行于汉代，比赛形式与现在的足球比赛最为接近，比赛在用矮墙围起来的"鞠城"里进行，两个像小房子似的球门设在"鞠城"的两端，各由12人组成的两个球队相互进攻，把球射入对方球门多者为胜。这种比赛，双方队员身体直接接触，攻防对抗性强，在当时是将军事训练与士兵娱乐融合在一起的练兵形式。《史记》当中就记载过骠骑将军霍去病在镇守塞外时建造"鞠城"的事情。

"临门一脚"赛流行于唐、宋两代，比赛形式与现在区别很大，"球门"用数丈高的竹竿和绳网制成，而真正的"门"只不过是这种所谓"球门"上方的一个二尺见方的"洞"，是用来让球"穿过"的，这个"洞"在当时被叫做"风流眼"。我们可以想象，这样的"球门"必定设置在球场的中间，相互竞赛的两个球队只能分列于球门的两侧。比赛的规则是在球不落地的前提下，使球穿过"风流眼"次数多的一方获胜。这样的比赛，要的就是"射门"工夫，我们就叫它"临门一脚赛"。

"花样"赛流行时间最长，几乎各朝各代都有，这种比赛没有球门，在历史上被称为"白打"，形式上和现在那些球星"秀"个人技巧的表演十分相像，比赛主要看上场"运动员"谁玩的花样多、技巧高，就像武林高手之间比"解数"。在当时，每套"解数"都包括许多玩球的动作，比如：拐、蹑、搭、蹬、捻等，当时的人们还给这些动作起了一些花哨的名字，像"风摆荷"、"燕归巢"、"转乾坤"、"佛顶珠"，以及"双肩背月"、"旱地拾鱼"、"拐子流星"、"金佛推磨"等等。

在寒食节留给我们的珍贵文化遗产中，还有山西的面食。由于寒食期间不能生火做饭，主妇们就必须为所有家庭成员提前准备好"干粮"。在北方，最常见的就是蒸馒头。作为寒食节发祥地的山西，心灵手巧又讲究生活情趣的妇女们，把寻常"馒头"做得造型各异、争奇斗艳、品种翻新，形成了至今令人称道的"晋派"饮食特色。

（二）寒食节节日诗话

唐韩翃《寒食》诗云：

春城无处不飞花，

寒食东风御柳斜。

日暮汉宫传蜡烛，

轻烟散入五侯家。

又，韦应物《寒食寄京师诸弟》诗云：

雨中禁火空斋冷，

江上流莺独坐听。

把酒看花想诸弟，

杜陵寒食草青青。

寒食节，又称"禁烟节""熟食节""冷节"。时当"上巳"之后，"清明"之前，距冬至一百零五天，《荆楚岁时记》曰："去冬至一百五日，即有疾风甚雨，谓之寒食。"故"一百五"又成为寒食节的代称。温庭筠《寒食节日寄楚望》诗中有"时当一百五"之句，杜甫又有《一百五日夜对月》，诗云：

无家对寒食，

有泪如金波。

斫却月中桂，

清光应更多。

仳离放红蕊，

想象颦青蛾。

牛女漫愁思，

秋期犹渡河。

也有人认为冬至后第一百零六天才是寒食节，如元稹《连昌宫词》云："初届寒食一百六，店舍无烟宫树绿。"

张说《奉和圣制寒食作应制》诗云：

寒食春过半，

花秾鸟复娇。

从来禁火日，

会接清明朝。

斗敌鸡殊胜，

争球马绝调。

晴空数云点，

香树百风摇。

改木迎新燧，

封田表旧烧。

皇情爱嘉节，

传曲与萧韶。

张说又有《襄阳路逢寒食》诗云：

去年寒食洞庭波，

今年寒食襄阳路。

不辞著处寻山水，

只畏还家落春暮。

寒食节之起源，一说是源于周代禁火旧制。《周礼·秋官·司烜氏》："中春以木铎修火禁于国中。"汉代郑玄注："为季春将出火也。"所谓"火"指心宿二，即恒星中的"大火"。古人认为，春天见于东方的苍龙七宿属木，而季春三月黄昏时火（大火）星从东方升起。根据五行生克学说，木生火，因"惧火之盛，故为之禁火"（《后汉书·周举传》李贤注）。禁火之后，又有取新火之仪式。韩翃"日暮汉宫传蜡烛"，元稹"特敕街中许燃烛"（《连昌宫词》），说的都是皇帝御赐新火之事。

现今有的学者认为寒食节最初起源于古代火神崇拜，为祭火神，每年要重新改一次新火。这种推断是否可信还有待发现更为确切的记载。按《辞海》《辞源》的解释，寒食节系为介之推而设。有关寒食节为介之推而设的记载历史上屡见不鲜，两千年前的经学家桓谭在其《新论》中讲太原郡风俗"隆冬不火食五，虽病不敢触犯"，说这是"为介之推，故也"；稍后《后汉书·周举传》记载："太原一郡，旧以介之推焚骸，有龙忌之禁。至其亡月，咸言神灵不乐举火。由是，士民每冬中辄一月寒食……"，这里不仅说寒食俗是起于"介之推焚骸"，而且这已经是"旧俗"；再后来的《魏武帝集》中记载了曹操曾颁发的《明罚令》（历史上又曰禁绝火令），文中说太原、上党、西河、雁门"冬至后百五日皆绝火寒食，云为介子推……"

两晋南北朝时期，讲述寒食习俗为介之推而设的文献依然随处可见。其中有影响的有周斐的《汝南先贤传》、陆翙的《邺中记》《晋书·石勒载记》、贾思勰的《齐民要术·煮醴酪》等。

隋唐之后，寒食习俗基本固定在清明节期间举行。寒食节活动内容也发生了很大的改变。但从《绵山回銮寺碑文》、宋人周密《癸辛杂识》、元代陈元靓《岁时广记》、清代余自明《古文释义新编》等文献中依然不难发现寒食节是为介之推而设的记载。

春秋时，晋献公宠骊姬，欲传位给骊姬所生之小儿子奚齐，将太子申生杀害。申生之弟重耳为避害，逃离晋国。忠臣介子推辅保重耳流亡列国，曾割股肉给重耳充饥。重耳流亡历十九年后，归国掌政，是为晋文公。子推与老母隐居绵山。重耳为使子推出山接受封赏，故焚山以求之，子推于火中抱木而死。据说树洞中有子推留下的血书，云：

割肉奉君尽丹心，

但愿主公常清明。

柳下做鬼终不见，

强似伴君做谏臣。

倘若主公心有我，

忆我之时常自省。

臣在九泉心无愧，

愿政清明复清明。

后文公葬子推于绵山，修寺立庙，改山名为介山，并下令禁火寒食，以寄哀思。山西绵山上，关于介子推的景点有许多，其中有一抱树石，据说即是介子推抱树而死之处。宋元诗人李俊民有《抱树石诗》云：

火余介子身犹在，

槁立鲍焦心愈坚。

欲向前村问遗叟，

石荒树老不知年。

唐人胡曾《寒食吊介子推》，诗云：

羁绁从游十九年，

天涯奔走备颠连。

食君割股心何赤，

辞禄焚躯志甚坚。

绵上烟高标气节，

介山祠壮表忠贤。

只今禁火悲寒食，

胜却年年挂纸钱。

卢象《寒食》诗云：

子推言避世，

山火遂焚身。

四海同寒食，

千秋为一人。

深冤何用道，

峻迹古无邻。

魂魄山河气，

风雷御宇神。

光烟榆柳灭，

怨曲龙蛇新。

可叹文公霸，

平生负此臣。

"怨曲龙蛇"为《龙蛇歌》，又名《士失志歌》，《吕氏春秋》《史记》《说苑》

《东周列国》等著作中都有载述，但内容不尽相同。作者是谁，众说纷纭，按东汉蔡邕《琴操》说，古代龙蛇歌曾有流行曲谱。元末明初诗人杨维桢有《介山操》，实为又一《龙蛇歌》，诗云：

一蛇所失，五蛇从之周天下。

四蛇完身，一蛇独亏股。

龙上天兮，蛇各有户，

一蛇无户，薄以焦火。

吁嗟呼，四蛇从龙作甘雨。

一蛇焦枯，恨在下土。

禁火之期限，史书也有不同记载。《后汉书·周举传》称："太原一郡，旧俗以介子推焚骸，有龙忌之禁。至其亡月，咸言神灵不乐举火。由是士民每冬中辄一月寒食，莫敢烟炊。老小不堪，岁多死者。"东汉末，曹操占领并州（公元二〇六年），下《禁绝火令》，令不得寒食。民间风俗遂有改变。逐渐变为禁火七天、三天、一天。《荆楚岁时记》与《邺中记》中均作"三日"。

寒食之风俗，各时期各地亦略有不同。江苏丹阳、扬中、丹徒等地民众把寒食节又叫做"望绵日"。是日，男女老幼成群结队上山，直到峰顶，登临七层宝塔，遥望绵山，表示对介子推高尚气节的敬仰与怀念。今已演变为登山体育活动。山西等地民众用面粉做成"子推燕"挂于门口，为介子推母子招魂。许多地区有煮桃花粥、吃青精饭、插柳、打秋千等活动。

李俊民有《寒食戏书》，诗云：

蓦见花间弄药回，

同心髻绾绿云堆。

多情更有墙东月，

送得秋千影过来。

寒食节郊游、插柳、娱乐访友，是情人相聚的好时机。而不见情人之时，又多怅然与闲愁。沈端节有《虞美人》词云：

去年寒食初相见，花上双飞燕。今年寒食又花开，垂下垂帘不许、燕归来。

隔帘听燕呢喃语，似说相思苦，东君都不管闲愁。一任落花飞絮、雨悠悠。

寒食节之次日，又曰"小寒食"。杜甫有《小寒食舟中作》诗云：

佳辰强饮食犹寒，

隐几萧条戴鹖冠。

春水船如天上坐，

老年花似雾中看。

娟娟戏蝶过闲幔，

片片轻鸥下急湍。

云白山青万余里，

愁看直北是长安。

宋代开始，"寒食"与"清明"之风俗渐渐融合。据宋人吕厚明《岁时杂记》曰："清明前二日为寒食节。前后各三日，凡假七日"，又曰："清明节在寒食节第三日，故节物乐事皆为寒食所包"。宋、辽、金、元时期，反映"过禁烟节"的作品比比皆是，如"寒食宫中也禁烟"。南宋词人周密在《癸辛杂识》中记载了官府挨家挨户查寒食节禁火的翔实情节。久而久之寒食清明融合为一个节日。故有"清明即寒食""清明俗为寒食""清明又为寒食"等说法。扫墓、插柳、踏青等，既是"寒食遗风"，又是清明之俗。寒食清明踏青在诗歌中亦多有反映。如《绵山志》中载红笛《踏青歌》云：

三月条风暖，

三月杏雨浓。

寒食清明风光好，

结伴踏歌行。

三月水如镜，

三月草似茵。

寒食清明风光好，

结伴踏歌行。

……

一路踏青一路歌，

一路歌声落云峰。

元好问《山中寒食》诗云：

小雨斑斑沤曙烟，

平林簇簇点晴川。

清明寒食连三月，

颍水嵩山又一年。

乐事渐随花共减，

归心长与雁相先。

平生最有登临兴，

百感中来只慨然。

又有韦庄《鄜州寒食城外醉吟》诗，其一云：

满阶杨柳绿丝烟，

画出清明二月天。

好是隔帘花树动，

女郎缭乱送秋千。

韩偓《寒食夜》诗云：

清江碧草两悠悠，

各自风流一种愁。

正是落花寒食夜，

夜深无伴倚南楼。

又云：

侧侧轻寒翦翦风，

杏花飘雪小桃红。

夜深斜搭秋千索，

楼阁朦胧细雨中。

元和六年二月，寒食节骤降大雪，诗人白居易感赋《春雪》诗云：

元和岁在卯，

六年春二月。

月晦寒食天，

天阴夜飞雪。

连宵复竟日，

浩浩殊未歇。

大似落鹅毛，

密如飘玉屑。

寒气春茫苍，

气变风凛冽。

上林草尽没，

曲江水复结。

红乾杏花死，

绿冻杨枝折。

所怜物性伤，

非惜年芳绝。

上天有时令，

四序平分别。

寒燠苟反常，

物生皆天阏。

我观圣人意，

鲁史有其说。

或记水不冰，

或书霜不杀。

上将儆政教，

下以防灾孽。

兹雪今如何，

信美非时节。

（三）禁止生火的寒食节食俗

寒食节又称"禁烟节"、"熟食节"、"冷节"（在冬至后 105 日，即清明前的一两天），相传是源于春秋时代的晋国。这一天，民间禁止生火，只能吃备好的熟食、冷食，故而得名。

这个风俗的来源有两种说法。

一种说法是为了纪念晋国公子的臣子介子推。春秋时，晋国公子重耳流亡列国，介子推护驾跟随立下大功，相传他曾经割下大腿上的肉给重耳充饥。重耳返国即位，当了国君，就是晋文公。而此时介子推却与母亲隐居绵山（即现在的山西介休县），晋文公派人请他，但他躲在山中不肯出来。于是晋文公下令烧山，想把介子推逼出来。不料介子推死也不愿出山，结果和母亲一起被烧死了。晋文公非常难过，将介子推葬在绵山，还修了庙，并将绵山改称为介山。为纪念介子推，晋文公又下令把介子推被烧死的这一天定为寒食节，以后年年岁岁，每逢寒食节都要禁止生火，吃冷饭，以示追怀之意。

另一种说法认为，寒食节源于周代的禁火旧制，目的是为了保护森林。实际上可能起源于古代逢季改火的习惯。改用新火必断旧火。再加上春末易引起山火，清明之前告诫人们禁止生火，要吃冷食。

旧时寒食节主要吃粥。据《荆楚岁时记》记载："去冬节一百五日，即有疾风甚雨，谓之寒食。禁火三日，造饧大麦粥。"另外还有"桃花粥"，这是唐代汉族寒食节的食物，流行于河南洛阳地区。《广群芳谱》中说：当地民间在寒食节，采摘鲜桃花，配上好米煮成粥，味道鲜美。这个风俗一直流行到明末。清代孔尚任的《桃花扇·寄扇》一出就有这样的唱词："三月三刘郎到了，携手儿下妆楼，桃花粥吃个饱。"

汉代还有一种名菜，叫"五侯鲭"。唐代韩翃有一首《寒食》诗："春城无处不飞花，寒食东风御柳斜。日暮汉宫传蜡烛，轻烟散入五侯家。"这五侯是汉成帝母舅王谭、王根、王立、王商、王逢。《西京杂记》上说，这五个人互不和睦，他们的门客之间不得往来。只有一个人叫娄护的，很会说话，五侯都很喜欢他，纷纷送给他新奇的食品。娄护把五侯送给他的食物调和在一起，结果成了难得的美味，人们称之为"五侯鲭"。其实，这所谓的"鲭"不过是鱼和肉的杂烩，只因由美味的食品调和而成，味道自然就格外鲜美了。

现在寒食节早已不算什么正规节日了，可在宋代时还曾被列为三大节日之一，与冬至，元日并列。

（四）寒食节传说典故

1. 寒食节的吃食——馓子

"纤手搓成玉数寻，碧油煎出嫩黄深。夜来春睡无轻重，压褊佳人缠臂金"，这首题为《寒具》的诗，是唐代诗人刘禹锡对馓子的赞赏，比喻形象确切，描绘惟妙惟肖，真是耐人寻味。

"寒具"是馓子的古称。馓子在古代为什么称"寒具"呢？说起来话长，时间要追溯到两千多年前的春秋时代。晋献公之子重耳，从小机警聪明，才智过人，故深得献公的宠爱，常常跟随左右，寸步不离。后重耳生母病故，献公封骊姬为后，骊姬为了让亲生儿子奚齐继承君位，谗害了太子申生，之后又常常有意找重耳的麻烦，挑重耳的毛病，欲设置圈套，置他于死地。

当时，宫中有一位姓王的太监，为人正直，向来十分敬重公子，得知骊姬要加害公子，便深夜潜出内宫，赶到重耳府上，将骊姬的险恶用心一五一十地告诉了他，劝他赶快出逃。听到这个消息，重耳公子一刻也不敢停留，当即收拾衣物，带了贴身随从，匆忙离国出走。

重耳一行连夜逃出京城后，个个提心吊胆，生怕骊姬派人追赶，只得马不停蹄，日夜兼程，急忙前行，他们一路上忍饥挨饿，个个精疲力竭。一天，当行至前不着村后不挨店的僻野荒郊时，重耳迷了路，且极度饿乏，真是寸步难行。这时，有个叫介子推的随臣，双手捧了一块烧熟了的肉给重耳，说是自己打的一点野

馓子

味，送给公子充饥，望公子坚持下去，挺过这一阵子，只要走出荒郊，就会有出头之日。重耳一两天没吃东西，已经饿得不行了，一闻到这肉香味，来不及细问情由，就大口大口地吃了起来。吃得饱饱的，来了精神，带着众人又上路了。

后来，重耳才从众人口中得知，那次在荒野充饥的东西原来是介子推从自己大腿上割下来的肉，他异常感动，发誓道："介子推割肉救我，真乃再生父母，以后若有富贵之日，定与介子推共享荣华。"

重耳历尽磨难，几经周折，终于借助秦兵复国执政，号称文公。他登位以后，不忘旧恩，对那些曾跟他生死与共的随从一一加以封赏，可是，却偏偏忘了介子推。据史书记载："晋侯赏从亡者，介之推不言禄，禄亦弗及。"由于晋文公封赏唯独忘了介子推，介子推也是个很有骨气的人，不为割肉救主之功去自讨封赏，而是携同老母来到介休（今山西省境内）的绵山中，过着隐居的生活。

一天，有个老臣提醒晋文公，他才恍然大悟，当即派人上山寻找，请介子推下山，介子推执意不肯。晋文公重耳亲往求其出山，介子推仍难从意。无奈，文公即采取火焚绵山的法子，想以此逼迫介子推下山来，但介子推硬是守志不移，竟与老母一起，抱着一棵大树，葬身熊熊大火之中。文公闻之悲痛不已，跪拜之后，即传令将尸体葬于绵山树下，并将绵山赐封为介山。

当地人们十分敬仰介子推的骨气，于是每年在临近介子推殉难的日子，便不动烟火做饭，专吃生冷的东西，这就是历史上的"寒食节"。后来，老百姓为了不生火做饭，便想了一些办法，制作了馓子这种食品，易于存放，且日久不失味，使之成为"寒食节"的主要食品，并又称之为"寒具"，代代相承，流传下来。

2. 比秀色更可餐

传说古时候有一对夫妻，做的馓子口味极佳。妻子面如芙蓉，身材窈窕，模样动人，好像汉时卖酒的卓文君，又好像战国时的浣纱西施。一时城内骚动，周近乡邻争相购买。而当时州里的长官，是个嗜酒好色的人，听说馓子店出了这么一个漂亮的卖馓女，就带一随从，微服私访，追寻馓子的清香，来到店里。州官一见这金黄油嫩的馓子，口水直流，便狼吞虎咽，大吃一通。饱餐后，竟大摇大摆地走出店门，随从问道："秀色可餐，大人没有什么想法吗？"州官拍了拍吃饱的肚子沉思后叹曰："馓子味道太好了，色香俱全，那女人怎么比得上呢。"后来此事传开，众人皆大笑，小店的生意也越来越红火。

3．寒食节的传说

寒食节的源头，应为远古时期人类的火崇拜。古人的生活离不开火，但是，火又往往给人类造成极大的灾害，于是古人便认为火有神灵，要祀火。各家所祀之火，每年又要止熄一次。然后再重新燃起新火，称为改火。改火时，要举行隆重的祭祖活动，将谷神稷的象征物焚烧，称为人牺。相沿成俗，便形成了后来的禁火节。

汉时，山西民间要禁火一个月表示纪念。三国时期，魏武帝曹操曾下令取消这个习俗。《阴罚令》中有这样的话，"闻太原、上党、雁门冬至后百五日皆绝火寒食，云为子推"，"令到人不得寒食。犯者，家长半岁刑，主吏百日刑，令长夺一月俸"。三国归晋以后，由于与春秋时晋国的"晋"同音同字，因而对晋地掌故特别垂青，纪念介子推的禁火寒食习俗又恢复起来。不过时间缩短为三天。同时，把寒食节纪念介子推的说法推而广之，扩展到了全国各地。寒食节成了全国性的节日，寒食节禁火寒食成了各民族的共同风俗习惯。

今天，山西民间禁火寒食的习俗多为一天，只有少数地方仍然习惯禁火三天。晋南地区民间习惯吃凉粉、凉面、凉糕等等。晋北地区习惯以炒奇（将糕面或白面蒸熟后切成骰子般大小的方块，晒干后用土炒黄）作为寒食日的食品。一些山区这一天全家吃炒面（将五谷杂粮炒熟，拌以各类干果脯，磨成面）。

寒食节，民俗要蒸寒燕庆祝，用面粉捏成大拇指一般大的飞燕、鸣禽及走兽、瓜果、花卉等等，蒸熟后着色，插在酸枣树的针刺上面，装点室内，也作为礼品送人。

4．介子推的故事

相传春秋战国时代，晋献公的妃子骊姬为了让自己的儿子奚齐继位，就设毒计谋害太子申生，申生被逼自杀。申生的弟弟重耳，为了躲避祸害，流亡出走。在流亡期间，重耳受尽了屈辱。原来跟着他一道出奔的臣子，大多数陆陆续续地各找出路去了。只剩下少数几个忠心耿耿的人，一直追随着他。其中一人叫介子推。有一次，重耳饿得晕了过去。介子推为了救重耳，从自己腿上割下了一块肉，用火烤熟了送给重耳吃。19年后，重耳回国做了君主，就是著名春秋五霸之一——晋文公。晋文公执政后，对那些和他同甘共苦的臣子大加封赏，唯独忘了介子推。有人在晋文公面前为介子推叫屈。晋文公猛然忆起旧事，心中有愧，马上差人去请介子推上朝受赏封官。可是，差人去了几趟，介子推不来。晋文公只好亲自去请。可是，当晋文公来到介子推家时，只见大门紧闭。介子推不愿见他，已经背着老母躲进了绵山（今山西介休县东南）。晋文公便让他的御林军上绵山搜索，没有找到。于是，有人出了个主意说，不如放火烧山，三面点火，留下一方，大火起时介子推会自己走出来的。于是晋文公下令举火烧山，孰料大火烧了三天三夜，大火熄灭后，终究不见介子推出来。上山一看，介子推母子俩抱着一棵烧焦的大柳树已经死了。晋文公望着介子推的尸体哭拜一阵，然后安葬遗体，发现介子推脊梁堵着个柳树树洞，洞里好像有什么东西。掏出一看，原来是片衣襟，上面题了一首血诗：

　　割肉奉君尽丹心，但愿主公常清明。

　　柳下做鬼终不见，强似伴君作谏臣。

　　倘若主公心有我，忆我之时常自省。

　　臣在九泉心无愧，勤政清明复清明。

　　晋文公将血书藏入袖中，然后把介子推和他的母亲分别安葬在那棵烧焦的大柳树下。为了纪念介子推，晋文公下令把绵山改为"介山"，在山上建立祠堂，并把放火烧山的这一天定为寒食节，晓谕全国，每年这天禁忌烟火，只吃寒食。

　　走时，他伐了一段烧焦的柳木，到宫中做了双木屐，每天望着它叹道："悲哉足下。""足下"是古人下级对上级或同辈之间相互尊敬的称呼，据说就是来源于此。

　　第二年，晋文公领着群臣，素服徒步登山祭奠，表示哀悼。行至坟前，只见那棵老柳树死树复活，绿枝千条，随风飘舞。晋文公望着复活的老柳树，像看见了介子推一样。他尊敬地走到跟前，珍爱地掐了一下枝，编了一个圈儿戴在头上。祭扫后，晋文公把复活的老柳树赐名为"清明柳"。